"十二五"职业教育国家规划教材

经全国职业教育教材审定委员会审定

高职高专焊接专业工学结合系列规划教材

焊接生产管理与检测

第 2 版

主　编　戴建树

副主编　张婉云　陶志强

参　编　龙昌茂　邓火生　韦汉玲　肖　勇

　　　　叶克力　黄景星　苏雪梅　韦刚亮

主　审　王国安　王云鹏

机械工业出版社

本教材是根据国家机械职业教育热加工类专业教学指导委员会制定的高等职业学校焊接专业教学计划和"焊接生产管理与检测"课程教学大纲编写的规划教材。教材分为上、下两篇共十章内容，教材编写过程中，从现代高职人才培养目标出发，针对焊接生产管理的技术岗位，在结构、内容上进行了一些新的尝试，并紧密结合现场的实用技术，特别强调具体应用的讲述，力求在内容上做到深入浅出，通俗易懂，以培养学生达到焊接生产管理岗位群所需的知识、能力和素质要求。

本教材是高职高专焊接专业教材，也可作为中职焊接专业的参考教材，同时还可作为焊接技术和管理人员的参考书。

本教材配套有电子教案，凡选用本教材作为教学用书的教师可登录机械工业出版社教育服务网 www.cmpedu.com. 注册后免费下载。咨询信箱：cmpgaozhi@ sina.com。咨询电话：010-88379375。

图书在版编目（CIP）数据

焊接生产管理与检测／戴建树主编 . —2 版 . —北京：机械工业出版社，2013.6（2025.6重印）

普通高等教育"十一五"国家级规划教材　高职高专焊接专业工学结合系列规划教材

ISBN 978-7-111-43410-8

Ⅰ.①焊…　Ⅱ.①戴…　Ⅲ.①焊接—生产管理—高等职业教育—教材②焊接—检测—高等职业教育—教材　Ⅳ.①TG4

中国版本图书馆 CIP 数据核字（2013）第 168636 号

机械工业出版社（北京市百万庄大街 22 号　邮政编码 100037）
策划编辑：于奇慧　　责任编辑：于奇慧　吕　芳
责任校对：刘雅娜　　封面设计：马精明　　责任印制：邸　敏
中煤（北京）印务有限公司印刷
2025 年 6 月第 2 版第 12 次印刷
184mm×260mm · 18.75 印张 · 460 千字
标准书号：ISBN 978-7-111-43410-8
定价：55.00 元

电话服务
客服电话：010-88361066
　　　　　010-88379833
　　　　　010-68326294
封底无防伪标均为盗版

网络服务
机 工 官 网：www.cmpbook.com
机 工 官 博：weibo.com/cmp1952
金 书 网：www.golden-book.com
机工教育服务网：www.cmpedu.com

国家机械职业教育材料类专业教学指导委员会

教材编审委员会

主　　任　孙长庆

副 主 任　管　平　杨　跃

委　　员　戴建树　曹朝霞　陈长江　王小平　王海峰

企业顾问　高凤林　张祥生　许　建

秘 书 长　陈云祥

第 2 版前言

本教材是根据国家机械职业教育热加工类专业教学指导委员会制定的高等职业学校焊接专业教学计划和"焊接生产管理与检测"课程教学大纲编写的，是面向 21 世纪高等职业教育的规划教材。本教材适合高等职业学校焊接专业使用，也可供从事焊接生产施工的工程技术人员参考。

本教材第 1 版出版至今已经过了 10 多次的印刷，我们非常感谢广大读者对教材的肯定和所提出的宝贵意见。伴随国家科技的进步、国家标准的更新以及对高等职业教育人才培养的更高要求，我们对教材进行了修订。新版教材仍沿用了原教材的体系结构，分为上、下两篇共十章理论教学内容。上篇（焊接生产管理）包括第一至五章，应用现代项目管理理论着重介绍焊接生产项目从承接到实施的全过程中的成本、工期、质量、安全、卫生、环保等多方面的基本管理方法和技术措施，第 2 版中增加了企业焊接生产中先进的管理理念和实际案例；下篇（焊接检测）包括第六至十章，主要围绕焊接质量管理工作的需要，重点讲述射线检测、超声波检测、磁粉检测和渗透检测等保证焊缝质量的无损检测技术，突出了各种无损检测技术的新标准和新工艺，并针对每种检测方法都列举了企业中应用的实际案例。

通过本课程的学习，力求使学生具备焊接生产成本预算、生产组织、质量检测与管理和安全管理的基本知识，能够承担焊接生产项目主要管理人员岗位的工作。第 2 版教材与现场实用技术的结合更加紧密，特别强调具体应用的讲述，力求在内容上做到深入浅出，通俗易懂，以培养学生达到焊接生产管理岗位群所需的知识、能力、素质要求。

参加本教材编写的人员有广西机电职业技术学院戴建树、张婉云、龙昌茂、邓火生、叶克力、肖勇、韦汉玲，南宁广发重工集团有限公司苏雪梅、黄景星，南宁化工集团有限公司韦刚亮，以及云南省曲靖市质量技术监督综合技术检测中心陶志强。其中，张婉云编写绪论，龙昌茂和苏雪梅编写第一章，邓火生和黄景星编写第二章，戴建树编写第三章、第四章和第五章，叶克力和韦刚亮编写第六章，肖勇和陶志强编写第七章，张婉云和陶志强编写第八章和第九章，韦汉玲和陶志强编写第十章。

本教材由广西机电职业技术学院戴建树任主编并负责全书统稿，由广西柳工集团有限公司王国安、北京电子科技职业技术学院王云鹏任主审。

由于编者水平有限，教材中难免存在需要进一步完善和改进之处，恳请广大读者批评指正。

编　者

第1版前言

根据国家机械职业教育热加工类专业教学指导委员会关于"深化高等职业技术教育人才的改革，加强高职教材建设"的精神，结合市场需要，于 2002 年 8 月我们与机械工业出版社共同邀请了全国十几所开办焊接专业的高职高专院校召开了编写这套教材的启动会，在会上大家就焊接专业的课程体系、教材的编写目的和要求、教材书目以及编写人员的分工进行了研讨，最终达成共识。

高等职业技术教育是我国高等教育的重要组成部分，是培养适应生产、建设、管理、服务第一线需要的高等技术应用型专门人才的摇篮。高职学生应具有基础理论知识适度、技术应用能力强、知识面较宽、素质高等特点。我们应以"应用"为主旨和特征构建课程和教学内容体系，突出应用性、实践性的原则重组课程结构、更新教学内容。高职教学内容要突出基础理论知识的应用和实践能力的培养，基础理论教学要以应用为目的，以"必需、够用"为度；专业课教学要加强针对性和实用性。在此共识的基础上，我们组织广西机电职业技术学院、内蒙古工业大学、四川工程职业技术学院、包头职业技术学院、承德石油高等专科学院、沈阳职业技术学院、陕西工业职业技术学院、渤海船舶职业学院、张家界航空工业职业技术学院、新疆机电职业技术学院、内蒙古机电职业技术学院等十余所高职院校编写了这套高职高专焊接专业规划教材。此套教材首批包括：《金属学与热处理》、《焊接结构生产》、《焊接方法与设备》、《焊接生产管理与检测》、《金属熔焊原理》、《金属材料焊接》、《焊接技能实训》、《热加工专业英语》。

根据 2001 年国家机械职业教育热加工类专业教学指导委员会和 2002 年 4 月、8 月的高职高专焊接专业规划教材的专题会议精神，成立了教材编写委员会。2003 年年初由各教材的主编、主审统稿，并进行初审，同年 8 月聘请了西安交通大学、内蒙古工业大学、沈阳工业大学、四川工程职业技术学院等院校的专家对此套教材进行了全面审编、定稿。

本套教材的编写以突出应用性、实践性的原则重组课程结构，破除原有各种课程的学科化倾向，删除与岗位群职业能力关系不大的内容，增加与职业能力有关的新技术、新工艺、新设备、新材料。课程内容紧扣培养学生现场工艺实施的职业能力来阐述，将必需的理论知识点融于能力培养过程中，注重实践教学，注重操作技能培养。本套教材深度适宜，文字简洁、流畅，深入浅出，非常适合高职学生学习。为与国际接轨，体现教材的先进性，这套教材采用了最新国家标准和国家施行的国际单位制。

本套教材在编写和审稿过程中，得到了各参编、参审学校和许多兄弟院校领导及同仁的大力支持与热情帮助，在此一并表示衷心的感谢。

国家机械职业教育热加工类专业教学指导委员会

目 录

绪　论

随着焊接技术的发展和进步，焊接结构的应用越来越广泛，几乎渗透到国民经济的各个领域，如石油与化工设备、起重运输设备、宇航运载工具、车辆与船舶制造、冶金、矿山、建筑结构及国防工业建设等。很多重要的焊接结构，如压力容器、核反应堆器件、桥梁、船舶等，都具有一次性生产的特征，都具有严格的质量要求，都必须在一定的时间范围内用有限的资金去完成生产制造任务。那么如何管理好焊接生产过程，避免安全事故，减少环境污染，实现按期交货、低成本、高质量这三大目标？运用现代项目管理理论和全面质量管理观点，对这些一次性生产的焊接结构生产过程进行管理是非常有效的。

一、焊接生产项目及管理

1．焊接生产项目

项目是一个具有规定开始和结束时间的任务，它需要使用一种或多种资源，具有许多个为完成该任务所必须完成的相互独立、相互联系、相互依赖的活动。项目具有如下特点。

（1）具有特定的对象　如有一定储藏能力的储罐，有一定承载能力的桥梁等。

（2）有时间限制　项目的时间限制通常由项目开始日期、持续时间和结束日期等构成。

（3）有资金限制和经济性要求　任何项目都存在着与任务（目标）相关的（或者说相匹配的）成本预算。项目的资金限制和经济性要求常常表现在：必须按项目实施计划安排资金计划，并保障资金供应；以尽可能少的费用消耗（投资、成本）来完成预定的生产目标，达到预定的功能要求，提高经济效益。

（4）一次性　项目作为总体来说是一次性的，不重复的。它经历前期策划、批准、设计和计划、施工、运行的全过程，最后结束。即使在形式上极为相似的项目，也必然存在着差异和区别，例如实施时间不同、环境不同、项目组织不同、风险不同，所以它们之间无法等同，无法替代。

项目的一次性是项目管理区别于企业运营管理最显著的标志之一。

（5）复杂性和系统性　现代项目越来越具有如下特征：

1）项目规模大，范围广，投资大。

2）有新知识、新工艺的要求，技术复杂、新颖。

3）由多种专业组成，由很多个在时间和空间上相互影响、相互制约的活动构成。

4）受多目标限制，如资金限制、时间限制、资源限制、环境限制等。

焊接结构生产通常都有特定的对象，如球罐、轻钢结构厂房、船舶；有生产时间和造价的限定；而且最主要的一点是，很多焊接结构的制造与安装任务是一次性的，有别于日常性生产作业。例如，某省第一安装工程公司压力容器分厂，2003 年要求每月生产 1000 个家用液化气罐，该企业还在当年的 3 月至 9 月间从各车间组织抽调了一批职工制造安装了一个 $500m^3$ 的球罐。家用液化气罐的生产是日常的生产运营，而球罐生产则是一个生产项目。由于很多大型焊接结构的制作与安装都具有一次性特征，因此可以应用项目管理模式进行生产管理。

2．焊接生产项目管理

（1）焊接生产项目管理的基本目标　以焊接结构制作及安装为基本任务的项目管理，具体的目标是在限定的时间内，在限定的资源（如资金、劳动力、设备材料等）条件下，以尽可能快的进度、尽可能低的费用（成本或投资）圆满完成项目任务，同时，在生产过程中应避免安全事故，并做到工完料清，减少环境污染。其中质量、工期和成本是焊接生产项目管理的三个基本目标。

（2）焊接生产项目管理的工作内容　按照项目管理工作的任务，项目的基本管理包括以下内容。

1）成本管理。成本管理即成本计划（焊接生产项目成本的估算、概算、预算）和成本控制（审查监督成本支出、成本核算、成本跟踪和诊断）。

2）工期管理。工期管理工作是在生产施工组织设计等工作的基础上进行的，包括工期计划、资源供应计划和控制等。

3）质量管理。应用现代项目管理理论进行焊接生产的质量管理，同样要使用全面质量管理的思想。其工作内容包括：确定该生产任务的质量方针；制定生产项目的质量目标和质量责任；建立项目的质量体系；为实现质量目标所开展的质量计划和质量检验与控制。

4）安全管理。安全生产是焊接生产项目重要的控制目标之一，是衡量企业管理水平的重要标志，必须把实现安全生产作为组织生产活动时的重要任务来抓。宏观的安全管理包括劳动保护、安全技术和工业卫生三个方面，基本工作是生产管理过程实行作业标准化、组织安全检查、安全合理地布置作业现场、推行安全操作资格确认制度、建立和完善安全生产管理制度等。

此外，按照现代项目管理理论，项目管理的工作内容还包括组织管理、集成管理、范围管理、人力资源管理、沟通管理、风险管理和采购管理等。

二、焊接生产质量检测技术

由于焊接结构具有特殊性、复杂性和质量的重要性，因此为确保焊接结构的完整性、可靠性、安全性和使用性，除了应遵循一定的管理程序和管理制度以外，还必须在焊接结构生产的不同环节和生产阶段采取相应的检测手段来加以确定。焊接生产质量检测是焊接结构质量保证的重要一环。焊接生产质量检测在生产中具有保证生产正常进行的作用，具有预防产生焊接缺陷的作用，具有提供质量管理信息的作用，因此，没有正确的焊接生产质量检测，就谈不上焊接生产质量管理。

焊接产品质量检测过程包括焊接前检验、施焊过程检验和焊后成品检验。

尽管在焊接生产的全过程中，已经采取了必要的检测技术和管理制度去确保每一道工序的质量，但由于焊接是焊接结构生产的重要加工工序，且焊接工艺的特殊性又使得它的质量问题往往不容易被直接发现，所以焊后检验仍是必不可少的。焊接接头质量检验方法分类如图0-1所示。其中，焊缝的外观检验，以及采用射线检测、超声波检测、磁粉检测、渗透检测等无损检测技术，对焊缝及近缝区表面和内部缺陷进行检验是常用技术。熟悉这些无损检测方法的原理，了解常用检验方法的操作和应用，并能够根据检验报告评定焊接质量，是焊接生产质量管理人员必备的知识和技能。

力学性能试验

化学分析试验

金相试验

爆破试验

破坏性检测

射线检测

超声波检测

磁粉检测

渗透检测

无损检测

焊接接头质量检验方法

外观检测

非破坏性检测

强度及密封性试验

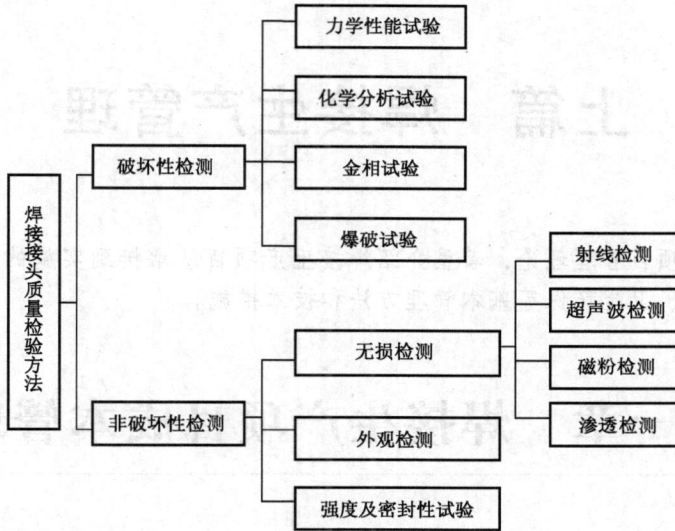

图 0-1　焊接接头质量检验方法分类

三、本课程的内容与要求

本书结合焊接结构生产特点，对焊接生产项目的基本管理工作进行了系统的阐述，着重讲述了成本计划、工期管理、质量管理、安全管理的方法和所采取的必要技术措施。通过学习，培养学生初步具备焊接生产项目生产施工的组织能力，并能够应用常用的焊接生产质量检测技术进行质量控制；使学生既可以在焊接结构生产项目中承担管理工作，又可以承担焊接生产质量检测的技术工作。

上篇　焊接生产管理

　　本篇应用现代项目管理理论，着重介绍焊接生产项目从承接到实施的全过程中的成本、工期、质量、安全、卫生环保等基本管理方法和技术措施。

第一章　焊接生产项目成本管理

　　焊接生产项目成本管理是为实现生产项目费用目标，即以尽可能低的成本圆满完成生产任务而开展的管理活动，主要包括项目成本计划（预算）、项目成本控制、结算等具体工作。本章将着重讲述生产成本计划等管理技术在焊接生产项目中的具体应用。由于企业在进行投标时提出的承包报价为生产成本计划与控制的上限，因此本章对招投标知识及投标技巧给予简单介绍。

第一节　招投标基本知识

　　生产项目招投标是国际通用的、比较成熟的、科学合理的承发包方式，是工程建设市场的主要交易方式。我国于 2000 年 1 月 1 日颁布施行《中华人民共和国招标投标法》，规范了招投标活动。

一、招标

　　焊接生产项目招标是以发包方或发包方委托的监理工程师为主体的活动，是发包方对自愿参加某一特定工程项目（如中承式钢管混凝土桥梁、球罐、钢结构厂房等）中焊接结构制作、安装等生产项目的承包进行审查、评比和选定的过程。

　　通常发包方首先要提出要求目标，即对特定项目的地点、投资目的、任务数量、质量标准以及进度目标予以明确，并发布广告或发出邀请函，使自愿投标者按发包方要求的目标投标，发包方按投标报价的高低、技术水平、工程经验、财务状况和信誉等方面进行综合评价，全面分析，择优选择确定中标者并签订合同后，招标方告终结。

　　1. 招标分类

　　招标按生产承包的范围，可分为以下两种类型。

　　（1）项目总承包招标　这种招标可分为两种类型：一种是生产项目施工阶段全过程（包括焊接结构制作及安装）的招标；另一种是生产项目全过程（包括焊接结构设计、制作及安装）的招标。

　　（2）专项承包招标　在对生产项目承包招标中，对其中某项比较复杂，或专业性强，要求特殊的工作项目，单独进行的招标称为专项承包招标。焊接生产项目的专项招标有焊接结构设计、结构制作、结构安装三种。

2. 招标方式

国际上常采用的招标方式有以下三种。

（1）公开招标 公开招标也称为无限竞争性招标，是指招标人以公告的方式（如通过报纸、电视、广播、互联网公开发布招标广告）邀请不特定的法人或其他组织投标。

（2）邀请招标 邀请招标也称为有限竞争性选择招标，这种方式不发布公告，发包方根据自己的经验和各种信息资料，对那些被认为有能力承担该工程的承包商发出邀请，但必须邀请三家以上前来投标。这种招标方式一般可以保证参加投标的承包商有一定的项目工程经验、信誉可靠、有能力完成该工程项目，但由于经验和信息资料的局限性，有可能漏掉一些在技术上、报价上有竞争能力的后起之秀。

（3）议标 议标也称为非竞争性招标或指定性招标，这种方式是发包方邀请一家，最多不超过两家承包商直接协商谈判，实际上是一种合同谈判的形式。这种方式适用于造价较低、工期紧、专业性强或军事保密项目。其优点是可以节省时间，容易达成协议，迅速开展工作；缺点是无法获得有竞争力的报价。

《中华人民共和国招标投标法》规定的招标方式是公开招标和邀请招标两种。在我国，无特殊情况，不应采用议标方式。

3. 招标文件

招标文件是向投标单位介绍生产项目情况和招标条件的文件，也是生产项目承包合同的基础文件，通常包括以下一些内容。

（1）项目综合说明 项目综合说明即为招标项目的概况。一般应包括工程名称、地点、生产内容，发包范围和批准招标的机构，施工现场条件，总工期和分项项目分批分期竣工要求及保修要求。

（2）图样和技术说明 图样和技术说明包括生产施工图样，对主要材料和设备的规格质量要求，对主要工序的做法和有关特殊要求的说明以及生产验收适用的技术规范等。

（3）工程量清单 工程量清单是对要实施的生产项目和内容按产品部位、性质等所罗列的表格。每个表中既有需要实施的分项目，又有每个分项目的工程量和计价要求，以及每个分项目报价和每个表的总计等。项目中，焊接结构的工程量通常按不同构件或不同部位的重量列出。工程量清单是投标单位计算标价的依据。

（4）投标单位应填送的表格 投标单位应填送的表格主要有投标意见书和投标企业状况表。

（5）投标须知 投标须知主要有：材料供应方式和订货情况；中标评定的优先条件和废标的条件；投标应缴费和返还的规定；考察现场、招标交底和解答问题的时间、地点；填写标书注意事项；标书的投送方式、地点和截止时间；开标的时间、地点等。

二、投标

在生产项目承包招标、投标竞争中，招标就是要择优。由于项目的性质和发包方的评价标准不同，择优可能有不同的侧重面，但一般包括四个主要方面：①较低的价格，②先进的技术，③优良的质量，④较短的工期。

发包方确定中标者，既会从其突出的侧重面进行衡量，也会综合考虑上述四个方面的因素。

对于承包商来说，参加投标不仅要比报价的高低，而且要比技术、经验、实力和信誉。特别是技术密集型生产项目，承包商要关注两方面的挑战：一方面是技术上的挑战，要求承包商具有先进的科学技术，能够完成高、新、尖、难工程；另一方面是管理上的挑战，要求承包商具有现代先进的组织管理水平，能够以较低报价中标，靠管理获利。

投标就如同参加一场赛事竞争，成败往往关系到企业的兴衰存亡，因此，应认真做好投标过程中的每一项工作，注意投标技巧，力争中标。

1. 投标过程

投标过程是指从填写资格预审调查表开始，到将正式投标文件送到业主为止所进行的全部工作。这一阶段工作量很大，时间紧迫，一般投标工作的程序如图 1-1 所示。

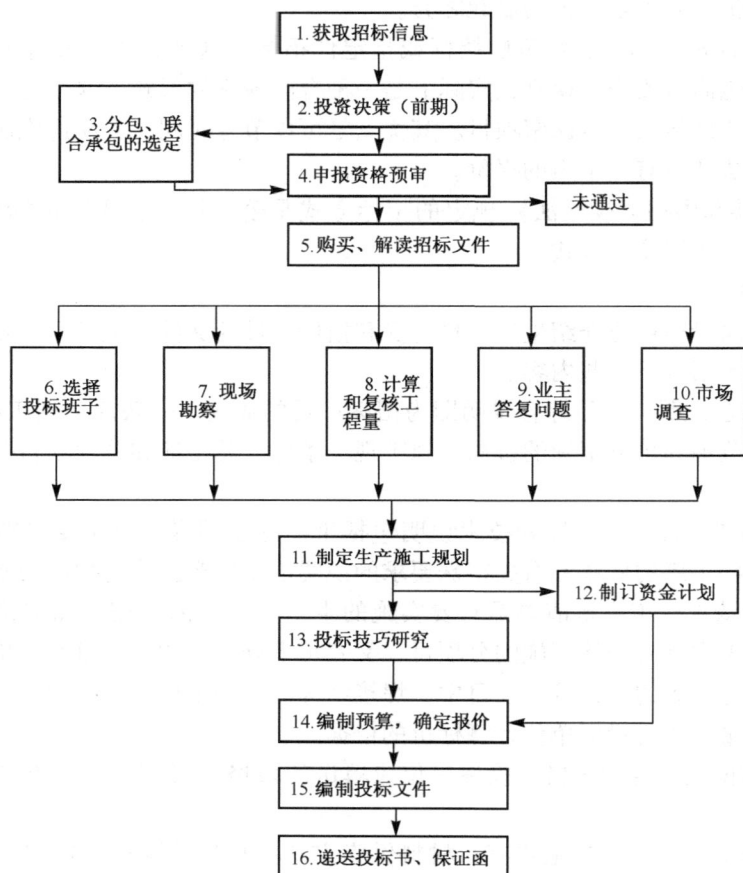

图 1-1 投标工作程序图

2. 投标技巧研究

投标技巧研究是指开标前的技巧研究和开标至签订合同时的技巧研究。

（1）开标前的投标技巧研究

1）不平衡报价法。不平衡报价法主要应用于由多个分项生产组成的大项目，是指在总价基本确定的前提下，如何调整内部各个分项的报价，以期既不影响总报价，又在中标后可以获得较好的经济效益。

①对于能早期结账收回工程款的项目，可报以较高价，以利于资金周转，后期的项目单价可予以适当降低。

②估计工程量可能会增加的分项目，其单价可提高；而工程量可能减少的，其单价可降低。

③图样内容不明确或有错误，估计修改后工程量要增加的，其单价可提高；而工程内容不明确的，其单价可降低。

④没有工程量只填报单价的分项目，其单价宜高，这样，既不影响总的投资报价，又可获利。

⑤对于暂定项目，实施可能性大的，可定高价，估计不一定能实施的，可定低价。

⑥质量要求高、技术难度大的项目，单价宜高；反之，单价宜低。例如，结构焊缝必须经 X 射线检测，且要求达到 Ⅱ 级合格的分项工程，其单价宜高，加工费可报 4000 ~ 6000 元/t。

⑦零星用工（计时工）一般可报较高的工资单价。这是因为零星用工不属于承包总价的范围，发生时实报实销，也可多获利。

2）多方案报价法。若业主拟定的合同要求过于苛刻，为促使业主修改合同要求，可提出两个报价，并阐明按原合同要求规定，投标报价较高；若对合同要求进行某些修改，则报价可降低一定的百分比，以此来吸引对方。

另外一种情况是，投标者自己的技术和设备满足不了原设计的要求，但在修改设计以适应自己的施工能力的前提下仍有希望中标，于是可以报一个按原设计施工的投标报价（投高标），另一个按修改设计施工的比原设计的标价低得多的投标报价，以引导业主。

3）突然袭击法。由于投标竞争激烈，为迷惑对手，有意泄露一些假情报，如不打算参加投标，或准备投高标，表现出无利可图不干等假象，到投标即将截止之时，突然前往投标，并压低投标价，从而使对手措手不及而失败。

4）低投标价压标法。此种方法是在非常情况下采用的一种非常手段。比如企业大量窝工，为减少亏损，或为打入某一产品市场，或为挤走竞争对手保住自己的地盘，于是制定了严重亏损标，力争夺标。若企业无经济实力，信誉不足，此法也不一定会奏效。

5）联保法。一家实力不足，联合其他企业分别进行投标，无论谁家中标，都联合进行施工。

（2）开标后的投标技巧研究　投标人通过公开开标这一程序可以得知众多投标人的报价。但有时招标人需要综合各方面的因素，反复评审，选择 2 ~ 3 家条件较优者进行议标谈判来确定中标人。投标人可利用议标谈判施展竞争手段，可采用的投标技巧主要有：

1）降低投标价格。投标价格不是中标的唯一因素。但却是中标的关键性因素。在议标中，投标者适时提出降低要求是议标的主要手段。

降低投标价格可从三个方面入手，即降低投标利润、降低经营管理费和设定降价系数。

通常，投标人应准备两个投标价格，即应付一般情况的适中价格和应付竞争特殊环境需要的替代价格。

2）补充投标优惠条件。除中标的关键性因素——价格外，在议标谈判中，还可以考虑其他许多重要因素，如缩短工期、提高工程质量、降低支付条件要求、提出新技术和新设计方案，以及提供补充物资和设备等，以此优惠条件得到招标人的赞许，争取中标。

3．投标标书

（1）投标标书的基本内容

1）封面。封面需填写投标单位和单位负责人，以及标书报送日期。

2）投标意见书。这是投标单位承接项目的主要条件，也是评标、决标的主要依据。其内容应包括：

①项目承包方式，包括生产方式和结算方式。生产方式分为总包（全部工程范围自行施工或部分工程分包专业队伍施工）、联合承包（制造与安装两个企业联合承包）和单项工程承包。结算方式分为总包标价一次包死和按主要工程项目标价承包。

②工程总包价及单项标价，是投标单位承包工程的经济条件，标价中综合了施工过程中的全部费用。

③工期。

④产品或工程项目拟达到的质量等级及技术保障措施，这是衡量投标单位技术水平和投入本项目设备状况的依据。

⑤要求业主提供的配合条件，这是投标单位向招标单位提出的要约条件。提出的配合条件要针对招标条件中招标单位应承担的合同责任。如某工程招标文件中，要求投标单位对工程造价一次包死，遇有钢材市场价格调整时，也不得调整承包造价。投标单位在标书中的报价（总包标价）就要综合招标文件中的要约条件，而招标单位有针对性地提出反要约条件，若由招标单位提供某些主要材料，则应要求业主对这些材料的按时按量供应提出保证条件及违约索赔条件等承诺。

此外，工程量清单也应作为标书的组成部分与分投标意见书一并报送。

（2）填写标书应注意的事项

1）投标文件中每一处要求填写的空格都必须填写，否则，即被视为放弃意见，重要数字不填写，可能被作为废标处理。

2）填报文件应反复校对，保证分项和汇总计算均无错误。

3）递交的文件每页均应签字或盖上单位印章，如填写中有错误而不得不修改时，则应在修改处签字盖章。

4）填写投标文件字迹要清晰、端正，补充设计图样要美观，所有投标文件应装帧美观大方，给业主留下良好印象。

5）递标不宜太早，应密封送交指定地点。

三、开标

无论采取何种方式，开标都要公开举行，开标的程序一般是：

1）邀请公证部门复验标底和各投标单位的标书密封情况及标书收到的时间（邮寄者以邮局投递日戳为准）。

2）按标书收到的顺序当众启封标书，宣布标价及其他主要内容，并填入预先准备的登记表格中，公布于众。

3）招标领导小组认为标书中不够明确的地方，投标单位可作解释和补充说明，但是标书的内容不能更改。

4）各单位标书全部宣布之后，由招标领导小组及公证部门当场检验标书，确认标书是否有效。如发现标书不符合招标规定，可动员投标单位撤回标书或宣布无效。

5）投标条件较好时，可当众宣布标底。各单位的标价与标底有较大差距时，标底可在评标会议上向招标领导小组宣布，并组织重新审查标底，标底需要调整时，按调整后的标底评标，标底合理时，可召集投标企业宣布标底，并改为邀请投标条件较好的几个单位进行议标。

四、评标

评标是由招标单位的评标组织对标书进行评审择优，并决定中标者的过程。

1. 评标组织

评标应设立临时的评标委员会或评标小组。在国内，评标组织通常由招标办、建设单位、建设单位主管部门及有关技术专家组成；在国外，一般由发包方负责组织，由总经济师、总工程师、咨询单位及有关技术专家组成。评标组织的主要任务是制定评标办法，负责评标，按照评标办法推荐或决定中标者。

2. 评标方法

目前国内外采用较多的评标方法是专家评议法、低标价法和打分法。

（1）专家评议法　采用这种方法时由评标小组或评标委员会拟定评标的内容，如工程报价、工期、主要材料消耗、施工组织设计、工程质量保证和安全措施，分项进行认真的分析比较或调查，进行综合评议，各种专家共同协商和评议，选择其中各项条件都优良者为中标单位。

这种方法是一种定性的优选法，能深入听取各方面的意见，但易产生众说纷纭、意见难以统一的现象。

（2）低标价法　这种方法是在通过严格的资格预审和其他评标内容的要求都合格的条件下，评标只按投标报价来定标的一种方法。世界银行贷款项目多采用此种评标方法。

这种评标办法有两种方式：一种方式是将所有投标者的报价依次排队，取其中的三四个，对低报价的投标者进行其他方面的综合比较，择优定标；另一种方式是"A＋B值评标法"，即以低于标底一定百分数的报价的算术平均值为A，以标低或评标小组确定的更合理的标价为B，然后以"A＋B"的平均值为评标标准价，选出低于或高于这个标准价某个百分数的报价的投标者进行综合分析比较，择优选定。

（3）打分法　这种方法是由评标委员会事先将评标的内容进行分类，并确定评分标准，然后由每位委员无记名打分，最后统计投标者的得分，得分超过及格标准分最高者为中标单位。这是一种定量的评标方法，在设计投标因素多而复杂，或投标前未经资格预审就投标时，常采用这种公正、科学的评标方法，以充分体现平等竞争、一视同仁的原则，定标后分歧较少。

五、项目承包合同的签订

根据评标、决标结果，招标单位会向中标单位发出"中标通知书"，中标单位应在收到通知书之日起一个月（或招标文件规定的时间范围）内同招标单位鉴订承包合同。

1. 合同的谈判

（1）谈判的目的　开标以后，业主经过研究，往往选出两三家投标者就工程有关问题和价格问题进行谈判，然后选择中标者，这一过程习惯上称为商务谈判。

1）业主参加谈判的目的。

①通过谈判，了解投标者报价的构成，进一步审核和压低报价。

②进一步了解和审查投标者的施工规划和各项技术措施是否合理，以及负责项目实施的团队力量是否足够雄厚，能否保证工程、产品的质量和进度。

③根据参加谈判的投标者的建议和要求，也可吸收其他投标者的建议，对设计方案、图样、技术规范进行某些修改，并估计可能对工程报价和工程质量产生的影响。

2）投标者参加谈判的目的。

①争取中标，即通过谈判宣传自己的优势，包括技术方案的先进性、报价的合理性、所提建议方案的特点、许诺优惠条件等，以争取中标。

②争取合理的价格，既要准备应付业主的压价，又要准备当业主拟增加项目、修改设计或提高标准时适当增加报价。

③争取改善合同条款，包括争取修改过于苛刻的和不合理的条款，澄清模糊的条款和增加有利于保护承包商利益的条款。

业主的基本意图是为工程生产项目选择一家合格的承包商，参加竞争的投标者，谁能掌握业主心理，充分利用谈判技巧争取中标，谁就是强者。

（2）谈判的过程 在实际工作中，有的业主把谈判全部放在决标之前进行，以利用投标者想中标的心情压价并取得对自己有利的条件；也有的业主将谈判分为决标前和决标后两个阶段进行。

1）决标前的谈判。业主在决标前与初选出的几家投标者谈判的内容主要有两个方面：一是技术答辩，二是价格问题。

技术答辩由评标委员会主持，了解投标者如果中标后将如何组织施工生产，如何保证工期，对技术难度较大的部位采取什么措施等。虽然投标者在编制投标文件时对上述问题已有准备，但在开标后，当公司进入前几标时，应该在这方面再进行认真细致的准备，必要时画出有关图解，以取得评标委员的好感，顺利通过技术答辩。

价格问题是一个十分重要的问题，业主往往利用其有利地位，要求投标者降低报价，并就工程款额中的自由外汇汇率、付款期限、贷款利率（对有贷款的投标）及延期付款条件等方面要求投标者作出让步。如为世界银行贷款项目，则不允许压低标价。投标者在这一阶段一定要沉住气，对业主的要求进行逐条分析，在适当时机适当地、逐步地让步。因此，谈判有时会持续很长时间。

2）决标后的谈判。经过决标前的谈判，业主确定给中标者发中标函，这时业主和中标者还要进行决标后的谈判，即将过去双方达成的协议具体化，并最后签署合同协议书，对价格及所有条款加以确认。

决标后，中标者地位有所改善，可以利用这一点，积极地、有理有节地同业主进行决标后的谈判，争取协议条款公正合理。有些过分苛刻的条款，一旦接受将会带来无法负担的损失，为此，即使冒损失投标保证金的风险也要拒绝业主的要求或退出谈判，以迫使业主让步。因为谈判时合同并未签字，中标者不受合同约束，也未提交履约保证。

在业主和中标者就价格和合同条款达成充分一致的基础上，签订合同协议书（在某些国家需要到法律机关认证）。至此，双方即建立了受法律保护的合作关系，招标、投标工作即告成功。

2. 合同的签订

合同签订的过程是当事人双方互相协商并最后就各方的权利、义务达成一致意见的过程。签约是双方意志统一的表现。不论是工程承包合同还是加工承揽合同，均属于经济合同。

一般国际工程承包项目均要求中标者在收到中标函后一定时期内（不超过 30 天）提交履约保证，否则，业主有权取消中标者的中标资格。

（1）合同订立时应遵循的基本原则

1）遵守国家法律和行政法规的原则。《中华人民共和国合同法》规定："当事人订立、履行合同，应当遵守法律、行政法规。"依据这一规定，当事人只有依法订立的合同才具法律约束力，才能实现当事人的经济目的。否则，即使是当事人协商一致订立的合同，也会因其违反法律或行政法规而无效，不仅不受法律的保护，还应为其违法行为承担法律责任。

2）遵循平等互利、协商一致的原则。《中华人民共和国合同法》规定："合同当事人的法律地位平等，一方不得将自己的意志强加给另一方"这一原则具体表现是：第一，合同中的当事人的法律地位无高低之分，不允许以大欺小，以上压下。第二，合同是当事人双方意见一致的表示，是在各自充分表达了意见，经过协商一致而达成的协议，不允许任何一方违背对方意志，而把自己的意志强加给对方。

（2）合同签订应考虑的问题　合同签订通常应考虑如下几方面的问题：

1）合同签订应该遵守的基本原则。

2）合同签订的程序。

3）合同的文件组成及其主要内容。

4）合同签订的形式。

（3）合同文件的组成　合同文件特别是国际工程承包合同文件的组成及其优先顺序为：

1）合同协议书及附录。

2）中标函。

3）投标书。

4）合同条件第二部分——通用条件。

5）合同条件第一部分——专用条件。

6）规范。

7）图样。

8）标价的工程量表。

在整个招标过程中，业主一方可能对招标内容作出某些修改，在投标和谈判过程中，承包商一方也可能会提出某些问题要求修改，经过谈判达成一致意见后，将之写入合同协议书备忘录（或称为附录），这份备忘录是合同文件的重要组成部分，备忘录写好并经双方同意后即可正式签署合同协议书。

合同协议书的范本可在中国工程咨询网 www.cnaec.com.cn 上查阅。

合同协议书由业主和承包商的法人代表正式授权委托的全权代表签署后，合同即开始生效。

六、案例分析

某公司 10 台 2m³ 压缩空气储罐（见图 1-2）的招标文件如下：

技术要求

1. 本设备按 GB 150.1～4—2011《压力容器》和 HG/T 20584—2011《钢制化工容器制造技术要求》进行制造、试验和验收，并接受 TSG R0004—2009《固定式压力容器安全技术监察规程》的检查和监督。
2. 焊接采用电弧焊，焊条牌号为 J426 或 J427；采用自动焊时，焊丝牌号为 H08A，焊剂为 431。
3. 焊接接头形式及尺寸除图中注明外，其余按 HG/T 20583—2011《钢制化工容器设计规定》中规定：对接焊缝为 DU4；接管与筒体、封头的焊缝为 G2(全焊透)；角焊缝的尺寸按接板的厚度，法兰的焊接按相应法兰标准中的规定。
4. 所有焊缝不得有裂纹、未焊透等缺陷；焊缝表面应打磨圆滑。
5. 设备 A、B 类焊缝按 JB/T 4730—2005《承压设备无损检测》标准进行每条焊缝 20% 的，且每条焊缝不小于 250mm 的 X 射线探伤，Ⅲ 级为合格。
6. 设备制造完毕，进行水压试验，试验压力为 1.15MPa(表压)，试验合格后把水排净吹干。
7. 设备管口方位按管口方位图。
8. 设备验收合格后，外表除锈去污，涂氯磺化底(铁扫)漆、面(灰)漆各两遍防腐。
9. 本设备的安全阀型号为 A44Y16C(DN40，PN1.6，密封面形式：RF)，安全阀开启压力为 0.85MPa。？
10. 所有有接管法兰的螺栓孔均跨中分布。
11. 所有有管法兰垫片均用中压耐油橡胶石棉垫。

技术特性表

项目	指标
工作压力/MPa	0.8
设计压力/MPa	0.92
工作温度	常温
设计温度/℃	50
工作介质	压缩空气
容积/m³	≈2.0
设计主要材质	Q235B、20钢
对接焊缝系数	0.85
腐蚀裕度/mm	1.5
容器类别	Ⅰ 类
设备使用年限/年	8

管口表

符号	公称尺寸	连接尺寸或标准	密封面形式	用途
a	40	HG2059e-2009 PN16	突面(RF)	排污口
b	125	HG2059e-2009 PN16	突面(RF)	空气进口
c	125	HG2059e-2009 PN16	突面(RF)	空气出口
d	40	HG2059e-2009 PN16	突面(RF)	安全阀接口
e	10			压力表口
f	450			人孔

设备净重：≈ 820kg

22	HG/T 21520-2002	人孔RF a=50-1.6	1	组合件		178	
21	JB/T 4736-2002	补强圈δ450×8-B	1	Q235B		12.7	
20	GB/T 3274	加强筋δ=4	1	Q235B		0.10	
19	GB/T 8163	接管φ14×3	1	20	0.20		L=250
18		压力表接头Z70=2-B20-L(=14	1	组合件		0.05	
17	GB/T 3274	吊耳	2	Q235B	2.0	4.0	见本图
16		椭圆封头标样EHA1000×8	2	Q235B	72.0	144	
15	A44Y16C	弹簧式安全阀DN40,PN1.6,RF	1	组合件		20.0	
14	GB/T 8163	接管φ33×4.5	1	20		1.73	L=120
13	GB/T 3274	筒体DN1000	1	Q235B		458	H=2150
12	GB12459	90°弯头aDN125	1	20		2.85	L=1.5D
11	GB/T 8169	接管φ133×4.5	1	20		2.85	L=200
10	HG 20592-2009	法兰PL125-16RF	1	Q235B	5.65	11.3	
9	JB/T 4736-2002	补强圈125×8-B	2	Q235B	1.62	3.24	
8	JB/T 4712.4-2007	支座A1-350	3	组合件		24.6	
7	JB/T 3985	密封垫δ=3	2	橡胶石棉			
6	GB/T 9163	接管φ45×3.5	2	20	0.45	0.90	L=100
5	HG 20592-2009	法兰PL40-16RF	2	Q235B	2.12	4.24	
4	HG20592-2009	法兰BL40-PN16RF	2	Q235B		2.35	
3	GB/T 95-2002	垫圈16	8	Q235A			
2	GB/T 6170-2000	螺母M16	8	B级			
1	GB/T 5782-2000	螺栓M16×55	8	B级			
序号	图号或标准号	名称	数量	材料	单重	总重	备注

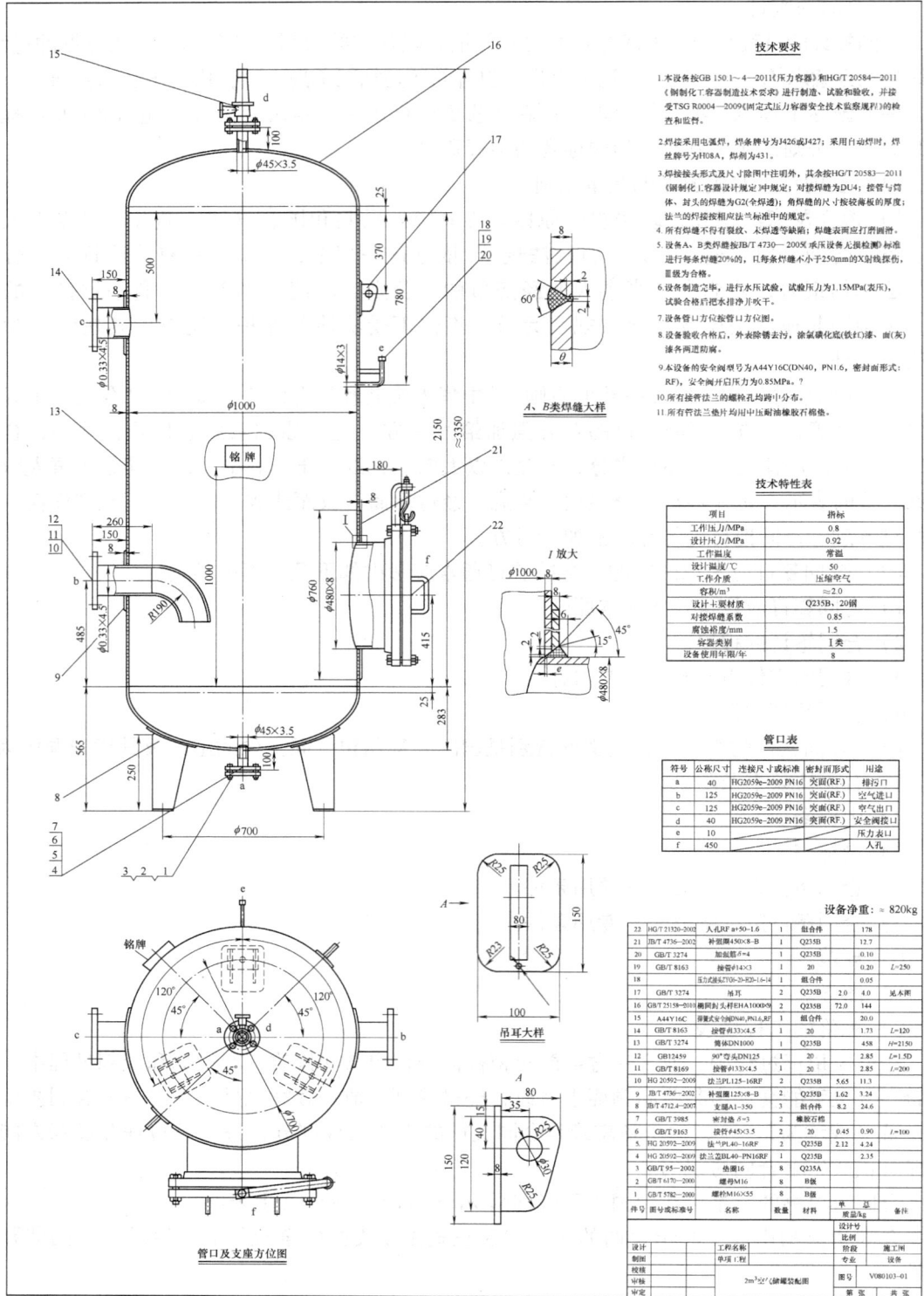

图 1-2　2m³ 压缩空气储罐结构图

1. 招、投标须知（封页、目录略）

（1）项目概况　该项目规划 10 台 2m³ 压缩空气储罐生产一次建成。

1）项目地址。中国××广西分公司工业区布置在××河南岸，××村以西、××街以北、××街以东地段。其中一、二期××厂、××厂布置在工业区的东部；××厂、××气站布置在工业区的西部；××厂、总仓库、运输部、公司办公区等布置在工业区的南部；××厂和××厂位于××河北岸，与工业区隔江相望。

2）工程概况。该工程项目由××厂区（包括氧化铝厂、热电厂、煤气厂、动力厂及公用工程等）、矿山等部分组成。其中矿山部分由××有色冶金设计研究院设计，××厂区由中国××设计研究院设计，工程项目由中国××工程有限责任公司进行 EPC（Engineering Procurement-Construetion 的缩写，其含义是对一个工程进行设计、采购、施工，与通常所说的工程总承包含义相似）总承包。

3）交通运输。南（宁）昆（明）铁路、黔桂公路和右江均从中国××广西分公司工业区侧通过。铁路火车交接站距厂内站仅 1.2km，厂内的公路已成网状结构，又有多处接口与黔桂公路相接。正在修建的南宁至××的高速公路在中国××广西分公司工业区西侧通过，交通极为方便。

（2）招标范围

1）本次招标范围为压缩空气储罐设备（10 台）加工制作和相应的备品备件、专用工具、技术资料及有关的技术服务等，共一个标段。

2）本标段的设备大多数需要整体热处理，另外对于有特殊要求的设备，制造厂应与招标人签订保密协议。

（3）投标人资质　合格投标人应具有圆满履行合同的能力，并应符合下列条件：

1）投标人具备独立法人地位和制造本设备的资格。

2）在专业技术、设备设施、人员组织、业绩经验（近三年内制造过压缩空气储罐等设备并运行良好）等方面具有设计、制造、质量控制、经营管理的相应资格和能力。

3）投标人的资产净值不少于投标金额的两倍以上。

4）投标人必须是 ISO9000 质量认证合格企业。

5）投标人在投标活动期间均应严格遵守中华人民共和国法律和法规。

6）投标人应不属于本招标规定的有腐败和欺诈行为的投标人。

（4）合格设备

1）投标人提供单机设备所涉及的设备、技术培训和技术服务等应来自于合格的原产地。合格的原产地是指单机设备或其部件的生产地为中华人民共和国或与中华人民共和国有正常贸易往来的国家或地区。

2）单机设备或其部件是通过制造、加工或用重要的和主要的原部件装配而成的，其基本特性或功能或效率应是商业上公认的、与原部件有着实质性区别的产品。

3）单机设备或其部件是全新的、技术先进的、质量优越的、没有设计上和材料及工艺上的缺陷。

4）国产的单机设备及其有关服务必须符合中华人民共和国的设计和制造生产标准或行业标准。

5）投标人应保证甲方在中华人民共和国使用该单机设备或其部件时，免受第三方提出的侵犯其专利权、商标权或工业设计权的起诉。

（5）投标费用　投标人应承担所有与准备和参加投标有关的费用。无论投标的结果如何，招标人对上述费用不承担任何责任和义务。

（6）招标文件

1）招标文件的组成。

①招标文件由总目录中的所有内容组成。

②招标人所做的一切有效的书面通知、修改及补充，都是招标文件不可分割的组成部分。

2）招标文件的澄清。要求对招标文件进行澄清的投标人应以书面形式通知招标人。投标截止期 15 日以前收到的对招标文件的澄清要求，招标人以书面形式予以答复，同时该答复提供给每个招标文件的购买人（答复中不标明问题的来源）。

3）招标文件的修改。

①招标人可因任何原因，在投标截止期前对招标文件进行修改，但应在投标文件截止时间至少 5 日前，以书面形式通知所有招标文件购买人。

②招标文件的修改将以书面形式通知所有招标文件的购买人，并对其具有约束力。招标文件的购买人在收到上述通知后，应立即向招标人回函确认。否则，投标人将被视为编制投标文件时已考虑了上述修改。

③招标文件的修改应考虑给投标人合理的时间制作相应的投标文件。招标人可酌情延长投标文件截止日期，并以书面形式通知招标文件购买人。

（7）投标文件

1）投标文件的语言。投标文件及投标人与招标人有关投标的往来函电使用的语言均以中文方式书写。投标人提交的支持性文件可以用另一种语言，但相应内容应翻译成中文，在解释投标文件时以中文译本为准。

2）投标文件的构成。

①投标函。

②开标一览表。

③投标报价表。

④分项报价表。

⑤偏离表。

⑥法定代表人授权书。

⑦投标（履约）保函。

⑧交货进度表。

⑨设备描述表。

⑩投标人资格报告表。

⑪其他有关证明资料。

⑫承诺书。

⑬技术资料清单。

⑭设计和制造标准。

⑮针对本项目的质量进度保证计划。

⑯其他事项。

3）投标函和投标价格。

①投标人应按要求，以招标文件指定的方式完整地填写投标函、开标一览表和投标报价表。

②根据技术条件规定的供货和责任范围，投标人应按开标一览表和投标报价表指定的格式报出分项价格和总价。

③投标人应按照招标文件规定的商务和技术条件进行报价。如投标人做出偏离，应在偏离表中列出，并提供由偏离所引起的价格差异。

④在所有报价表中，投标人应给出价格明细。

⑤投标人所报的价格在合同执行过程中是固定的，不得以任何理由予以变更。投标人提交非固定价格的投标文件将作为非响应性投标而予以拒绝。

4）投标货币。投标价应以人民币为货币单位。

（8）投标保证金及图样押金

1）投保人应按投标总价的5%提交投标保证金（最高金额为50万元），并作为其投标的一部分。

2）投标保证金可采用以下任何一种形式。

①银行本票、银行汇票、现金、转账支票（仅限于中国建设银行）。

②以现金提交保证金，应按招标文件提供的开户银行和账号，自行进账，在开标前向中国××工程总承包项目部财务部门提交进账单。

③由国内各商业银行、在国内营业的或与国内银行有代理业务关系的信誉良好的外国银行，以招标文件提供的格式或招标人可接受的其他格式出具的银行保函或不可撤销的信用证，其有效期应不超过投标有效期30日。

3）投标保证金收款单位有关资料。

收 款 单 位 名 称：中国××工程总承包项目部

开 户 银 行 账 号：450022669990088888

开 户 银 行 名 称：中国建设银行×××分行

邮　　　　编：53××00

财务部联系电话：07××－58××××9

联　　系　　人：李四

4）任何未提供可接受投标保证金的投标将被视为非响应性投标而予以拒绝。

5）未中标人的投标保证金，在招标人与中标人签订合同后14天内，原额退还给投标人（不计利息）。

6）中标人的投标保证金，在中标人按规定签订合同并按规定提供了所需的履约保证金后予以退还。

7）下列任何情况发生时，投标保证金将被没收。

①投标人在招标文件中规定的投标有效期内撤回其投标。

②中标人未能在规定的时间内签署合同。

③签署合同后，未能在规定的时间内提供履约保证金。

8）投标人从招标人处购买标书时，需向招标人财务部交纳4000元的图样押金。

9）图样押金在确定中标人，且收到投标人交回的招标人提供的所有图样及招标人财务部开具的收据原件后返回。

（9）证明投标人合格和其资格的文件

1）投标人应提交证明其有资格参加投标和中标后有能力履行合同的文件，并作为其投标文件的一部分。如果投标人为联合体，则联合体各方应分别提交资格文件、联合体协议并注明主办人。

2）投标人提交的合格性的证明文件应使招标人满意。

3）投标人提交的证明中标后能履行合同的资格证明文件应使招标人满意。

4）投标人法人资格证明文件。

①企业法人营业执照副本复印件、税务登记证复印件、中华人民共和国组织机构代码证复印件。

②法定代表人授权书。

③制造商授权书（仅适用于代理商投标）。

5）合格的设备和服务证明。

①生产许可证及企业等级证书，质量保证体系及质量认证证明复印件。

②投标产品的鉴定或检验报告、产品试验报告、用户意见等资料。

③专利及专有技术的合法使用证明材料。

6）履行合同的资格证明。

①提供上三年度企业经营和业绩介绍材料。

②上三年度经会计师事务所出具的财务审计报告、资产负债表及损益表（须加盖会计师事务所公章及注册会计师印章）复印件。

③银行信誉或资信等级证明。

④政府或工商行政管理部门颁发的重合同守信用证书。

⑤其他说明。

（10）证明货物的合格性和符合招标文件规定的文件

1）投标人应提交证明文件证明其拟供的货物和服务的合格性符合招标文件规定。

2）证明货物和服务与招标文件的要求相一致的文件（可以是文字资料、图样和数据），它包括：

①货物主要技术指标和性能的详细说明。

②货物在招标文件中规定的周期内正常、连续使用一年所需的备件和专用工具清单，包括备件和专用工具的货源及现行价格。

③对照招标文件技术规格，逐条说明所提供货物和服务已对招标人的技术规格作出了实质性的响应，或申明与技术规格条文的偏差。

3）投标人在阐述上述条款时应注意招标人在技术规格中指出的工艺、材料和设备的标准以及参照的牌号或分类号仅起说明作用，并没有任何限制性。投标人在投标中可以选用替代标准、牌号或分类号，但这些替代要实质上相当于原技术规格的要求，并且使招标人满意。

以上文件作为投标文件的一部分，投标时一并递交招标人。

（11）投标文件的有效期

1）投标文件应在投标截止日开始 60 天内保持有效。投标文件有效期不足的将被视为非响应性投标而予以拒绝。

2）特殊情况下，在投标有效期期满之前，招标人可要求投标人延长投标有效期。这种要求与答复均应以书面形式提交。投标人可拒绝招标人的这种要求，接受投标有效期延长的投标人不允许修正其投标。

（12）投标文件的制作和签署

1）投标人应编制投标文件正本和电子版本各一份，副本五份，每套投标文件必须清楚地标明"正本"和"副本"。如正本和副本不符，则以正本为准。

2）投标文件正本和所有副本均需打印，并由投标人或经其正式授权并对投标人有约束力的代表签字。投标文件的副本可采用正本的复印件。

3）投标文件中任何行间插字、涂改和增删，必须由投标文件签字人用姓或首字母在旁边签字或加盖印章方为有效。

2. 投标文件的递交

（1）投标文件的密封和标示

1）投标人应将投标文件正本和所有副本、电子版本分开，密封装在单独的信封中，信封上正确标明"正本""副本""电子版本"字样。上述所有信封应再封装在一个外装信封中。

2）为方便开标唱标，投标人应将开标一览表和投标保证金单独密封提交，并在信封上标明"开标一览表"和"投标保证金"字样。

3）外装信封应注明以下内容：

①招标人地址。

②招标编号、项目和单机设备名称。

③"［截标日期和时间］前不得启封"的字样。

4）内层信封应写明投标人名称和地址，以便其投标被拒绝时，能予以原封退回。

5）如果外层信封未按规定标示并密封，招标人将不承担错放或提前启封的责任。

6）所有投标文件的内、外层密封袋的封口处应加盖投标人印章（或密封章）。

（2）递交投标文件的截止日期

1）投标截止日期。×××年××月××日北京时间 8：30。

2）招标人可以酌情延长投标截止日期。在此情况下，招标人和投标人受投标截止日期制约的所有权利和义务均应延长至新的截止日期。

（3）迟交的投标文件　招标人将拒绝并退回招标文件规定的截止日期后收到的任何投标文件。

（4）投标文件的修改和撤回

1）投标人可以对其已递交的投标文件进行修改或撤回，招标人在投标截止日期之前收到的修改文件或撤回通知有效。

2）投标人的修改文件或撤回通知应按规定进行编制、签署、密封、标示和发送，并在外装信封上明显标明"投标文件修改书"或"投标文件撤回通知"字样。

3）从投标截止日期至投标文件有效期期满为止，投标人不得撤回其投标。

3. 开标与评标

（1）开标

1）开标时间。×××年××月××日北京时间 9：00。

2）开标地点。广西×××公司×××栋（项目部办公楼）一楼会议室。

3）开标包括投标文件修改书和投标文件撤回通知。出席开标仪式的投标人的代表应签名报到以证明其出席。

4）首先启封标明"投标文件撤回通知"字样信封，并宣读投标人名称，如符合规定，则该撤回的投标文件不予启封。

5）在开标时，招标人宣读投标人名称、修改和撤回投标的通知、投标价格、折扣声明、是否提交了投标保证金及招标人认为合适的其他内容。除了按照规定原封退回迟到的投标之外，开标时将不得拒绝任何投标文件。

6）无论是什么原因，在开标时没有启封和宣读的投标文件，在评标时将不予考虑。

7）招标人将按开标时宣读的内容填写开标记录。

（2）投标文件的符合性评审

1）招标人将对投标文件进行符合性评审，以确定投标文件是否完整、有无计算上的错误、文件是否已正确签署、投标文件的总体编排是否有序等。

2）计算错误将按以下方法更正。如果以单价和数量计算的结果与总价不一致，或分项价汇总之和与总价不一致，则以单价和分项价为准修改总价。如果用文字表示的数值与用数字表示的数值不一致，则以文字表示的数值为准。如果投标人不接受对其错误的更正，则其投标将被拒绝。

3）招标人允许投标文件中存在不构成实质性偏差的、微小的不正规、不一致或不规范。

4）在详细评标之前，招标人将判定每个投标文件是否完整，以及是否实质性响应了招标文件的要求。实质性响应是指无实质性偏离、反对、设定条件或提出保留，与招标文件要求的全部条款、条件和规格相符。实质性偏离是指：

①实质性影响合同的范围、质量和履行。

②实质性违背招标文件，限制了招标人的权利和中标人合同项下的义务。

③不公正地影响了其他作出实质性响应的投标人的竞争地位。

5）招标人对投标文件响应性的判定基于投标文件本身的内容，而不寻求外部的证据。

6）如果投标没有实质性响应招标文件的要求，则其投标将被拒绝，投标人不得通过修正或撤销不合要求的偏离或保留从而使其投标成为实质性响应的投标。如发现下列情形之一，则其投标将被拒绝：

① 投标人未提交投标保证金或保证金金额不足、保函有效期不足、投标保证金或出证银行不符合招标文件要求。

② 资格证明文件不全，如代理投标人未提供有效的乙方和服务供应商的授权书等。

③ 超出经营范围投标。

④ 投标人资产净值少于投标总价。

⑤ 投标书无法定代表人签名，或签字人无法定代表人有效授权书。

⑥ 业绩不满足招标文件要求。

⑦ 投标有效期不足。

⑧ 不满足技术规格中主要参数、技术要求和超出偏差范围。

⑨ 投标附有招标人不能接受的条件。

⑩ 低于成本价的投标。

⑪ 不符合招标文件中规定的其他实质性要求。

7）招标人只对在符合性评审中确定为实质性响应的投标文件进行进一步的详细技术和商务评审。

（3）投标文件的澄清

1）在评标期间，招标人可要求投标人对其投标文件进行澄清，但澄清的要求和答复除对招标人有利的条件外，不得改变投标文件的内容。有关澄清的要求和答复应以书面形式提交。

2）投标人不按照要求对投标文件进行澄清、说明或者补正的，招标人可以否决其投标。

（4）评标组织机构　由承包商和业主双方共同组成招标人，依法成立技术评标和商务评标小组。整个工程的招标活动应在纪检、监察等主管部门的监督下进行。

（5）评标

1）评审项目内容。

① 法定资质条件，如法人委托书、注册资本。

② 设备制造资质、体系认证。

③ 符合性、技术性和商务性程度，技术性能偏差。

④ 企业信誉、近三年在相关行业成功的业绩。

⑤ 商务报价。

⑥ 制造装备水平。

⑦ 质量目标。

⑧ 供货期，售货服务（含备品、备件供应）。

2）技术评标的主要内容。

① 产品所采用的技术及工艺装备的先进性。

② ×××行业应用业绩。

③ 产品技术归属。

④ 投标产品在招标文件所示条件下使用性能的稳定性。

⑤ 投标产品的主要技术指标比较。

⑥ 产品质量认证。

⑦ 加工工艺及检测措施。

⑧ 原材料。

⑨ 产品维护、安全性能。

⑩ 经营业绩。

⑪ 组织体系及质量认证体系。

⑫ 经营状况。

3）商务评标的主要内容。

① 商务报价。

② 备件与专用工具。

③ 质保期。

④ 培训。

⑤ 售后服务。

4．中标人的确定

（1）中标条件

1）投标文件符合招标文件的要求。

2）提供的设备技术先进、安全可靠、配置合理、配套齐全。

3）合理低价并对甲方有利。

4）能保证质量和交货期。

5）能长期优惠供应备品备件。

6）能提供良好的售后服务。

（2）中标通知书

1）在投标有效期期满之前，招标人以书面形式向中标人发出中标通知书。中标通知书将构成合同的一部分。

2）招标人对未中标单位发放未中标通知书，但对投标人未中标原因不作解释。

5．合同的签署

（1）合同的签署文件

1）中标人应在收到中标通知书15日内与甲方签订合同。

2）甲方在签署合同时有权在"投标人须知"规定的范围内对货物数量和服务内容予以增加或减少，但不得对单价或其他的条款和条件进行任何改变。

（2）履约保证金

1）乙方应在收到中标通知书后15天内，向甲方提交中标金额5%的履约保证金。

2）履约保证金用于补偿甲方因乙方不能完成其合同义务而蒙受的损失。

3）履约保证金应采用人民币，并采用下述方式之一提交。

① 由国内银行、在国内营业或与国内银行有代理业务关系的信誉好的国外银行，以招标文件提供的格式或招标人可接受的其他格式出具的银行保函或不可撤销的信用证。

② 银行本票、保兑支票、现金、银行汇票。

4）履约保证金收款单位有关资料。

收款单位名称：中国××工程总承包项目部

开户银行账号：4500226699900 88888

开户银行名称：中国建设银行×××分行

邮　　　　编：53××00

财务部联系电话：07××－58×××9

联　　系　　人：李四

5）在乙方完成其合同义务包括任何保证义务后30天内，甲方将把履约保证金退还乙方。

（3）腐败和欺诈　招标人、投标人等参与招投标的各方，均应在招标、采购、合同执行等过程中保持廉洁和恪守道德。

1）腐败和欺诈行为。

① 腐败行为是指在招标、采购和合同执行等过程中，为谋求利益，影响相关人员而提供、给予、接受或索取任何有价物，并导致损害招标人及他人利益的行为。

② 欺诈行为是指为了影响招标、采购和合同的执行等过程而隐瞒事实，从而给招标人及他人造成损害的行为，其中包括投标人之间相互串通投标报价，投标人与招标人串通投标，其旨在使投标价成为人为的、无竞争的价格，并使招标人无法从自由公开的竞争中受益。

2）如果被推荐的中标人有腐败和欺诈行为，则将取消其中标。

3）投标人在任何时候，被法院及政府有关管理部门认定为有腐败和欺诈行为，招标人都有权拒绝其投标、取消其中标资格、撤销已签署的合同。

6. 技术条件（合同主要条款略）

（1）总则

1）本技术条件仅限于中国×××公司的压缩空气储罐等设备制作，它包括设备本体及其部件的功能设计、结构、性能、制造、安装和试验等方面的技术要求。

2）本技术条件提出的为最低限度的技术要求，并未对所有技术细节作出规定，也未充分引述有关的标准和规范的条文，供应商应提供符合本技术条件和有关工业标准的优质产品，供应商视情况可提供更优化的方案。

3）如果供应商没有以书面形式对本技术条件的条款提出异议，则意味着供应商提供的设备完全符合本技术条件的要求。如有异议，则应在报价书中以"对技术条件的意见和同技术条件的差异"为标题的专门章节中加以详细描述。

4）本技术条件使用的标准如与供货商所执行的标准发生矛盾，则按较高标准执行，在此期间若颁布有更高要求的技术标准及规定、规范，则应以最近的技术标准、规定、规范执行。

5）在签订合同后，甲方有权提出因技术标准、规定和规范及工程条件发生变化而产生的一些补充要求，所提出问题由供需双方共同协商解决。

6）应在相应工程或相似条件下，有两台及以上产品的运行经验（运行时间超过两年，并已证明安全可靠）。

7）只有甲方有权修改本技术条件。合同谈判将以本技术条件为蓝本，经修改后最终确定的文件将作为合同的一个附件，并与合同文件有相同的法律效力。双方共同签署的会议纪要、补充文件等也与合同文件有相同的法律效力。

8）合同签订后，供应商和配套方应按照甲方的时间、要求，提供所需要的设计、施工文件及设备资料等，并按照工程进度要求随时修正。

（2）技术说明 压缩空气储罐设备是××工程中的重要部分，也是确保形成××生产能力的关键工程。中国×××公司××三期工程年产100万t的产品系统有压缩空气储罐（属Ⅰ类钢制压力容器）20台、辅助支架12个等设备，设备的总质量约40.3t。

（3）制造执行标准和规范

1）GB150.1～4—2011《压力容器》。

2）TSG R0004—2009《固定式压力容器安全技术监察规程》。

3）GB/T 985.1—2008《气焊、焊条电弧焊、气体保护焊和高能束焊的推荐坡口》。

4）GB/T 985.2—2008《埋弧焊的推荐坡口》。

5）GB/T 1804—2000《一般公差 未注公差的线性和角度尺寸的公差》。

6）NB/T 47027—2012《压力容器法兰用紧固件》。

7）NB/T 47014—2011《承压设备焊接工艺评定》。

8）NB/T 47015—2011《压力容器焊接规程》。

9）GB/T 25198—2010《压力容器封头》。

10）JB/T 4730.1～6—2005《承压设备无损检测》。

11）NB/T 47008—2010《承压设备用碳素钢和合金钢锻件》。

12）《压力容器制造质量保证手册》。

（4）主要技术要求　压缩空气储罐按 GB 150.1~4—2011《压力容器》进行设计、制造、试验和验收，并应符合 TSG R0004—2009《固定式压力容器安全技术监察规程》的规定。壳体应按图样要求进行整体热处理或局部热处理，以消除焊接应力。A 类、B 类焊缝也必须按 JB/T 4730.1~6—2005《承压设备无损检测》规定进行射线检测，不低于图样要求为合格。设备铭牌采用不锈钢制作，耐腐蚀。

第二节　焊接生产项目成本计划

完成焊接生产项目任务，实现生产目标，需要人力资源及设备、材料、设施等物质资源，这些资源的取得无一例外地是以付出一定的成本为代价的。生产管理人员必须编制生产预算，制订成本计划，严格控制，才能使项目能够在额定的预算范围内，按时、按质、经济、高效地完成。本节结合焊接生产特点，讲述焊接结构生产项目的预算方法。

一、预算

预算是指在生产前，根据已批准的施工图样和既定的施工方法，按照特定方法计算的生产费用（直接费、间接费）和利税。

目前，常用的预算方法是单价法、实物量法和综合指标法。

二、单价法（预算定额法）

通常，我们将生产项目按性质、部位划分为若干个分项工作（划分的粗细与所采用的定额相适应）。各分项工作费用由各分项工作的劳动量（或称工程量）分别乘以相应的定额单价求得，而定额单价由所需的人工、材料、机械台班的数量分别乘以相应的人、材、机价格求得。再按规定加上相应的有关费用（其他直接费、间接费、企业利润）和税金后构成预算价格。

自新中国成立至今，我国一直沿用前苏联的这种单价法来预测造价。日本、德国等一些国家也采用单价法，但没有统一的定额和取费标准。

1. 定额

所谓定额，是指在一定的外部条件下，预先规定完成某项合格产品所需要素（人力、物力、财力、时间等）的标准额度。它反映了一定时间的社会生产水平。

定额按我国现行管理体制和执行范围划分，有全国统一定额、全国行业定额、地方定额、企业定额。定额按用途不同，又可划分为预算定额和生产定额。

生产定额又称为劳动定额，一般都是在企业内部使用的，是企业组织生产和管理所依据的技术文件。在本章的第三节将对焊接生产劳动定额的计算给予介绍。

使用定额，应吃透定额的有关规定，注意专业专用。如钢结构厂房钢柱、钢梁的制作安装工程预算，应选用《全国统一建筑工程预算定额》；压力容器的制作安装工程预算，应选用《全国统一安装工程预算定额》。

2. 预算编制依据

编制焊接生产预算应主要依据下列各项：

1）生产图样。

2）预算定额。在我国，很多焊接结构生产可套用原建设部批准的《全国统一安装工程预算定额》。

3）地区定额站批准的材料预算价格（又称为信息价）。预算价格包含材料供应价、材料市内运杂费和场外运输损耗、采购和保管费等。远离城市的偏僻地区，需要单独编制材料预算价格，以区别因地点不同、运费不同，导致价格的不同。

4）单价估价表是根据现行的预算定额，地区工资标准，地区材料预算价格，机械台班费以及水、电、动力资源价格等编制的，它是预算定额在该地区的具体表现形式，也是该地区编制工程预算最直接的基础资料。

5）与定额相配套的工程量计算规则。如与《全国统一安装工程预算定额》配套的工程量计算规则是 GUDGZ-201—2000《全国统一安装工程预算工程量计算规则》。

6）国家或省、市规定的各类取费标准。

7）生产组织设计（施工方案）或技术组织措施等。

8）工具书和有关手册。可利用常用数据、计算公式进行金属材料的换算，如钢材、管材、导轨，按施工图样可以计算出长度、面积或体积，还必须将其换算成质量，才能套用预算单价。

9）合同或协议。发包和承包双方签订的合同（或协议）有关条款规定，也是编制预算的依据之一。如是否采取施工图预算加系数包干，在合同（或协议）中均有明确规定。

3. 费用的组成

在单价法预算中，产品造价通常由直接费、施工管理费、独立费和利润组成，如图 1-3 所示。

（1）直接费　直接费是指直接用于生产上的，并能区分和直接计入产品价值中的各种费用，包括人工费、材料费、机械费和其他直接费。

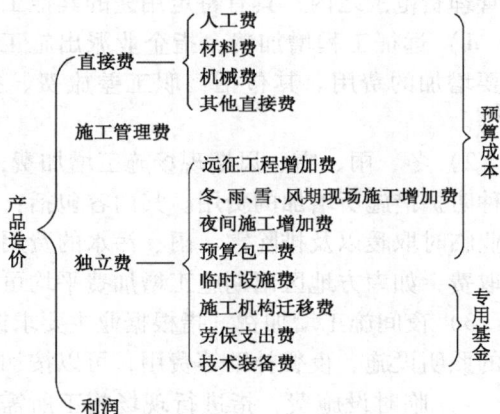

图 1-3　单价法预算费用组成

1）人工费指直接从事生产的工人和附属辅助生产工人的基本工资、工资性津贴。在定额中，不分列工种和技术等级，一律以综合工日表示，内容包括基本用工、超远距离用工和人工幅度差。

2）材料费包括直接消耗在结构制作安装内容中的主要材料、辅助材料、零星材料费用及施工措施性消耗的周转材料摊销费，材料的价格及主要材料损耗率在定额中均有明确规定。

3）机械费指工程施工生产过程中使用机械所发生的费用。在《全国统一安装工程预算定额》中规定的机械使用费台班单价是按 1998 年原建设部颁发的《全国统一施工机械台班费用定额》计算的。单位价值在 2000 元以内，使用年限在两年以内的不构成固定资产的工具、用具（如手提式角磨机）等未计入定额。

4）其他直接费指预算定额和施工管理费定额规定以外的施工生产需要的水、电、蒸汽和其他直接费用，以及因场地狭小等特殊情况而发生的材料二次搬运费。

（2）施工管理费（又称为间接费）　施工管理费是指为组织和管理生产施工所发生的各项管理费用，这些费用不能区分和直接计入工程或构件价值中，只能按照规定的计算基础和取费计算，间接地摊入工程价值中去。其内容包括：工作人员工资、生产工人辅助工资、工资附加费、办公费、差旅交通费、固定资产使用费、工具用具使用费、劳动保护费、检验试验费、职工教育经费、利息支出、上级管理费、场地清理费等。

这里需要特别指出的是，焊接结构生产中所进行的焊接工艺评定、产品试样试验及产品无损检测、压力试验等所发生的费用均属于直接费。施工管理费中的检验试验费是指业主要求对有出厂证明的材料、构件进行试验和其他特殊要求检验试验的费用，如制造Ⅲ类压力容器时对钢材进行超声波检测所需要的费用即属于施工管理费中的检验试验费。

施工管理费的取费计算基础目前有三种：

1）以直接费为基础计取，这是多数地区采用的方法。

2）以人工费加机械费为基础计算。

3）以人工费为基础计取。

关于具体的取费费率，各省、市、地区会结合本地区具体情况有明确规定。

（3）独立费　独立费是指为进行工程施工而发生的，但又不包括在工程的直接费和施工管理费范围之内，具有特定用途的其他工程费用，其取费标准由各省、市制定。

1）远征工程增加费，指企业派出施工力量到远郊区焊接结构安装现场承担工程任务需要增加的费用。其包括：职工差旅费、探亲路费和工资、流动施工津贴、生活用车费用等。

2）冬、雨、雪、风期现场施工增加费，指施工单位在冬、雨、雪、风期现场施工采取各种防护措施所增加的费用。其内容包括：材料费、人工费、防护设施费、冬季施工室内外作业临时取暖以及排除雪、雨、污水的费用。为简化计算手续，多数地区规定按常年摊销办法取费，如南方地区雨期施工增加费平均可占直接费的 0.5% ~ 0.7%。

3）夜间施工增加费，指根据业主要求或设计和施工的技术要求，在夜间连续施工而发生的照明设施、夜餐补助等费用，可以按加班人数，每人每班以元计算。

4）临时设施费，指进行现场施工所需的生产和生活用的临时设施的费用。各地区规定的范围不尽一致，有的包括大型和小型临时设施，有的只包括大型临时设施。大型临时设施包括临时宿舍、文化福利用房、通信工程、给排水工程、供热和供电管线、围墙等；小型临时设施是指施工过程中搭设的小型设施，如储水池、工具棚、宿舍区的食堂、卫生间和播音室。

（4）利润　利润是指安装企业完成工程后可计取的利润，一般其取费基础是直接费、施工管理费和独立费中的远征工程增加费、冬雨雪风期施工增加费、夜间施工增加费、预算包干费等所构成的生产预算成本。

4. 预算方法步骤

1）熟悉图样，包括说明、技术要求、目录等内容，熟悉所采用的生产标准。

2）熟悉施工组织设计（或生产方案）。

3）熟悉预算定额单价表的内容和使用方法，学习工程量计算规则。

4）计算工程量。

①必须按照相应工程量计算规则所制定的计算方法，进行工程量计算。

②各分项工程应按定额项目的顺序，循序逐项进行计量，避免重复和遗漏。在计算焊接结构生产工程量时，应按生产施工主要过程来划分。按照项目管理理论，生产过程即为项目

活动，以完成一个完整的可交出物（而非工序、工步）来界定。焊接结构生产过程可分为制作、无损检测、热处理、压力试验、脱脂钝化、现场安装等。

③计算单位以物理单位（如立方米、吨）或自然单位（如个、台、套、组）来表示，且必须与工程量计算规则的规定相符合。

5）编制工程预算书。

①将各分项计算出的工程量，按照顺序逐项填入工程量计算表。

②按照工程量，套用相应定额单价表的单价，计算出各项目的直接费用。

③根据施工组织设计，计算其他直接费、独立费。

④汇总直接费。

⑤按照各省、市、地区所规定的取费费率计算施工管理费、利润和税金。

⑥汇总。

三、实物量法（成本计算估价法）

实物量法是按具体的生产条件和生产组织设计，对生产过程进行资源配置而编制造价文件的一种方法。这是目前国际上，特别是英国、美国等发达国家普遍采用的预算编制方法，已成为当今国际上的一种惯例。

1. 实物量法基本原理

实物量法预测造价，是根据确定的生产工序、生产工艺及劳动组合，计算各种资源（人、材、机）的消耗量，用当时当地的资源预算价格乘以相应资源的数量，求得完成项目生产任务的基本直接费用。其他费用的计算可与单价法类似，费率由各企业根据生产施工方案分析确定。

实物量法的基本原理可以用公式来表示：

项目预算直接费 = 材料费合计 + 人工费合计 + 机械费合计 + 外购件费用合计 = Σ（工序工程量 × 材料预算耗用量 × 当地当时材料预算价格） + Σ（工序工程量 × 人工预算耗用量 × 当地当时人工工资单价） + Σ（工序工程量 × 机械预算耗用量 × 当地当时机械台时或台班单价） + Σ（外购件数量 × 当地当时外购件单价）

2. 实物量法计算的一般步骤

（1）直接费分析

1）以产出物为界定标准确定项目活动，如封头制作、筒体制作、封头与筒体的装配等。

2）确定各项目活动所包含的工序，如筒身制作包括划线、切割、卷圆、焊接和检验等。

3）确定各工序加工方法，如筒身纵缝的焊接采用埋弧焊。

4）根据所要求的生产进度确定每个工序的生产强度，据此确定设备和劳动力的组合。

5）根据生产施工进度计算出人、材和机的总数量。

6）人、材、机总数量分别乘以相应的基础价格，计算该生产项目的总直接费用。

（2）间接费分析　间接费是指间接成本，它包括生产管理费用、准备工作费用、财务费用（贷款利息）等。间接费分析是根据整个焊接生产项目的生产规模及生产规划、工期，确定生产管理机构和人员设置、车辆配置，并根据间接费包含的内容如办公费、办公设备费等计算生产管理费。

（3）承包商加价分析　根据结构施工特点和承包商的经营状况、市场竞争状况等因素，具体分析确定承包商的总部管理费、中间商的佣金，以及承包人不可预见费、利润和税金。

（4）项目风险分析　根据生产项目的规模、结构特点，以及劳动力、设备材料等市场供求状况，进行项目风险分析，确定不可预见准备金。

（5）项目总成本　直接费、间接费、承包商加价三部分之和，再加上用实物量法分析求出的施工生产准备的费用、有关公共费用、保险及不可预见准备金等，即得项目总成本。

3. 实物量法编制造价的关键——生产施工规划

采用实物量法编制成本计划（造价）是针对每个具体生产项目"逐个量体裁衣"，在施工图设计满足需求的前提下，关键在于能否编制出一个切合实际的生产施工规划。这个规划又称为施工组织设计。我们在第二章将对如何编制这个规划给予详述。

四、综合指标法

1. 指标（理论）估价法

根据各制造厂或其他有关部门收集来的各种类型的非标准设备制造或合同价格资料，经过统计分析后综合平均得出每吨产品的价格，再根据这个价格进行估价的方法称为指标估价法。

（1）计算公式

$$P = QM \tag{1-1}$$

式中　　P——产品的出厂价格（元/台）；

　　　　Q——产品的净重（t/台）；

　　　　M——该类设备每吨的理论价格（元/t）。

（2）优缺点

1）此法的优点是：

①应用范围广。一般工程均可采用，当无详细设备制造价时，可采用此法作价。

②方法简单，适应性强。只要有实际制造资料或订货合同价格，均可求出理论估价数据。

③数据简单，估价速度快。

2）此法的缺点是：

①当调查不周时，准确程度较低。

②没有反映出市场信息和动态因素的影响。

2. 系列（或类似）产品插入估价法

在系列（或类似）的机电产品中，只有一个或几个产品没有价格时，可根据其邻近产品的价格用插入法求出补充价格。所谓插入法就是在该系列（或类似）产品中，找出它邻近的比它稍大的和比它稍小的产品价格及其相应的质量，将大小两种类似产品的价格平均，求出每吨价格指标后，再乘以所求产品质量即得产品价格。

（1）计算公式

$$P = (P_1/Q_1 + P_2/Q_2)Q/2 \tag{1-2}$$

或

$$P = (P_1 + P_2)Q/(Q_1 + Q_2) \tag{1-3}$$

式中　　P——拟计算设备的价格（元/台）；

　　　　Q——拟计算设备的质量（t）；

　Q_1、Q_2——与拟计算设备相邻的设备的质量（$Q_1 < Q < Q_2$）；

P_1、P_2——与 Q_1、Q_2 相对应的设备价格（元/台）。

此法的优点是：

①计算简单、方便、速度快。

②用于系统标准设备当中的非标准设备估价，具有一定的准确度。

此法的缺点是：

①应用范围窄。

②适应性差。

（2）插入法举例

设备质量 $Q_1 = 3t$，$Q_2 = 5t$

设备价格 $P_1 = 2000$ 元/台，$P_2 = 3000$ 元/台

试求质量为 4t 的设备的价格 P。

$$P_{\mathrm{I}} = \frac{P_1/Q_1 + P_2/Q_2}{2}Q = \frac{2000/3 + 3000/5}{2} \times 4 \text{ 元／台} = 2533.3 \text{ 元／台}。$$

或代入式（1-3）得

$$P_{\mathrm{II}} = \frac{P_1 + P_2}{Q_1 + Q_2}Q = \frac{2000 + 3000}{8} \times 4 \text{ 元／台} = 2500 \text{ 元／台}$$

故 $P_{\mathrm{I}} \approx P_{\mathrm{II}}$ （2533.3 元/台 ≈ 2500 元/台）

第三节 生产定额的计算

生产定额是生产项目中各项具体工作的成本控制标准。本章第二节中所介绍的国家预算定额虽然也可以作为生产定额使用，但由于其"共性"太强，与实际生产消耗有较大偏差，因此很多企业都自行编制企业内部使用的生产定额，以便开展项目成本控制。

一、定额编制方法

1. 技术测定法

技术测定法是深入生产现场，应用计时观察和材料消耗测定的方法，对各个工序进行实际测量、查定、取得数据，然后对这些资料进行科学的整理分析，拟定成定额。这种方法有较充分的科学依据，有较大的说服力，但工作量较大。它适用于产品结构简单、经济价值大的生产项目。

2. 统计分析法

统计分析法是根据生产实际中的工、料、台时消耗和产品完成数量的统计资料，经科学的分析、整理，剔去其中不合理的部分后，拟定成定额。

3. 调查研究法

调查研究法是和参加施工生产的老工人、班组长、技术人员座谈讨论，将他们在生产实践中积累的经验和资料，加以分析整理而形成定额。

4. 计算分析法

这种方法大多用于材料消耗定额和一些机械的作业定额。其方法为在一定生产工艺下，根据施工图计算劳动量或工程量，从而计算定额。

二、焊条电弧焊的焊接定额计算

1. 焊条消耗定额的计算

单件焊条消耗量 $g_条$（g）可按下列公式计算

$$g_条 = AL\rho(1 + K_b)/K_n \tag{1-4}$$

式中　A——焊缝熔敷金属横截面面积（cm^2），根据焊接接头及坡口形式不同，按表 1-1 中的公式计算；

　　　L——焊缝长度（cm）；

　　　ρ——熔敷金属密度（g/cm^3）；

　　　K_b——焊条药皮的重量系数，见表 1-2；

　　　K_n——金属由焊条到焊缝的转熔系数，包括烧损、飞溅及焊条头损失在内，见表 1-3。

表 1-1　焊缝熔敷金属横截面面积计算公式

序号	焊缝名称	焊接接头及坡口形式和尺寸/mm	计算公式
1	单面 I 形焊缝		$A = \dfrac{1}{100}\left(\delta b + \dfrac{2}{3}ch\right)$
2	I 形焊缝		$A = \dfrac{1}{100}\left(\delta b + \dfrac{4}{3}ch\right)$
3	V 形焊缝（不作封底焊）		$A = \dfrac{1}{100}\left[\delta b + (\delta - p)^2\tan\dfrac{\alpha}{2} + \dfrac{2}{3}ch\right]$
4	单边 V 形焊缝（不作封底焊）		$A = \dfrac{1}{100}\left[\delta b + \dfrac{(\delta - p)^2\tan\beta}{2} + \dfrac{2}{3}ch\right]$
5	U 形焊缝（不作封底焊）		$A = \dfrac{1}{100}\left[\delta b + (\delta - p - r)^2\tan\beta + 2r(\delta - p - r) + \dfrac{\pi r^2}{2} + \dfrac{2}{3}ch\right]$
6	V 形、U 形焊缝的根部不挑根的封底焊缝		$A = \dfrac{1}{100}\times\dfrac{2}{3}c_1 h_1$
7	V 形、U 形焊缝的根部挑根封底焊缝		$A = \dfrac{1}{100}\left(p^2\tan\dfrac{\alpha_1}{2} + \dfrac{2}{3}c_1 h_1\right)$

（续）

序号	焊缝名称	焊接接头及坡口形式和尺寸/mm	计算公式
8	保留钢垫板的 V 形焊缝		$A = \dfrac{1}{100}\left(\delta b + \delta^2 \tan\dfrac{\alpha}{2} + \dfrac{2}{3}ch\right)$
9	X 形焊缝（坡口对称）		$A = \dfrac{1}{100}\left[\delta b + \dfrac{(\delta-p)^2\tan\dfrac{\alpha}{2}}{2} + \dfrac{4}{3}ch\right]$
10	K 形对接焊缝（坡口对称）		$A = \dfrac{1}{100}\left[\delta b + \dfrac{(\delta-p)^2\tan\beta}{4} + \dfrac{4}{3}ch\right]$
11	双 U 形焊缝（坡口对称）		$A = \dfrac{1}{100}\left[\delta b + 2r\ (\delta-2r-p)\ + \pi r^2 + \dfrac{(\delta-2r-p)^2\tan\beta}{2} + \dfrac{4}{3}ch\right]$
12	开 I 形坡口的角焊缝		$A = \dfrac{1}{100}\left(\dfrac{K^2}{2} + Kh\right)$
13	单边钝边 V 形角焊缝		$A = \dfrac{1}{100}\left[\delta b + \dfrac{(\delta-p)^2\tan\alpha}{2} + \dfrac{2}{3}ch\right]$
14	K 形 T 字头接头焊缝		$A = \dfrac{1}{100}\left[\delta b + \dfrac{(\delta-p)^2\tan\alpha}{4} + \dfrac{4}{3}ch\right]$

表1-2　药皮的重量系数 K_b		
J422	J424	J507
0.42~0.48	0.42~0.5	0.38~0.44

表1-3　焊条的转熔系数 K_n		
J422	J424	J507
0.77	0.77	0.79

2. 工时定额的计算

电弧焊的工时定额由作业时间、布置工作地时间、休息和生理需要时间以及准备结束时间四个部分组成。

（1）作业时间（$T_作$）　作业时间是直接用于焊接工作的时间。作业时间按其作用不同可分成基本时间（$T_基$）和辅助时间（$T_辅$）两项，即

$$T_作 = T_基 + T_辅 \tag{1-5}$$

1）基本时间（$T_基$）是指直接进行焊接的时间。可按下列公式计算求得

$$T_基 = \frac{m}{d_H I} \tag{1-6}$$

式中　d_H——熔敷系数 [g/（A·min）或 g/（A·h）]，见表1-4；

I——焊接电流（A）；

m——熔敷金属总质量（g），$m = AL\rho$。

表1-4　常用焊条的熔敷系数（d_H）

熔敷系数　＼　焊条牌号	J422	J424	J507
d_H/ [g/（A·h）]	8.25	9.7	8.49
d_H/ [g/（A·min）]	0.138	0.162	0.142

注：1. $T_基$ 单位用"min"时，d_H 单位应采用 [g/（A·min）]。

2. $T_基$ 单位用"h"时，d_H 单位应采用 [g/（A·h）]。

2）辅助时间（$T_辅$）是指为保证实现基本工作而执行的各种操作所消耗的时间。它包括以下部分。

①更换焊条时间（t_1）。更换焊条时间是以焊缝金属的体积乘以熔敷 $1cm^3$ 焊条金属所需要的平均更换焊条时间（见表1-5）求出的。

表1-5　熔敷 $1cm^3$ 焊条金属所需要的平均更换焊条时间　　　　（单位：min）

焊条直径/mm	焊条长度/mm	焊缝的空间位置	
		平焊、立焊、横焊	仰焊
3	350	0.098	0.141
4	450	0.040	0.059
5	450	0.260	0.038
6	450	0.018	0.026

②测量和检查焊缝时间（t_2）。测量和检查焊缝时间是以焊缝长度（m）乘以表1-6中每米焊缝所需要的时间来确定的。

表1-6　每米焊缝所需要的时间

焊缝的空间位置	每米焊缝所需要时间/min
平焊、立焊或横焊	0.35
仰　　焊	0.50

③清理焊缝和边缘时间（t_3）。清理焊缝和边缘时间与焊缝长度（m）和熔敷金属的层

数有关，可按下式求得

$$t_3 = L[0.6 + 1.2(n - 1)] \qquad (1\text{-}7)$$

式中　n——层数；

　　　L——焊缝长度（m）。

④焊件翻身时间（t_4）。焊件翻身所需要的时间与焊件的质量有关，见表1-7。

表1-7　焊件翻身所需要的时间

焊件质量/kg	20	30	50	100	200	300	500	800	1000	1500	2000	3000
需要时间/min	5	7	10	11	12	13	15	17	20	25	30	40

⑤焊缝打钢印时间（t_5）。焊缝打钢印时间即焊接后，焊工在焊缝旁打上自己代号的标记所需要的时间，一般取 0.5min。

因此，总的辅助时间为

$$T_辅 = t_1 + t_2 + t_3 + t_4 + t_5 \qquad (1\text{-}8)$$

（2）布置工作地时间（$T_布$）　布置工作地时间是用于照料工作地以保持工作地处于正常工作状态所需要的时间。它包括工具的放置、接电源线、电源的接通和调整、电源的关闭及工具和工作场地的收拾等所消耗的时间。

布置工作地时间一般为基本时间的 3%。如果工作地在室外或工地上，则可将时间指标增大到 5%。

（3）休息和生理需要时间（$T_休$）　休息和生理需要时间是指工人休息、喝水和上厕所等所消耗的时间，它决定于工作条件和生产条件。其具体时间如下：

1）在方便位置进行焊接时 $T_休 = 5\% T_基$。

2）在不方便位置进行焊接时 $T_休 = 7\% T_基$。

3）在紧张的条件下焊接时 $T_休 = 10\% T_基$。

4）在密闭容器内焊接时 $T_休 = 17\% \sim 20\% T_基$。

（4）准备结束时间（$T_准$）　准备结束时间是指为了焊接某一批焊件所消耗的准备时间和结束时间。它包括：领取生产任务单、图样和工艺卡片，了解工作、工艺规程和焊接参数，听取班组长指示，准备工作地和工夹具，工作开始时调整设备，将完成的产品交班组长和检验员验收所消耗的时间。

准备结束时间的特点是每加工一批焊件只消耗一次，其时间长短与零件的批量无关，因此一般不包括在单件工时定额中。

根据焊接工作的复杂程度不同，准备结束时间确定如下：

1）简便的工作 10min。

2）中等复杂的工作 17min。

3）复杂的工作 24min。

因此，工时定额的计算顺序如图 1-4 所示。

例　已知容器筒体材料是 Q235A，板厚8mm，长度5600mm，分为三个筒节，长度分别是 2000mm、1800mm、1800mm。其纵缝接头形式如图 1-5 所示，采用 $\phi3.2$mm 的 J422 焊条焊接，焊接电流平均为 120A，求筒体纵缝焊接的焊接材料消耗定额及工时定额。

解　根据容器的焊缝形式查表 1-1 得

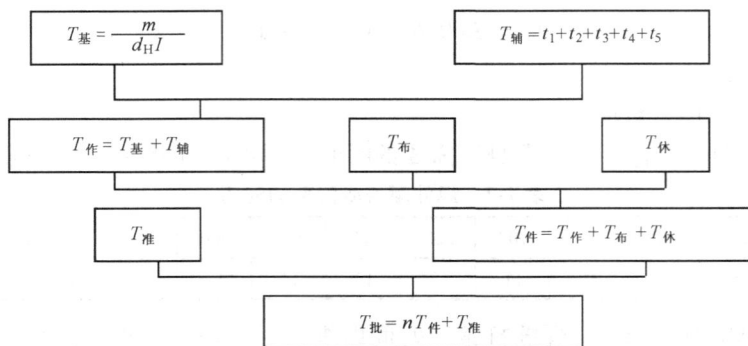

图 1-4 工时定额的计算顺序图

$A = \left[\delta b + (\delta - p)^2 \tan 30° + 2ch/3\right] /100$

$\quad = \left[8 \times 3 + (8 - 1)^2 \times \tan 30° + 2 \times 14 \times 1.5/3\right] \text{cm}^2/100$

$\quad = 0.663 \text{cm}^2$

$m = AL\rho = 0.663 \times 560 \times 7.85 \text{g} = 2915\text{g}$

$g_条 = AL\rho (1 + K_b) /K_n$

$\quad = 0.663 \times 560 \times 7.85 \times (1 + 0.45) /0.77\text{g}$

$\quad = 5488\text{g} \approx 5.5\text{kg}$

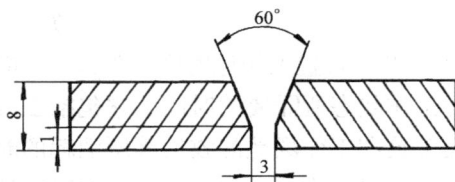

图 1-5 纵缝接头形式

$$T_基 = m/(d_H I) = 2915/(0.138 \times 120) \text{min} = 176\text{min}$$

$$T_辅 = t_1 + t_2 + t_3 + t_4 + t_5$$

更换焊条时间：查表 1-5 知，当采用直径 3.2mm 焊条时，熔敷 1cm³ 焊条金属所需要的平均更换焊条时间约为 0.098min，则

$$t_1 = 0.098 \times 0.663 \times 560\text{min} = 36\text{min}$$

测量和检查焊缝时间：查表 1-5 知，每米焊缝所需要的测量和检查焊缝的时间为 0.35min。

$$t_2 = 0.35 \times 5.6\text{min} = 2\text{min}$$

清理焊缝和边缘时间：假设焊接层数为 3 层，则

$$t_3 = L[0.6 + 1.2(n - 1)] = 5.6 \times [0.6 + 1.2 \times (3 - 1)]\text{min} = 17\text{min}$$

焊件翻身时间：因为是单面焊，焊件不翻身，则

$$t_4 = 0$$

焊缝打钢印时间：每条焊缝为 0.2min，筒体分三节，焊缝 3 条，则

$$t_5 = 0.2 \times 3\text{min} = 0.6\text{min}$$

$$T_辅 = t_1 + t_2 + t_3 + t_4 + t_5 = (36 + 2 + 17 + 0.6)\text{min} = 55.6\text{min}$$

布置工作地时间： $\quad T_布 = 3\% T_基 = 0.03 \times 176\text{min} = 5\text{min}$

休息和生理需要时间：该纵缝可视为方便条件下的焊接，则 $T_休 = 5\% T_基 = 0.05 \times 176\text{min} = 8.8\text{min}$

准备和结束时间：可视为中等复杂的工作，则 $T_准 = 17\text{min}$

则该容器筒身纵缝焊接的工时定额为

$$T_{定} = (176 + 55.6 + 5 + 8.8 + 17)\,\text{min}$$
$$= 262.4\,\text{min}$$
$$= 4.4\text{h}$$

答：该焊缝的焊条消耗定额是 5.5kg，工时定额为 4.4h。

第四节 成 本 控 制

一、成本控制的概念

成本控制是在焊接结构生产过程中，通过对各项开支的监控，尽量使实际成本控制在生产定额或预算范围内的一项管理工作。其工作内容包括：建立必要的管理制度，监视各项（人工、材料、机械设备、运输等）开支的变动情况，确保实际需要的增加的开支都能够有据可查；防止不正确的、不合适的或未经同意的开支发生；同时，要根据生产中实际发生的成本情况，不断修正原先的成本预算，并对生产项目的最终成本进行预测。

有效控制生产成本的关键是经常及时地分析预算的实际执行情况。至关重要的是尽早发现成本的偏差和问题，以便在情况变坏之前能够及时采取纠正措施。一旦超支，就必须积极着手解决。否则，在成本失控的情况下，很难赚取利润，除非推迟工期进度，或降低生产质量。

二、成本控制技术

1. 建立成本控制的基本制度

（1）分级分口成本控制责任制 它是以公司为主体，把公司、处、队、班组的成本控制结合起来；以财务部门为主，把生产、技术、劳动、材料、机械设备和质量等部门的成本控制结合起来。

分级控制是从纵的方向把成本计划指标按所属范围逐级分解落实到处、队、班组，班组再把指标分解落实到个人。

分级控制是从横的方向把成本计划指标按性质落实到各职能科室，每个职能科室再将指标分解落实到职能人员。

这样，形成全企业的成本控制网。

（2）成本记录报告制度和成本指标考核制度 各部门要设置成本账卡资料，班组要有完成任务的日、旬、月记录，并编制成本报表和进行成本分析报告；对各级、各部门和队组的降低成本指标完成情况、实施技术组织措施计划的经济效果等进行考核，辅以必要的奖惩，使之制度化。

2. 成本控制的方法

（1）间接成本的控制方法 间接成本采用指标分解归口管理的方法，即按计划指标特定的用途分解为若干明细项目，确定其开支指标，分别由各级生产归口部门管理。为便于日常掌握和控制费用支出，可设立管理费用开支手册，一切费用开支前都要经过审批，批准后才能开支。凡超标准、违反成本开支范围的费用都要予以抵制。财务部门每月要监督检查计划执行情况，以促进节约，避免浪费。

（2）直接成本的控制方法 除要控制材料采购成本外，最基本的是在工程施工的过程中，落实技术组织措施，经常把实际发生的人工、材料、机械和分包等费用与施工预算中各相应的分部分项工程的目标成本进行对比分析，及时发现差异或预计其趋向，并找出差异发生的因素和主要客观原因，采取有效措施加以改正或预防，保证按成本计划支出或节约生产费用。为此，需制定如下的报表：

1）成本记录报表。它是实际成本形成过程中有关费用的记录报表，如人工工日、机械台班、工资、材料、分包费用支付账等。按日、周（或旬）、月和完工时进行累计。成本数据记录要及时准确。记录时采用手工处理的格式化和传票化方式，为提高效率达到有效控制的目的，应采用电算处理方式。

2）成本报告书（成本完成情况报告书）。成本报告书为一般分为日、周（或旬）、月和完工报告。日、周报告由班长做出，及时报告成本上的重要事项。月报告又称为月结成本报告，它涉及工程概况和月成本。在月报告中，必须进行成本分析和预测，找出差异，分析原因，迅速采取措施加以改正和预防。这一分析预测可借助分项成本分析表和最终费用盈亏预测表进行。完工报告是由项目负责人做出的，它和财务部门所做的工程决算报告是有区别的。工程的完工报告除了有详细的金额外，还必须写清楚与施工条件有关的成本是如何发生的。

三、成本分析

1. 生产成本的综合分析

成本综合分析是对项目降低成本计划执行情况进行概括性分析和总的评价，为进一步深入分析和专题分析指出方向。综合分析根据生产预算、降低成本计划和实际成本报表进行。一般采用比较分析法，其内容如下：

1）实际成本与计划成本进行比较，以检查完成生产项目降低成本计划的情况，以及各个成本项目的降低或超支情况，进而检查技术组织措施计划编制的合理性及其执行情况。

2）实际成本与预算成本进行比较，以检查是否完成降低成本目标，以及各个成本项目的降低或超支情况，进而分析工程成本升降的主要原因。

3）所属施工部门之间进行比较，可检查各部门完成降低成本任务的情况，分析降低成本程度大小不同的原因，进而总结推广降低成本的先进经验。

4）不同项目之间进行成本比较，以检查各项目的降低成本情况，以便进一步深入分析工程成本升降的原因，发现典型，改进管理。

5）本期同上期的降低成本情况进行比较，以衡量发展水平。

2. 成本分析的内容

（1）人工费分析　影响人工费节约或超支的主要因素有两个：工日差（实际耗用工日数与预算工日数的差异）和日工资单价差（实际日平均工资与预算定额的日平均工资的差异）。据此可进一步分析工日利用、劳动组织、工人平均等级变动、各种基本工资变动及工资调整等情况，从而寻找节约人工费的途径。

（2）材料费分析　材料费分析是指根据预算材料费与实际材料及地区材料预算价格来进行比较分析。影响材料费节超的主要因素是：量差（材料实际耗用量与预定额用量的差异）和价差（材料实际单价与预算单价的差异）。通过分析，可以找出是材料验收发放等管理上、工人操作上、材料代用上等方面的原因，还是材料原价、运输、采购及保管费方面变动的原因，从而进一步挖掘节约材料的潜力，降低材料费用。

（3）机械使用费分析　可根据预算和实际的机械成本、机械台班产量及台班费定额进行机械使用费分析。机械使用费分析可分为自有机械使用费分析和机械租赁费分析。影响机械租赁费的因素主要是预算台班数和实际台班数差异，其主要是由机械效率是否充分发挥和施工组织是否合理引起的。引起自有机械使用费变动的因素主要有台班数变动和台班成本变动。台班数变动属于机械使用效率的原因，而台班成本变动是由台班费用项目实际比定额节超引起的。根据上述分析，及时采取措施，以节约机械使用费。

（4）其他直接费分析　应将预算中属于这部分的费用与实施发生的成本进行比较。它的节超，主要是由组织管理上的原因引起的。

（5）施工管理费分析　单位工程成本中的实际管理费与预算管理费之间的差异，主要是由工程直接成本和单位直接成本应分配的管理费这两个因素的变动引起的。因此，对于单位工程成本中管理费的差异，应结合本单位全部管理费的分析找原因。通常可把管理费的实际发生数与预算收入数或计划支出数进行比较分析。为了详细了解管理费节超的原因，还应对各个费用项目进行比较分析。

四、案例分析

针对某公司 10 台 2m³ 压缩空气储罐（见图 1-2），制作的成本分析及预算如下：

1. 成本分析

（1）项目成本与生产定额文件　建筑安装工程各类费用计算程序见表 1-8。

表 1-8　建筑安装工程各类费用计算程序表

序号	项目		计算程序	
			以定额直接费为取费基础	以定额人工工资为取费基础
A	直接工程费合计		序号 1+…+序号 7	
1	定额直接费	定额直接费	施工图工程量×概、预算定额基价	
2	其中：人工工资	定额人工工资	施工图工程量×概、预算定额人工工资	
3	其他直接费	其他直接费 1	序号 1×规定的费率	序号 2×规定的费率
4	雨期施工增加费		序号 1×0.5%	
5	夜间施工津贴	其他直接费 2	按实际夜间施工人数×2.2 元/（人·夜）计算	
6	流动施工津贴		序号 1×规定的费率	序号 2×规定的费率
7	材料二次搬运费		按实际发生计算	
B	间接费工程合计		序号 8+…+序号 13	
8	施工管理费	间接费	序号 A×规定的费率	
9	利息		序号 A×规定的费率	
10	临时设施费	其他间接费	（序号 A+序号 8+序号 9）×规定的费率	（序号 1+序号 3+…+序号 9）×规定的费率
11	劳动保险基金		序号 A×规定的费率	序号 2×规定的费率
12	远征工程增加费		（序号 A+序号 8+序号 9）×规定的费率	
13	交叉施工费		交叉部分人工费×10%	
C	计划利润		（序号 A+序号 B）×规定的费率	
D	独立费		按实际发生计算	

（续）

序号	项目	计算程序	
		以定额直接费为取费基础	以定额人工工资为取费基础
E	增值税	构件定额基价 × 规定的费率	
F	三项税金	（序号 A + 序号 8 + 序号 9 + 序号 12 + 序号 13 + 序号 C + 序号 D + 序号 E）× 规定的费率	
	总造价	序号 A + 序号 B + 序号 C + 序号 D + 序号 E + 序号 F	

说明：1. 各类施工企业必须严格以企业本身的隶属，按资质等级套相应的费率标准计算。

　　　2. 为防止费用计算相串混、重复，必须严格按照本表规定计取各类工程费用。

　　　3. 外购构件不得计算增值税。

　　　4. 独立费包括各地区材料调整系数、分区运费差额、市场材料议价差、现场签订不能进入直接费估价部分等。

（2）预算参照定额和费率　本产品属于一类压力容器，所以造价预算参照 2000 年 3 月 17 日施行的 GYD—205—2000《全国统一安装工程预算定额　第五册　静置设备与工艺金属结构制作安装工程》中的相应定额。计算程序和费用定额是参照表 1-8，这里所说的"参照"是指用相应定额中的各定额量乘以现行标准价或市场价）。

1）主材费。定额中为 3.12 元/kg，Q235 材料的市场价为 4.6 元/kg，压力容器各结构组成部件主材利用率为简体 93%、椭圆封头 60%、法兰直径小于 500mm 处 30%、法兰直径大于 500mm 处 55%、支座 90%。所以，主材费 = 净重 × 利用率 × 市场价。

2）人工费。定额中人工费为 23.22 元/工日，而现行的定额人工费为 26 元/工日。所以，人工费 = 26 元/工日 × 定额工日数。

3）辅材费。定额中的材料用量 × 材料的市场价（如直径为 3.2mm 的钢条，定额为 5.14 元/kg，而市场价是 6.8 元/kg）。

4）机械费。定额中的机械台班数量不变，机械折旧费不变，但工业用电价改变。原来工业用电为 0.45 元/度，现在工业用电为 0.6 元/度，所以机械费的预算一般取中值。

（3）预算各项目与建筑安装工程各类费用计算程序表的对应关系

1）主材费、辅材费、人工费、机械费为表 1-8 中的直接费。

2）文明生产费按表 1-8 中的"其他直接费 1"中的地市、县一级收费标准计算。

3）管理费按表 1-8 中间接费"8 施工管理费"中的地、市一级收费标准（人工费的 68.95%）计算。

4）利润为表 1-8 中的"C 计划利润"（人工费的 10%）。

5）税金为表 1-8 中的"E 增值税"。

2. 成本预算

（1）容器封头造价预算　工作内容有放样、切割、开坡口、压头、压头卷弧、找圆、封头制作、组对、焊接内部、附件制作、组装、成品件运输。

1）主材费。4600 × 1.25 元/t = 5750 元/t（系数 1.25 是材料利用率定值）。

2）辅材费。747 元/t（辅材定额 × 辅材市场价）。

3）人工费。26 × 44.46 元/t = 1156 元/t。

4）机械费。6182 元/t（选用 0.45 元/度与 0.6 元/度取中值计算）。

5）文明生产费。人工费 ×13.07% =151 元/t（广西建筑安装工程各类计费中其他直接费的县一级合计）。

6）管理费。人工费 ×68.95% =797 元/ t（广西建筑安装工程各类计费的地市、县一级管理费）。

7）成本。主材费 + 辅材费 + 人工费 + 机械费 + 文明生产费 + 管理费 =14783 元/ t。

8）利润。（人工费 + 机械费）×10% =734 元/ t。

9）增值税。（成本 + 利润）÷1.17 ×17% =2255 元/ t。

10）合计。成本 + 利润 + 增值税 =17772 元/ t。

本容器筒体和封头的质量为 609kg/台，筒体和封头的造价为

$$0.609t/台 ×1.7772 万元/t = 1.0823 万元/台$$

（2）射线检测预算　筒体与封头 A、封头 B 的焊缝进行每条焊缝 20% 的 X 射线检测，Ⅲ级为合格：X 射线检测 A 缝（纵缝）3 张（250mm/张），X 射线检测 B 缝（环缝）9 张（250mm/张）。

工作内容：射线机的搬运及固定、焊缝清刷、透照位置的标记和编号、底片编号、底片固定、开机拍片、暗室处理、底片鉴定、技术报告。

1）人工费。104 元。

2）材料费。336 元（定额定量 × 市场价）。

3）机械费。153 元（定额定量 × 市场价）。

4）文明生产费。人工费 ×13.07% =13.6 元（按广西建筑安装工程各类费用中其他直接费 1 的地市、县一级标准计算）。

5）管理费。人工费 ×68.95% =72 元（按广西建筑安装工程各类费用中其他直接费 1 中的地市、县一级标准计算）。

6）成本。624 元。

7）利润。（人工费 + 机械费）×10% =25.7 元。

8）增值税。（成本 + 利润）÷1.17 ×17% =94.4 元。

9）合计。744 元/10 张（每张片的有效长度为 250mm）。

10）成品按 90% 计，得 12 张/0.9 =13 张。

11）筒体与封头 A 和封头 B 焊缝的 X 射线检测费为 744 ×1.3 元/台 =967 元/台。

（3）支座造价预算　工作内容包括号料、切割、焊弯、组装、焊接等。

1）主材费。5111 元。

2）辅材费。336 元（定额 × 市场价）。

3）人工费。2.2 ×26 元 =57.2 元。

4）机械费。103 元（工业用电 0.45 元/度与 0.6 元/度取中值算）。

5）文明生产费。人工费 ×13.07% =7.5 元（按广西建筑安装工程各类费用的地市、县一级标准计算）。

6）管理费。人工费 ×68.95% =39.4 元（按广西建筑安装工程各类费用的地市、县一

级标准计算)。

7)成本。5654.1元。

8)利润。(人工费+机械费)×10% = 16元。

9)增值税。(成本+利润)÷1.17×17% = 824元。

10)合计。6494元/10个。

11)若每台需要3个支座,则造价为6494×0.3元/台 = 1948元/台。

(4)外购件预算 工作内容及预算见表1-9。

表1-9 外购件项目及预算

名称	材质	件数	单重/kg	总重/kg	单件购进价/元	购进总价/元	加15%总价(广西各类收费)/元
人孔法兰 RF450 – 1.6	16Mn	1	50.8	50.8	996	996	1145.4
法兰 PL10 – 1.6RF	16Mn	1	0.61	0.61	12	12	13.8
法兰 PL125 – 1.6RF	16Mn	2	5.65	11.3	98	196	225.4
法兰 PL40 – 1.6RF	16Mn	2	2.12	4.24	36.7	73.4	84.4
弹簧全启封式阀 DN40PN1.6RF	组合件	1	20	20	240	240	276
螺栓 M16×55、螺母垫圈	8钢	8套	0.093	0.75	0.6	4.8	5.5
DN125 弯头	20钢	1	4.3	4.3	43	43	49.5
$\delta = 3mm$ 密封垫	中压耐油橡胶石棉	2	0.95	1.9	32	64	73.6
合计/元		18	84.523	93.9	1458.3	1629.2	1873.6(计入总造价)

(5)垂吊人孔制作安装预算 工作内容包括放样、号料、切割、开坡口、压头、滚圆、找圆、加强圈制作、组对、焊接、设备开孔、螺钉紧固等。

1)主材费。[(128 – 50.8)/0.9]×4.6元 = 395元(容器各部件主材利用率为90%)。

2)辅材费。120元(辅材定额×材料市场价)。

3)人工费。4.99×26元 = 130元(定额)。

4)机械费。215元(参照定额用电0.45元/度与0.6元/度取中值算)。

5)文明生产费。人工费×13.07% = 16.99元(广西建筑安装工程各类收费中其他直接费1的总和,地市、县一级标准)。

6)管理费。人工费×68.95% = 89.64元。

7)成本。1025元/个。

8)利润。(人工费+机械费)×10% = 34.5元/个。

9)增值税。(成本+利润)÷1.17×17% = 154元/个。

10)合计。成本+利润+增值税 = 1213.5元/个。

(6)接管预算 工作内容包括放样、号料、切割、调直、弯曲、加强圈制作、组对、焊接、设备开孔、紧固螺栓等,见表1-10。

(7)水压试验 工作内容包括临时输送水管线、阀门、法兰盖及压力表的安装与拆除,充水升压,稳压,检查,记录,放水,压缩空气吹扫等。

1)人工费。3.35×26元 = 87元。

表 1-10 接管的项目及预算

参照定额	规格/mm	数量/件	单重/kg	总重/kg	主材费/元	辅材费/元	人工费/元	机械费/元	文明生产费/元	管理费/元	成本/元	利润/元	税金/元	合计/元
5－475	φ14×3	2	0.2	0.4	2.8	4.6	24	46	3.12	16.6	96	2.14	14.3	112.44
5－479	φ133×4.5	1	1.75	1.75	12	41	52	76	6.8	36	224	5.2	33	262.2
5－479	φ133×4.5	1	2.85	2.85	26	68	52	76	6.8	36	258.8	5.2	38	302
5－476	φ45×3.5	1	0.9	0.9	6.2	10	15	28	2	10	71	1.5	11	83.5
合计/元							760.14							

2）材料费。200 元（定额×市场价）。

3）机械费。82 元（用定额与市场价电价计算）。

4）文明生产费。人工费×13.07% = 11 元。

5）管理费。人工费×68.95% = 60 元。

6）成本。440 元。

7）利润。人工费×10% = 8.7 元。

8）增值税。（成本 + 利润）÷1.17×17% = 65.2 元。

9）合计。成本 + 利润 + 增值税 = 514 元/台。

（8）除锈、涂装

1）除锈。工作内容包括除锈、除尘，除锈工程量为 6.8 m²。

①人工费。0.36×26 元/10m² = 9.36 元/10m²。

②材料费。6 元/10m²（定额×市场价）。

③文明生产费。人工费×13.07% = 1.22 元/10m²（按广西建筑安装工程收费中的地市、县一级标准）。

④管理费。人工费×68.95% = 6.5 元/10m²（按广西建筑安装工程收费中的地市、县一级标准）。

⑤成本。23.1 元/10m²。

⑥利润。人工费×10% = 0.9 元/10m²。

⑦增值税。（成本 + 利润）÷1.17×17% = 3.5 元/10m²。

⑧合计。成本 + 利润 + 增值税 = 27.5 元/10m² = 2.75 元/m²。

⑨除锈总费用。6.8×2.75 元/台 = 18.7 元/台。

2）涂装。工作内容包括调配、涂装。涂装时将防锈漆和石漆合用。

①人工费。0.55×26 元/10m² = 14.3 元/10m²。

②材料费。33.66 元（定额量×市场价）。

③文明生产费。人工费×13.07% = 1.9 元/10m²（按广西建筑安装工程收费有关各项之和的地市、县一级标准）。

④管理费。人工费×68.95% = 10 元/10m²（按广西建筑安装工程收费有关各项之和的地市、县一级标准）。

⑤成本。60 元/10m²。

⑥利润。人工费×10% = 1.43 元/10m²。

⑦增值税。（成本＋利润）÷1.17×17% ＝9元。

⑧合计。成本＋利润＋增值税＝70.43元/10m² ＝7.043元/m²。

⑨涂装总费用。6.8×7.043元/台＝48元/台。

⑩各项费用合计。（10823＋967＋1948＋1873.6＋1213.5＋760.4＋514＋18.7＋48）元/台＝18166.2元/台。

⑪特种设备监检费。18166.2×0.9%元/台＝163.5元/台。

⑫10台总造价。每台总造价×10台＝（18166.2＋163.5）×10元＝183297元。

由于我国采用市场经济模式，所以影响预算数据的因素就是企业的实力，即企业的经费模式与诚信，此外企业的生产管理、技术管理、生产效能和资金运行等也与预算结果有密切的关系，因而就有各单位报价的差异。案例里所讲的只是一般情况下的预算程序。

第二章　焊接生产的组织实施

企业在签订承包合同后，即进入了组织实施阶段。这一阶段，需要认真做好生产前的准备工作，建立项目管理机构，制定科学的施工组织设计，恰当组织劳动力、材料、设备进入生产现场，严格执行生产作业工艺方案，在规定的时间范围内高质量地完成焊接结构的制作与安装工作。作为一个项目，管理的首要工作是制订良好的项目计划，并对整个实施过程的目标、任务、进度和责任委派作出具体规定和部署，这就包括生产前的准备工作组织及生产过程组织。

第一节　生产准备工作

生产准备工作，是在生产项目正式开工前所进行的一切准备，目的是为生产施工活动创造有利条件。其主要包括技术准备、物资准备、劳动组织准备、生产场地准备和外协准备等。

一、技术准备

1. 熟悉和审查施工图样

1）审查结构设计是否合理，是否符合国家有关设计和施工的规范，在现有的工艺技术条件下能否实现设计所要达到的质量要求，并向设计单位提出修改建议。

2）施工图样是否完整和齐全，与说明书在内容上是否保持一致，图样及其各组成部分之间有无矛盾和错误。

3）焊接结构图样与其他相关的工程图（如土建图样）在尺寸、坐标、标高和说明方面是否一致，技术要求是否明确。

4）复核主要承载结构或构件的强度、刚度和稳定性能否满足施工要求；对于工程复杂、施工难度大和技术要求高的分部工程，要审查现有生产技术和管理水平能否满足工程质量和工期要求；对结构有何特殊要求等。

熟悉和审查施工图样通常分图样自审、图样会审和图样现场签证三个阶段进行。图样自审由施工单位主持，并写出图样自审记录，记录可在会审会议上提交讨论。图样会审由业主主持，设计和生产单位共同参加，形成"图样会审纪要"，并由业主正式行文，三方会签并盖公章，作为指导施工结算的依据。图样现场签证是在生产过程中，遵循技术核定和设计变更签证制度，对所发现的问题进行现场签证，作为指导施工、竣工验收和结算的依据。

2. 现场资料调查分析

当结构产品在现场进行制作或安装时，必须对现场的政治、经济、地理等情况进行深入调查，并分析其特点，为正确编制施工组织设计提供依据。如计划在某市商业闹市区邻街相对两商场间搭建一人行钢桥，为不影响马路的正常通行及行人安全，应考虑在加工厂完成人行钢桥的节段制作，而现场的节段安装及主要位置的焊接、安装、辅助支架的拆除则应在夜间12点至次日上午9点间完成。为此，需作现场调查，只有掌握现场具体情况，才能决定采取何种相应的技术措施。

通常调查包括以下内容：

（1）自然地理条件 包括工程所在地的地理位置、地形、施工场地范围、气象、水文等情况。

（2）技术经济条件 包括工程材料、设备、燃料、动力和生活用品的供应情况、价格水平以及当地劳务市场可雇佣人员的技术水平、工资水平等。

（3）施工条件 包括场地四周情况、给排水、供电、道路条件、通信设施等。

3. 编制工艺规程和施工组织设计

施工组织设计是指对即将施工的制作及安装工程项目，在开工前针对工程本身的特点和现场（或生产车间）具体情况，按照工程的要求对所需要的生产劳力、生产材料、施工机械和施工临时设施，经过科学计算、精心比较及合理安排后而编制出的一套在时间上和空间上进行合理施工的战略部署文件。编制施工组织设计是技术准备工作中的核心工作，因此该部分内容单列在本章第三节中详细讨论。

编制工艺规程可参阅《焊接结构生产》教材。

4. 编制项目预算，确定工料定额

根据图样所确定的工程量和施工组织设计所拟定的生产工艺，可参考国家劳动定额资料，计算各主要生产工序的人工工时和材料消耗数量，并汇编成册，为开展成本控制管理做好技术上的准备。

二、物资准备

1. 物资准备工作内容

在焊接结构生产中所需的物资包括主材（钢板、钢管、型钢等钢材）、外购件（法兰、氧气、标准件）、辅材（焊条、氧气、乙炔等）、施工机具（焊机、起重机、空压机等）、工艺装备（滚轮架、变位器、夹具等）。相应的物资准备工作有：材料准备、施工机具准备和工装准备。

（1）材料准备 根据图样材料表算出各种材质、规格的材料净用量，再加一定数量的合理损耗，提出材料预算计划，结合生产进度计划，编制主材、辅材、外购件需要量及供应计划，为施工备料、确定仓库和堆场面积以及组织运输提供依据。

（2）施工机具准备 根据生产工艺和进度计划的要求，编制机具需要量计划，为组织、运输和确定机具停放场地提供依据。

（3）工装准备 根据生产工艺流程及现场工艺布置图的要求，编制工装需要量计划，为组织、运输和确定堆场面积提供依据。

2. 物资准备工作程序

1）编制各种物资需要量计划。

2）选择信誉好、价廉物优的供货商家，签订物资供应合同。

3）确定物资运输方案和计划。

4）组织物资按计划进厂（场）和保管。

三、劳动组织准备

1. 建立项目组织机构

根据工程规模、结构特点和复杂程度，确定项目领导机构的人选和名额，遵循合理分工与密切协作、因事设职与因职选人的原则，建立有施工生产经验、有开拓精神和工作效率高的项目领导机构。有关内容将在本章第二节中详述,包括项目组织形式的优缺点和适用条件。

2. 组织精干的作业班组

作业班组的组建,应根据施工组织设计中所拟定的生产组织方式来确定,在焊接结构生产中,主要的生产组织方式有两种:

(1) 专业分工的大流水作业生产　这种生产组织方式的特点是各工序分工明确,所做的工作相对稳定,定机、定人进行流水作业,作业班组是专业班组,如焊工班、装配钳工班、冷作钳工班,在有些大批量生产的场合,冷作班甚至分为划线放样班、切割班和构件成形班等。因此,应选择专业技能较强的人员组成各个作业班组。

这种生产组织方式适用于大型、工期长的生产项目。

(2) 一包到底的混合组织方式　这种生产组织方式的特点是产品统一由大组包干,生产人员多是"一专多能"的综合型技能人员,如放样工兼做划线、装配,剪冲工兼做平直、矫正工作,焊工兼做切割等,而且机具也由大组统一调配使用。因此应选择工作经验丰富、技术水平较高的多面手组成作业班组。

这种生产组织方式适合小型、工期短的生产项目。

不管采用何种方式的生产组织,均应按照生产进度计划拟定劳动力需要量计划,既要及时准备作业班组投入生产,又要避免无计划而出现生产人员窝工现象,造成不必要的人力浪费。

3. 做好职工教育工作,组织技能考核

加强对生产人员的职业技能培训考核、安全与文明生产教育,是保证按时、按质、按量完成生产任务的重要工作。

同时,为落实施工计划和技术责任制,应按管理系统逐级进行技术交底。交底内容包括:生产进度计划和日、月、旬作业计划,各项安全技术措施、降低成本措施和质量保证措施,质量标准和验收规范要求以及图样变更和技术核定事项等。必要时,要举办培训班,进行现场示范。此外,要建立健全各项规章制度,加强遵纪守法教育。

四、生产场地准备

生产场地的准备工作需要考虑供水、供电、供热、供气等能源供应问题,场地定置管理问题和临时设施问题等。当生产在本企业生产车间开展时,设备设施的定置管理已在《焊接结构生产》教材中述及。

然而,许多大型或工期长的焊接结构制作与安装工程项目,因加工占用空间大、运输难度高等原因,一般不在车间内组织结构部件的装配与焊接,而是选择开阔、平整、交通便利的户外场地或结构安装现场组织生产施工。这种经批准占用从事大型焊接结构的装配焊接、结构安装的场地称为项目施工现场。工程项目施工现场是施工的"枢纽站",大量的物资"停站"于此,活动在现场的大量劳动力、机械设备和管理人员,通过生产活动将这些物资一步一步转变成结构产品。这个"枢纽站"组织是否得当,将会涉及人流、物流和财流是否畅通,涉及生产活动能否顺利进行。因此,必须合理规划用地,认真计算各类设施用量,科学设计场地平面布置。

1. 现场设施种类

大型焊接结构工程项目施工现场的设施按类型分有两大类:一类是房屋设施,主要有办公用房、各专业工序作业棚(场)、电工房、机修间、机具保管室、焊接材料保管室、气瓶贮存放室、物料场(仓库)等;另一类是管线设施,包括供水管线、供电网路、供气管线、供热管线等。按照用途分类，施工现场设施又可分为生产设施、行政办公设施和生活设施。在本节中，将着重介绍各类生产设施的组织技术。

2．现场房屋设施

（1）对现场房屋设施的一般要求 现场房屋设施的组织应结合现场的具体情况，统筹安排、合理布置、厉行节约、反对浪费，一般要求做到以下几点：

1）布点要适应生产需要，方便职工上下班。

2）尽量靠近已有交通线路，或即将修建的正式或临时交通线路。

3）野外场地要不受洪水、泥石流、滑坡、陡岩之害，否则应有防保措施。

4）尽量利用施工现场或附近已有的建筑物，包括拟拆除可暂时利用的建筑物。在新开辟地区，应尽可能提前修建能利用的永久性建筑。

5）必须修建的临时房屋设施，应以经济、实用为原则，合理选择形式，如充分利用当地材料和旧料，制成装拆式或移动式设施，以便于重复使用。

6）各种房屋设施均应符合安全防火要求。

（2）办公用房的布置与要求

1）办公用房一般应布置在现场进出口附近，以便能兼顾内外联络的需要。

2）办公用房与生活用房应适当隔离，以减少相互干扰。

3）如果条件许可，办公用房应尽量设置在场区的上风方向。

4）办公用房的面积按下式确定：

$$现场办公室面积 = 3 \sim 4m^2/人 \times 现场技术职员人数$$

3．物资贮存临时设施

（1）仓库的类型 仓库按堆放材料的种类不同，可分为原材料仓库、半成品仓库；按其在工程项目中所起的作用不同，又可分为转运仓库、中心仓库（总仓库）、现场仓库。各类仓库按其贮存材料的性质和贵重程度，可采用露天堆场、半封闭式（棚）和封闭式（库房）三种形式。大宗材料（或结构零件）一般应直接运往使用地点堆放，以减少施工现场的二次搬运。

（2）仓库材料的储备量 确定仓库内的材料储备量时，要做到一方面能保证生产的正常需要，另一方面又不宜贮存过多，以免加大仓库面积，积压资金。通常的储备量应根据现场条件、供应条件和运输条件来确定。如场地狭小的可少些；生产受季节影响的材料，必须考虑中断因素；水运材料则需考虑枯水期及严寒影响航运问题，储备量可大些；加工周期较长的材料，也应考虑储备量大些等。另外，还需考虑供料制度中有的材料要求一次储备的情况。

1）长期项目的材料储备。一般按年、季组织储备，可按下式计算

$$q_1 = K_1 Q_1 \tag{2-1}$$

式中　q_1——某项材料总储备量；

K_1——储备系数。不经常使用的材料取 0.3 ~ 0.4，经常使用的材料取 0.2 ~ 0.3；

Q_1——该项材料最高年、季需用量。

总储备量（q_1）包括为本工程使用已经落实的材料，如已进入转运仓库和中心仓库的材料，以及有了货源又签订供货合同的地方材料。

2）短期项目的材料储备。应保证工程连续施工的需要，其储备量可按下式计算

$$q_2 = nQ_2/T \tag{2-2}$$

式中　q_2——某项材料总储备量；

　　　n——储备天数；

　　　Q_2——计划期间内需用的材料数量；

　　　T——需用该项材料的施工天数，并大于 n。

（3）仓库面积的计算

1）按材料储备期计算。可套用下式

$$A = q/p \tag{2-3}$$

式中　A——仓库面积（m^2），包括通道面积；

　　　p——每平方米仓库面积上存放的材料数量，见表 2-1；

　　　q——材料储备量，用于长期项目为 q_1，用于短期项目为 q_2。

表 2-1　仓库面积计算所需的参考指标

序号	材料名称	单位	储备时间 /天	每平方米 存放量 p/t	堆置 高度/m	仓库 类型
1	钢板			2.4 ~ 2.7	1.0	
2	钢管 $\phi200mm$ 以上			0.5 ~ 0.6	1.2	
3	钢管 $\phi200mm$ 以下		40 ~ 50	0.7 ~ 1.0	2.0	露天
4	角钢	t		1.2 ~ 1.8	1.2	
5	工槽钢			0.8 ~ 0.9	0.5	
6	焊条					
7	焊丝				1.0	库房
8	焊剂					
9	氧气		—	—		
10	CO_2 气体	瓶			立置瓶高	棚
11	乙炔					

2）按系数计算。适用于规划估算，可按下式计算

$$A = \delta m \tag{2-4}$$

式中　A——所需仓库面积（m^2）；

　　　δ——系数，见表 2-2；

　　　m——计算基数，见表 2-2。

表 2-2　按系数计算仓库面积的参考资料

序号	名称	计算基数 m	单位	系数 δ
1	五金杂品库	按年工程量计算	m^2/万元	0.1 ~ 0.2
2	工具库	按高峰年（季）平均全员人员计算	m^2/人	0.1 ~ 0.2
3	化工油漆危险品仓库	按年工程量计算	m^2/万元	0.05 ~ 0.1

（4）仓库最优的选点　对于大型焊接结构制作安装工程，各加工场往往采用集中供应点布置的方案，这时供应点距离各使用点的运输吨千米数越少，则越经济，越有利于减少成本的开支。因此，可以采用运筹学中的麦场作业法，确定材料仓库的最佳设库位置。

由于道路的形式不同，用麦场作业法确定最优设库点时，可分为以下两种情况。

1）当道路没有环路时，选择最优设库点可概括为四句话"道路没有圈，检查各个端，

小半归邻站，够半就设库"。以图 2-1 所示为例。

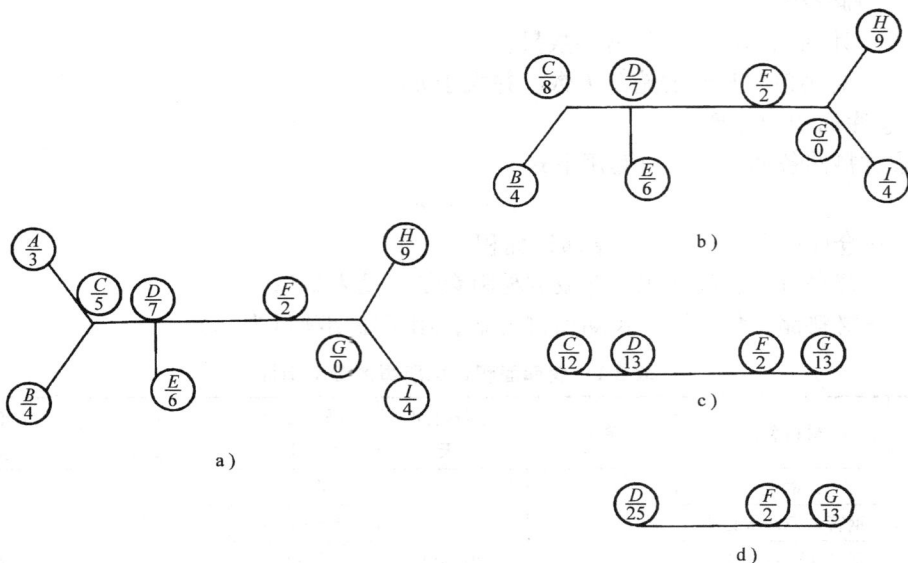

图 2-1　最优库点的确定（无环路）

如图 2-1a 所示，某施工现场有八个加工场，圆圈中的字母为各加工场的代号，数字表示相应场点的材料需要量，G 是道路交叉点，求材料仓库的最佳位置。

八个点总需要量为 40t，先检查端点 A，其需要量为 3t，不超过 40t/2，归邻站 C，则 C 点的需要量变为 $(5+3)$ t = 8t，如图 2-1b 所示。同理检查端点 B、E、H、I，其需要量分别为 4t、6t、9t、4t，均不超过 40t/2，分别归邻站 C、D、G，如图 2-1c 所示。再检查端点 C，其需要量归邻站 D，从图 2-1d 可看到，D 点的需要量为 25t，已超过 40t/2，则 D 点是最优设库点。

2）当道路有环路时，数学上已经证明，最优设库点一定可以在某个加工场或道路交叉点上找到。因此，先假定每个加工场或道路交叉点为最优设库点，然后分别计算到各点的吨千米数总和，其最小者，为最优设库点。

如图 2-2 所示，因道路有环路，在图上必须标出各点及需要量，以及各点间的距离。

库址假设为 A 点：$(5\times4+4\times5+6\times4+3\times7+7\times13+6\times14)$ t·km = 260t·km

B 点：249 t·km　　　C 点：271 t·km

D 点：262 t·km　　　E 点：256 t·km

F 点：383 t·km　　　G 点：419 t·km

H 点：275 t·km　　　I 点：237 t·km

J 点：279 t·km

因此，I 点是最优设库点。

因施工的影响因素很多，麦场作业法求出的最优设库点位置应根据工程的实际情况再核定。

对于分部工程，仓库就近现场设置。

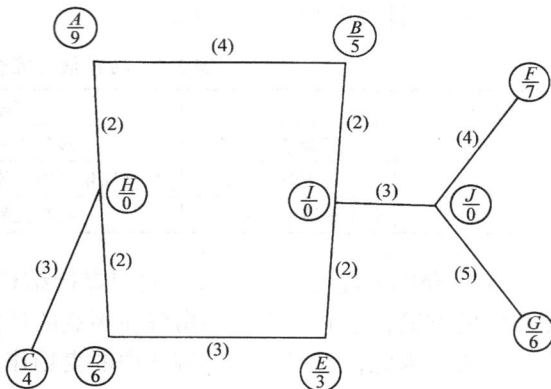

图 2-2　最优库点的确定（有环路）

4. 管线设施

在施工现场，必须铺设临时的供水、供电管线以满足生产、生活的需要。大型焊接结构的喷丸除锈工作使用压缩空气时，需铺设相应的供气管线。北方地区冬季的生产，还要考虑安装临时供热管线。因此，必须关注这些管道、线路的布线问题，以节约开支、减少动力损耗。

（1）优化线路技术　不论是何种管线，均应力求线路最短，优化路线最简单的方法是破圈选线法。

由于各种管线多沿已定路边铺设，总会形成矩形、梯形和三角形等各种图形，破圈选线法就是在线路布置所形成的图形上，将每个圈的长边去掉，剩下图形如同树枝状，则树枝总长即为最短线路长度。

例　设某施工现场供电系统如图2-3所示，M为电源供应点，①～⑨为使用点，求最短线路。

解　图上有 A、B、C、D、E 五个封闭圈。

A 圈中，①—④边最长，去掉。

B 圈中，去掉④—⑧边。

C 圈中，去掉 M—⑧边。

D 圈中，去掉 M—⑥边。

E 圈中，去掉③—⑤边。

则所得最短布线路径如图2-4所示。

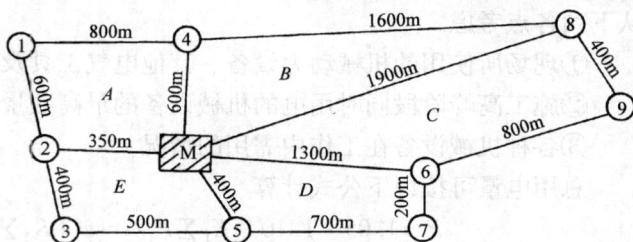

图2-3　施工现场供电系统

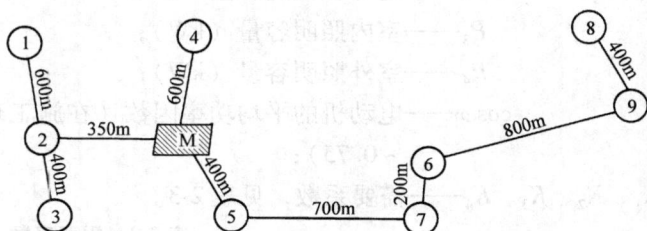

图2-4　最短布线路径

（2）供水

1）计算用水量。现场施工考虑的用水包括工序用水量 Q_1（如密封性试验、水压试验的用水）、机械用水量 Q_2（如 X 射线检测仪的冷却用水）、现场生活用水量 Q_3［一般为 20～60L／（人·班）］、生活区用水量 Q_4［一般为 100～120L／（人·天）］、消防用水量 Q_5 等，现场总用水量 Q 的确定方法如下：

①当（$Q_1 + Q_2 + Q_3 + Q_4$）$\leqslant Q_5$ 时，则 $Q = Q_5 +$（$Q_1 + Q_2 + Q_3 + Q_4$）／2。

②当（$Q_1 + Q_2 + Q_3 + Q_4$）$> Q_5$ 时，则 $Q = Q_1 + Q_2 + Q_3 + Q_4$。

③当工程量少且（$Q_1 + Q_2 + Q_3 + Q_4$）$< Q_5$ 时，则 $Q = Q_5$。

2）选择水源。现场施工的临时供水，最好利用附近居民区或企业的现有供水管道，只有在现场附近没有现成的给水系统或现有管道无法利用时，才宜另外选择天然水源并构建临时给水系统。

①天然水源种类。地面水，如江水、湖水、水库蓄水等；地下水，如泉水、井水等。

②选择水源必须考虑下列因素：

a. 水量充沛可靠。

b. 达到生活饮用水、生产用水的水质要求。

c. 取水、输水、净水设施安全经济。

d. 施工、运转、管理、维护方便。

③临时给水系统的构成。临时给水系统由取水设施、净水设施、储水池（或水塔）、输水管和配水管综合而成，其中储水池的容量由每小时消防用水量决定，但不得小于 20m³。

3）布置配水管网。布置配水管网的原则是在保证不间断的情况下，管道铺设越短越好，同时还应考虑在施工期间各段管网具有移动的可能性。一般为环形管网。

（3）供电

1）计算用电量。现场施工临时供电包括动力用电与照明用电两种。在计算用电量时，从下列各点考虑：

①现场所使用的机械动力设备、其他电气工具及照明用电设备的数量。

②施工高峰阶段同时用电的机械设备的最高数量。

③各种机械设备在工作中需用的情况。

总用电量可按以下公式计算

$$P = 1.05 \sim 1.10 \ (K_1 \sum P_1 / \cos\varphi + K_2 \sum P_2 + K_3 \sum P_3 + K_4 \sum P_4) \tag{2-5}$$

式中　　　　P——供电设备总需要容量（kW）；

P_1——电动机额定功率（kW）；

P_2——电焊机额定容量（kW）；

P_3——室内照明容量（kW）；

P_4——室外照明容量（kW）；

$\cos\varphi$——电动机的平均功率因数（在施工现场最高为 0.75 ~ 0.78，一般为 0.65 ~ 0.75）；

K_1、K_2、K_3、K_4——需要系数，见表 2-3。

表 2-3　需要系数

用电名称	数量/台	需要系数		备注
		K	数值	
电动机	3 ~ 10	K_1	0.7	
	11 ~ 30		0.6	
	30 以上		0.5	
加工厂动力设备			0.5	施工需要电热时，应将其用电量计算进去
电焊机	3 ~ 10	K_2	0.6	
	10 以上		0.5	
室内照明	—	K_3	0.8	
室外照明	—	K_4	1.0	

单班施工时，用电量计算可不考虑照明用电。

室内外照明用电量定额可参见表 2-4。

由于照明用电量较动力用电量要少得多，所以在估算总用电量时可以简化，只要在动力用电量［即式（2-5）括号中的第一、二两项］之外再加 10% 作为照明用电量即可。

2）电源选择及电力系统。施工现场临时供电电源可供选择的方案包括以下四种情况：

表 2-4　室内外照明用电参考资料

序号	室内照明	容量/（W/m²）	序号	室外照明	容量
1	构件室内加工	10 ~ 12	1	室外安装焊接	2 W/m²
2	仓库	2	2	材料堆放	0. 8 W/m²
3	办公室、实试验室	6	3	车辆行人主要干道	2kW/km
4	宿舍	3	4	车辆行人非主要干道	1kW/km
5	食堂	5	5	警卫照明	1kW/km

① 完全由现场附近的电力系统供电，包括在全面投入生产前做好永久性供电外线工程，设置变电站。

② 现场附近的电力系统只能供给一部分，尚需自行扩大原有电源或增设临时供电系统以补充其不足。

③ 利用附近的高压电力网，申请临时配电变压器。

④ 当施工现场位于边远地区，没有电力系统时，电力完全由临时电站供给。

在考虑临时供电电源方案时，应首先弄清以下五个方面的情况：

① 焊接结构制作及安装的工程量和施工进度。

② 各个施工阶段的电力需要量。

③ 施工现场的大小。

④ 用电设备在施工现场的分布情况和距离电源远近的情况。

⑤ 现有电气设备的容量情况。

当现场由附近的高压电力网输电时，在工地上设减压变电所，把电能从 110kV 或 35kV 减到 10kV 或 6kV，再由现场若干分变电所把电能从 10kV 或 6kV 减到 380V/220V。变电所的有效供电半径为 400 ~ 500m。

对于 3kV、6kV、10kV 的高压线路，可用架空裸线，其电杆距离为 40 ~ 60m，或埋设地下电缆。户外 380V/220V 的低压线路也采用裸线，只有与结构产品或脚手架等不能保持必要安全距离（1.5m）的地方宜采用绝缘导线，其电杆间距离保持为 25 ~ 40m。分支线及引入线均应由电杆处接出，不得由两杆之间接出。

配电线路应尽量设在道路一侧，不得妨碍交通和机械的装、拆及运转，并要避开露天仓库、临时工棚用地。

室内低压动力线路及照明线路皆用绝缘导线。

3）选择配电导线。导线截面的选择有三方面的要求：

① 按强度选择。导线必须保证不致因一般机械操作而折断。在各种不同铺设方式下，导线按强度所允许的最小截面见表 2-5。

② 按许用电流选择。导线必须能承受负载电流长时间通过所引起的温升，有关计算公式可以在《电工学》书籍中查阅。

③ 按许用电压降选择。导线上引起的电压降必须在一定限度之内，配电导线截面的计算公式也同样可以在《电工学》书籍中查阅。

施工现场所选用的导线截面应能同时满足以上三项要求，即以求得的三个截面中的最大者为准，从导线产品目录中选用线心截面。也可根据具体工程情况抓主要矛盾，如在作业线较长的现场，导线截面由电压降选定；在小负荷的架空线路中往往以强度选定。

表 2-5 导线按强度所允许的最小截面

导线用途	导线最小截面/mm²	
	铜线	铝线
照明用导线：户内用	0.5	2.5
户外用	1.0	2.5
双心软导线：用于吊灯	0.35	—
用于移动式生产用电设备	0.5	—
多心软导线及软电缆：用于移动式生产用电设备	1.0	—
绝缘导线：固定架设在户内绝缘支持件上，其间距为		
2m 及以下	1.0	2.5
6m 及以下	2.5	4
25m 及以下	4	10
裸导线：户内用	2.5	4
户外用	6	16
绝缘导线：穿在管内	1.0	2.5
设在木槽板内	1.0	2.5
绝缘导线：户外沿墙铺设	2.5	4
户外其他方式铺设	4	10

（4）供气 焊接工程施工中，用到风动工具，压缩空气一般采用移动式空压机分散供应。在工程规模较大、工程集中等特殊情况下，才考虑采用固定式临时空压机站，空压机站的服务半径最好在 0.5km 以内，气管干线的长度宜控制在 1.5~2.0km 范围内。

预热用的液化气，也宜集中供应。

（5）供热 北方地区严冬季节的现场施工，必须对建筑物内部如办公室、宿舍、食堂等予以采暖。通常可供利用的热源包括现有的热电站、热力管网或临时性的锅炉房，供热的准备工作应做好三项内容：计算采暖耗热量；确定蒸汽管道直径；选择供热线路。

五、外协准备

对于焊接结构制作与安装企业来说，在一个建设项目中，通常会遇到一些本单位难以承担的专业性强的分项工程，如土石方工程、混凝土工程等，对于这些本单位难以承担的工作，宜进行分包或委托劳务，应及早做好分包或劳务安排，并同相应的单位签订分包或劳务合同，保证实施。

此外，对于一些本单位无能力制作的构件，如大直径容器的封头，也应及早寻求外协加工。当然，委托外协加工必须经过效益分析。

第二节 焊接生产项目组织机构及项目经理

一、项目组织机构

管理组织，就是围绕一项共同目标，建立组织机构，并对组织机构中的每个人员指定职位，明确职责，授予权力，交流信息，并协调工作，使其以最高的效率实现既定目标。

项目的管理组织与生产运营的管理组织在组织机构上是不同的，一个项目的组织机构通常受项目目标、项目任务、项目所能获得资源的多少、项目的各种制约条件等的影响和限制。因此，一个企业面对不同的生产项目或在项目实施的不同阶段，应建立不同的项目组织机构。

1. 项目组织机构的形式

（1）直线制（见图2-5）直线制是由上层到基层按垂直系统建立的组织形式，由各级领导者执行统一指挥和管理职能，不设专门的职能机构。这种组织形式一般适用于小型、生产简单的企业。

（2）职能制（见图2-6）职能制是在各级领导者之下，按专业分工设置管理职能部门，在业务范围内其有权向下发布指令，下级既服从上级领导者的指挥，又听从上级各职能部门的指挥。这种组织形式能适应企业生产技术发展和经营管理复杂化的要求，以发挥专业管理人员的专长。但它妨碍了统一指挥而形成多头领导，不利于责任制的建立和效率的提高。

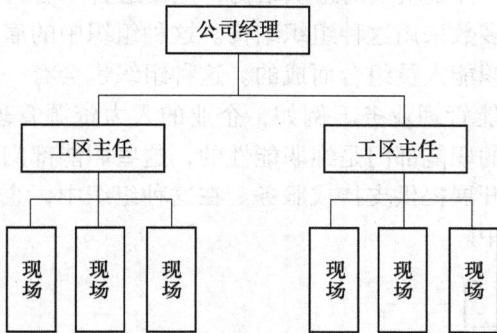

图2-5 直线制

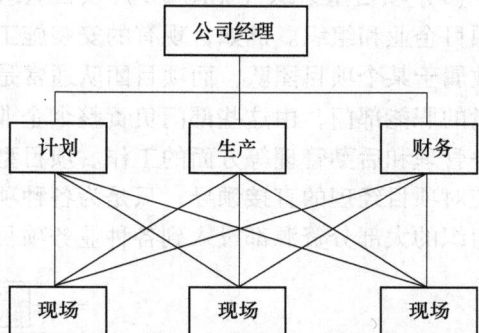

图2-6 职能制

（3）直线职能制（见图2-7）直线职能制以直线制为基础，在各级领导者之下设置各专业职能部门，作为该级领导者的参谋部，由职能部门拟定计划、方案以及有关指令，经领导者批准下达。职能部门对下级进行业务指导。

这种组织形式，保持了直线制集中统一指挥的优点，吸取了职能制发挥专业管理职能作用的长处。其缺点是各职能部门之间的横向联系差，直线与职能的责权协调较难。

（4）矩阵式组织（见图2-8）矩阵式组织是将按职能划分的部门和按项目划分的小组结合起来组成一个矩阵，项目小组成员既与原职能部门保持组织与业务上的联系，又参加项目小组的工作。每个项目

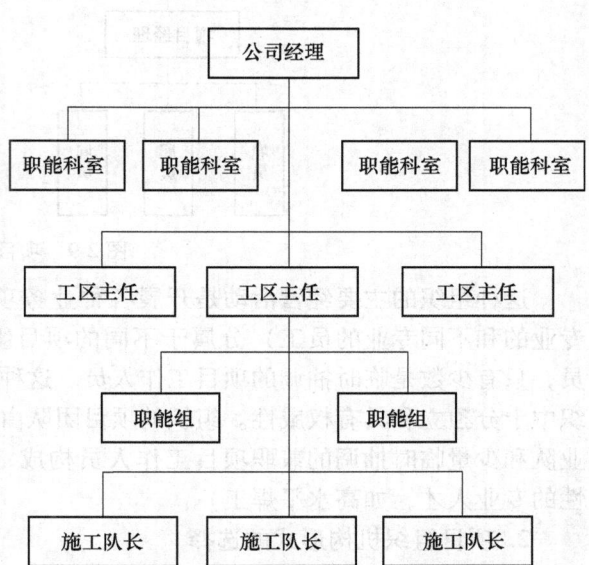

图2-7 直线职能制

负责人（项目经理）受企业领导者领导，而项目小组成员受项目负责人和原属职能部门双重领导。这种组织形式富有弹性、灵活性，适应性较强，能使管理中的纵向、横向很好地结

合，对项目管理有利并能充分发挥专业人员的作用，适用于工程或科研项目。但由于领导关系上的双重性，往往会发生一些矛盾。

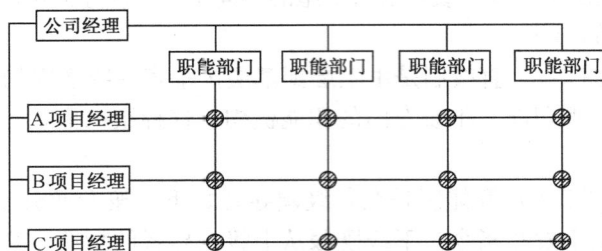

图2-8　矩阵式组织

（5）项目型组织（见图2-9）项目型组织是一种模块式的组织结构，主要适合于各种业务项目企业和组织。例如，现有的安装施工企业多数采用这种组织结构。这种组织中的雇员多数属于某个项目团队，而项目团队通常是多种职能人员组合而成的。这种组织也会有一定数量的职能部门，由这些部门负责整个企业的职能管理业务。例如，企业的人力资源管理、财务管理和后勤管理等方面的工作。项目型组织的职能部门是纯职能性的，这些职能部门不行使对项目经理的直接领导，只是为各种项目的开展提供支持或服务。在这种组织中，企业或组织的大部分资源都投入到各种业务项目工作中。

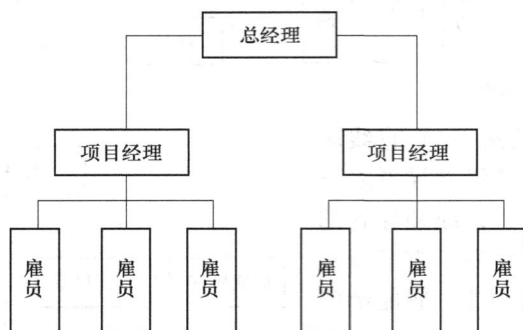

图2-9　项目型组织

这种组织的主要经营活动是开展各种业务项目，在这种组织中，绝大多数人员（相同专业的和不同专业的员工）分属于不同的项目组织或项目团队。多数是专职的项目工作人员，只有少数是临时抽调的项目工作人员。这种组织的项目经理都是专职的，而且在整个组织中十分独立和具有权威性。组织的项目团队由专职的项目经理、专职的项目管理人员、作业队和少量临时抽调的兼职项目工作人员构成（这些兼职的项目工作人员多数是一些特殊性的专业人才，如高水平焊工）。

2. 项目组织机构形式的选择

生产项目有许多种组织机构形式可以选择，如寄生式组织（见图2-10）、自主式组织（见图2-11）、直线式组织、矩阵式组织、项目型组织。这些项目组织机构形式，各有其使用范围、使用条件和特点，不存在唯一的适用于所有组织或所有情况的最好的组织机构形式，必须考虑下列具体情况予以分析选择。

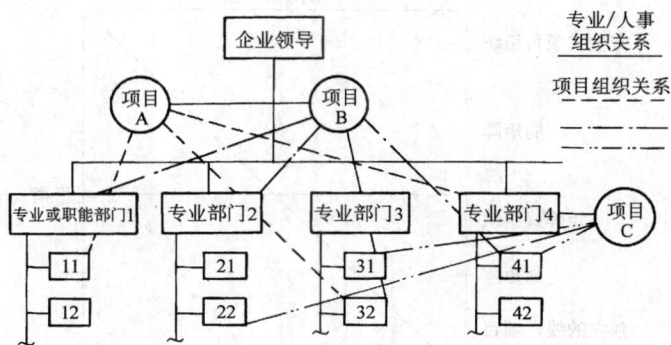

图 2-10　寄生式组织

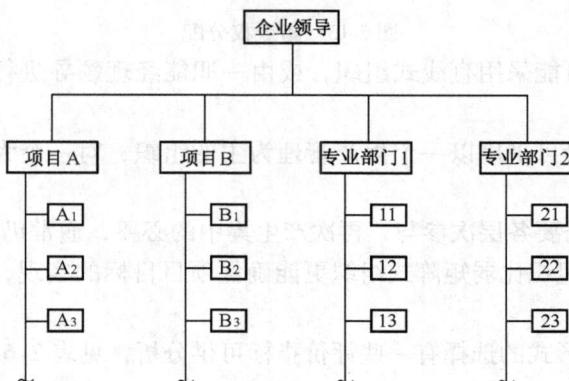

图 2-11　自主式组织

1）项目自身的情况，如规模、难度、复杂程度、项目结构状况、子项目数量和特征。

2）上层系统（企业）组织状况，同时进行的项目的数量及其在本项目中承担的任务范围。若同时进行的项目（或子项目）很多，则必须采用矩阵式组织，如图 2-12 所示。

3）应采用高效率、低成本的项目组织形式，能使各方面有效地沟通，各方面责权利关系明确，能进行有效的项目控制。

4）决策简便、快速。由于项目与企业部门之间存在复杂关系，而其中最重要的是指令权的分配。不同的组织形式有不同的指令权分配（见图 2-13）。对此企业和项目管理者都应有清醒的认识，并在组织设置及管理系统设计时贯彻这个精神。

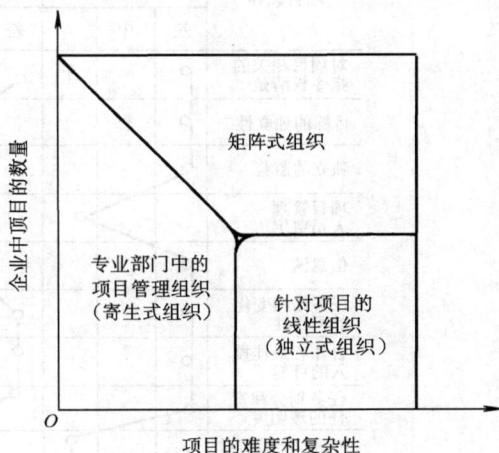

图 2-12　组织机构形式的选择

5）不同的组织机构可用于项目周期的不同阶段，即项目组织机构形式在项目实施期间可不断地改变：

① 早期仅为一个小型的工作小组，可能为寄生式的。

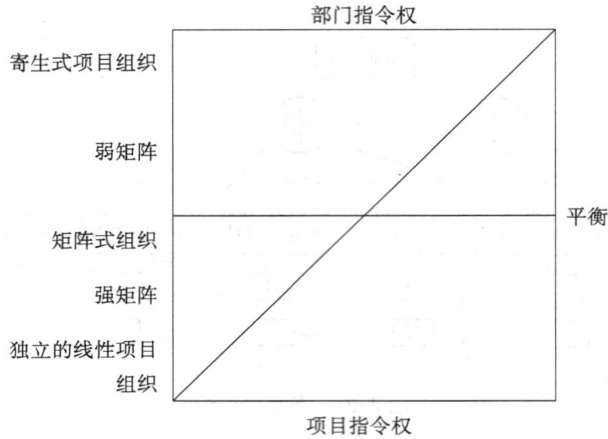

图 2-13 指令权分配

② 进入设计阶段可能采用直线式组织，或由一职能经理领导进行项目规划、设计和合同谈判。

③ 在生产施工阶段可采用以一个生产管理为主的组织，对一个大项目来讲，可能是矩阵式的。

④ 在交工阶段，需要各层次参与，再次产生集中的必要，通常仍回到直线式组织。

6）通常强矩阵式组织比弱矩阵式组织更能确保项目目标的实现，而比独立式组织能更有效地降低项目成本。

7）项目组织机构形式的选择有一些评价指标可供分析，见表 2-6。

表 2-6　项目组织机构形式选择的评价指标分析表

项目领导	专业部门中的项目组织			指挥部			针对项目的线形组织			矩阵式组织		
	差	中		差	中		差	中		差	中	
对项目相关的指令权清楚												
目标的独立性												
独立的监督												
项目管理人员费用												
信息流												
任务结构变化的可行性												
合作者最佳投入的可能												
任务划分和责任的透明度												
知识、能力传送的保证												
人力负荷峰值平衡的可能												
参加者之间的合作												
专业部门之间协调费用												

二、项目经理

1. 项目经理的角色与职责

生产项目管理的主要责任是由项目经理承担的，项目经理是项目管理的主要责任人。项目经理的根本职责是确保项目的全部工作在项目预算范围内按时、优质地完成，从而使客户和业主满意。项目经理在整个项目管理中是核心人物，他在项目管理中承担着许多角色，项目经理承担的最主要角色和职责包括下列几个方面。

（1）项目经理是生产项目的领导者　其领导职责主要是充分运用自己的职权和个人权利去影响他人，为实现项目的目标而服务。这种领导职责包括：适时地做出正确决策，适时地开展项目团队的激励，及时充分地与全体团队成员进行沟通等方面的工作。

（2）项目经理是项目的计划者　其计划职责主要是明确项目目标，界定项目的任务和编制项目的各种计划。具体地说，项目经理要决定：项目要实现哪些目标，这些目标相互如何协调，项目要完成哪些任务，这些任务哪些由自己的项目团队完成，哪些进行对外分包。要指导项目管理人员制订出项目的各种专项计划，并负责项目全过程的计划调整与管理。

（3）项目经理是项目的组织者　其组织职责主要是努力为项目的实施获得足够的人力资源、物力资源和财力资源，并组织建设好项目团队，合理地分配项目任务，积极地向下授权，及时地解决各种矛盾和争端，开展对于全团队成员的培训等。

（4）项目经理是项目的控制者　其控制职责主要是全面对项目进行监控，集成控制项目的工期进度、项目成本和工作质量，通过制定标准、评价实际、找出差距和采取纠偏措施等工作，使项目的全过程处于受控状态。

（5）项目经理是项目利益的协调者　项目经理不但要协调项目业主和项目客户的利益，还要协调项目业主和客户与项目团队的利益，以及项目团队、项目业主和客户与项目其他利益相关者之间的各种利益关系。在协调这些利益关系的同时，项目经理还需要通过自己的工作，努力促进和增加项目的总体利益，从而使所有利益相关者都能够从项目中获得更大的利益。

2. 项目经理的技能要求

项目的成功主要取决于项目经理，因此项目经理必须具备保证项目成功所需的各种技能。这些技能主要包括三个方面：概念性技能、人际关系技能和专业性技能。这些技能的具体内涵分述如下。

（1）项目经理的概念性技能　这是指项目经理在项目实现过程中遇到各种意外或特殊情况时，能够根据具体情况做出正确的判断、提出正确的解决方案，并做出正确的决策和安排的技能。这项技能要求一个项目经理必须具备如下几个方面的能力。

1）分析问题的能力。分析问题的能力是指从复杂多变的各种情况中发现问题和分析找出问题实质与问题原因的能力。这方面的能力包括：发现问题的敏锐性、准确性和全面性，分析问题的逻辑性、可靠性和透彻性。

2）正确决策的能力。正确决策的能力是指在各种情况下找出解决问题的可行性方案，并挑选出最佳（或满意）方案的能力。这方面的能力包括：首先是搜集信息的能力，其次是加工处理信息的能力，再次是根据各种信息确定行动备选方案的能力，最后是抉择最佳方案的能力。

3）解决问题的能力。项目经理这一职务和岗位就是为解决项目不断出现的各种问题而设立的。一个项目经理解决问题的能力包括三个方面：其一是解决问题的针对性，其二是解决问题的正确性，其三是解决问题的完善性。

4）灵活应变的能力。项目本身的可变因素很多，相对开放的环境是可变的，工期进度的时间和各种资源是可变的，项目任务的范围和内容是可变的，项目的组织和团队成员是可变的（因为是临时性的），项目业主和客户的要求与期望是可变的，面对这么多的可变因素，项目经理必须具有灵活应变的能力。这是一种控制和处理项目各种变动的能力，是一种在各种变动中确保项目目标得以实现的能力。

（2）项目经理的人际关系技能　这是指项目经理在与各种人员（包括项目的相关利益者和项目团体的全体成员）打交道时，能够充分地与他人沟通，能够很好地进行激励，能够因人而异地采取领导和管理的方式，能够有效地影响他人的行为，以及处理好各方面的人际关系的技能。这项技能要求一个项目经理必须具备如下几个方面的能力。

1）沟通能力。项目经理必须具备很强的沟通能力，因为项目经理与一般运营管理人员的情况不同，他需要不断地与项目团队的各个成员，与项目业主和客户或者他们的代理人，与项目其他相关利益者以及其他组织和个人之间进行沟通。在这些沟通中，既包括管理方面的沟通和技术方面的沟通，也包括商务方面的沟通和思想感情方面的沟通；既包括书面语言的沟通，也包括口头语言的沟通和非语言的沟通（各种手势和表情等）。项目经理必须能够掌握各种沟通的技能，以便在项目管理中能够充分地进行信息传递和思想交流。

2）激励能力。这包括对他人的激励和自我激励两个方面的能力。项目管理中的激励与一般运营管理中的激励不同，整个项目的激励工作主要都是由项目经理承担的。项目经理需要不断地激励项目团队的每个成员，使整个项目团队能够保持士气和工作的积极性，共同为实现项目的目标而努力。同时项目经理还需要不断地激励自己，使自己能够去面对和解决项目的各种问题。项目经理的激励能力包括下述几个方面：

①项目经理必须具有深入了解和正确认识项目团队成员各种需求的能力。

②项目经理要能够正确选择激励手段。这包括：精神激励和物质激励手段、内在激励和外在激励手段、正强化和负强化手段等各种不同的激励手段和它们的有机结合。

③项目经理要能够制定出合理的奖惩制度。

④项目经理还必须能够适时地采用奖惩和其他一些激励措施。

3）影响他人行为的能力。项目经理要管理好一个项目最重要的是要有影响他人行为的能力，这包括运用职权影响他人行为和运用个人权力影响他人行为的能力两个方面。在项目管理中，项目经理需要使用自己拥有的权利，通过各种各样的方式去影响他人的行为，为实现项目的目标服务。项目经理运用权力去影响他人为实现项目的目标所做的努力是项目经理在一定条件下为实现项目目标所开展的一种管理行为，这是根据项目的具体情况和项目环境的发展变化，按照权宜之变的原则所采取的各种相应的领导方式。项目经理影响他人行为的能力包括下述几个方面：

①运用职权去影响他人行为的能力。项目经理的职位赋予了项目经理一定的职权，包括奖惩权、强制权和其他一些规定的权力。项目经理必须具备能够正确使用这些职权的能力，具备运用由于拥有这些职权所获得的权力倾斜优势，去影响和改变他人行为的能力。

②运用个人权力去影响他人行为的能力。除了项目经理的职位赋予的职权以外，项目经理还应具有专长权、个人影响权、参与权等一系列与个人素质和能力等因素有关的个人权力。

4）人际交往能力。项目经理是一个项目的核心人物，他必须与项目业主、项目客户、项目的其他相关利益者以及项目团队的全体成员打交道，因此他必须具备较高的人际关系交往能力，否则他将无法领导他的团队，也将无法与项目全体相关利益者保持正常的工作关系。

5）处理矛盾和冲突的能力。项目经理是一个项目矛盾和冲突的处理中心，因为所有项目业主、项目客户、项目的其他相关利益者及项目团队的各种矛盾多数需要项目经理进行协调和处理。因此项目经理必须具备处理矛盾和冲突的能力，否则就会陷入各种矛盾和冲突之中，那样不但无法完成项目，而且会引发各种各样的纠纷甚至诉讼。项目经理处理矛盾和冲突的能力同样包括许多方面，其中应具备的最主要的能力如下：

①协商的能力。项目经理处理矛盾和解决冲突首要的能力是通过协商使矛盾和冲突的双方达成一致。

②调停的能力。项目经理应当具备充当调停者，为项目团队成员之间或团队成员与其他人等矛盾和冲突的双方进行调解的能力。这包括项目经理出面安排和组织双方协商的能力，以及由项目经理裁定和解决矛盾与冲突的能力。

③妥协的能力。现代项目管理认为任何项目的最终结果都是一种妥协的结果，不是利益的妥协，就是目标的妥协或者其他的妥协。项目经理必须具备在矛盾和冲突中进行妥协的能力，即牺牲一定的利益或目标以解决矛盾和冲突的能力。

④搁置的能力。项目经理有时面对的冲突和矛盾是可以随着时间的推移而自行消失的，所以项目经理应该具有一定的搁置矛盾和冲突的能力，在遇到冲突和矛盾的时候能够"沉得住气"，并能够分析确定一个具体的矛盾和冲突是否可以通过搁置的办法化解和解决。

⑤激化的能力。项目经理有时面对的矛盾和冲突必须采取激化冲突或矛盾的方法去解决，所以项目经理应该具有一定的激化矛盾和冲突的能力，在遇到冲突和矛盾时，能够分析确定一个具体的矛盾和冲突是否可以通过激化的办法去转化和解决。

（3）项目经理的专业技能　这是指项目经理在整个项目实现过程所需的处理项目所属专业领域技术问题的能力。一个项目经理不但要有上述项目管理和一般管理方面的能力，还必须有与生产项目相关的专业领域的知识和技能。因为项目都是属于一定专业领域中的一次性和创新性的工作，这要求项目经理必须具备足够的相关专业知识和专业技能。在项目管理当中"外行领导内行"是非常困难的，所以多数项目经理都是由项目相关领域中的专家担任的。由于不同的项目涉及不同的专业领域，所以很难具体描述项目经理应该具备的专业技能。当然，一个项目经理不一定是具体项目专业领域中的权威，但是项目经理必须具备项目所需的基本专业知识，了解项目所涉及专业的基本原理。一个焊接结构制作与安装工程项目的经理必须了解焊接结构生产工艺和安装的技术等。

3. 项目经理的素质要求

（1）要有勇于承担责任的精神　一个项目的管理责任是很重的，而项目经理所负有的责任尤为重要。因为项目管理与运营管理不同，没有职能部门去分担责任，多数责任是由项目经理承担的。而且项目管理所处的环境又是相对不确定的，所以在项目管理的过程中，随时都需要做出决策和选择。因此项目经理必须具备勇于承担责任的精神，任何不负责任、推卸责任和逃避责任都是不许可的。

（2）要有积极创新的精神　一个项目经理与一般运营管理中的经理不同，因为项目具有一次性和独特性，所以往往没有经验可以借鉴。在项目的实现过程中，项目管理几乎处处需要创新和探索，所以项目经理必须具备创新精神，任何保守的做法、教条的做法和墨守成规的做法都会给项目的实现带来问题和麻烦，甚至是行不通的。

（3）要有实事求是的作风　由于项目管理中需要具备创新精神，而创新的前提必须是实事求是，尊重客观规律，所以项目经理还必须具有实事求是的作风。项目经理必须要具有根据各种情况报告分析和发现事物的客观规律的能力，以及坚持实事求是原则的作风。不管是项目业主、项目客户，还是自己的上级提出的要求、做出的决定和给出的指示，项目经理都必须首先分析它们是否符合事物的本来面貌和客观规律，凡是有问题的一定要认真说明和据理力争。项目经理一定要忠于事实、尊重科学，实事求是，绝不能违背客观规律。

（4）要有任劳任怨积极、肯干的作风　项目经理的主要工作是现场指挥和项目一线的管理，这与一般运营管理有很大不同，这就要求项目经理具有吃苦耐劳、任劳任怨、身先士卒、积极肯干的作风。因为在项目管理中有许多需要解决的矛盾和冲突，对项目经理会有各种各样的抱怨，如果没有任劳任怨的作风就无法承担项目经理的重担。同时，项目经理必须具备积极肯干和敬业的精神，因为项目经理在许多时候既要承担一般项目团队成员的责任，又要完成项目经理的工作，如果没有积极肯干的作风是很难胜任的。

（5）要有自信心　项目经理另一个重要的素质是要有自信心，因为项目团队多数时间是在项目经理的领导下独立工作的，很少有上级或职能人员可以依靠，许多时间只能相信自己的判断、自己的决策和自己的指挥命令。在这种环境下，一个项目经理如果没有自信心就会犹豫不决，贻误时机，耽误工作，所以项目经理一定要有自信心。

第三节　焊接生产项目的实施计划

计划是指预先决定要做什么、如何做、何时做和由谁做。这里所谈的施工计划是对制作与安装工程项目实施过程（活动）进行各种计划、安排的总称，是对生产项目实施过程的设计，又称为施工组织设计。在具体内容上，它包括确定项目目标（质量、成本、工期），确定实现项目目标的方法，确定项目预测、决策和计划的原则，计划的编制和计划的实施措施。计划是项目管理的一个重要职能，又是项目管理过程的一个极为重要的环节，它在项目管理中具有十分重要的地位。

一、施工组织设计概述

1. 含义及内容

施工组织设计是针对焊接结构制作和安装工程项目，在开工前根据项目本身的特点和施工生产现场具体情况，对所需要的施工生产劳力、施工生产材料、施工生产机具和施工临时设施，经过科学计算、精心比较及合理安排后而编制出的一套在时间上和空间上进行合理生产施工的战略部署文件。

施工组织设计的内容通常包括项目（工程）概况、施工生产方案、施工生产进度计划、准备工作计划（大型、工期长的焊接结构生产必须考虑）、各项资源需要量计划、生产组织平面布置图、质量和安全保障措施、技术经济指标八个部分，它是项目计划在焊接生产项目中的具体表现。

2. 作用

1）施工组织设计是报批开工、备工、备料、备机和申请预付款的基本文件。

2）施工组织设计是施工单位开展施工作业、检查控制生产施工进展情况的重要文件。

3）施工组织设计是生产队组安排施工作业计划的主要依据。

4）施工组织设计是业主或客户配合施工、监理工程质量、支付工程款项的基本依据。

二、施工组织设计的任务与要求

1. 施工组织设计的主要任务

1）通过精心部署安排，使得全场的施工作业能有条不紊、按部就班地按计划进行。

2）经过科学计算和细致比较，在保证生产质量的前提下，以较少的消耗求得最合理的工期。

3）按照节约开支、方便生产、有利生活的原则，进行现场临时设施的平面布置，以确保工作顺利进行。

4）在吸收以往经验教训的基础上，拟定出各种有关技术措施，以提高生产质量和生产效率，确保安全生产。

2. 对施工组织设计的要求

施工组织设计作为一个重要的项目阶段，在项目施工中承上启下，必须防止计划的失误或失败。由于工程项目的特殊性和计划在项目管理中的独特作用，对施工组织设计有以下特殊要求。

（1）符合总目标　计划是为保证实现总目标（按质、按量、按期、低耗完成结构制作与安装）而作出的各种安排，所以目标是计划的灵魂，必须按照拟定的项目总目标、总任务作出详细的计划。计划人员首先必须详细地分析目标，弄清任务。对目标和任务理解有误或不完全，必然会导致计划的失误。

（2）符合实际　计划要有可行性，不能纸上谈兵。在实际工作中，计划的失误经常是由于不了解实际情况，缺少和实际工作人员的沟通而造成的。

（3）经济性要求　计划应充分考虑各项资源（人、机械设备、材料）的合理配置，以利于合理投入使用，降低生产成本。

（4）全面性要求　要使项目顺利实施，必须安排各方面的工作，提供各种保证。施工组织设计必须包括项目实施的各个方面和各种要素，在内容上必须周密。

（5）计划的弹性要求　施工组织设计的种类计划是建立在预定的项目目标和施工方案、以往经验、环境状况以及对将来合理的预测基础上的，所以计划的人为因素较强。在计划的实施过程中，可能会由于各种各样的因素导致实际情况与原计划不符。这就要求各项计划在实施过程中能够调整以适应新的情况。

（6）计划详细程度的要求　种类计划不应太细，太细则束缚实施者的活力，使下级丧失创造力和主动精神，造成执行和变更困难；造成信息处理量大，计划费用多。但如果种类计划太粗又达不到指导实际工作和进行实施控制的要求，容易造成混乱。

（7）风险分析的要求　施工组织设计必须包括相应的风险分析的内容，对可能发生的困难、问题和干扰需要作出预测，并提出预防措施。

三、制订施工组织设计的原则和步骤

1. 原则

1）遵循生产施工工艺及其技术规律，坚持合理的施工程序和施工顺序。

2）采用网络计划技术组织有节奏、均衡和连续地生产施工。

3）充分利用现有机械设备，扩大机械化施工范围，提高机械化程度，改善劳动条件，提高劳动生产率。

4）尽量采用国内、外先进的生产技术，科学地确定施工方案；提高产品及工程质量，确保安全生产；缩短工期，降低成本。

5）尽量减少临时设施，合理贮存物资，减少物资运输量；科学地布置施工生产平面图，减少施工生产用地。

2. 步骤

1）准备资料，熟悉情况。

2）编写项目（工程）概况。

3）拟定制作与安装生产施工方案，进行生产部署。

4）编制生产施工进度计划。

5）制定施工准备工作及资源需要量计划。

6）规划施工现场平面布置及加工厂车间定置。

7）拟定质量、安全技术措施。

四、施工组织设计技术

1. 项目（工程）概况的编写

施工组织设计的概况主要应编写以下内容。

（1）项目特征 叙述的主要内容有：

1）项目概貌。叙述业主和项目（工程）名称、项目（工程）性质或用途、工程量、项目（工程）投资、工期期限以及合同或上级要求等。

2）结构特点。主要叙述产品的结构形式、主要外观尺寸、质量要求等。

（2）施工现场的自然条件 施工现场的自然条件应主要叙述以下内容：

1）地形地质。主要叙述现场的地理位置和形状、土层深度和相应土质、地下水位深度和水质等。

2）主要气象。主要叙述工地的主导风向、最大风力和时期、最高温度和持续时间、最低温度和时间、雨期时间和雨量等。

（3）现场施工的物资条件 主要叙述交通运输条件、水电供应条件、加工资源可供情况、生活设施可利用情况等。

例 现将某市百货公司南北两楼间钢制人行天桥工程概况实例摘录如下。

本工程是某市百货公司南北楼钢制人行天桥制作安装工程。桥体结构是由两榀钢桁架及水平支撑连接的钢架结构体系。该钢架下部由四个钢筋混凝土柱支承，跨距为 26.40m，全长 33.00m，宽 4.70m，高 4.80m，上下弦起拱 60mm，分有三个节段：

①～⑤轴南节段，长 11.94m，重 20.70t。

⑤～⑦轴中节段，长 6.60m，重 11.44t。

⑦～⑫轴北节段，长 14.46m，重 25.08t。

全段钢材总重 57.22t，工程造价 50 万元，工期 30 天。

工程地处闹市，场地平整，交通便利，施工用水、用电可接百货公司北楼。但现场施工场地狭小，无法进行现场制作。

施工期是当年 4～5 月，平均气温 20～25℃，主导风向为东南风，2～3 级。期间最大日降雨量为 250mm，可延时 1～2 天。自然条件好，适于施工。

2. 拟定生产施工方案

生产施工方案的拟定是施工组织设计的核心内容。选择生产施工方案必须从保证工期、节约成本、提高质量三大目标出发，慎重研究确定，做到方案技术可行、工艺先进、经济合理、措施得力、操作方便。

施工方案的拟定内容一般包括三个方面：确定生产施工过程；安排生产施工顺序；选定施工方法，选择生产施工机械。

它是一个综合的、全面的分析和对比决策过程，既要考虑施工的技术措施，又要考虑相应的施工组织措施，确保技术措施的落实。

在拟定生产施工方案之前，还应考虑下面一些问题：水电的供应条件；生产施工阶段的划分；各阶段主要施工机械的型号、数量及供应条件；材料、外购件的供应条件；劳动力的供应情况；工期的限制等。这些问题作为编制方案时的初始依据，并在方案编制过程中逐步调整和完善。

（1）确定生产施工过程　确定生产施工过程，是指为了简单明了地表达整个项目的进度计划活动而选择具有代表性的生产施工项目作为安排计划的"生产施工过程"，是一系列项目活动。现代项目管理理论认为，项目活动不是简单的一道工序或一个工步，而是以实现一个完整的可交出物（零件、部件、产品）的任务组合。在一个项目中，应划分多少个"过程"没有统一的规定，通常以"施工过程完整、项数简单明了"为原则。

焊接结构工程宏观上由制作与安装两个"大过程"组成。产品制作过程中，既可以将一个零件的制作（包括零件的下料、成形、焊接、检验等工序）定义为一个过程，也可以将部件的制作（包括零件制作、零件组装焊接）确定为一个过程。如前述钢制人行天桥，其制作过程可分为①~⑤轴南节段制作、⑤~⑦轴中节段制作、⑦~⑫轴北节段制作三个施工过程。又如汽油储罐，分为储罐制作、储罐安装两大过程，其中储罐制作过程又包含筒身制作、封头制作、接管（含法兰）制作和支座制作等过程。

在一些大型钢结构工程（如高层钢结构建筑、长距离压力管道等）施工中，往往还划分施工段，将整个工程化整为零，分成几个施工段。当一个施工段完成后，再进行下一个施工段的施工，这样可以在施工段内形成流水作业，以较少的人员投入完成同样规格要求的工程任务，从而提高施工效率，避免停歇窝工，达到降低工程施工费用的目的。划分施工段的大小和多少没有具体的量性规定，但应遵循这样一些原则：施工段的大小应满足劳动组织所需工作面的要求；施工段与施工段之间的工程量差距最好控制在15%以内。

（2）安排生产施工顺序　安排生产施工顺序，是指识别上述已确定的"过程"（或施工段）之间的相互关系与依赖关系，并据此对各"过程"的先后顺序进行安排和确定的工作。它是制订项目进度计划的依据。编排的施工顺序需满足各种技术条件及要求，各个施工阶段要划分明确，同时要考虑各工种能进行交替作业，以有利于组织、调动和周转各种生产设备和人员，使其能发挥最大作用，避免各施工阶段脱节，提高生产效率。施工顺序编排的恰当与否，会直接影响工程的经济性甚至工程质量。

"过程"排序所需的信息有：

1）项目"过程"清单（含产出物描述）。以汽油储罐为例，包括筒体制作、封头制作、接管（人孔）制作、支座制作、筒体与封头装配、接管与筒体装配、支座与筒体装配、密封性试验、涂装、现场吊装就位等。

2）"过程"之间的必然依存关系。如接管与筒体装配"过程"的开展必须以完成接管制作"过程"和筒体与封头装配"过程"为前提。

3）"过程"之间的人为依存关系。这种关系是项目管理者人为地、主观确定的关系。如为减少制作班组成员，可以人为地将接管制作"过程"安排在筒身制作"过程"之后。

4）"过程"的外部依存关系。这种关系是指本项目团队与其他团队活动以及项目活动与项目团队的非项目活动之间的相互关系。如企业内仅有一台三辊卷板机，而该企业同时有多个生产项目在同时开展，都需要使用卷板机，这种情况就会干扰本项目"过程"排序工作。

5）"过程"的约束条件。项目所面临的各种资源与条件限制因素，同样会对排序造成影响。

安排生产施工顺序，常用的是顺序图法。该方法用单个节点（框）表示一项"过程"，用节点（框）之间的箭线表示"过程"之间的相互关系。其表现形式类似《焊接结构生产》教材中所述的工艺路线图。

以钢制人行天桥工程为例，安装的施工过程包括支承架搭建就位（A）、复核安装位置（B）、南节段吊装就位（C）、北节段吊装就位（D）、中节段吊装就位（E）、位置检测调整（F）、焊接（G）、支承架拆除（H）等。其施工顺序可以有以下三种方案：

① $A—B—C—D—E—F—G—H$。

② $A—B—C—E—D—F—G—H$。

③ $A—B—C—E—F—G—D—F—G—H$。

其中方案①是最佳施工顺序。

以球罐为例，其安装过程顺序是：支柱组装→内脚手架搭设→赤道带组装→外脚手架搭设及中心柱安装→下温带板组装→上温带板组装→下寒带板组装→上寒带板组装→下极板组装→上极板组装→组装质量检查→防护棚搭设→各带焊接→热处理→附件安装。

以图 $20m^3$ 汽油储罐产品的制作安装工程为例，其生产施工顺序如图 2-14 所示。

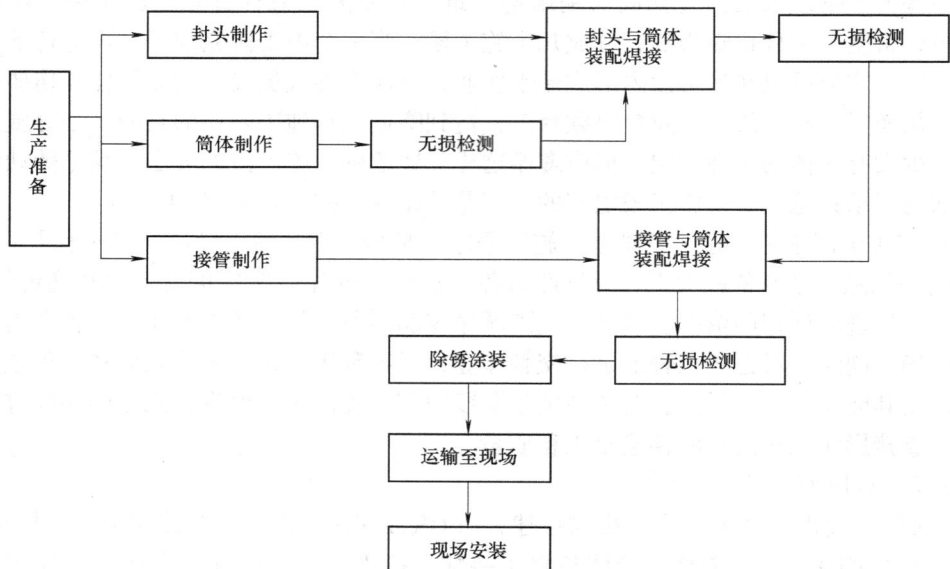

图 2-14 一台 $20m^3$ 汽油储罐的制作安装生产施工顺序

（3）选定施工方法，选择生产施工机械 在拟定生产施工方案时，明确主要施工过程（及重要工序）采用什么施工方式和技术方法进行生产施工，是具体指导施工工作，做好备工、备料、备机的一项基本任务。在选择施工方法时应遵循一定的原则。

1）选择施工方法的原则。

① 应既便于施工，又经济合理。适合一个施工过程的施工方法一般有好几种，应根据工程具体情况，选择一种既使施工方便，又可少花钱多办事的方式作为选择对象。必要时还需通过一些经济比较计算进行选择。如球罐的组装过程，其采用的散装法有两种方式：即中心柱散装法和无中心柱散装法。无中心柱散装法可以省去中心柱安装，节省了费用，但上、下温带板的固定却比较繁琐，调整困难。在球罐壳板质量较好、吊装能力强时，方可采用无中心柱散装法。

② 应采用技术先进，提高质量的新工艺、新材料。技术先进主要表现在提高工效、降低成本、减少投入、增加产出等方面。焊接是焊接结构工程中最重要的工序之一，应积极选用先进焊接方法。如钢制人行天桥的焊接可选用 CO_2 气体保护焊，与焊条电弧焊相比，其具有无可比拟的优越性，主要表现为：电弧热量集中，焊接变形小；无焊渣，减少焊渣引起的缺陷；焊缝金属含氢量低，抗冷裂能力强；对油、锈不敏感；全位置焊接成形美观；生产效率高，节省能量，节约人工开支。

2）选择施工机械。选择施工方法、施工技术时，应结合施工设备供应的具体情况综合考虑。在有可能的情况下，施工方法确定后，应尽量选择性能稳定、满足施工要求的机械设备，如焊接采用 CO_2 气体保护焊技术，数字化焊机将比传统的晶闸管式焊机更易获得质优形美的焊接接头。

3）起重机械的选用。焊接结构的现场施工，必须考虑起重方法并选用适宜的起重机械，这关系到现场制作安装的速度和经济效果等。焊接结构制造安装工程中常用的起重机械有桅杆式起重机、自行杆式起重机和龙门架式起重机三大类。

① 桅杆式起重机。桅杆式起重机制作简单，装拆方便，起重量较大，可达 100t 以上，受地形限制小，能用于其他起重机械不能安装的一些特殊结构；但其服务半径小，移动困难，需要拉设较多的缆风绳。图 2-15、图 2-16 和图 2-17 所示为不同构造形式的简易桅杆起重机。

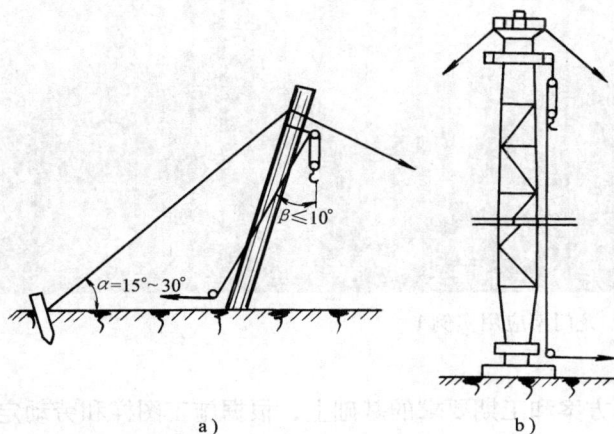

a）

b）

图 2-15 独脚拔杆

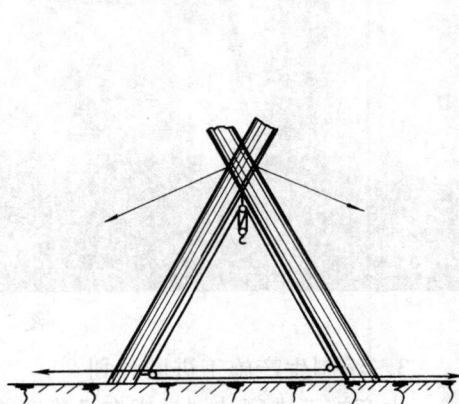

图 2-16 人字拔杆

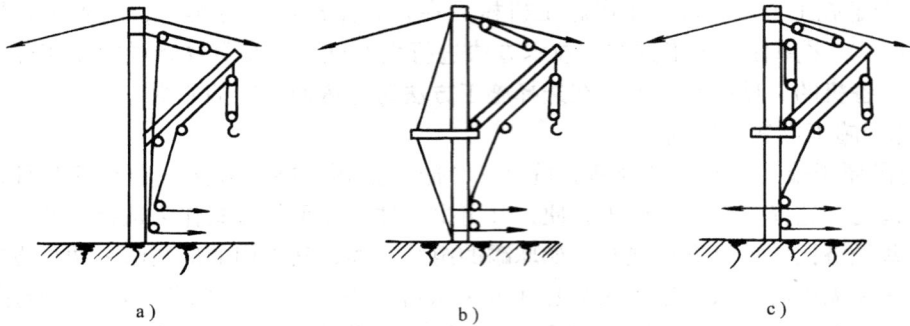

图 2-17 悬臂拔杆

② 自行杆式起重机。常见的自行杆式起重机有履带式起重机、汽车式起重机和轮胎式起重机三种。

履带式起重机操作灵活，使用方便，有较大的起重能力，在平坦坚实的路面上可负载行走。但行走速度慢，对路面破坏性大，在进行长距离转移时，需用平板拖车或铁路平板车运输。

汽车式起重机常用于构件运输、装卸和结构吊装，其特点是转移迅速，对路面损伤小；但吊装时需使用支腿，不能负载行走，也不适于在松软或泥泞的场地上工作。我国生产的汽车式起重机有 Q2 系列、QY 系列。如 QY—32 型，臂长 32m，最大起重量 32t。目前国产汽车式起重机最大起重量已达 65t，可满足重型构件吊装的需要。

③龙门架式起重机械。龙门架构造简单，制作容易，用材少，装拆方便，适用于中小工程。图 2-18 和图 2-19 所示为两种形式的龙门架在某市桥梁钢结构制作、安装中的应用实例。

图 2-18 龙门架应用实例 1

3. 编制生产施工进度计划

生产施工进度计划是指在已确定施工方案和工期要求的基础上，根据施工图样和劳动定额的计算，安排各施工过程之间相互搭接的关系和各自开工完工时间的一套计划安排。通常以图表形式加以表示。

图 2-19　龙门架应用实例 2

（1）编制单位工程施工进度计划的内容和步骤

1）确定生产施工"过程"项目。

2）计算各"过程"的工程量和劳动量。

3）初步确定各施工"过程"的施工人数，并计算各施工"过程"的施工天数。

4）按各施工过程或施工段施工顺序绘制施工进度计划图。

5）检查和调整施工进度计划。

（2）生产施工进度计划的形式　现场施工的工程项目常用的进度计划形式有横道图（又称甘特图）和网络进度计划两种。

横道图通常按照一定的格式编制，如图 2-20 所示，一般应包括下列内容：各生产施工过程项目（分项工程）名称、工程量、劳动量、每天安排的人数和施工时间等。表格分为两部分，左边是"过程"的名称和相应的施工参数，右边是时间图表，即画横道图的部位。

项次	分部分项任务名称	工程量		定额	劳动量		机械		每天工作班	每天工人数	施工进度												
		单位	数量		工种	工日	名称	台班			月						月						
											5	10	15	20	25	30	35	40	45	50	55	60	

图 2-20　生产施工进度计划横道图

网络进度计划内容在本章第四节中讲述。

（3）生产施工进度计划的检查与调整　编制生产施工进度计划时，需要考虑的因素很多。初步编制的生产施工进度计划往往会出现这样那样的问题，因此，初步进度计划完成后，还必须进行检查、调整。

对于初步生产施工进度计划，主要检查其各生产施工过程的施工顺序、施工时间和项目的工期是否合理，劳动力、材料、机械设备的供应能否满足且是否均衡，另外还要检查进度计划在绘制过程中是否有错误。

经过检查，如发现有不合理的地方，就要调整。调整进度计划可以通过调整施工过程的工作天数、搭接关系或改变某些施工过程的施工方法等来实现。在调整某一分项时要注意它对其他分项的影响。通过调整可使劳动力、材料的需要量更为均衡，主要设备的利用更为合理，避免或减少短期内资源供应的过分集中。

4. 编制资源需要量计划

根据项目施工进度计划及各分项"过程"对劳动力、材料、成品、半成品、设备等资源的不同需要量，计算出单位时间内对某种资源的需要量，即可得到与施工进度计划相应的资源需要量计划。再根据各种材料、成品、半成品在现场的贮存量或贮存天数，编制出各种资源的供应计划、劳动力计划、机械设备进出场计划。

5. 绘制现场施工平面布置图

现场的平面布置需要根据现场条件认真筹划，力求布置合理，充分利用作业条件，使各工种能协同作业，各种施工设备能相互协调，发挥最大的效果。

现场施工平面布置的设计内容和步骤如下：

（1）选择并确定制作场和预装场等作业区　要保证足够的施工场地，同时要考虑经济性。预装场的位置应尽可能靠近安装基础，并在起重机械的有效作业范围内，且与各施工道路相适应，使进出料方便。

（2）布置设备及专用工棚　焊接结构生产使用焊机较多，对于焊机应搭置专用工棚集中进行管理。焊机工棚要相对靠近作业场，避免因电缆引出过长而影响焊接的稳定性，并要通风良好、防止雨淋，要注意安全防火等问题。噪声较大的设备，离主要作业区远些安置为宜。

（3）布置材料堆场和仓库　布置时应明确两个方面，即位置和面积。有关内容已在本章第一节中讲述。但要特别指出的是，易燃、易爆物品要单独设在远离主要设备及人员和材料出入较少的地方。

（4）布置场内临时道路　为便于各种材料、设备的水平运输，施工道路应围绕主要作业区和材料仓库、堆场布置。凡有条件者，应将道路布置成环形，以利于错车畅行；无条件布置成环形者，应在适当地点布置回车场地，以便回车和错车。道路的进出口最好分开布置，若不能分开，则进出口通道的宽度不得小于 6m，以便于进出车辆错位。

（5）布置办公和生活临时设施　布置办公和生活临时设施时，应确定其面积和位置。

（6）布置水电网临时设施　布置水电管网。

6. 拟定质量、安全技术措施

在项目生产施工过程中，施工人员的技术水平和思想重视程度都会影响到工程质量和施工人员的生命安全。因此，在施工组织设计中，对于容易发生的质量安全事故，必须借用以往生产的经验教训和有关的规范、规程，事先提出一些具体的技术措施以便防患于未然。

（1）质量技术措施　质量技术措施是指对单位工程的一些主要施工环节，针对具体工程情况和施工条件，提出的控制和保证施工质量所应采取的一些具体预防技术措施。具体措施内容应包含以下几个方面：

1）保证工程定位、放样准确无误的技术措施。

2）保证焊缝质量达标的技术措施。

3）保证装配达到要求的技术措施。

4）保证吊装到位的技术措施。

5）拟定风、雪、雨期施工的技术措施。

（2）安全技术措施 安全技术措施是指为确保单位工程的顺利进行和避免不必要的意外损失，在吸取以往工程经验教训的基础上，对预计施工过程中可能发生的一些问题和现象，提出具体的预防措施。这些措施的内容有以下几个方面：

1）防止高空坠落、机具伤害、触电事故、物体打击等工伤事故的安全措施。

2）易燃、易爆物品的严格管理和安全使用的技术措施。

3）防火、防雷等防止自然灾害影响安全的技术措施。

4）对从事有毒、有尘、有害气体操作人员的安全防护措施。

五、施工组织设计的贯彻

1. 做好施工组织设计交底

经过审批的施工组织设计，在开工前要召开各级生产、技术会议，逐级进行交底，详细讲解其内容和要求、施工关键和保证措施，责成生产计划部门编制具体的实施计划，责成技术部门拟定实施的技术细则，保证施工组织设计的顺利贯彻执行。

2. 制定有关贯彻施工组织设计的规章制度

经验证明，只有有了科学、健全的规章制度，施工组织设计才能顺利实施，企业的正常生产秩序才能维持，因此必须建立健全各项规章制度。

3. 推行技术经济承包制

采用技术经济承包方法，把技术经济责任同职工的物质利益结合起来，便于相互监督和激励，这是贯彻施工组织设计的重要手段之一。如节约材料奖、技术进步奖和优良工程综合奖等，都是推行技术经济承包制的有效形式。

4. 统筹安排，综合平衡

工程开工后，要做好人力、物力和财力的统筹安排，保持合理的施工规模，既保证施工顺利进行，又带来好的经济效果。

六、施工组织设计的检查

通常采用比较法，将各项指标完成情况同规定指标相对比，检查内容包括：工程进度、工程质量、材料消耗、劳动消耗、机械使用和成本费用、生产施工现场平面布置等情况。要把主要指标的数量检查与其相应的施工内容、方法等检查结合起来，发现其差异，然后采用分析法和综合法，研究差异或问题产生原因，找出影响施工组织设计贯彻的障碍，拟定切实可行的改进措施。

七、案例分析

某公司 10 台 2m³ 压缩空气储罐（见图 1-2）施工组织设计如下：

1. 准备资料，熟悉情况

（1）技术准备

1）收集工程合同、施工图样及标准、规范、规程和法规，掌握工程技术特殊性的信息。

2）组织施工管理人员认真熟悉图样，领会设计意图，进行图样自审，并参加业主组织的图样会审工作。

3）根据工程实际情况，完善施工组织设计，编制好关键工序的施工作业指导书，做好技术交底工作。

（2）技术要求

1）本设备按 GB 150.1~4—2011《压力容器》和 HG/T 20584—2011《钢制化工容器制

造技术要求》进行制造、试验和验收，并接受 TSG R0004—2009《固定式压力容器安全技术监察规程》的检查和监督。

2）焊接采用电弧焊，焊条牌号为 J426 或 J427；采用自动焊时，焊丝牌号为 H08A，焊剂为 431。

3）焊接接头形式及尺寸除图中注明外，其余按 HG/T 20583—2011 中的规定；对接焊缝为 DU4；接管与筒体、封头的焊缝为 G2（全焊透）；角焊缝的尺寸按较薄板的厚度；法兰的焊接按相应法兰标准中的规定。

4）所有焊缝不得有裂纹、未焊透等缺陷，焊缝表面应打磨圆滑过渡。

5）设备 A 类、B 类焊缝按 JB/T 4730.1~6—2005 的规定进行每条焊缝 20% 且每条焊缝不短于 250mm 的 X 射线检测，Ⅲ 级为合格。

6）设备制造完毕，进行水压试验，试验压力为 1.15MPa（表压），试验合格后把水排净并吹干。

7）设备管口方位按管口方位图装配。

8）设备验收合格后，外表除锈去污，涂氯磺化底（铁红）漆、面（灰）漆各两道防腐。

9）本设备的安全阀型号为 A44Y16C（DN40，PN1.6，密封面形式 RF），安全阀开启压力为 0.85MPa。

10）所有接管法兰的螺栓孔均跨中分布。

11）所有接管法兰垫片采用中压耐油橡胶石棉垫。

（3）技术特性表 2m³ 压缩空气储罐的技术特性见表 2-7。

表 2-7 2m³ 压缩空气储罐的技术特性

项 目	指 标	项 目	指 标
工作压力/MPa	0.8	设备主要材质	Q235B、20 钢
设计压力/MPa	0.92	对接焊缝系数	0.85
工作温度	常温	腐蚀裕度 C/mm	1.5
设计温度/℃	50	容器类别	Ⅰ 类
工作介质	压缩空气	设备使用年限/年	8
容积/m³	≈2.0		

（4）制造执行标准和规范

1）GB 150.1~4—2011《压力容器》。

2）HG 20584—2011《钢制化工容器制造技术要求》。

3）TSG R0004—2009《固定式压力容器安全技术监察规程》。

4）GB/T 985.1—2008《气焊、焊条电弧焊、气体保护焊和高能束焊的推荐坡口》。

5）GB/T 985.2—2008《埋弧焊的推荐坡口》。

6）GB/T 1804—2000《一般公差 未注公差的线性和角度尺寸的公差》。

7）NB/T 47027—2012《压力容器法兰用紧固件》。

8）NB/T 47014—2011《承压设备焊接工艺评定》。

9）NB/T 47015—2011《压力容器焊接规程》。

10）GB/T 25198—2010《压力容器封头》。

11）JB/T 4730.1～6—2005《承压设备无损检测》。

12）NB/T 47008—2010《承压设备用碳素钢和合金钢锻件》。

13）《压力容器制造质量保证手册》。

2. 项目概况

（1）项目特征 本项目规划 10 台 2m³ 压缩空气储罐生产一次建成。项目由××厂区（包括氧化铝厂、热电厂、煤气厂、动力厂及公用工程等）、矿山等部分组成。其中矿山部分由××有色冶金设计研究院设计，××厂区由中国××设计研究院设计，工程项目由中国××工程有限责任公司进行 EPC 总承包。

压缩空气储罐设备是××工程中的重要部分，也是确保形成××生产能力的关键工程。中国×××公司××三期工程年产 100 万 t 的产品系统有压缩空气储罐 10 台（属于Ⅰ类、Ⅱ类钢制压力容器）、辅助支架 12 个等设备，设备的总质量约 40.3t。

（2）现场施工条件 中国××广西分公司××厂工业区布置在××河南岸，××村以西、××街以北、××街以东地段。其中一、二期××厂、××厂布置在工业区的东部；××厂、××气站布置在工业区的西部；××厂、总仓库、运输部、公司办公区等布置在工业区的南部。××厂和××厂位于××河北岸，与工业区隔江相望。

（3）现场施工的物资条件 南（宁）昆（明）铁路、黔桂公路和右江均从中国××广西分公司工业区侧通过。铁路火车交接站距厂内站仅 1.2km，厂内的公路已成网状结构，又有多处接口与黔桂公路相接。正在修建的南宁至××的高速公路在中国××广西分公司工业区西侧通过，交通极为方便。

3. 生产施工方案

为了保证整个压缩空气储罐生产过程能顺利、安全、保质、快速地进行，结合生产现场和工程实际情况，储罐的生产制作将分为三大部分进行：一是容器封头的制作；二是筒节的制作；三是接管、法兰和辅助支架等的制作。

（1）工艺流程 2m³ 压缩空气储罐的工艺流程可参照图 2-14 所示的 20m² 汽油储罐的制作安装生产施工顺序。

（2）放样、下料、切割

1）规范要求。

①下料应使用经过检查合格的样板，避免直接用钢直尺所造成的过大偏差或看错尺寸而引起的不必要的损失，放样和样板的极限偏差见表 2-8。号孔应使用与孔径相等的圆规规孔，并用样冲打上标记，便于钻孔后检查孔位是否正确，号料的极限偏差见表 2-9。

表 2-8 放样和样板的极限偏差

项 目	极限偏差/mm
平行线距离和分段尺寸	±0.5
对角线差	±1
宽度、长度	±0.5
孔距	±0.5
加工样板的角度	±20′

表 2-9　号料的极限偏差

项　　目	极限偏差/mm
零件外形尺寸	±1.0
孔　距	±0.5

②切割前后对钢材进行清理，以保证切割顺利进行，切割后零件应平整、清洁。切割的偏差量以零件尺寸来检查测量，其极限偏差应符合标准的要求，切割的极限偏差见表 2-10。

表 2-10　切割的极限偏差

项　　目	极限偏差/mm
零件宽度、长度	±3.0
切割面平面度	0.05t 且不大于 2.0
割纹深度	±0.2
局部缺口深度	±1.0

机械剪切的零件，其钢板厚度不宜大于 12mm，剪切面应平整。碳素结构钢在环境温度低于 −20℃、低合金结构钢在环境温度低于 −15℃时，不得进行剪切、冲孔，机械剪切的极限偏差见表 2-11。

表 2-11　机械剪切的极限偏差

项　　目	极限偏差/mm
零件宽度、长度	±3.0
边缘缺棱	1.0
型钢端部垂直度	±2.0

2）工艺措施。

① 放样时应充分考虑焊接切割、坡口、切头的收缩量。

② 放样用样板应定期（10 个工作日）校验，因磨损或变形而不合格时应修复。

③ 下料时采用多头切割机，筋板采用剪切下料，不允许采用手工切割。

④ 钢板边沿 10mm 范围内因轧制原因材质不均，易产生缺陷，重要零件如筒节所用钢板边沿 10mm 应割去不用。

（3）矫正和成形

1）规范要求。

① 碳素结构钢在环境温度低于 −16℃、低合金结构钢在环境温度低于 −12℃时，不得进行冷矫正和冷弯曲。

② 冷矫正和冷弯曲的最小曲率半径和最大弯曲矢高应符合 GB 50205—2001《钢结构工程施工质量验收规范》的规定。

③ 碳素结构钢和低合金结构钢在加热矫正时，加热温度应根据钢材性能选定，但不得超过 900℃，低合金结构钢在加热矫正后应缓慢冷却。

④ 矫正后的钢材表面不应有明显的凹面或损伤，划痕深度不得大于 0.5mm，钢材矫正后的偏差应符合 GB 50205—2001 的规定。

2）工艺措施。

① 材料采用平板机和压力机矫正，一般不使用火焰矫正，若采用火焰矫正，则要严格控制温度，禁止使用锤子矫正。

② 矫正后表面凹面或划痕深度超过 0.5mm 时应补焊再磨平。

（4）压缩空气储罐制作焊接技术要求

1）筒节在检验后需加"米"字撑或"十"字撑临时加固以防止变形形成椭圆。

2）钢板需要拼接时，优先考虑号料和下料方向进行埋弧焊对接。

3）筒节纵向焊缝采用埋弧焊焊接。

（5）压缩空气储罐制作主要设备　压缩空气储罐制作所使用的主要设备见表 2-16。

（6）压缩空气储罐制作质量要求

1）圆形钢柱的焊缝对口错边量如图 2-21 所示，应符合表 2-12 的规定。

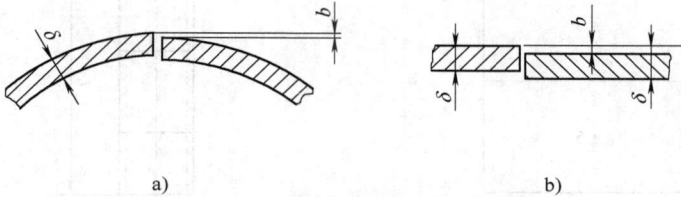

图 2-21　圆形钢柱的焊缝对口错边量

a）A 类　b）B 类

表 2-12　焊缝对口错边量规定

名义厚度 δ/mm	对口错边量 b/ mm	
	A 类	B 类
$10 < \delta \leq 20$	≤2	≤δ/5
$20 < \delta \leq 40$	≤2	≤4

2）对于焊接在环向形成的棱角，用弦长等于 $D/6$，且不小于 300mm 的内卡样板或外卡样板检查，如图 2-22 所示，其棱角不得大于 $\delta/10$，且不得大于 4mm。

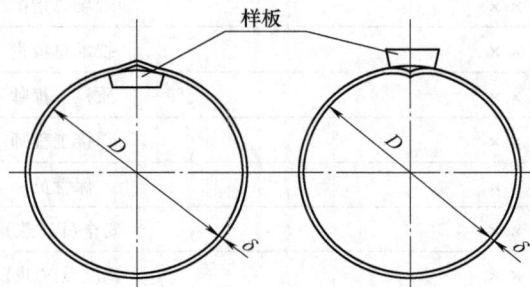

图 2-22　圆形钢柱环向棱角检查

3）圆形钢柱的圆度偏差不大于直径的 0.3%。

4）圆形钢柱对接直线度检查，通过中心线的水平面和垂直面，即沿圆周 0°、90°、180°、270° 四个部位拉 ϕ0.5mm 的细钢丝测量，如图 2-23 所示，直线度极限偏差应符合表 2-13 的规定。

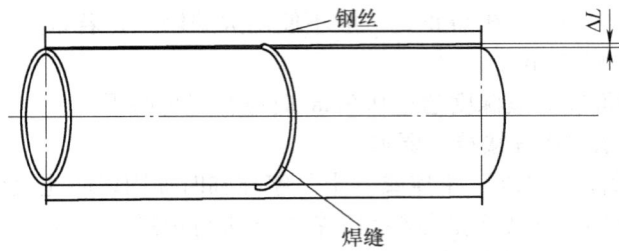

图 2-23　圆形钢柱对接直线度的检查

表 2-13　直线度极限偏差

项　目	极限偏差/mm	图　例
构件长度	±3	
筒口圆度	±5	
端面对管轴的垂直度	±5	

4. 生产施工进度计划

生产施工进度计划可参照图 2-20 所示的生产施工进度计划横道图编制。

5. 施工准备工作及资源需要量计划

（1）主要管理人员　主要管理人员见表 2-14。

表 2-14　主要管理人员

序　号	姓　名	拟在该工程中的职务
1	×××	现场总指挥
2	×××	技术总负责
3	×××	质检工程师
4	×××	焊接工程师
5	×××	保管员
6	×××	安全员（兼）
7	×××	调度员（兼）

（2）主要工种和技术工人　拟投入本工程的主要工种和技术工人见表 2-15。

（3）生产施工条件　生产厂制造车间人员、设备等生产施工条件见表 2-16。

6. 施工现场平面布置

生产车间施工现场平面布置方案如图 2-24 所示。

表 2-15　主要工种和技术工人

工　　种	人　　数	要求持有证书	发证机构	发证时间
焊工	8	相应承压焊焊工资格证	承压焊焊工考试机构	
装配工	12	上岗证	劳动和社会保障部	
冷工	8	上岗证		
杂工	6			

表 2-16　制造车间人员、设备等生产施工条件一览表

人员状况	制造车间包含铆焊车间和金属加工车间，主要是制造压力容器设备。铆焊车间共有 43 人，其中焊工 19 人，铆工 16 人，锻工 5 人，车间正、副主任各 1 人，焊接培训中心指导老师 1 人；金属加工车间共 12 人，其中车工 7 人，钻工 2 人，铣工 1 人，磨工 1 人，车间主任 1 人
人员分配	1）铆焊车间人员分 6 个组，焊工与铆工的基本比例为 1∶1，车间主任负责生产管理方面的工作 　　2）其他的人员负责各岗位的工作，保证容器制造的正常运行
设备配备情况	1）桥式起重机：长 $L=22.5\text{m}$，规格为 $W=5t$、$W=15t/3t$ 的各 1 台（配于铆焊车间内） 　　2）三辊卷板机：卷板厚度 $\delta=30\text{mm}$、卷板宽度为 2500mm，卷板厚度 $\delta=20\text{mm}$、卷板宽度为 2000mm 的三辊卷板机各 1 台 　　3）剪板机：剪切厚度为 12mm 和 20mm，宽度为 2500mm 的剪板机各 1 台 　　4）主动翻转机：15t 的 6 台，30t 的 2 台，50t 的 1 台 　　5）四柱油压机：YX32 – 500B 型 500t 油压机 1 台 　　6）金属加工车间机床：卧式车床 C6120 型 4 台，C6150 型 2 台，C6145 型 2 台，C6130 – 1 型 1 台，立式车床 φ2100mm×800mm 1 台，摇臂钻床 Z35X15 型、A35X16 型、Z3080X25 型各 1 台；龙门刨床 BQ2010A 型 1 台，牛头刨床 B655 型 2 台，立式铣床 X50A 型 1 台，平面磨床 M7130 型 1 台，万能外圆磨床 M131W 型 1 台等 　　7）铆焊车间配备的焊接设备。埋弧焊系列焊机有：MZ2 – Ⅲ 型埋弧焊焊机 1 套（包括滚轮和升降架成套系统在内，升降高度为 4m）、ZD5 – 1000 型埋弧焊焊机 2 台、ZX5 – 630 型埋弧焊焊机 2 台；CO_2 系列焊机有：松下 KR350 型和 KR500 型焊机共 4 台、尤耐克 NBC – 400 型焊机 4 台、华远 NB – 300F 型焊机 2 台；直流焊机系列：时代逆变 WS – 400 型逆变直流手工氩弧焊两用焊机 12 台；交流焊机：BX1 – 300 型 18 台；氩弧焊焊机系列：米勒交直流氩弧焊机 1 台、瑞凌焊机 4 台、全自动管板钨极氩弧焊机 1 台 　　8）铆焊车间配备的切割设备有：数控切割机 1 台，等离子切割机包括 G200 – E 型 1 台、LGK – 100 型 1 台，砂轮切割机 J3G – 400 型 3 台，半自动火焰切割机 8 台 　　9）焊接升降平台 1 套，配备的轨道贯穿铆焊车间，升降高度为 4m 　　10）压力试验机 2 台 　　11）材料一、二级库，配备有焊接材料库房 1 间，焊条烘干箱 3 个 　　12）起重工具有：手动葫芦 1 ~ 5t 不等 12 副，卷扬机包括 JJK – 1.1T 型 3 台、JJK – 2.2T 型 2 台、JJK – 3.3T 型 1 台、慢动卷扬机 JJM – 3.3T 型 3 台
场地状况	铆焊车间配备制造厂房一栋，厂房规格为 24m×66m，厂房内配备有 $W=5t$、$W=15t/3t$ 的桥式起重机各 1 台，起吊高度为 7.6m

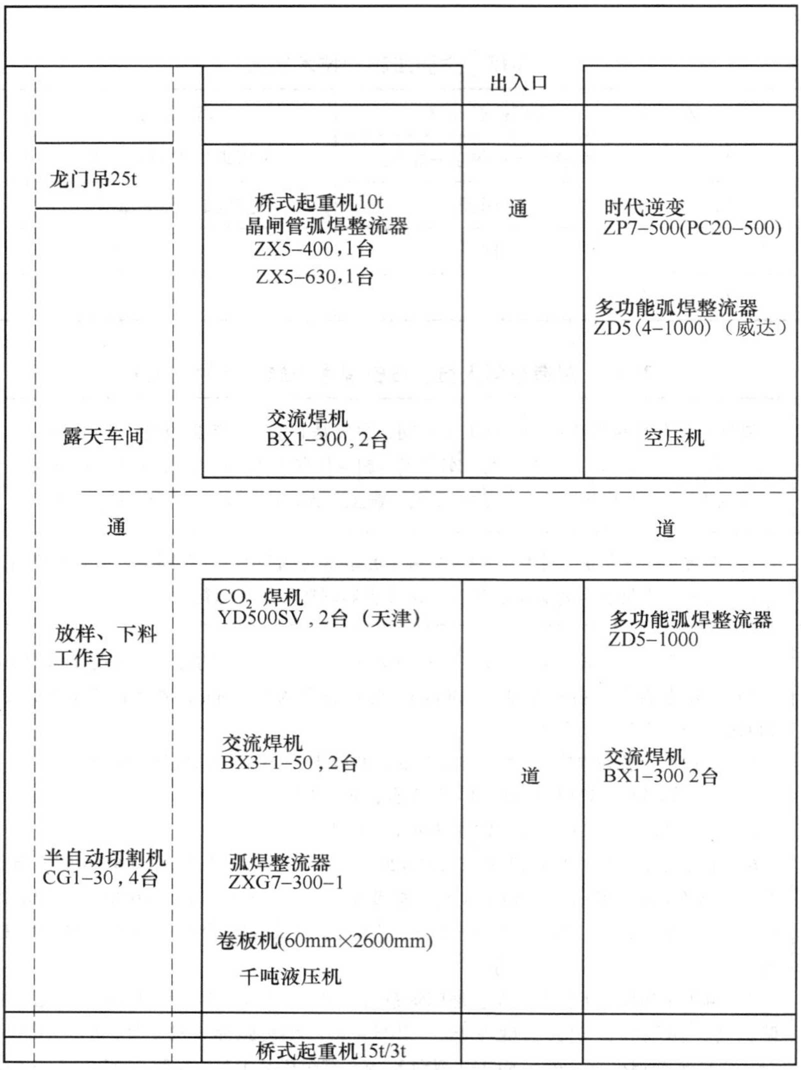

		出入口	
龙门吊25t	桥式起重机10t 晶闸管弧焊整流器 ZX5-400,1台 ZX5-630,1台	通	时代逆变 ZP7-500(PC20-500) 多功能弧焊整流器 ZD5(4-1000)（威达）
露天车间	交流焊机 BX1-300,2台		空压机
通		道	
放样、下料 工作台	CO_2 焊机 YD500SV,2台（天津）		多功能弧焊整流器 ZD5-1000
	交流焊机 BX3-1-50,2台	道	交流焊机 BX1-300 2台
半自动切割机 CG1-30,4台	弧焊整流器 ZXG7-300-1 卷板机(60mm×2600mm) 千吨液压机		
桥式起重机15t/3t			

图 2-24　生产车间施工现场平面布置方案

7．质量技术措施

具体内容参见第三章第二节案例分析部分。

8．安全技术措施

具体内容参见第四章第三节案例分析部分。

第四节　网络计划技术

网络计划技术是随着现代科学技术和工业生产的发展而产生的，20 世纪 50 年代中期出现于美国，目前发达国家广泛应用，已成为比较盛行的一种现代生产管理的科学方法。网络计划技术种类繁多，有关键线路法（CPM）、计划评审技术（PERT）、图示评审技术（GERT）、决策网络计划（DN）、风险评审技术（VERT）、搭接网络计划和仿真网络计划等。我国从 20 世纪 60 年代初，在华罗庚教授的倡导下，就开始在生产管理中研究推广应用网络计划技术。50 多年来，网络计划技术作为一门现代管理技术已逐渐被各级领导和广大科技人员所重视。国家建设部发布了 JGJ/T 121—1999《工程网络计划技术规程》，国家质量监督检验检疫总局和国家标准化管理委员会发布了 GB/T 13400.1—2012《网络计划技术　第 1 部分：常用术语》、GB/T 13400.2—2009《网络计划技术　第 2 部分：网络图画法的一般规定》、GB/T 13400.3—2009《网络计划技术　第 3 部分：在项目管理中应用的一般程序》，使工程网络计划技术在编制与控制管理的实际应用中，有了可以遵循的、统一的技术标准。本节主要阐述有关关键线路法的网络计划技术的基本知识。

一、网络图的绘制

网络图是由箭线和节点组成的，用来表示工作流程的流向、有序的网状图形。网络计划是在网络图上加注工作时间参数而编制的进度计划。一般网络计划技术的网络图有双代号网络图和单代号网络图两种。我国国家标准推行的是双代号网络图。

双代号网络图由若干表示工作的箭线和节点组成，其中每一项工作都用一根箭线和箭线两端的两个节点来表示，每个节点都编以号码，箭线两端节点的号码即代表箭线所表示的工作，"双代号"的名称由此而来。图 2-25 所示的就是双代号网络图。

1. 双代号网络图的构成与基本符号

双代号网络图由工作、节点（事件）和线路三个基本要素组成。

（1）工作　工作是指计划任务按需要的粗细程度划分而成的一个既消耗时间又消耗资源的子项目或子任务，是双代号网络图的组成要素之一，它用一根箭线和两

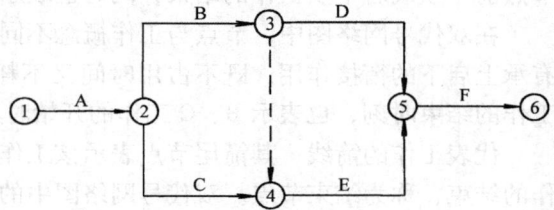

图 2-25　双代号网络图

个节点表示。箭线的箭尾节点表示该工作的开始，箭头节点表示该工程的结束，工作名称或代号写在箭线的上方，该工作的持续时间写在箭头的下方，如图 2-26a 所示。在焊接结构生产项目中，工作即指前述生产施工"过程"。

工作通常可以分为三种：第一种是既消耗时间又消耗资源的工作，如筒体制作焊接；第二种是只消耗时间而不耗用资源的工作；第三种是既不占用时间又不耗用资源的虚工作，虚工作在双代号网络图中，只表示相邻前后工作之间的逻辑关系，虚工作的表示方法如图 2-26b 所示。虚工作在双代号网络图绘制中非常重要，应用不当就不能正确反映各工作间的逻辑关系。逻辑关系是指工作之间的先后顺序关系。逻辑关系又划分为由生产工艺技术决定的工艺关系和由于组织安排需要或资源调配需要而规定的组织关系两种。

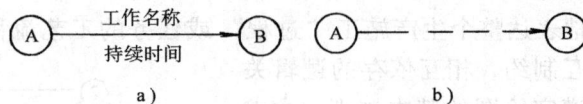

图 2-26　双代号网络图中工作（虚工作）的表示方法
a）工作表示方法　b）虚工作表示方法

虚工作在双代号网络图中，一般起着联系、区分和断路三个作用。联系作用是指应用虚工作正确表达工作之间的工艺联系和组织联系作用；区分作用是指在双代号网络图中表示工作时，若两项工作用同一代号则就应用虚工作加以区分。如图 2-27 所示，图中②、③工作起的作用即为区分作用；断路作用是指当网络图中中间节点有逻辑错误时，应用虚工作断

路，正确表达工作间的逻辑关系。

双代号网络图中，通常用i—j工作表示被研究的对象，并称为本工作；紧排在本工作之前的工作称为紧前工作；紧排在本工作之后的工作称为紧后工作；与之平行的工作称为平行工作，如图2-28所示。在网络图中，自起始节点至本工作之间各条线路上的所有工作称为本工作的先行工作，本工作之后至终点节点各条线路上的所有工作称为本工作的后续工作。没有紧前工作的工作称为起始工作，没有紧后工作的工作称为结束工作。

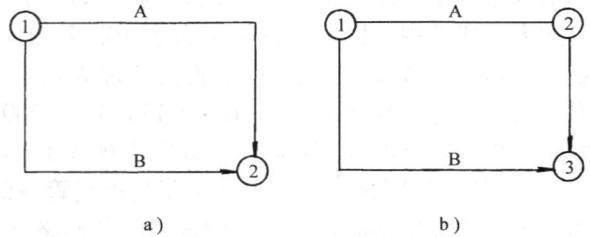

图2-27 虚工作的区分作用

a) 错误画法 b) 正确画法

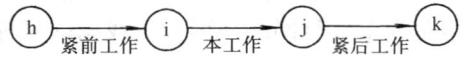

图2-28 工作间的关系

（2）节点 节点是双代号网络中工作之间的交接之点，用圆圈表示。节点一般表示该节点前一项或若干项工作的结束，同时也表示该节点后面一项或若干项工作的开始。

在双代号网络图中，节点与工作概念不同，它只表示工作的开始和完成的瞬时时刻，具有承上启下的衔接作用，既不占用时间又不耗用资源。如图2-25中的节点②，它既表示A工作的结束时刻，也表示B、C工作的开始时刻。

代表工作的箭线，其箭尾节点表示该工作的开始，称为开始节点；其箭头节点表示该工作的结束，称为结束节点。双代号网络图中的第一个节点称为起始节点，它意味着一项工程或任务的开始，最后一个节点称为终点节点，它意味着一项工程或任务的完成。除此以外的节点都称为中间节点。双代号网络图中，起始节点的特点为编号小且没有指向该节点的内向箭线，终点节点的特点为编号大且没有从该节点的外向箭线，中间节点则编号在起始节点和终点节点之间且既有内向又有外向箭线。如图2-25所示，节点①为起始节点，节点⑥为终点节点，节点②、③、④、⑤为中间节点。

（3）线路 网络图中从起始节点开始，沿箭线方向连续通过一系列箭线和节点，最后到达终点节点的通路称为线路。线路上所有工作持续时间的总和称为该线路的计算工期，网络图中有多条线路，其中时间最长的线路称为关键线路，位于关键线路上的工作称为关键工作。网络图中除了关键线路外的线路都称为非关键线路。例如，图2-25中有①—②—③—⑤—⑥、①—②—④—⑤—⑥和①—②—③—④—⑤—⑥三条线路。

2. 双代号网络图的绘制

网络图必须正确地表达整个生产施工"过程"或任务的工艺流程和各工作开展的先后顺序及它们之间的相互制约、相互依存的逻辑关系。网络图的绘制应遵守绘图的基本规则，力求使网络图的图面布置合理、条理清楚、突出重点，尽量减少箭线交叉，并按一定的格式来布置。

（1）双代号网络图绘制的基本规则

1）网络图必须正确表达已定的逻辑关系。

2）网络图中严禁出现从一个节点出发，顺箭头方向又回到原出发点上的循环回路。图2-29

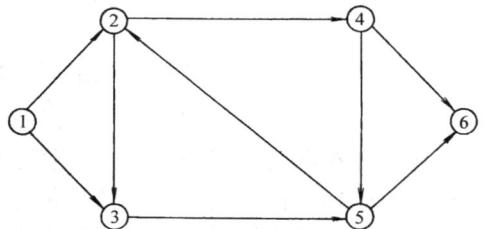

图2-29 循环回路示意图

中的②—③—⑤—②和②—④—⑤—②为循环回路，其逻辑关系是错误的，工艺关系上是相互矛盾的。

3）网络图的绘制中，不允许有双向箭头或无箭头的错误箭头画法，如图2-30所示。

4）网络图中严禁出现没有箭头或箭尾节点的箭线，如图2-31所示。

5）双代号网络图中，一项工作只能有唯一的一条箭线和相应的一对节点编号，箭尾的节点编号宜小于箭头节点编号，不允许出现代号相同的箭线。

6）双代号网络图的某些节点有多条外向箭线或多条内向箭线时，为使图面清楚，工作布置合理，允许使用多条箭线经一条共用母线段引入或引出节点，如图2-32所示。

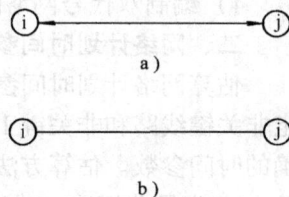

图 2-30　错误的箭头画法
a) 双向箭头　b) 无箭头

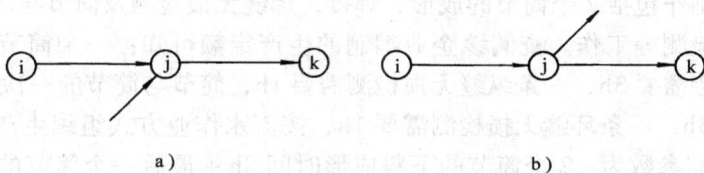

图 2-31　没有箭头或箭尾节点的箭线

7）绘制网络图时，尽可能避免箭线交叉。当交叉不可避免时应用过桥法，如图2-33所示。

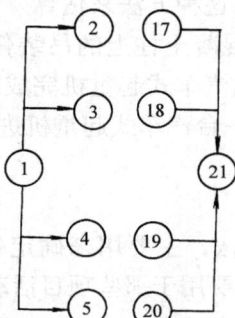

图 2-32　母线法

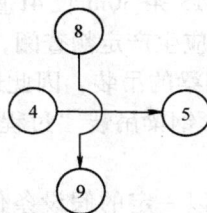

图 2-33　箭线交叉画法

8）肯定型的关键线路法双代号网络图中只允许有一个起始节点和一个终点节点，不允许出现多头或多尾的网络图。

（2）双代号网络图的绘制步骤

1）由计划人员根据工程要求编制逻辑关系表，要求明确提供各工作名称和各工作的紧前工作。

2）根据已知的紧前工作确定出紧后工作。对于逻辑关系比较复杂的网络图，可绘出关系矩阵图，以确定紧后工作。

3）确定出各工作的开始节点位置号和结束节点位置号。确定节点位置号后再绘制网络图，其目的是使网络图中各工作的布局更合理。各节点位置号的确定，应遵循下列规则：无紧前工作的工作（即网络图开始的第一项工作点），其开始节点位置号为零，有紧前工作的工作，其开始节点位置号等于其紧前工作的开始节点位置号的最大值加1；有紧后工作的工作，其结束节点的位置号等于其紧后工作的开始节点位置号的最小值；无紧后工作的工作（即网络图结束的最后一项工作），其结束节点位置号等于网络图中各个工作的结束节点位置号的最大值加1。

4）编制双代号网络图，并按逻辑关系进行调整，绘制出正确的网络图。

二、网络计划时间参数的估算

估算网络计划时间参数的目的在于明确网络计划的关键工作和关键线路；计算工期；确定非关键线路和非关键工作及其机动时间（时差），为网络计划的优化、调整和执行提供明确的时间参数。估算方法主要有定量分析法、类比法和模拟法等。

1. 定量分析法（或定额法）

定量分析法是目前最为常用的方法之一，运用企业制定的生产定额，对各个项目"过程"的时间参数进行计算或估计。例如第一章图1-2所示的压缩空气储罐筒体制作时间参数的估算，该筒体制作包括2个筒节的成形、焊接，焊缝无损检测及筒节与筒节的装配、环缝焊接、环缝无损检测等工作。查阅该企业编制的生产定额可知：一个筒节的下料成形需要4h，一条纵缝焊接需要3h，一条纵缝无损检测需要1h，筒节与筒节的一次装配需要4h，一条环缝焊接需要5h，一条环缝无损检测需要1h，按流水作业方式组织生产时，筒体制作这一"过程"的时间参数为：2个筒节的下料成形时间8h + 最后一个筒节的焊接与无损检测时间4h + 1条环缝焊接与无损检测时间6h = 18h，即2.3天（按每天工作8h计）。

2. 类比法

类比法是以过去类似生产"过程"的实际工期为基础，通过类比来估算新的生产"过程"工期的一种方法。当企业无相关生产定额时，可以使用这种方法来估算"过程"时间。如某企业承担15条30m长4t重的H形钢梁安装至6m高混凝土柱上的吊装任务，其"过程"时间无相应生产定额查阅，而该企业曾在10h内用一辆汽车式起重机完成38条15m长1t重的H形钢梁的吊装，因此通过类比，可以认为，使用一台汽车式起重机进行15条30m长4t重的H形钢梁吊装"过程"需要8h，1天即可完成。

3. 模拟法

模拟法是以一定的假设条件为前提进行估算的一种方法，主要用来确定每项"过程"的可能工期的统计分布或整个项目可能工期的统计分布。主要用于那些项目活动在持续时间方面存在高度不确定因素的生产施工"过程"。

该方法需要对"过程"进行三个时间估计：乐观时间（这是指在任何事情都很顺利，没有遇到任何困难的情况下，完成某项活动所需的时间）、最可能时间（这是指在正常情况下完成某活动最经常出现的时间，或实际同类活动最经常发生的实际工期）、悲观时间（这是指某活动在最不利的情况下完成任务的时间）。模拟法假定这三个估计服从 β 概率分布，因此可用下式计算这项活动的期望工期 t_e，即

$$t_e = (t_o + 4t_n + t_p) / 6 \tag{2-6}$$

三、使用计算机软件编制项目网络进度计划

国际上编制网络进度计划通常使用的是顺序图法，微软公司开发的 Project2000 项目管理软件采用的就是顺序图法，其使用相对简单。

该软件界面如图2-34所示。具体操作方法如下：

1）单击"视图"栏中的"网络图"选项，进入网络视图。

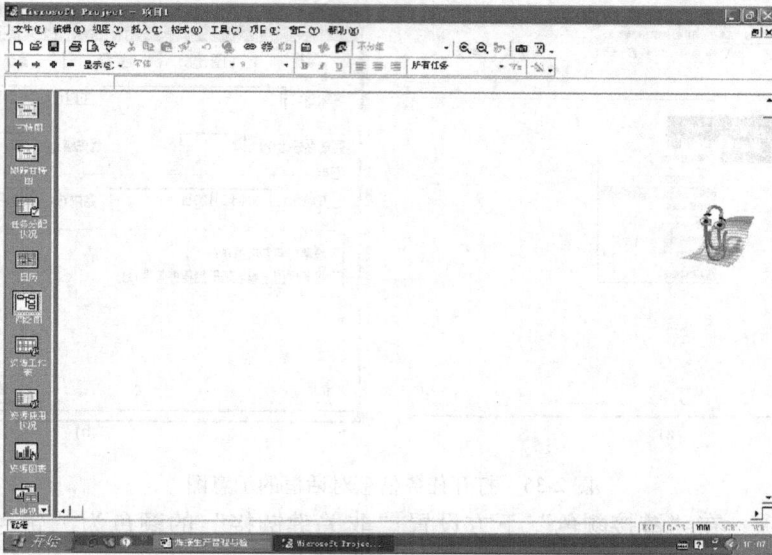

图 2-34　Project2000 视图

2）单击菜单栏中的"插入"选项，选择"新任务"命令，弹出新任务框如图 2-35 所示。

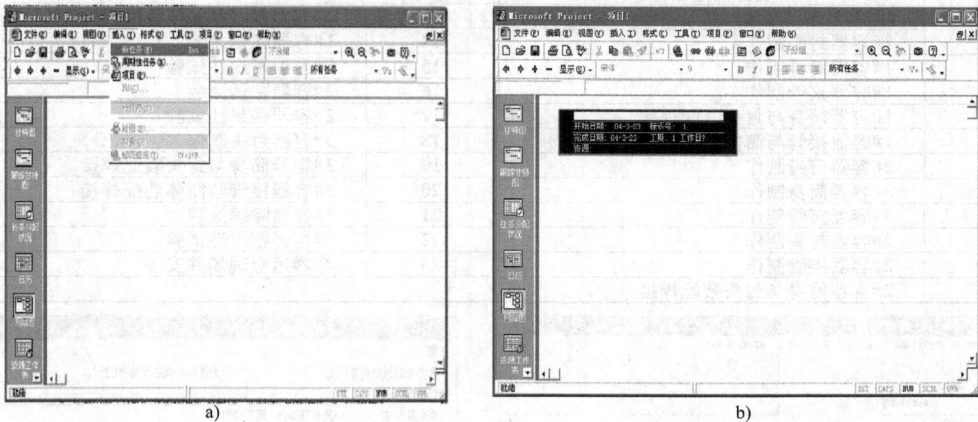

a)   b)

图 2-35　建立新任务视图

3）在任务框上单击鼠标右键，在弹出的快捷菜单中单击"任务信息"命令，弹出图 2-36 所示的任务信息对话框，单击"常规"选项，填写有关任务（即生产施工过程）名称、起始时间；单击"资源"选项，填写任务所需的工种和数量、材料名称和数量。

4）重复上述 3）的工作，完成所有任务的信息填写。以制作及安装 3 个 $20m^3$ 汽油储罐的项目为例，其项目任务一览表见表 2-17，其中列出了 23 项，则相应在软件网络视图中共填写 23 个任务框。

5）建立任务框之间的任务相关性。在视图中找到目标任务框，然后同时按住"Ctr"、"Shift"和鼠标左键，选中两个需要建立关系的任务框（任务在前者先选，任务在后者后选），执行菜单栏中"编辑"菜单中的"链接任务"。

6）设置网络图的链接样式及颜色。执行菜单栏中"格式"菜单中的"版式"命令，弹出版式对话框如图 2-37 所示，在对话框中的"链接样式"下方单击"直线链接线"或"折

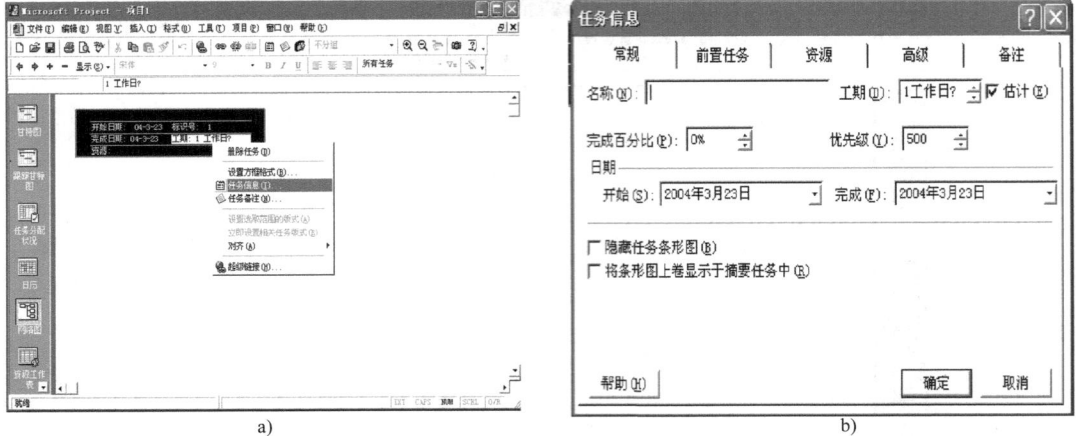

图 2-36 打开任务信息对话框的示意图

线链接线"选项；在"链接颜色"下方设置"非关键链接"的颜色为"银色"，"关键链接"的颜色为"黑色"。设置完毕，单击"确定"按钮。

表 2-17 3 个 20m³ 汽油储罐制作及安装项目任务一览表

序号	项目任务名称	序号	项目任务名称
1	生产准备	13	2#容器接管与筒体装配焊接
2	1#容器封头制作	14	1#容器除锈涂装
3	1#容器筒身制作	15	1#容器密封性试验
4	1#容器接管制作	16	2#容器除锈涂装
5	1#容器筒身与封头装配焊接	17	2#容器密封性试验
6	1#容器接管与筒体装配焊接	18	3#容器封头制作
7	2#容器筒身制作	19	3#容器筒身与封头装配焊接
8	3#容器筒身制作	20	3#容器接管与筒体装配焊接
9	3#容器接管制作	21	3#容器除锈涂装
10	2#容器封头制作	22	3#容器密封性试验
11	2#容器接管制作	23	容器运至现场并安装
12	2#容器筒身与封头装配焊接		

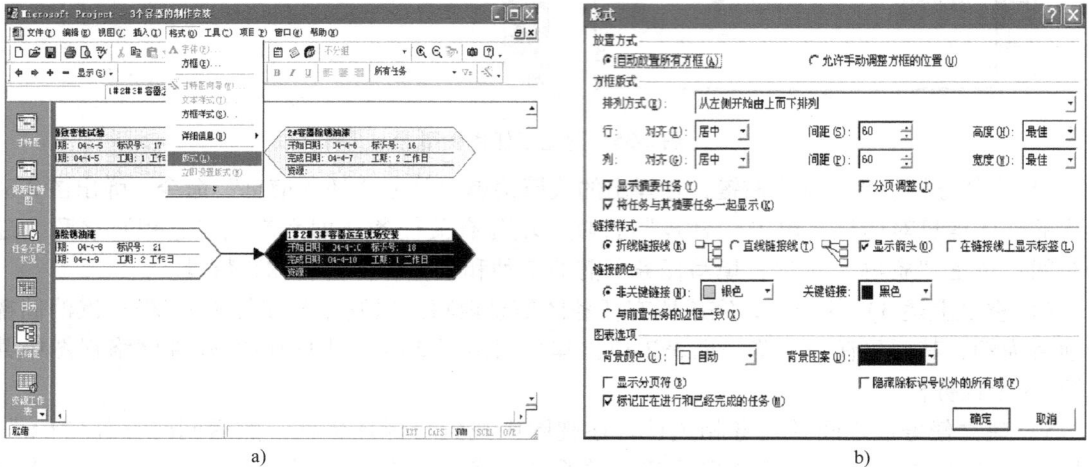

图 2-37 打开版式对话框的示意图

7）检查。使用该软件编制的 3 个 20m³ 汽油储罐制作安装项目的网络进度计划如图 2-38 所示。

生产准备
开始日期: 04-3-22	标识号: 1
完成日期: 04-3-23	工期: 2 工作日
资源:	

1# 容器封头制作
		A
开始日期: 04-3-24	标识号: 2	
完成日期: 04-3-24	工期: 1 工作日	
资源:		

1# 容器筒身制作
开始日期: 04-3-24	标识号: 3
完成日期: 04-3-27	工期: 4 工作日
资源:	

1# 容器筒身与封头装配焊接
开始日期: 04-3-28	标识号: 5
完成日期: 04-3-29	工期: 2 工作日
资源:	

2# 容器筒身制作
开始日期: 04-3-28	标识号: 7
完成日期: 04-3-31	工期: 4 工作日
资源:	

1# 容器接管与筒体装配焊接
		B
开始日期: 04-3-30	标识号: 6	
完成日期: 04-3-31	工期: 2 工作日	
资源:		

2# 容器筒身与封头装配焊接
开始日期: 04-4-1	标识号: 12
完成日期: 04-4-2	工期: 2 工作日
资源:	

3# 容器筒身制作
开始日期: 04-4-1	标识号: 8
完成日期: 04-4-2	工期: 2 工作日
资源:	

3# 容器筒身与封头装配焊接
开始日期: 04-4-3	标识号: 19
完成日期: 04-4-4	工期: 2 工作日
资源:	

3# 容器接管与筒体装配焊接
开始日期: 04-4-5	标识号: 20
完成日期: 04-4-6	工期: 2 工作日
资源:	

3# 容器密封性试验
开始日期: 04-4-7	标识号: 22
完成日期: 04-4-7	工期: 1 工作日
资源:	

3# 容器除锈涂装
开始日期: 04-4-8	标识号: 21
完成日期: 04-4-9	工期: 2 工作日
资源:	

1# 2# 3# 容器运至现场安装
开始日期: 04-4-10	标识号: 23
完成日期: 04-4-10	工期: 1 工作日
资源:	

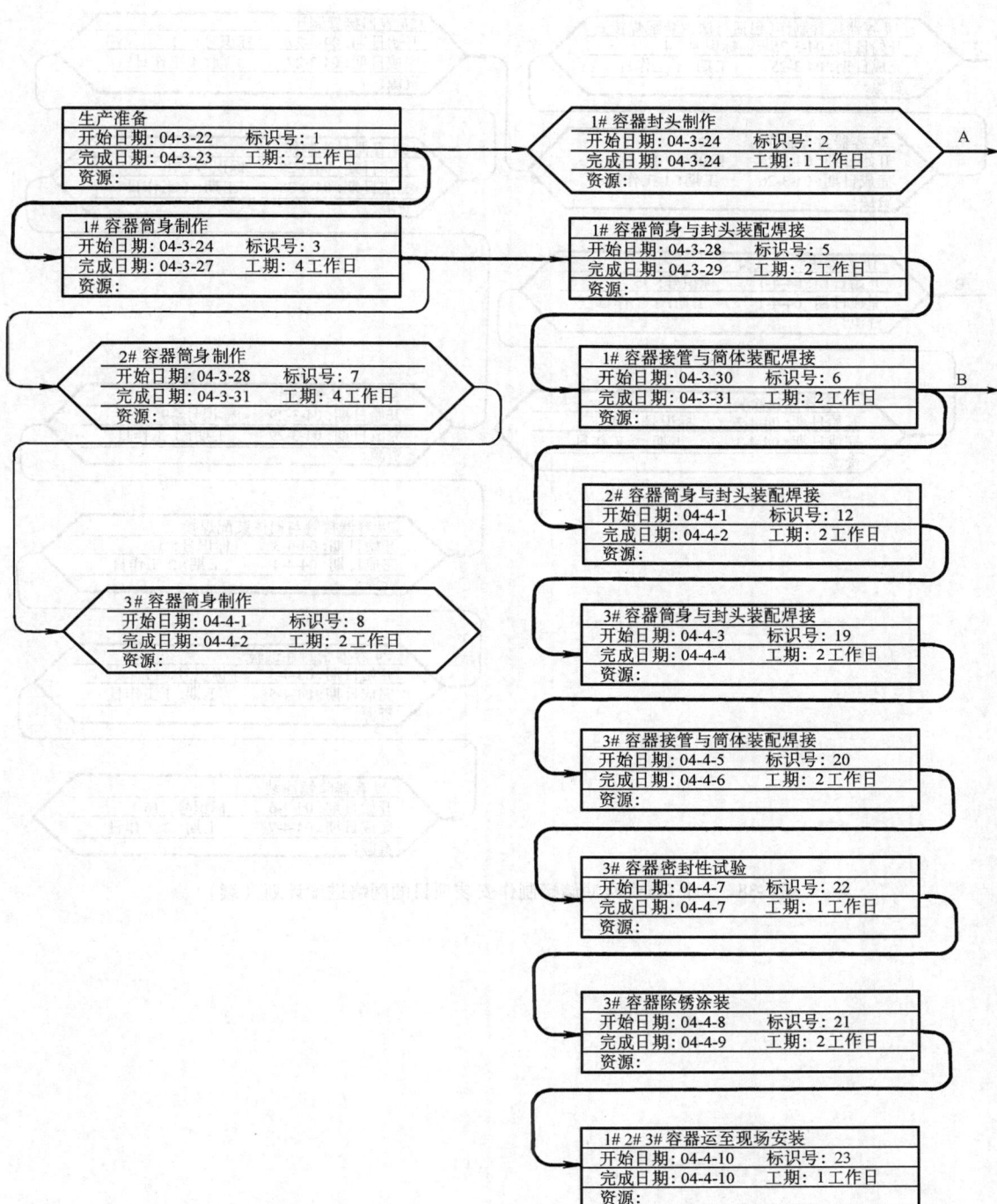

图 2-38　3 个 20m^3 汽油储罐制作安装项目的网络进度计划

A

1# 容器接管制作（包括与法兰装配焊接）	
开始日期：04-3-25	标识号：4
完成日期：04-3-25	工期：1 工作日
资源：	

2# 容器封头制作	
开始日期：04-3-26	标识号：10
完成日期：04-3-26	工期：1 工作日
资源：	

B

1# 容器密封性试验	
开始日期：04-4-1	标识号：15
完成日期：04-4-1	工期：1 工作日
资源：	

1# 容器除锈涂装	
开始日期：04-4-2	标识号：14
完成日期：04-4-3	工期：2 工作日
资源：	

2# 容器接管制作	
开始日期：04-3-27	标识号：11
完成日期：04-3-27	工期：1 工作日
资源：	

3# 容器封头制作	
开始日期：04-3-28	标识号：18
完成日期：04-3-28	工期：1 工作日
资源：	

3# 容器接管制作	
开始日期：04-3-29	标识号：9
完成日期：04-3-29	工期：1 工作日
资源：	

2# 容器接管与筒体装配焊接	
开始日期：04-4-3	标识号：13
完成日期：04-4-4	工期：2 工作日
资源：	

2# 容器密封性试验	
开始日期：04-4-5	标识号：17
完成日期：04-4-5	工期：1 工作日
资源：	

2# 容器除锈涂装	
开始日期：04-4-6	标识号：16
完成日期：04-4-7	工期：2 工作日
资源：	

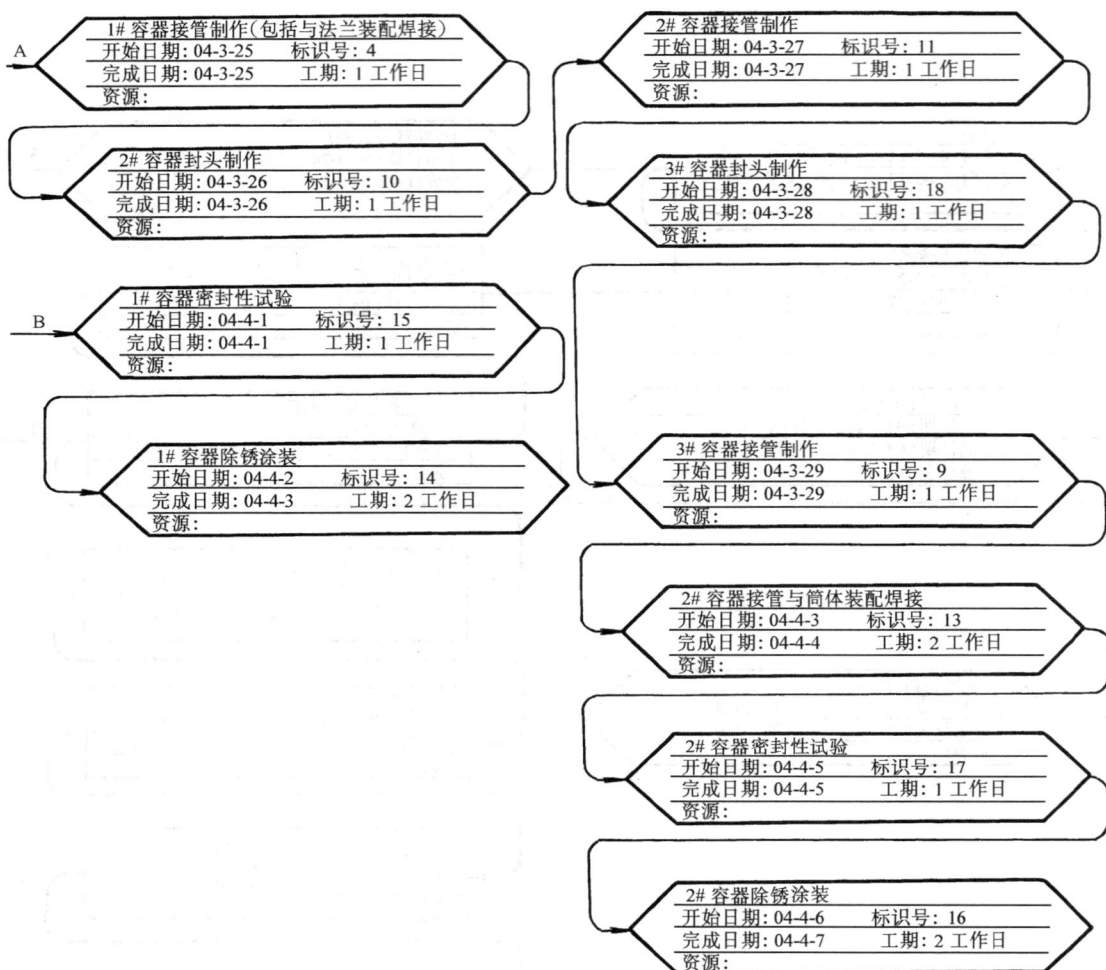

图 2-38 3 个 20m³ 汽油储罐制作安装项目的网络进度计划（续）

第三章 焊接生产的质量管理

随着现代焊接技术的迅猛发展、焊接生产水平的不断提高和国际焊接制品贸易的日益扩大，为了保证焊接产品的质量，有效地利用资源，保护用户的利益，焊接产品的质量管理逐步走上了规范化、标准化的道路。1987年3月，国际标准化组织（ISO）正式发布了ISO9000~9004关于质量管理和质量保证的标准系列。1994年、2000年和2008年，国际标准化组织三次修订ISO9000族标准，使之更为简化、重点更加突出、更加科学，并将质量保证体系提高到质量管理体系的水平。我国相应于2000年发布了等效采用该国际标准系列的GB/T 19000—2000《质量管理体系》标准系列，并于2008年对其进行了修订。

现代质量管理认为，为使产品达到所要求的各项质量指标，应从生产的每一道工序抓起，通过控制和调整影响工序质量的因素来保证，而工序质量又要通过工作质量，采取各种管理手段来实现。因此，在质量管理工作中，要以工作质量来保证工序质量，用工序质量来保证产品质量，它们之间的关系如图3-1所示。可见为实现质量目标，就必须在管理体制上建立一套有效的、便于操作的质量管理体系。

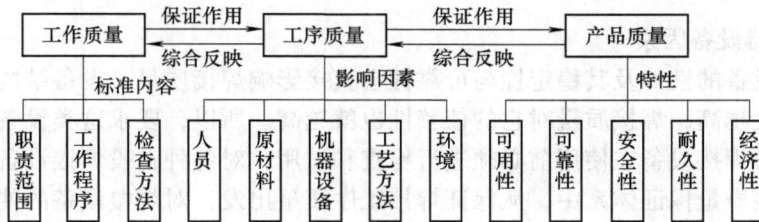

图3-1 工作质量、工序质量与产品质量

第一节 焊接工序质量的影响因素及对策

工序质量是指在生产过程中加工工序对产品质量的保证程度。换句话说，产品质量是以工序质量为基础的，只有具有优良的工序加工质量才能生产出优良的产品。产品的质量不仅仅是在完成全部加工装配工作之后，再由专职检验人员测定若干技术参数，并获得用户认可就算达到了要求，而是在加工工序一开始就存在并贯穿于生产的全过程中。最终产品合格与否，决定于全部工序误差的累积结果。所以，工序是生产过程的基本环节，也是检验的基本环节。

焊接结构的生产包括许多工序，如金属材料的去污除锈、备料时的矫直、划线、下料、坡口边缘加工、成形、焊接结构的配装、焊接、热处理等。各个工序都有一定的质量要求，并存在影响其质量的因素。由于工序的质量最终将决定产品的质量，因此必须分析影响工序质量的各种因素，采取切实有效的控制措施，以保证焊接产品的质量。

影响工序质量的因素，概括起来有人员、设备、材料、工艺方法和生产环境五个方面，简称"人、机、料、法、环"五因素。各个因素对不同工序质量的影响程度有很大差别，应具体情况具体分析。焊接是焊接结构生产中的重要工序，影响其质量的因素同样是上述五个方面。

一、焊接工序质量的影响因素及控制措施

1. 施焊操作人员因素

各种不同的焊接方法对操作人员的依赖程度不同。对于焊条电弧焊，焊工高超的操作技能和谨慎的工作态度对保证焊接质量至关重要。对于埋弧焊，焊接工艺参数的调整和施焊也离不开人的操作。对于各种半自动焊，电弧沿焊接接头的移动也靠焊工掌握。焊工施焊时质量意识差，操作粗心大意，不遵守焊接工艺规程或操作技能低下、技术不熟练等都会直接影响焊接的质量。为此，对施焊人员的要求如下：

1）加强对焊工"质量第一、用户第一、下道工序是用户"的质量意识教育，增强他们的责任心和一丝不苟的工作作风，并建立质量责任制。

2）定期对焊工进行岗位培训，使他们在理论上掌握工艺规程，在实践上提高操作技能水平。

3）生产中要求焊工严格执行焊接工艺规程，加强焊接工序的自检与专职检验人员的检查。

4）认真执行焊工考试制度，坚持焊工持证上岗，建立焊工技术档案。

对于重要或重大的焊接结构生产，还需对焊工进行更细化的考核。例如，焊工的培训时间、生产经验、目前的技术状况、年龄、工龄、体力、视力、注意力等，应当全部纳入考核的范围。

2. 焊接机器设备因素

各种焊接设备的性能及其稳定性与可靠性会直接影响焊接质量。设备结构越复杂，机械化、自动化程度越高，焊接质量对它的依赖性也就越高。所以，要求这类设备具有更好的性能及稳定性。对焊接设备在使用前必须进行检查和试用，对各种在役焊接设备要实行定期检验制度。在焊接质量保证体系中，从保证焊接工序质量出发，对焊接设备的使用维修应做到以下几点：

1）定期对焊接设备进行维护、保养和检修，重要焊接结构生产前要进行试用。

2）定期校验焊接设备上的电流表、电压表、气体流量计等各种仪表，保证生产时计量准确。

3）建立焊接设备状况的技术档案，为分析、解决出现的问题提供思路。

4）建立焊接设备使用人员责任制，保证设备维护的及时性和连续性。

另外，焊接设备的使用条件，如对水、电、环境等的要求，焊接设备的可调节性、运行所需空间、误差调整等也需要充分注意，这样才能保证焊接设备正常使用。

3. 焊接原材料因素

焊接生产所使用的原材料包括母材、焊接材料（焊条、焊丝，焊剂，保护气体）等，这些材料的自身质量是保证焊接产品质量的基础和前提。为了保证焊接质量，原材料的质量检验很重要。在生产的起始阶段，即投料之前就要把好材料关，这样才能稳定生产，稳定焊接产品的质量。在焊接质量管理体系中，对焊接原材料的质量控制主要有以下措施：

1）加强焊接原材料的进厂验收和检验，必要时要对其理化指标和力学性能进行复验。

2）建立严格的焊接原材料管理制度，防止储备时焊接原材料的污损。

3）在生产中实行焊接原材料标记运行制度，以实现对焊接原材料质量的追踪控制。

4）选择信誉比较高、产品质量比较好的焊接原材料供应厂和协作厂进行订货和加工，从根本上防止焊接质量事故的发生。

总之，对焊接原材料的质量把关，应当以焊接参数和国家标准为依据，及时追踪控制其质量，不能只管进厂验收，而忽视生产过程中的标记和检验。

4. 焊接工艺方法因素

焊接质量对焊接工艺方法的依赖性很强。焊接工艺方法在影响焊接工序质量的诸因素中占有非常突出的地位，其对焊接质量的影响主要来自两个方面：一方面是工艺制定的合理性，另一方面是执行工艺的严格性。首先要对某一产品或某种材料的焊接工艺进行工艺评定，然后根据工艺评定报告和图样技术要求制定焊接工艺规程，编制焊接工艺说明书或焊接工艺卡。这些以书面形式表达的各种工艺参数是施焊时的依据，它们是根据模拟相似的生产条件所作的试验和长期积累的经验以及产品的具体技术要求而编制出来的，是保证焊接质量的重要基础，具有规定性、严肃性、慎重性和连续性的特点。这些工艺规程通常由经验比较丰富的焊接技术人员编制，以保证其正确性与合理性。在此基础上确保贯彻执行工艺方法的严格性，在没有充足根据的情况下不得随意变更工艺参数，即使确需改变，也要履行一定的程序和手续。不合理的焊接工艺不能保证焊出合格的焊缝，但有了经评定验证的正确合理的工艺规程，若不严格贯彻执行，同样也不能焊出合格的焊缝。两者相辅相成，相互依赖，不能忽视或偏废任何一个方面。在焊接质量管理体系中，对影响焊接工艺方法的因素进行有效控制的做法是：

1）必须按照有关规定或国家标准对焊接工艺进行评定。

2）选择有经验的焊接技术人员编制所需的工艺文件，工艺文件要完整和连续。

3）按照焊接工艺规程的规定，加强施焊过程中的现场管理与检查。

4）在生产前，要按照焊接工艺规程制作焊接产品试板与焊接工艺检验试板，以验证工艺方法的正确性与合理性。

此外，焊接工艺规程的制定要详细，对重要的焊接结构要有质量事故的补救方案，把损失降到最低。对各种焊接工艺方法的重要因素和补加因素的考核可参考表 3-1，对各种焊接工艺方法的次要因素的考核可参考表 3-2。

表 3-1　焊接工艺方法的重要因素、补加因素与焊接缺陷的关系

工艺条件	夹　渣	未熔合	未焊透	咬　边	变　形	气　孔	裂　纹	焊接人员
焊接方法	◎	◎	◎	◎	◎	◎	◎	◎
焊接材料	△	△	△	○	○	◎	◎	◎
施焊位置	◎	◎	◎	◎	○	△	◎	◎
焊接接头	◎	◎	◎	◎	◎	◎	◎	◎
焊接结构				○	◎	○	◎	◎
定位焊	○	○	○			○	○	◎
焊工培训	○	○	○	○	○	○	○	◎

注：◎—有很大关系；○—有一定关系；△—关系一般。

5. 环境因素

在特定环境下，焊接质量对环境的依赖性也是较大的。焊接操作常常在室外露天进行，必然受到外界自然条件（如温度、湿度、风力及雨、雪天气）的影响，在其他因素一定的情况下，也有可能单纯因环境因素造成焊接质量问题，所以也应引起一定的注意。在焊接质量管理体系中，环境因素的控制措施比较简单，当环境条件不符合规定要求时，如风力较大，风速大于四级，或雨雪天气，相对湿度大于90%，可暂时停止焊接工作，或采取防风、防雨雪措施后再进行焊接。在低气温下焊接时，低碳钢不得低于 -20℃，低合金高强度钢不得低于 -10℃，如超过这个温度界限，可对焊件进行适当的预热。

通过以上对影响焊接工序质量的五个方面的因素及其控制措施、原则的分析，可以看到，五个方面的因素互相联系、互相交叉，考核时要有系统性和连续性。各因素所产生缺陷的具体控制途径、控制方法和控制要求可参看后面的章节。

表 3-2 焊接工艺方法的次要因素与焊接缺陷的关系

施焊工艺	夹渣	未熔合	未焊透	咬边	变形	气孔	冷裂	热裂
焊缝坡口形式	◎	◎	◎	○	○		○	○
坡口清理情况						◎	◎	
中间焊道形状	◎	◎						
焊缝除渣情况	◎							
焊前预热情况	△	△	△			○	◎	
焊接电流大小			○	◎		○	○	○
焊接电弧长度				○		◎	△	
焊条运条角度	○	○	○					
焊条运条方式						△		
焊缝熔敷方式	△	△	△					
施焊位置	○	○	○	○				
自然环境风力						○	○	

注：◎—有很大关系；○—有一定关系；△—关系一般。

二、焊接生产质量影响因素的分析及对策

在实际生产中，难免会发生质量事故，如何快速查找原因并提出解决措施，是关系到生产成本、工期的大问题。可以采用因果分析图法（鱼刺图）进行质量分析。在生产实践中，任何质量问题的产生，往往是多种因素造成的。上述影响焊接生产质量的五大因素是按宏观划分的，实际上，每一个大因素又包括若干小因素。把各种因素依照大小次序分别用主干、大枝、中枝、小枝图形表示出来，便可逐一排查产生质量问题的原因。现以焊缝质量不合格的质量问题为例来阐明鱼刺图的画法（见图 3-2）及应用。

1）决定特性。特性就是需要解决的质量问题——焊缝质量不合格，放在主干箭头的前面。

2）确定影响质量特性的大枝，主要是影响质量的五大因素。

3）进一步找出中、小原因，并画出中、小细枝。

4）发扬技术民主，反复讨论，补充遗漏的因素。

5）针对影响质量的因素，有的放矢地制定对策，通过对策图（见图 3-3）的形式列出，并落实到解决问题的人，限期改正。

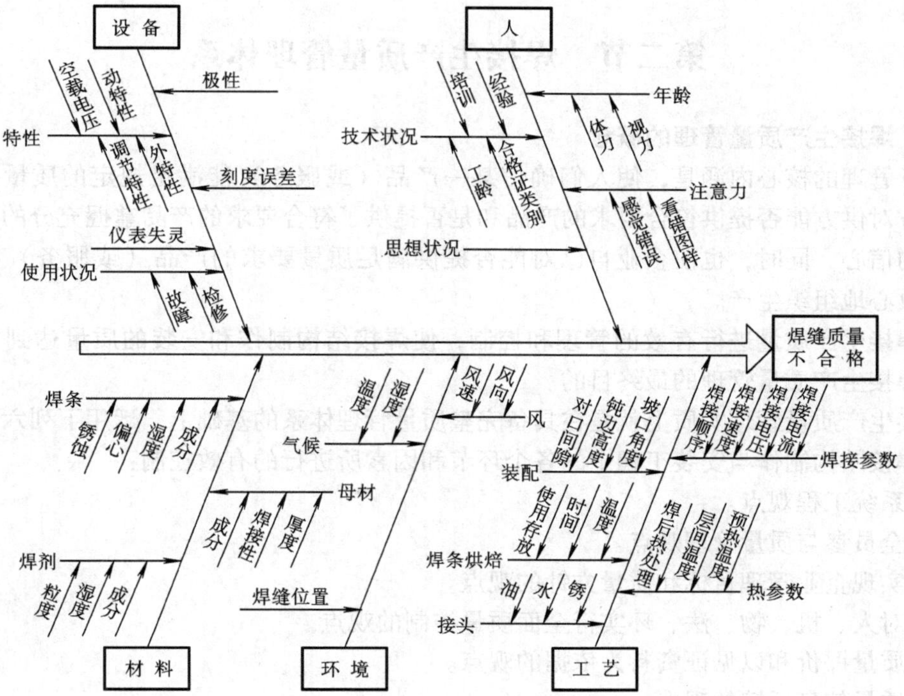

图 3-2 焊缝质量分析鱼刺图

影响钢结构制作质量的因素		对策
材料	钢材品质有误	核实图样，调换合格品质的钢材
	焊条受潮	退库或烘干后使用
	材料未复验	未复验者不使用，及时进行复试
	钢材调直不认真	建立调直料的专检制，并作为一道工序
操作	焊接电流不稳定	增加电流稳压器
	下料精度差	正确确定下料口的位置，并建立专检制
	实样大样不准确	建立大样经技术和质量部门共同验收制
	胎模夹具超偏差	技术和质量部门共同检查，修整到不超差
	施工环境恶劣	恶劣环境停止施工
	不执行工艺规范	严格开展工艺规范执行情况的检查
管理	施工管理制度不严	严格执行施工组织设计，加强施工管理
	岗位责任不明确	建立明确的岗位责任制，与奖金挂钩
	图样审查不认真	做好生产前的图样会审工作
	质量意识不强	增强全员质量意识，开展QC小组活动
人员	操作人员素质低	培训后上岗
	施工方案粗略	对每一个过程都编制详细的施工方案
	操作者不自检	明确生产者质量负责制，认真填写自检表
	技术人员交底不清	提高技术人员责任心，做好交底环节

图 3-3 焊接生产质量问题对策图

第二节 焊接生产质量管理体系

一、焊接生产质量管理的概念

质量管理的核心内涵是，使人们确信某一产品（或服务）能满足规定的质量要求，并且使需方对供方能否提供符合要求的产品和是否提供了符合要求的产品掌握充分的证据，建立足够的信心，同时，也使企业自己对能否提供满足质量要求的产品（或服务）有相当的把握而放心地组织生产。

对焊接生产质量进行有效的管理和控制，使焊接结构制作和安装的质量达到规定的要求，是焊接生产质量管理的最终目的。

焊接生产质量管理实质上就是在具备完整质量管理体系的基础上，运用下列六个基本观点，对焊接结构制作与安装工程中的各个环节和因素所进行的有效控制：

1）系统工程观点。

2）全员参与质量管理观点。

3）实现企业管理目标和质量方针的观点。

4）对人、机、物、法、环实行全面质量控制的观点。

5）质量评价和以见证资料为依据的观点。

6）质量信息反馈的观点。

二、焊接生产企业的质量管理体系

企业为了实现质量管理，制定质量方针和质量目标，分解产品（工程）质量形成过程，设置必要的组织机构，明确责任制度，配备必要设备和人员，并采取适当的控制方法促使影响产品（工程）质量的五大因素都得到控制，以减少、消除、特别是预防质量缺陷的产生，所有这些形成的一个有机整体就是质量管理体系。该体系的建立与运转，可向需方提供自己的质量体系满足合同要求的各种证据，包括质量手册、质量记录和质量计划等。

为了保证产品的焊接质量，国家质量监督检验检疫总局和国家标准化管理委员会对已有国家推荐标准进行了修订，于2009年10月30日发布了GB/T 12467—2009《金属材料熔焊质量要求》，并于2010年4月1日起实施。该标准分为五个部分，是一套结构严谨、定义明确、规定具体而又实用的专业标准，其中规定了钢制焊接产品质量保证的一般原则，对企业的要求，钢熔化焊接头的质量要求与缺陷分级。认真学习和研究这套标准，将其与GB/T 19000—2008标准系列和企业的实际结合起来，建立起比较完善的焊接结构质量管理体系，这对于提高企业的焊接质量管理水平和质量保证能力，确保焊接产品（工程）质量符合规定的要求具有重要的现实意义，并且也符合企业发展的长远利益。

由于产品的质量管理体系是运用系统工程的基本理论建立起来的，因此可把产品制造的全过程，按其内在的联系，划分为若干个既相对独立而又有机联系的控制系统、环节和点，采取组织措施，遵循一定的制度，使这些控制系统、环节和点的工作质量得到有效的控制，并按规定的程序运转。所谓组织措施，就是要有一个完整的质量管理机构，并在各控制系统、环节和点上配备符合要求的质控人员。

1. 质量控制点的设置

质量控制点也称为质量管理点。

　　任何一个生产施工过程或活动总是有许多项的质量特性要求，这些质量特性的重要程度对产品（工程）使用的影响程度并不完全相同。例如，压力容器的安全性与原材料的材质好坏、焊缝的质量优劣关系很大，而容器表面的油漆涂装不均匀却只影响容器的外观。前者的后果非常严重，后者是外观效果问题，在一定条件下，客户还是可以接受的。因此，为保证工序处于受控状态，在一定的时间和一定条件下，在产品制造过程中需要重点控制的质量特性、关键部件或薄弱环节就是质量控制点。

　　在什么地方设置质量控制点，需要对产品（工程）的质量特性要求和生产施工过程中的各个工序进行全面分析来确定。设置质量控制点一般应考虑以下原则：

　　1）对产品（工程）的适用性（性能、精度、寿命、可靠性、安全性等）有严重影响的关键质量特性、关键部位或重要影响因素，应设质量控制点。

　　2）工艺上有严格要求，对下道工序的工作有严重影响的关键质量特性、部位应设质量控制点。

　　3）质量不稳定，出现不合格品多的工序或项目，应建立质量控制点。

　　4）用户反馈的重要不良项目应建立质量控制点。

　　5）紧缺物资或可能对生产安排有严重影响的关键项目应建立质量控制点。

　　焊接生产是焊接结构质量控制的最重要内容和环节。国际焊接学会（IIW）所制定的压力容器制造（包括现场组装）全过程的质量控制要点共164个，其中与焊接有关的质量控制要点就有144个，见表3-3。同时，焊接接头、焊缝是焊接结构产品的关键部位，接头及焊缝的质量要求可参阅本节第六点的有关内容。

表3-3　国际焊接学会（IIW）的压力容器制造质量控制要点

控 制 项 目	检查要点数
计划与计算书审核	6
母材验收与控制	20
焊材等消耗材料验收与控制	30
焊接工艺评定	23
焊前准备工作控制	4
焊接过程控制	15
焊后控制	20
热处理控制	20
出厂前试验（水压试验等）	6

　　2. 焊接生产质量管理体系的主要控制系统与控制环节

　　焊接生产质量管理体系中的控制系统主要包括：材料质量控制系统、工艺质量控制系统、焊接质量控制系统、无损检测质量控制系统和产品质量控制系统等。每个控制系统均有自己的控制环节和工作程序、检查点及责任人员。

　　（1）材料质量控制系统　这是从编制材料计划到订货、采购、到货、验收、保管、发放、标记移植等全过程进行控制，重点是入厂（场）验收并严格管理和可靠发放，坚持标记移植制度。该系统的控制环节、工作程序、检查点和责任人员如图3-4所示。

（2）工艺质量控制系统 这是对生产工艺或施工方案的分析确定、工艺规程和工艺卡的编制、生产定额估算等一系列工作进行控制的流程，其控制环节、工作程序、检查点和责任人员如图3-5所示。

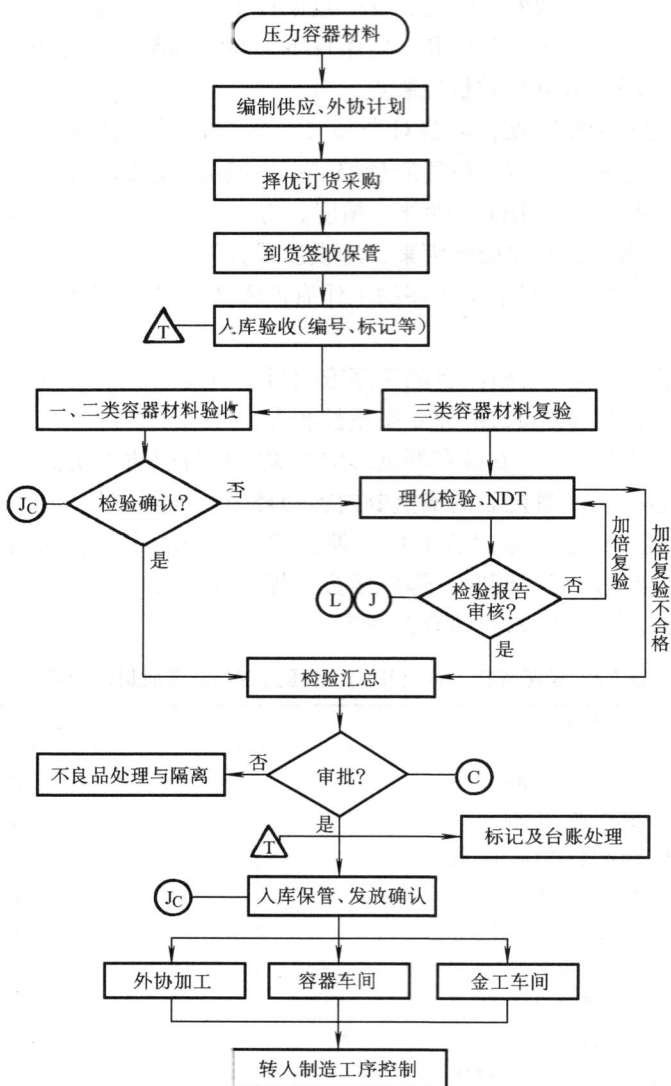

```
              ┌─────────────┐
              │  压力容器材料  │
              └──────┬──────┘
              ┌──────┴──────┐
              │ 编制供应、外协计划 │
              └──────┬──────┘
              ┌──────┴──────┐
              │  择优订货采购  │
              └──────┬──────┘
              ┌──────┴──────┐
              │  到货签收保管  │
              └──────┬──────┘
     (T)      ┌──────┴──────────┐
              │ 入库验收（编号、标记等） │
              └──────┬──────────┘
  ┌───────────┴────┐        ┌──────────────┐
  │ 一、二类容器材料验收 │◄───────│ 三类容器材料复验 │
  └─────────┬──────┘        └──────┬───────┘
  (JC)   ◇检验确认?◇──否──►┌──────────────┐◄──┐
            │是           │  理化检验、NDT  │   │加倍复验
            │             └──────┬───────┘   │
            │        (L)(J) ◇检验报告审核?◇──否─┘  加倍复验不合格
            │                   │是
            │          ┌────────┴────────┐
            └─────────►│    检验汇总    │◄──────┘
                       └────────┬────────┘
  ┌──────────────┐     ◇审批?◇──(C)
  │ 不良品处理与隔离 │◄─否─┘  │是
  └──────────────┘   (T)  ├──────►┌──────────────┐
                          │       │ 标记及台账处理 │
                          │       └──────────────┘
  (JC)          ┌─────────┴─────────┐
                │ 入库保管、发放确认 │
                └─────────┬─────────┘
      ┌──────────┬────────┼────────┐
 ┌────┴───┐ ┌───┴────┐ ┌──┴────┐
 │ 外协加工 │ │ 容器车间 │ │ 金工车间 │
 └────┬───┘ └───┬────┘ └──┬────┘
      └──────────┼─────────┘
            ┌────┴────────┐
            │ 转入制造工序控制 │
            └─────────────┘
```

图3-4 材料质量控制系统流程图

（3）焊接质量控制系统 其涉及的范围比较宽，主要包括焊工考试、焊接工艺评定、焊接材料管理、焊接设备管理和产品焊接这五条控制线。其中，产品焊接的控制又包括焊前清理、定位焊的控制、产品试板、焊工印记、施焊记录、施焊工艺纪律的检查、焊缝检测、焊缝返修的控制及焊后热处理等多道环节。

图3-6所示为焊接质量控制系统中要控制的主要环节及其流程。

（4）无损检测质量控制系统 由于无损检测的任务不同，控制程序繁简不同，故对无损检测的要求也不同。如对原材料只要求作超声波检测，经无损检测责任工程师签发无损检

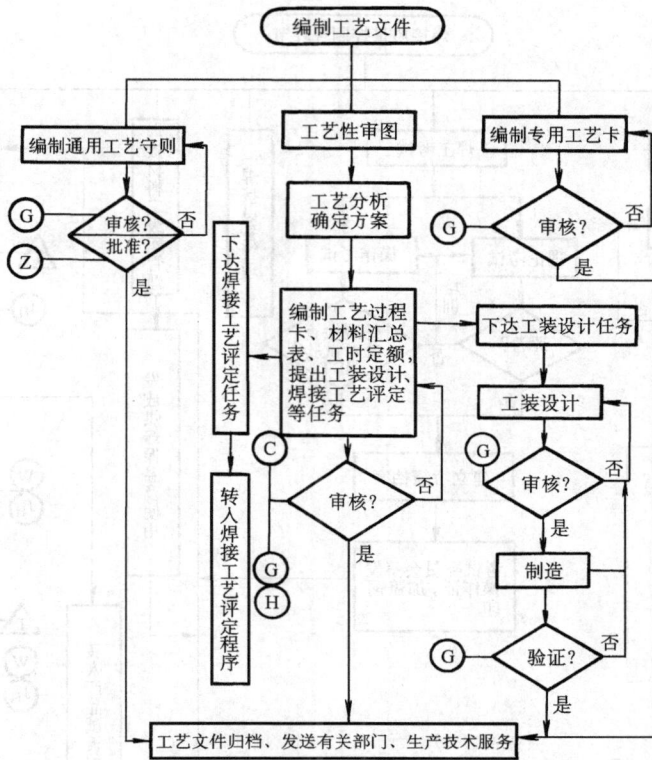

图 3-5　工艺质量控制系统流程图

测记录报告后交材料检验员，作为原材料检验原始资料的一部分。焊工技能考试及工艺评定试板的控制程序是相同的，其无损检测记录报告签发后，交焊接实验室立案存档。无损检测质量控制系统的流程如图 3-7 所示。

（5）产品质量控制系统　产品质量控制系统的流程如图 3-8 所示。该系统实际上反映了产品制作全过程的控制，由于职责分工的不同，如材料、焊接、无损检测是由各独立的系统加以控制的，因此在图 3-8 中着重于以上各系统之外的加工工序的质量控制和产品最终检验环节的监控。

质量管理系统图例如图 3-9 所示。

3. 质量管理机构及工作方式

质量管理机构的设置和复杂程度，主要取决于产品质量管理控制系统、环节和点的划分情况。一般这些系统、环节和点划分得越细，质量管理机构就越复杂，需要的岗位责任人员也越多。质量管理机构是由一定的职能部门（如企业的质量管理办公室）、产品质量主要负责人（一般是企业的厂长或经理）、产品质量主要保证人（一般是指企业技术总负责人或质量管理主要保证人，常称为质量管理工程师）、各控制系统责任人（常称为系统责任工程师或主管工程师）以及各控制点岗位责任人（多由各关键工序岗位生产人员担任）组成的。各级质量控制责任人，除应对本岗位、本环节和本系统的工作质量负责外，还应向上一级质量控制责任人、质量管理总负责人，最后向企业厂长（经理）保证工作，形成一个完整的质量控制网络。质量管理体系的工作方式如图 3-10 所示。

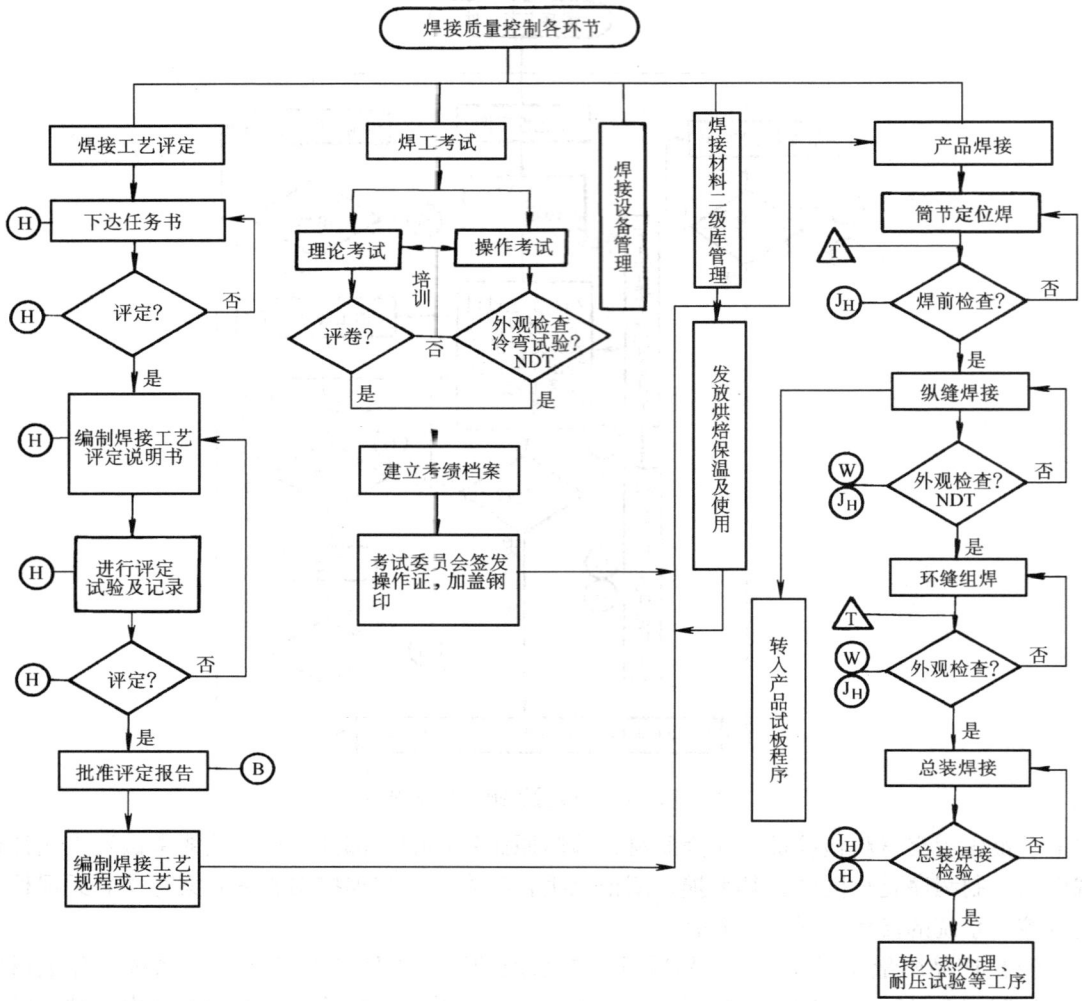

图 3-6 焊接质量控制系统流程图

如现有一个千人以上员工、数名高级工程师、20 余名中级技术职称技术人员的企业，它持有三类压力容器生产许可证，并具有中等规模的制造、安装能力，此企业的各类质量责任人员的设置如图 3-11 所示。

4. 建立"三检制度"

"三检制度"包括自检、互检、专检，是施行全员参与质量管理的具体表现。

（1）自检

1）操作人员在操作过程中，必须进行个人自检，填写有关检验评定表中的自检项目内容。经班组长验收后，方准继续其他部位的生产施工。

2）班组长对所负责的分项工程施工或零部件生产，必须按相应的质量检验评定表中所列的检查内容，在生产过程中逐项检查班组成员的操作质量。在完成后会同质量干事逐项地进行班组自检，并认真填写自检记录，经自检达标后方可提请工长或车间主任组织质量验收。

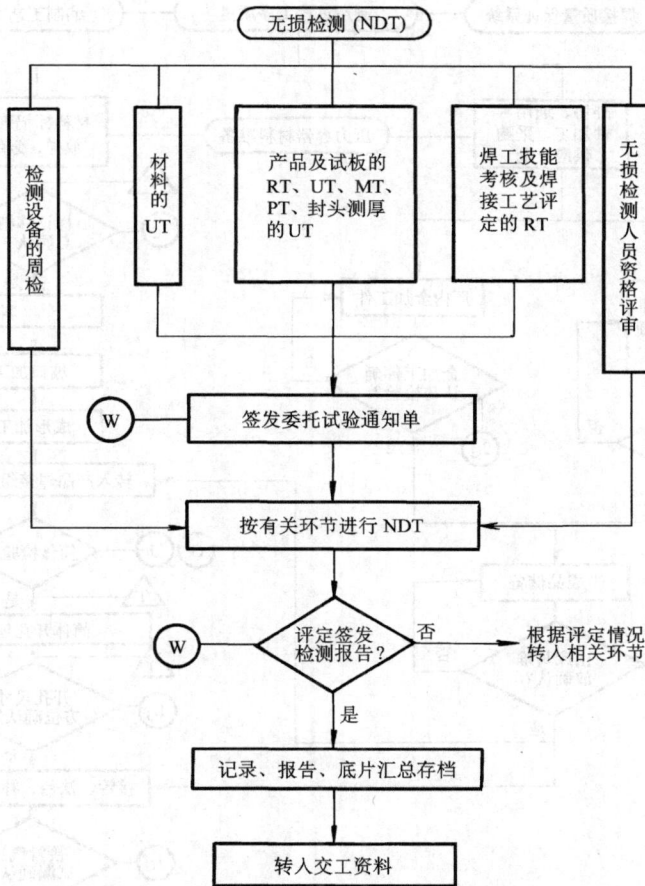

图 3-7　无损检测质量控制系统流程图

NDT—无损检测　UT—超声波检测　RT—射线检测　PT—渗透检测　MT—磁粉检测

3）工长或车间主任除督促班组认真自检、填写自检记录，为班组创造自检条件外，还要对班组操作质量进行中间检查。在班组自检达标的基础上，组织施工队或车间自检。经自检合格后，方可提请项目经理或单位质量负责人组织专检人员进行质量核验。

4）项目经理或单位质量负责人必须认真地组织专检人员、有关工长（车间主任）、班组长进行所承担生产项目的质量核验。专检人员在核验时，要先查阅班组自检记录，无班组自检记录时，不予进行质量核验评定。

5）项目经理、工长对未经专检人员核验，或虽经核验但未达标的分项任务不得安排进行下道工序，否则要追究其责任。

（2）互检

1）工种间的交接检查。在上道工序完成后下道工序插入前，必须组织交接双方工长、班组长进行交接检查。由交方工长填写"工种交接检查表"，经双方认真检查并签认后，方准进行下道工序施工。未经交接检或虽经交接检但未达到要求的产出物，接方可拒绝插入施工。

2）总、分包间的交接检查。对规范、规程、标准及施工图样中规定的，需要在工序间进行检查的项目，交方应按接方要求认真填写"总、分包交接检查表"，移交有关资料和进

焊接质量保证系统 ← 制造过程工序质量 → 编制工艺文件

产品设计

外协、通用零件加工、采购供应计划 ← 压力容器材料准备 ← 材料标记确认放样、划线

T
Jc 标记移植与确认？ 否
是

锻件、封头冲压、热处理及通用件采购

厂内金加工件

下　料

坡口加工

成形加工

金加工件确认与检验？ 否
JG 是

入库确认与验收？ 否
是

Jc

半成品储备

转入产品焊接组装环节

G J 筒体检验？ 否
T 是

筒体开孔划线

T
JG 开孔尺寸方位确认？ 否
是

出库与堆放确认？ 否
Jc 是

接管、法兰、补强圈焊接

JG 接管气压试漏确认？ 否
是

耐压试验

T
J 试压确认？ 否
是

涂装包装

用户意见反馈

用　户

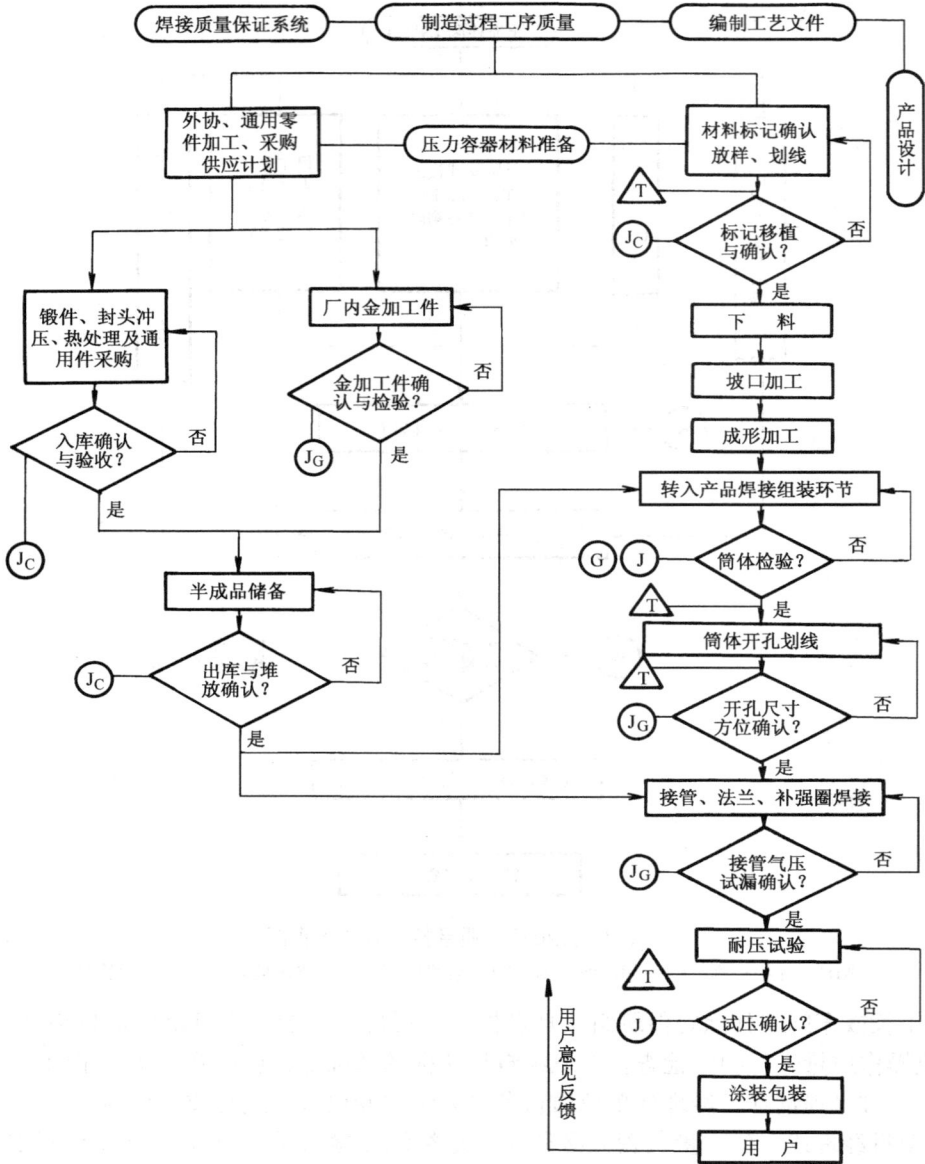

图 3-8　产品质量控制系统流程图

行交接签证等工作，否则不得进行下道工序。

3）隐藏项目的交接检查。有很多工序完成后，其产出物会被下道工序的产出物所掩盖或封闭，如箱型梁内的焊缝即是被封闭隐藏的。负责做下道工序的单位必须在隐蔽前填写"隐蔽项目交接检查表"，与做前一道工序的单位办理交接检手续。经交方自检（指安装工程中的隐蔽部位）或交接双方共同检查，达到质量标准并经交接双方签认后，方可进行下一道工序的施工生产。否则，由做最后一道工序的单位或部门承担一切后果。

4）成品、半成品保护交接检。

①进行下道工序施工的单位在施工前，必须对已完成的成品、半成品进行保护。在生产

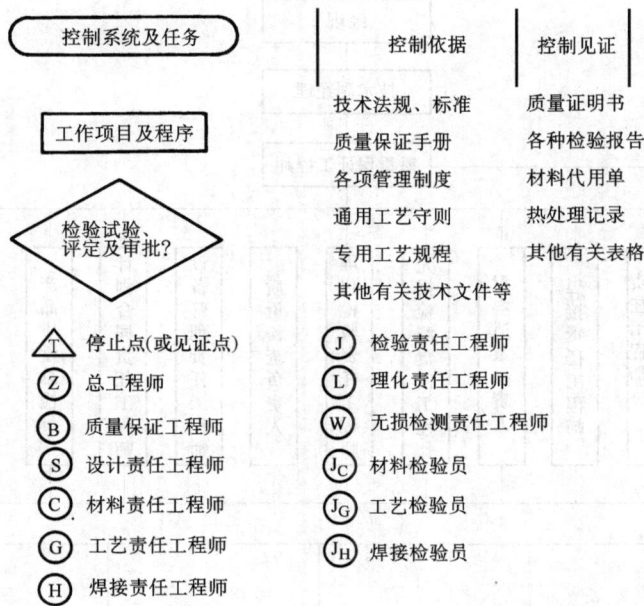

图 3-9　质量管理系统图例

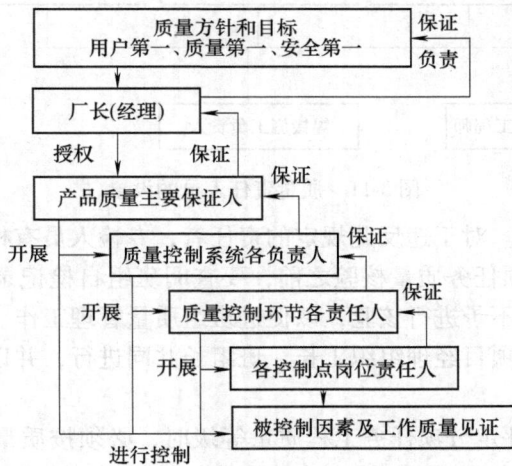

图 3-10　质量管理体系的工作方式

施工过程中始终要采取防止成品、半成品损坏（或污染等）的有效措施。

②若上道工序出成品、半成品后如不向下道工序办理成品、半成品保护手续，则当发生成品、半成品损坏、污染、丢失时，由负责上道工序的单位承担后果。

③对于已办理成品、半成品保护交接检的项目，发生成品损坏、污染、丢失等问题时，由做下道工序的单位承担后果。

（3）专检

1）所有分项任务，隐检、预检项目，必须按程序，作为一道工序，提请专检人员进行质量检验评定。未经专检人员进行检验、评定的项目，或虽经检验、评定但未达到质量标准

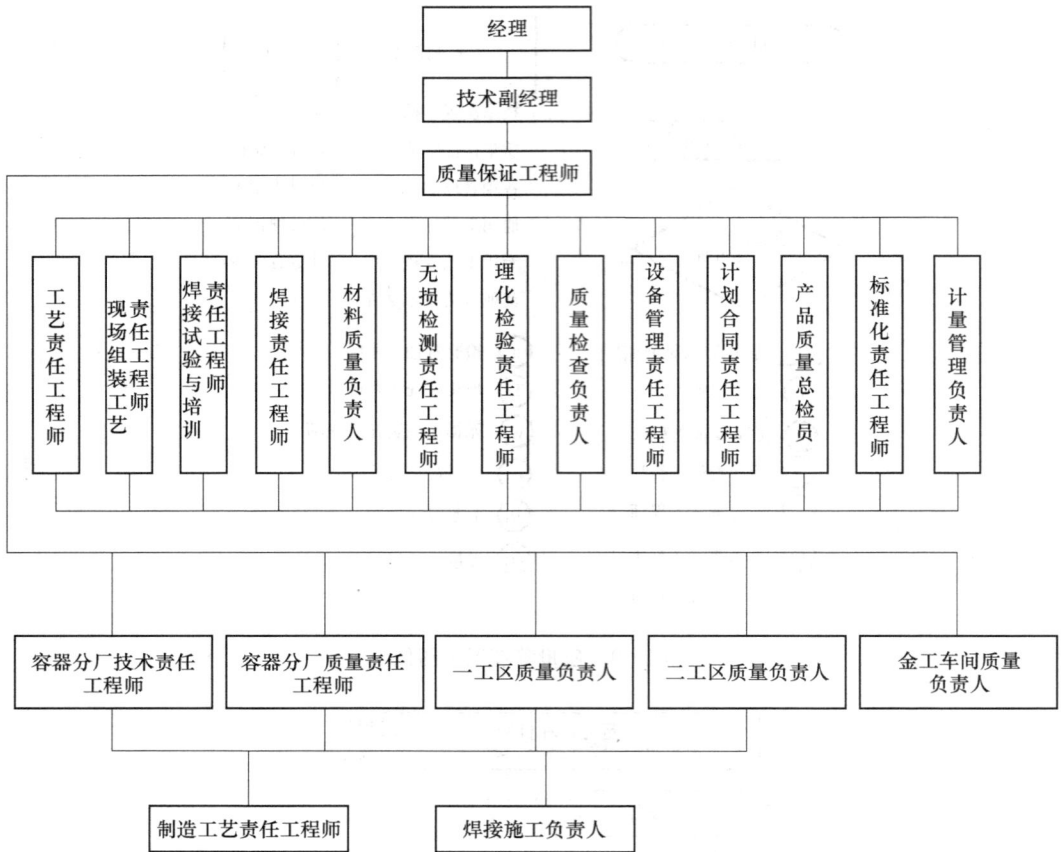

图 3-11 质量责任人员的设置

的项目不得进行下道工序。对于违反此规定的责任者，专检人员有权对其实行罚款。

2）专检人员进行分项任务质量核验之前，要查阅班组自检记录是否符合要求，无自检记录或其不符合要求时，不予进行核验，以促进班组质量管理工作。对有自检记录的分项任务，在对其评定时应会同项目经理组织工长、班组长共同进行，并以专检人员核验评定的质量等级为准。

3）专检人员在核验评定分项任务工程质量等级时，必须按质量标准、质量控制设计目标认真检查、严格把关；在施工过程中，应认真检查原材料、成品、半成品的质量是否符合要求，并主动协助工长、班组长搞好质量管理和工程质量。要注重抓薄弱环节、抓重点部位、抓防止（治）质量通病及抓隐检、预检等工作。

5. 建立健全质量信息系统

建立健全质量信息系统主要应该由专职的质量管理人员、技术人员来执行，但是生产工人在其中也应发挥积极的作用。生产现场中的质量缺陷预防、质量维持、质量改进及质量评定都离不开及时正确的质量动态信息、指令信息和质量反馈信息。对各种需要的数据进行收集、整理、传递和处理，形成一个高效的信息闭环系统，是保证现场质量管理正常开展的基本条件之一。

质量动态信息是指生产施工现场的质量检验记录，各种质量报告，工序控制记录，原材料、半成品、构件及配套件的质量动态等。指令信息是上级管理部门发出的各种有关质量工作的指令。这些指令是质量工作必须遵循的准则，也是质量管理活动中进行比较的标准。质量反馈信息是指执行质量指令过程中产生的偏差信息，即与规定目标、要求、标准比较后出现的异常情况信息。这种异常信息要及时反馈到有关人员和相应的决策机构，以便迅速作出新的判断，形成新的调节指令信息。

现场生产工人在日常的生产活动中，都应该提供必要的质量动态信息和质量反馈信息，而这些信息又可为制定指令信息提供第一手资料。

现场质量管理中应注意以下三点：

1）在现场质量管理中，应该对施工过程中进行的质量缺陷预防以及质量维持、改进、评定等活动明确规定相应的责任及相互间的协调关系，赋予应有的权限，落实到有关部门和具体人员中去，并坚持检查考核，同奖惩挂钩。

2）应该根据现场施工过程要实现的质量目标，将以上工作和活动加以标准化、制度化、程序化，进而构成现场的质量体系。

3）为了督促工人严格遵守工艺纪律，有必要建立考核工艺纪律执行情况的奖惩责任制。

三、质量管理体系建立和健全的主要标志

1. 有完整的质量管理机构和从事质量控制的各级质控人员

企业质量管理机构并没有固定的模式，但企业质量管理办公室是不可缺少的。质量管理体系中的各责任人，可以在该办公室工作，也可以在各自所在部门工作。各级质量控制责任人员的数量和人员资格，应能满足质量控制要求。这些责任人员应经过考核，并经企业厂长（经理）正式任命，然后到岗工作，这是质量管理体系建立的主要标志之一。

2. 有完整的法规系统

该系统中应包括下列内容，并以法规的形式在企业质量手册中固定下来：

1）经厂长（经理）批准的各项质量管理制度和技术规范及质量标准。

2）一套完整的质量控制流程表卡。

3）质量管理体系的各级质控人员的职、责、权、工作依据及工作质量都要有明确的规定和文字说明。

4）明确的工厂宗旨、管理方针和质量目标。

5）质量管理控制系统、环节和点的划分和设置，要有明确的质量控制要求，并采用体系图（或系统图）来表示，此外还应附有质量控制点一览表。

6）质量管理机构的设置可用机构图来表示（生产机构也可同时绘出，但不应与质量管理机构混淆）。

7）工厂生产质量管理的其他综合资料。

四、质量管理体系正常运转的主要标志

1）质量管理体系各级责任人员上岗工作，并有连续的工作记录。

2）产品在加工制造过程中，各项质量控制见证资料完整，签字手续齐全，内容真实可靠，经得起验证。

3）用户意见和制造质量信息反馈资料能及时处理。

4）能定期召开质量分析会议，以便于产品质量的不断提高。

5）出厂产品质量符合标准要求。

五、案例分析

1. 2m³压缩空气储罐制作质量管理体系

某公司2m³压缩空气储罐制作的质量管理体系方案如图3-12所示。

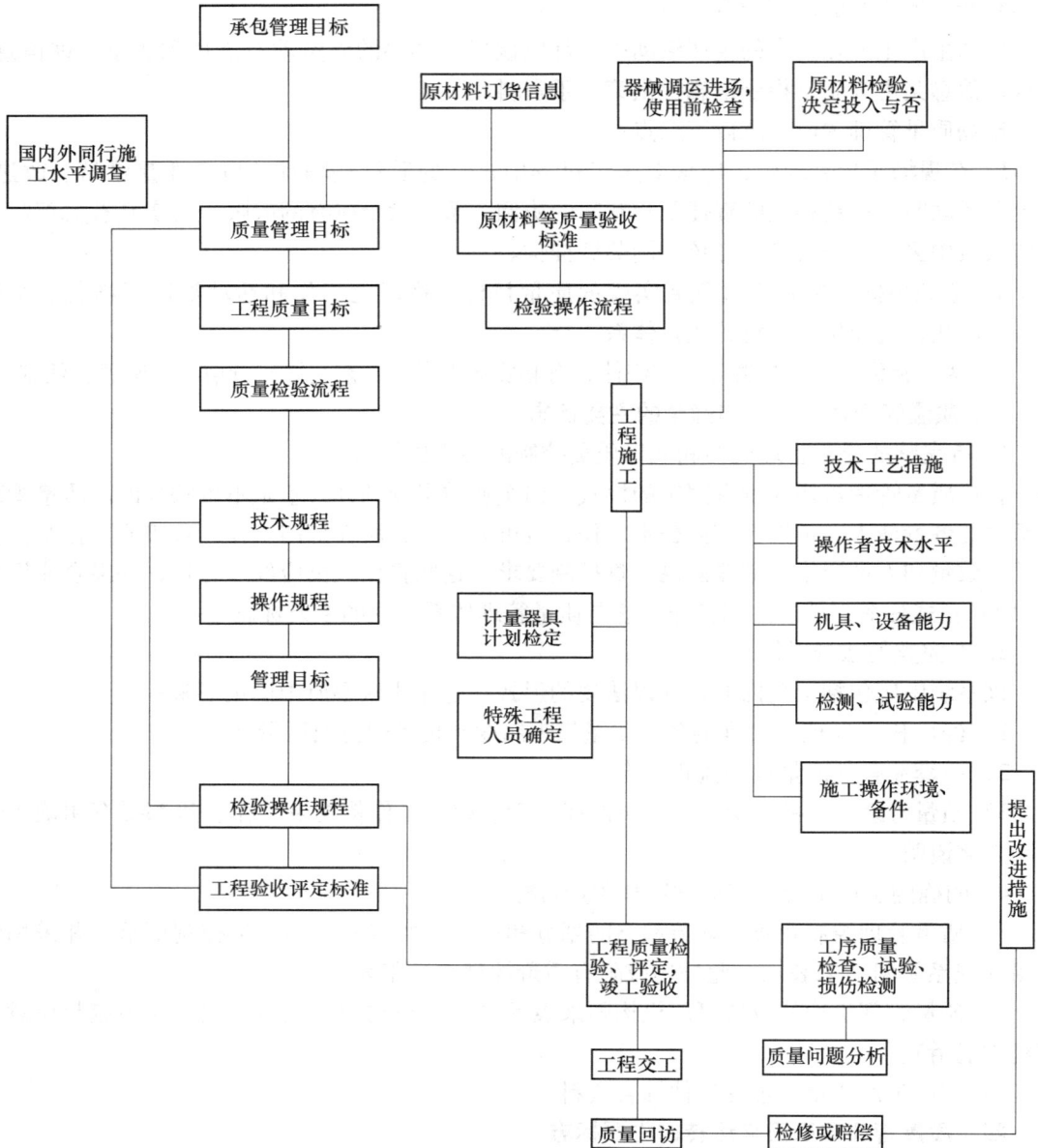

图 3-12　质量管理体系

2. 质量控制点设置

质量控制点设置见表3-4。

表 3-4 质量控制点设置一览表

控制阶段		控制要点	责任人	主要控制内容	工程依据	工作见证
施工准备阶段	1	设计交底	设计工程师	了解设计意图，提出问题	设计文件	设计交底记录
	2	图样会审	各专业工程师	对图样的完整性、准确性、合法性、可行性进行会审	施工图	图样会审记录
	3	施工组织设计（施工方案）	项目总工程师	按规定组织编制报审	图样及国家技术标准、验收规范	批准的施工组织设计或方案
	4	作业指导书	制造工艺工程师	按规定组织编制报审	图样及国家技术标准、验收规范	批准的作业指导书
	5	各专业提出需用材料、机具计划	项目总工程师	编制、审核报批	图样、规范、定额	物资需用量计划和机具计划
	6	材料进场计划	物资供应部经理	编写物资平衡计划，组织进货	物资需用量计划	物资采购计划
	7	管件等开箱检验	材料检验工程师	核对规格、型号，查清备品备件是否齐全	供货清单、产品说明书	开箱记录
	8	材料验收	保管员和材料检验员	审核质保书、清查数量、检查外观质量、检验和试验	采购合同、物资需用量计划	材料验收单
	9	材料保管	保管员	分类存放、建账、立卡	验收单	进出料单
	10	材料发放	保管员	核对名称、规格、型号、材质、合格证	物资需用量计划	领料单
	11	机具配置进场	责任工程师	设备完好情况	机具计划	施工机械设备验收清单
	12	特殊作业人员	质量保证工程师	审核操作证	政府有关规定	资格证书
	13	工程开工	项目经理	确认具备开工条件	施工准备工作计划	批准的开工报告
施工生产阶段	14	技术交底	各专业工程师	设计意图、规范要求、技术关键	图样、施工方案、评定标准	技术交底记录
	15	基础验收	项目技术人员	复测尺寸	图样、规范	复验记录
	16	设计变更，材料代用	材料工程师	办理、确认、下达、执行	设计变更通知单	竣工图
	17	作业过程	各专业工程师	按工艺文件要求进行施工，特殊过程进行过程能力鉴定	图样、规范、工艺文件	各项过程施工记录
	18	最终检验和试验	检验责任工程师	按照最终检验和试验计划的规定进行	最终检验和试验计划	单位工程质量评定表及有关记录
交工验收阶段	19	交工验收资料整理	交工领导小组	予验收，工程收尾，审核资料的准确性	规范	交工资料
	20	办理交工	交工领导小组	组织工程交工，文件和资料归档	图样、规范、上级文件	交工验收证书

3. 质量管理机构设置

质量管理机构设置如图 3-13 所示。

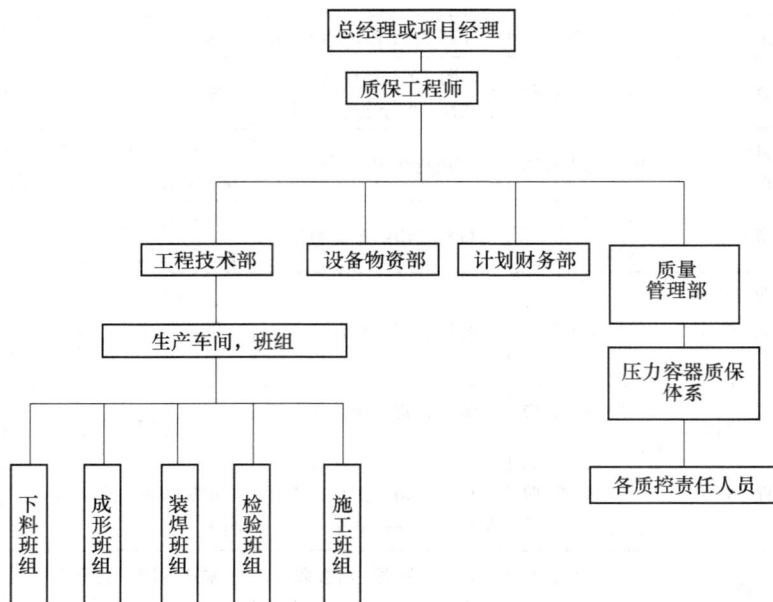

图 3-13　质量管理机构设置

4. 主要岗位职责

（1）总经理或项目经理的主要职责

1）代表公司履行对业主的工程承包合同，执行公司的质量方针，实现工程质量目标。

2）负责项目的日常管理工作。

3）建立和完善项目的组织机构，明确人员职责，建立适当的激励机制，充分发挥参与项目建设所有人员的积极性。

4）主持项目工作会议，签发对内、对外的重要文件。

5）组织编制项目施工质量控制计划，以指导整个项目的施工过程。

6）负责现场人员、机械、材料等的总体调配。

7）其他应由总经理或项目经理担负的职责。

（2）项目副经理或生产副总经理的主要职责

1）负责分管生产工作，协助项目经理管理整个工程的进度、安全、文明施工等工作。

2）协助总经理或项目经理全面做好现场的管理和项目规划工作。

3）组织分管区域内的施工劳动力、机械设备的调度和优化配置。

4）负责分管区域的月进度计划、周进度计划的审核、落实和实施工作，确保工程严格按计划组织进行。

5）重点抓好分管区域现场的工程质量、安全、文明施工、消防、保卫和成品保护工作。

6）组织工程调度、统计工作，及时收集整理有关资料，统计报表准确、及时、全面，并认真做好统计分析。

7）其他应由项目副经理或生产副总经理负责的工作。

（3）质保工程师的主要职责

1）质保工程师是项目质量管理的主要责任人，对项目施工质量的全过程进行管理。

2）组织编制施工组织设计，审核施工方案，保证施工方案的科学性、合理性、先进性和实用性。

3）制定工程的关键工序和特殊工序计划，审核关键工序和特殊工序作业指导书或专题施工方案。

4）指导、协调各专业技术人员的工作，保证每位施工人员都明确自己的质量职责。

5）负责项目的技术复核工作，参与质量事故和不合格的处理，组织质量事故技术处理方案的编制，并采取措施预防不合格品的出现。

6）负责与当地质检站、城市建设档案局、技术监督局等政府各职能部门的联系，了解技术要求，并作交底和安排。

7）组织对工程各分部、分项工程的质量进行检查、自评。

8）安排进行图册、文件、资料的分配、签收、保管及日常处理。

9）开展质量教育，保证公司的各项制度正常执行。

（4）工程技术部的主要职责

1）负责各项专业工艺文件的编制工作，并根据有关程序完成报审。

2）指导现场施工，及时解决施工过程中的技术问题。

3）负责各专业材料计划的计提，并配合物资供应部门对原材料进行检验。

4）配合专职质检员、专职安全员对现场进行质量安全的管理，编制质量通病整改措施和安全防护技术方案，并指导执行。

5）根据总进度计划的安排，编制各专业施工进度计划，同时，提供各专业施工人员、机械需用计划。

6）负责工程技术文件、资料及标准规范的管理。

7）其他应由工程技术部担负的职能。

（5）质量管理部的主要职责

1）负责现场质量、安全的日常管理工作，制定质量、安全管理制度。

2）负责现场特殊工种作业人员资格的审查，确保持证上岗。

3）负责现场安全防护措施的制定和落实。

4）负责施工现场检验、试验状态的标示工作。

5）负责每道工序的专检、确认，及时发现质量问题。

6）配合监理单位对工程质量进行认定。

7）负责做好现场文明施工和成品防护工作。

8）按公司环境体系的要求，做好施工现场的环境管理工作。

9）其他应由质量管理部担负的职能。

（6）设备物资部的主要职责

1）负责和公司机械管理部门协调，服从其管理。

2）负责按照施工组织设计的要求，组织施工机械按计划进场。

3）建立设备管理台账，按照ISO9002质量体系的要求进行设备管理。

4）负责施工过程中机械设备的维修管理工作，确保机械设备的完好率。

5）负责现场计量器具的管理。

（7）计划财务部的主要职责

1）负责工程款的及时回收。

2）负责工程资金费用的计划、管理和调配方案编制，并及时呈报经理审批，做到专款专用。

3）进行工程成本的预测、控制、分析和核算工作。按"标价分离"的原则，强化项目的成本管理，严格控制项目的非生产性开支。

4）严格财经纪律，正确处理国家、企业、项目和个人的利益关系。

5）及时、准确、全面地做好统计报表，经审核后上报。

5. 质量保证措施

各分项工程、各工序施工前做好一切准备工作，包括施工计划和实施方案的制定，施工人员、机械设备、原材料的准备等，施工中严格按照施工设计图、技术规范和有关规定及施工方案和质量控制方案进行，有如下具体措施。

（1）做好技术交底工作 技术交底的目的是使施工管理和作业人员了解、掌握施工方案、工艺要求、工程内容、技术标准、施工程序、质量标准、工期要求、安全措施等，做到心中有数，施工有据。

1）工程开工前，技术部门根据设计文件、图样编制施工手册，向施工管理人员进行工程内容交底，施工手册内容包括工程名称、工程数量、施工范围、工程分部及分项、技术标准、工期要求等内容。施工阶段由技术人员向作业层技术人员对分项、分部、单位工程进行工程结构施工工艺标准、技术标准交底，现场技术交底由作业层技术人员向领工员、工班长进行技术交底。

2）施工技术交底以书面交底为主，包括结构图、表和文字说明。交底资料必须详细、直观，符合施工规范和工艺细则要求，并经第二人复核确认无误后，方可交付使用。交底资料应妥善保存备查。

（2）原材料质量保证措施

1）原材料的采购。

① 做好市场调查，选择几个生产管理好、质量稳定可靠的厂家作为待定的供销商，并进行分析评价，建立质量档案。

② 从待定的供销商产品中按规定取样，送业主认可的质监站进行试验。

③ 试验结果得出后，进行质量比较，从中选择最优厂家作为合格供应商，建立供货关系。

④ 建立供销商档案，随时对材料进行抽样，保证供销商所提供的产品均为合格品，否则应重新认定合格的供销商。

⑤ 按材料计划进行签订供货合同。

2）原材料的运输、搬运和贮存。

① 原材料进场必须"三证"齐全，包括产品合格证（或原材料合格证或质监部门的监检证书）、抽样化验合格证和供应商资格合格证。

② 对于易损材料，在运输和搬运时应进行防护，防止变形和破损。

③ 原材料进场后应按指定地点整齐码放，并挂标牌标示，标明型号、进场日期、检验日期、经手人等，实现原材料质量的有效追溯。

④ 原材料进场后需由专人保管。

⑤ 运输、搬运过程中损坏或贮存时间过长、贮存方式不当引起质量下降的原材料，不得使用在永久工程结构中，并应及时清理、分类堆放并标示，以免混用。

3）原材料的检测试验。所需钢板、钢管等成品、半成品必须符合国家现行的规范要求，产品应有合格证（或出厂证明）、检验报告等资料，所有原材料必须经过检测，检验合格后报项目经理认可后方能使用。

6. 施工过程检验和试验质量保证措施

1）检验标准。按照国家有关标准进行检验。

2）检验程序。项目工序完成后，操作人员进行自检、互检，合格后由项目质检员进行检验；关键工序和特殊工序还应由各相关专业人员进行检验，确定合格后方可流入下道工序。

7. 机械设备保障措施

配备一整套完整的检测、测量设备，以确保检测需要和测量放样的准确。公司质量管理部或委托各专业检测机构，负责原材料、半成品的检测、试验，按照有关规定及招标文件要求，确定原材料供应商；按照现行技术规范要求对原材料的各项技术指标进行检测，保证施工原材料和半成品符合质量要求；严格监督各分部、分项工程施工工序，确保符合技术规范和设计图样的要求，保障工程质量目标的实现。

所需机械设备必须经过维修保养，确认状况良好，配套完整。现场使用的设备应储备足够的零配件，在机械发生故障时能立即进行抢修，以保证施工的连续性。

8. 焊接施工保证措施

（1）焊接工艺试验　在产品焊接之前必须按 NB/T 47014—2011《承压设备焊接工艺评定》要求进行必要的焊接工艺评定，以验证拟定的焊接工艺的正确性。

（2）焊工的培训取证考试　凡参与该工程焊接施工的焊工必须经承压焊焊工考试机构培训考试合格，并取得相应项目的焊工合格证。进入现场前必须按照《焊工资格评定程序》要求进行技能测试，测试合格的焊工统一颁发合格证书，焊工作业时必须随身携带，以备项目监理、专业工程师查验。禁止无证或超位置作业。

（3）焊接材料的确定　根据图样要求和焊接工艺评定编制焊接工艺卡，罐体焊接采用焊条电弧焊，Q235B/ Q235B＋Q345R 材料采用 J427，Q345R 材料采用 J507。多层焊的层间接头应错开，每层焊完后应立刻对层间进行清理，并进行外观检查，发现缺陷并消除后方可进行下一层的焊接。双面焊的对接接头在背面焊接前应采用碳弧气刨清根，清根后用手提砂轮机打磨干净，再按工艺评定进行背面焊。

（4）焊接材料的使用　焊条设专人负责保管，按表3-5中所列的规定进行烘烤和使用。烘干后的焊条应保存在100℃的恒温箱中随用随取，使用时应备有性能良好的保温筒。焊条超过允许的作业时间后应重新烘烤。

表 3-5　焊条的烘烤和使用要求

焊条牌号	烘干温度/℃	烘烤时间/h	允许作业时间/h	重复烘烤次数
J427	350	1	2	≤2
J507	400	1	2	≤2

（5）焊接环境　下列任何一种环境下，均不可进行焊接施工：

1）雨天，风速超过 10m/s。（舟山系季节性台风地区，在台风来临之前为了保证施工好的罐体安全，将罐体与底板以点焊的形式固定，同时将罐体与基础上的地脚螺栓连接牢固。）

2）空气相对湿度超过90%。焊工在施焊前应认真检查焊口组装质量，清除坡口表面及坡口两侧面20mm范围内的泥沙、铁锈、水分和油污，并应充分干燥。

（6）焊接参数的确定 焊接参数一般根据焊接位置和焊条直径等条件来选择，见表3-6。

表3-6 焊接参数的选择

焊接位置	焊条直径/mm	焊接电流/A
角焊缝	3.2	100 ~ 120
	4.0	150 ~ 170
纵向焊缝	3.2	90 ~ 110
	4.0	120 ~ 140
横向焊缝	3.2	95 ~ 115
	4.0	140 ~ 160

六、对钢熔焊焊接接头的基本要求及缺陷分级

对钢熔焊焊接接头的要求及缺陷分级，适用于熔焊的对接、角接、搭接及T形接头。其主要内容由对焊接接头的要求、缺陷分级、缺陷评级依据、缺陷检验及图样标示五部分组成，其中包括焊接接头的外观缺陷。

1. 对焊接接头的要求及缺陷分级

（1）对焊接接头性能的要求 对焊接接头性能的要求共有11项，即常温拉伸性能、抗冲击性能、抗弯曲性能、抗高温瞬时拉伸性能、抗持久拉伸性能、抗蠕变性能、抗低温冲击性能、抗疲劳性能、断裂韧度、耐蚀性和耐磨性。对于具体的焊接产品，设计文件或技术要求中必须明确规定出焊接产品对焊接接头性能要求的具体项目和指标，并同时符合相应产品的设计规程、规则或法规。不能超越焊接产品的服役条件随意增加或删减焊接接头性能要求的项目和指标。这些项目和指标都是该产品符合质量的体现。

（2）焊接接头外观及内在缺陷分级 钢熔焊焊接接头外观及内在缺陷的分级共16项（可参看国家标准GB/T 19418—2003），主要包括焊缝外形尺寸偏差、裂纹、夹渣、气孔、内部缺陷等，供产品制造及焊接工艺评定质量验收时使用。除特别注明角焊缝以外，各种缺陷的分级通用于对接和角接接头焊缝。若供需之间的合同规定不采用国家标准，则必须在设计及制造文件中加以说明，而不能仅在合同中说明。

2. 焊接缺陷评级的依据

凡已经有焊接设计规程或法定验收规则的产品，按照规定办理。没有这些规定的焊接产品在评级时应考虑载荷性质、服役环境、产品失效后的影响、选用材质及制造条件等因素的影响，并换算成相应的级别。对于技术要求较高而又无法实施无损检测的焊接产品，则必须对焊工进行考核，对焊接工艺进行模拟性实施，并对其全过程实施责任记录制度及监督制度，以确保焊接产品符合质量要求。

3. 焊接缺陷检验

进行焊接产品的外观及断口宏观检验时，所使用放大镜的倍数应以放大5倍为限。不能任意加大或缩小放大倍数。采用无损检测方法时，应按国家标准规定进行。在确定缺陷的性质和尺寸时，也可以使用多种检验方法进行综合分析。

4. 焊接缺陷分级的代号标示

当要求按国家标准的规定对缺陷分级时，可以在图样上标注该国家标准号及缺陷分级代号，以简化技术文件的内容。例如，图3-14和图3-15所示分别是焊条电弧焊封底的埋弧焊缝和焊条电弧焊的对称角焊缝的缺陷要求标示。图 3-14 所示为除咬边按国家标准的 D 级评定外，其余缺陷均按国家标准的 C 级验收；图 3-15 所示表示 N 条相同焊缝的缺陷按国家标准的 D 级评定。在咬边经磨削修整为平滑过渡的情况下，应按焊缝的最小允许厚度值进行评定。在要求焊缝平缓过渡的特殊条件下，如搭接、不等厚板对接及角接组合焊缝等，缺陷分级可不受国家标准的限制。

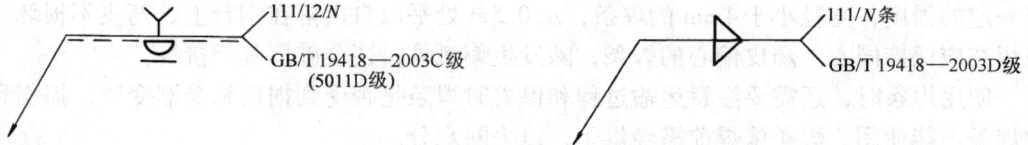

图 3-14　焊条电弧焊封底的埋弧焊缝缺陷要求标示　图 3-15　焊条电弧焊的对称角焊缝的缺陷要求标示

　　总之，焊接产品的生产是一个复杂的、多环节过程，在建立了焊接生产质量保证体系后，在实际生产中还需要精心组织、认真执行。具体到一个焊接结构，通常把生产过程分为焊前、焊中、焊后三个阶段。现代焊接工程管理思想认为："焊前准备得好，等于已经焊接了一半。"这表明了焊前质量控制的重要性，此外，施焊中焊缝及其接头的质量控制，焊后的成品质量检验也是保证产品合格的关键环节。所以，焊接质量的检验工作应该从产品开始投产时便着手根据工序的特点进行。为了确保焊接产品质量，根据焊接不同阶段的特点，通常进行三阶段检验，即焊前检验、焊接过程中的检验和焊后成品的检验。

第三节　焊接前的质量控制

　　焊前的质量检验是焊接质量控制的开始，它主要包括焊接原材料检验、焊接结构设计鉴定、设备准备及检查、焊工考核等。

一、原材料检验

1. 金属原材料的质量检验

　　焊接结构使用的金属材料种类很多，即使同种类的金属材料也有不同的牌号。使用时应根据金属材料的牌号和出厂质量检验证明书（合格证）加以鉴定。同时，还须进行外部检查和抽样复核，以检查发现在运输过程中产生的外部缺陷和防止牌号错乱。有严重外部缺陷的应挑出不用，对没有出厂合格证或新使用的材料必须进行化学成分分析、力学性能试验及焊接性试验后才能投产使用。

2. 焊丝质量的检验

　　焊接碳钢和合金钢所用的焊丝其化学成分、力学性能、焊接性等应符合国家标准。在使用前，每捆焊丝必要时应进行化学成分复核、外部检查及直径测量。焊丝表面不应有氧化皮、锈蚀和油污等。采用化学酸洗法清除焊丝上的氧化皮、锈蚀时，应注意控制酸洗的时间，酸洗时间过长，而又立即使用时，会影响焊接质量，甚至会出现裂纹。

3. 焊条质量的检验

　　进行焊条质量检验时应首先检查其外观质量，然后核实其化学成分、力学性能、焊接性等是否符合国家标准或出厂的要求。对焊条的化学成分及力学性能进行检查时，首先用这种焊条焊成焊缝，然后对焊缝的化学成分和力学性能进行测定，合格的焊条其焊缝金属的化学成分及力学性能应符合其说明书所规定的要求。

所谓焊接性良好的焊条，是指在说明书中所推荐的焊接参数下焊接时，焊条容易起弧、电弧稳定、飞溅少、药皮熔化均匀、熔渣不影响连续焊接、熔渣流动性好、覆盖均匀、脱渣容易；并且在一般情况下，焊缝中不应有裂纹、气孔、夹渣等工艺缺陷。

焊条的药皮应没有气孔、裂纹、肿胀和未调匀的药团，同时要牢固地紧贴在焊芯上并且有一定的强度，直径小于4mm的焊条，从0.5m处平放自由落在钢台上，药皮不损坏。药皮与焊芯应保持同心。药皮偏心的焊条，除发生偏弧外，还会破坏其焊接性。

使用焊条时，还需要注意运输过程和保管时焊条是否受到损伤和受潮变质，损伤和变质的焊条不能使用。焊条施焊前需经烘干，以去除水分。

4. 焊剂的检验

检验焊剂时应根据 GB/T 5293—1999 国家标准的规定进行。焊剂检验主要是检查其颗粒度、成分、焊接性及湿度。焊剂与焊丝配合使用方能保证焊缝金属的化学成分及力学性能满足要求。焊接不同种类的钢材，则要求不同类型的焊剂配合。具有良好性能的焊剂，其电弧燃烧稳定，焊缝金属成形良好，脱渣容易，焊缝中没有气孔和裂纹等缺陷。

焊剂颗粒度的大小随焊剂的类型不同而不同，如低硅中氟型和中硅中氟型其颗粒的大小为 0.4~3mm，高硅中氟型或低硅高氟型的为 0.25~2mm。焊剂的单位体积质量（假密度）即 $100cm^3$ 干燥焊剂的质量与体积之比，如玻璃状焊剂应为 $1.4~1.6g/cm^3$，浮石状焊剂为 $0.7~0.9g/cm^3$。对于焊剂的湿度，取 100g 焊剂在 300~400℃烘烤 2h 后，要求水分的质量分数不得超过 1%。焊剂在使用前，必须按规定的要求烘干，没有注明要求的均须经 250℃烘焙 1~2h。

二、焊接结构设计鉴定

为使焊接检验能顺利进行，必须对焊接结构设计进行鉴定。需要进行检验的焊接结构应具备可检验的条件。一个焊接产品能进行无损检测，应具有如下的条件：

1）有适当的检测空间位置。

2）有便于进行检测的检测表面。

3）有适宜检测的检测部位底面。

无损检测方法很多，各种方法要求的检测空间位置、检测表面和检测部位底面有所不同，具体情况可参见表3-7。

表3-7 产品进行无损检测时各种检测方法所要求的条件

无损检测方法	检测空间位置的要求	检测表面的要求	检测部位底面的要求
射线检测	要有较大的空间位置，以满足射线机头的位置要求和调整焦距	表面不需机械加工，只需清除影响显示缺陷的污物，并有放置铅字码、铅箭头和透度计的位置	能放置暗盒
超声波检测	要求较小的空间位置，只需要放置探头和探头移动的空间	尽可能进行表面加工，以利于声波耦合，并有探头移动的表面范围	采用反射法时，背面要求有良好的反射面
磁粉检测	要有在磁化检测部位撒放磁粉、观察缺陷的空间位置	清除影响磁粉聚积的氧化皮等污物，并有探头工作的位置	
渗透检测	要有涂布检测剂和观察缺陷的空间	要求清除表面污物	若采用煤油检测，则背面要求有涂煤油的空间，并要清除妨碍煤油渗透的污物

焊接产品制成后，如不能满足可检测条件，则应在产品装焊过程中逐步检测，但最后装焊的焊缝，应是具有可检测条件的焊缝。在创造可检测条件时，应考虑经济性、可靠性和得到最高的检测灵敏度。

三、焊接的其他工作检查

1. 焊工考核

焊接接头的质量很大程度上取决于焊工的技艺。因此，焊工在担任重要的或有特殊要求产品的焊接工作时，焊前应当进行必要的考核。考核分为理论知识和实际操作两部分，理论知识部分主要考核焊工技术应用范围以内的知识，并且加入有关焊接材料、工艺过程、焊接设备、安全技术等知识。实际操作方面主要是规定他们焊接各种焊接位置（仰、平、横、立）的试件，来考核确定焊缝的熔深、接头的内部质量及力学性能等是否符合焊缝的设计要求。

2. 焊接能源的检查

焊接能源的质量好坏直接影响焊缝的质量。在电弧焊和电阻焊中，焊接时的热能是由电能产生的，而气焊的热能是依靠氧气和可燃气体燃烧而产生的，因此对能源的检验要根据不同焊接方法和所使用的能源特点来进行。

对电源的检验主要是检验焊接电路上电源的波动程度，对气体燃料的检验重点是检查气体的纯度及其压力的大小。气体的纯度对焊缝的质量有很大的影响。如乙炔中含有硫化氢、氨、磷化氢、水蒸气和空气等杂质，这些杂质会降低火焰温度、影响焊接生产率和焊接接头质量。特别是硫化氢、磷化氢对焊缝金属影响最大，而且会带来极大的安全隐患，因此乙炔中硫化氢、磷化氢的体积分数不许超过 0.04%，它们的存在可以用特别的试纸来测定，如硫化氢会使浸过氯化亚汞溶液的试纸变成黑色。磷化氢能使浸过质量分数为 5% 的硝酸银溶液的试纸变成深褐色或黑色。

3. 焊接工具的检查

焊条电弧焊的工具包括面罩、焊钳和电缆等。辅助工具有敲渣锤、钢丝刷、錾子等。这些工具对焊接质量和焊接生产率也有一定的影响。

（1）面罩　它是用来保护焊工的眼睛和面部的。焊工可以通过镶在它上面的护目玻璃观察电弧燃烧情况及熔池情况。有经验的焊工通过控制熔池和电弧的情况来减少和消除夹渣、未焊透及气孔。因此面罩上的护目玻璃的选用是相当关键的，其选用可参考表 3-8。

表 3-8　面罩护目玻璃的选用

工种	镜片遮光号			
	焊接电流/A			
	≤30	>30~75	>75~200	>200~400
电弧焊	5~6	7~8	8~10	11~12
碳弧气刨			10~11	12~14
焊接辅助工	3~4			

（2）焊钳　焊钳的作用是用来夹持焊条和传导电流。质量优良的焊钳需要满足如下要求：

1）在夹持面中，能夹紧和便于更换几种所需角度的各种直径的焊条。

2）电缆与夹头连接导电良好，发热小，手柄绝缘好。

3）重量轻，具有一定的强度。

目前常用的焊钳有 300A 和 500A 两种。

（3）焊接电缆 焊接电缆是连接焊机与焊件以及焊机与焊钳的导线。焊接用的电缆特别是焊机与焊钳连接的部分，要求柔软、轻便、使用时不发热和绝缘好。因此，一般由多股细铜丝组成，外表包裹着橡胶绝缘层。使用长度最好为 20～30m，过长的电缆线会增大电压降，影响焊接的稳定性，过大的电压降，甚至会使焊接时不能引弧。通常要求在额定电流下电缆线上的电压降不大于 4V。焊接电缆导线截面的选用可参考表 3-9。

表 3-9 焊接电缆导线截面的选用

导线截面/mm²	16	25	35	59	70	95	120	160
最大额定电流/A	106	140	175	225	280	335	400	460

第四节　施焊过程中的质量控制

焊接生产过程中的质量控制是焊接中最重要的环节，一般是先按照设计要求选定焊接参数，然后边生产、边检验。每一工序都需要按照焊接工艺规范或国家标准检验，主要包括焊接参数的检验、焊缝尺寸的检验、焊接工装夹具的检验与调整、焊接结构装配质量的检验等。

一、焊接参数的检验

焊接参数是指焊接时，为保证焊接质量而选定的各物理量，如焊接电流、电弧电压、焊接速度、热输入、焊条（焊丝）直径、焊接的道数、层数、焊接顺序、电源的种类和极性等的总称。焊接参数执行的正确与否对焊缝和接头质量的好坏起着决定作用。正确的焊接参数是在焊前进行试验、总结而获得的。有了正确的焊接参数，还要在焊接过程中严格执行，这样才能保证接头质量的优良和稳定。对焊接参数的检验，不同的焊接方法有不同的内容和要求。

1. 焊条电弧焊焊接参数的检验

焊条电弧焊必须一方面检验焊条的直径和焊接电流是否符合要求，另一方面要求焊工严格执行焊接工艺规定的焊接顺序、焊接道数、电弧长度等。

2. 埋弧焊焊接参数的检验

埋弧焊除了检验焊接电流、电弧电压、焊丝直径、送丝速度、焊接速度（对机械化焊接而言）外，还要认真检验焊剂的牌号、颗粒度、焊丝伸出长度等。

3. 电阻焊焊接参数的检验

对于电阻焊，主要检验夹头的输出功率、通电时间、顶锻量、工件伸出长度、工件焊接表面的接触情况、夹头的夹紧力和焊件与夹头的导电情况等。实施电阻焊时还要注意焊接电流、加热时间和顶锻力之间的相互配合。压力正常但加热不足，或加热正确而压力不足都会形成未焊透缺陷。焊接电流过大或通电时间过长，会使接头过热，降低其力学性能。对于点焊，要检验焊接电流、通电时间、初压力以及加热后的压力、电极表面及焊件被焊处表面的情况等是否符合工艺规范要求。要认真检验焊接电流、通电时间、加热后的压力三者之间是否配合恰当，否则会产生缺陷。如加热后的压力过大，会使工件表面显著凹陷和部分金属被挤出；压力不足，会造成未焊透；焊接电流过大或通电时间过长，会引起金属飞溅和焊点缩孔。

4. 气焊参数的检验

气焊主要检验焊丝的牌号、直径以及焊嘴的号码，并检验可燃气体的纯度和火焰的性质。如果选用过大的焊嘴，会使焊件烧坏，过小则会形成未焊透。使用过分还原性火焰会使金属渗碳，而氧化焰会使金属激烈氧化，这些都会使焊缝金属的力学性能降低。

二、焊缝尺寸的检验

焊缝尺寸的检验应根据工艺卡或国家标准所规定的精度要求进行。一般采用特制的量规和样板来测量。最普通的测量焊缝的量具是样板，样板是分别按不同板厚的标准焊缝尺寸制造出来的，样板的序号与钢板的厚度相对应。例如，测量 12mm 厚的板材的对接焊缝，则选用 12mm 的样板进行测量。此外，还可用万能量规测量，它可用来测量 T 形接头焊缝焊脚的凸出量及凹下量、对接接头焊缝的余高、对接接头坡口间隙等。

三、焊接夹具工作状态的检验

夹具是结构装配过程中用来固定、夹紧焊件的工艺装备。它通常要承受较大的载荷，同时还会受到由于热的作用而引起的附加应力作用。故夹具应有足够的刚度、强度和精确度。在使用中应对其进行定期的检修和校核。检查它是否妨碍对焊件进行焊接，焊接后焊件由于加热的作用而发生的变形，是否会妨碍夹具卸下取出。当夹具不可避免地要放在施焊处附近时，是否有防护措施，防止焊接时的飞溅破坏夹具的活动部分，造成卸下取出夹具困难。还应检查夹具所放的位置是否正确，会不会因位置放置不当而引起焊件尺寸的偏差和因夹具自身重量而造成焊件的歪斜变形。此外还要检查夹紧是否可靠，不应因零件热胀冷缩或外来的振动而使夹具松动失去夹紧能力。

四、焊接结构装配质量的检验

在焊接之前进行装配质量检验是保证结构焊接后符合图样要求的重要措施。对焊接装配结构主要应进行如下几项的检验：

1）按图样检验各部分尺寸，检验基准线及相对位置是否正确，是否留有焊接收缩余量、机械加工余量等。

2）检验焊接接头的坡口形式及尺寸是否正确。

3）检验定位焊的焊缝布置是否恰当，能否起到固定作用，是否会带来过大的焊后内应力。同时一并检验定位焊焊缝的缺陷，若有缺陷要及时处理。

4）检验焊接处是否清洁、有无缺陷（如裂纹、凹陷、夹层等）。

第五节　焊接成品的质量检验

焊接产品虽然在焊前和焊接过程中进行了检验，但由于需方对产品的整体要求以及使用时条件的变化、波动等都有可能引发新的缺陷，所以为了保证产品的质量，对成品也必须进行质量检验。成品检验的方法很多，应根据产品的使用要求和图样的技术条件选用。焊接结构成品主要检验外观和进行无损检测。同时，焊接产品在使用中的检验也是成品检验的一部分。当然，由于使用中的焊接产品其检验的条件发生了改变，所以检验的过程和方法也有所变化。

一、外观检验和测量

焊接接头的外观检验是一种手续简便而又应用广泛的检验方法，是成品检验的一个重要内容。这种方法有时也使用在焊接过程中，如厚壁焊件进行多层焊时，每焊完一层焊道便采用这种方法进行检查，防止将前道焊层的缺陷带到下一层焊道中。

外观检验主要是发现焊缝表面的缺陷和尺寸上的偏差。这种检验一般是通过肉眼观察，并借助标准样板、量规和放大镜等工具来进行检验的，所以也称为肉眼观察法或目视法。

二、密封性检验

贮存液体或气体的焊接容器，其焊缝的不致密缺陷，如焊缝漏水、漏气和漏油等现象以及贯穿性的裂纹、气孔、夹渣、未焊透和疏松组织等，可用密封性检验来发现。密封性检验方法有：煤油试验、气密性试验、吹气试验、水冲试验、氨气试验和氦气试验等。

三、受压容器焊接接头的强度检验

由于受压容器产品的特殊性和整体性，所以对这类产品进行接头强度检验时，只能通过检验完整产品的强度来确定焊接接头是否符合产品的设计强度要求。对于贮存液体或气体的受压容器，一般除进行密封性检验外，还要进行强度检验。

四、物理检验方法

物理检验方法是利用一些物理现象进行测定或检验被检材料或焊件的有关技术参数，如温度、压力、粘度、电阻等，来判断其内部存在的问题，如内应力分布情况、内部缺陷情况等的方法。材料技术参数测定的物理检验方法属于材料测试技术。材料或焊件内部缺陷存在与否的检验，一般都是采用探伤的方法进行的。目前的探伤方法有超声波检测、射线检测、磁粉检测、渗透检测等。

以上这几种检验方法的具体内容将在以后的章节中介绍。

五、焊接产品服役质量的检验

1. 焊接产品交付后的检验

（1）焊接产品检验程序和检验项目

1）查验检验资料是否齐全。

2）核对焊接产品质量证明文件。

3）检查焊接产品实物和质量证明文件是否一致。

4）按照有关安装规程和技术文件规定进行焊接产品质量检验。

5）对焊接产品重要部位、易产生质量问题的部位、运输中易破损和变形的部位应给以特别注意，重点检验。

（2）焊接成品检验方法和验收标准 焊接成品的检验方法和验收标准应当与焊接产品制造过程中所采用的检验方法、检验项目、验收标准相同。

（3）焊接质量问题的现场处理

1）发现漏检，应作补充检查并补齐质量证明文件。

2）因检验方法、检验项目或验收标准等不同而引起的质量问题，应尽量采用同样的检验方法和评定标准，重新评定焊接产品是否合格。

3）可修可不修的焊接缺陷一般不退修；焊接缺陷明显超标，应进行退修。其中大型焊接结构应尽量在现场修复，焊接结构较小但修复工艺复杂者也应及时返厂修复。

2. 焊接产品服役运行中质量的检验

1）焊接产品运行期间的质量监控。焊接产品运行期间一般经常采用声发射技术监控运行情况。

2）焊接产品检修质量的复查。对苛刻条件（腐蚀介质、交变载荷、热应力）下工作的焊接产品，有计划地定期复查。

3）服役焊接产品质量问题现场处理。对重要焊接产品的退修要重新进行工艺评定，验证焊接工艺，制定返修工艺措施，编制质量控制指导书和记录卡。

3. 焊接结构破坏事故的现场调查与分析

（1）现场调查与分析

1）保护焊接结构破坏现场，收集所有运行记录。

2）检查运行操作过程是否正确。

3）查明焊接结构断裂位置。

4）检查断口部位的焊接接头表面质量和断口质量。

5）测量已破坏结构部分的实际厚度，核对其厚度是否符合图样要求，并为重新设计校核提供依据。

（2）对母材和焊缝取样分析

1）对已破坏结构部分重新进行金相检验。

2）重新复查已破坏结构部分的化学成分。

3）重新复查已破坏结构部分的力学性能。

（3）复查焊接结构的制造工艺过程　对照设计说明书重新复查焊接结构的设计参数，考查其是否符合国家标准，焊接结构的制造工艺过程是否合乎规定，查清责任，为确定修复工艺做必要的准备。

六、焊接检验档案的建立

焊接检验档案也是整个焊接生产质量保证体系中的重要组成部分。它不仅反映了焊接产品的实际质量，而且为焊接质量控制工作提供了信息，为各类焊接产品的质量控制的统计、分析工作提供了依据，同时为焊接产品运行期间的维修和改造、事故分析等提供了质量考查的依据和历史凭证，因此有关人员应予以高度重视。

1. 焊接检验记录

焊接检验记录至少应包括下述内容：

1）焊接产品的编号、名称、图号。

2）现场使用的焊接工艺文件的编号，如焊接工序明细卡、焊接工艺卡或焊接工艺评定等文件的编号或名称。

3）母材和焊接材料的牌号、规格、入厂检验编号。

4）焊接方法、焊工姓名、焊工钢印。

5）实际焊前预热温度、后热温度、消氢温度和时间等。

6）焊接检验方法、检验结果，包括外观检验、探伤、水压试验和焊接试样检查等。

7）焊接检验报告编号。检验报告是指理化实验室、无损检测室等专职检验机构对焊缝质量进行检查之后，出具的证明焊缝质量的书面报告。检验报告应对焊缝质量作出肯定或否定的判断，即作出"合格"或"不合格"的结论。

8）焊缝返修方法、返修部位和返修次数等。

9）焊接检验的记录日期、记录人签字。

焊接检验记录是产品质量记录的重要部分，应按制造工序编制检验程序，印制质量控制表格，使记录规范化，按照规定的检验程序记录，保证记录及时、完整。

2. 焊接检验证明书

焊接检验证明书是产品完工时收集检验工作的原始记录，并进行汇总而编制的质量证明文件。发给用户的焊接检验证明书的形式和内容，要根据具体产品的结构形式确定。对于焊接结构和制造工艺比较复杂、质量要求较高的产品，应将检验资料装订成册，以质量证明书的形式提供给用户。证明书中的技术数据应该实用、准确、齐全、符合标准。对于结构和制造工艺比较简单、运行条件要求不高的焊接产品，检验证明书可用卡片的形式提供给用户。但是，无论采用何种形式，焊接检验证明书至少应包括下述内容：

1）焊接产品的名称、编号、图号。

2）焊接产品的技术规范或使用条件。

3）原材料规格，包括母材和焊丝、焊条等。

4）焊接过程资料，包括焊接方法和主要的焊接工艺、焊工及焊工钢印等。

5）焊接检验资料，包括探伤、试样检查和水压试验结果等。

6）焊缝返修记录，包括返修部位、返修方法和返修次数等。

7）责任印章，包括检验证明书的编制人员、检查组长或科长、厂长签字或印章，工厂质量合格印章和签发日期等。

焊接产品的检验证明书，一般都具有事先印制的固定格式或标准格式。编制焊接检验证明书时应收集原始记录进行汇总，按照证明书的格式要求填写。检验资料必须完整、齐全、系统，技术数据必须真实准确。

3. 焊接检验档案

焊接产品运行过程中发生损坏时，需要检查和修复，查阅检验档案，考查产品的原始质量，以便采取相应的措施，保证维修质量。用户为了提高焊接产品的运行参数或改善设备的维修管理条件，对陈旧设备进行技术改造时，也必须依据焊接检验档案，参考原设计来修改图样，这样才能完成技术改造项目。

焊接产品的检验档案应包括下述材料：

1）完整的焊接生产图样。

2）焊接检验的原始记录，包括材质检验记录、工艺检验记录和焊缝质量检验记录等。

3）焊接生产中的单据，包括材料代用单、临时更改单、工作联系单、不合格焊缝处理单等。

4）焊接检验报告，包括力学性能、无损检测及热处理等的检验报告。

5）焊接检验证明书，包括焊接产品质量证（册）书或合格证。

第六节　强制检验与法规标准

随着焊接产品在国家国防科工业及工农业生产中的广泛使用，时至今日，焊接产品已成为人民生产、生活中常见的必需品。大到核工业设备、飞行器、舰船、导弹、坦克、桥梁、各种高层建筑及民用建筑、大型体育场馆、地铁工程、各种锅炉、压力容器、压力管道等设备，小到各种电子产品、各种家用设施及家用炊具，焊接产品已无所不在。其影响之深远，发展之迅速，在整个国民经济和人民生产生活中所占比例之大，已是不争的事实。改革开放30 多年来，我国与国外的焊接产品贸易量日益增大，焊接产品的质量管理更进入法制化、规范化、标准化的轨道。

一、焊接生产强制检验的质量管理

对于重要的焊接产品，尤其是关系国家安全生产、涉及生命财产安全、危险性较大的焊接产品，往往由国务院授权的机构进行安全监管，同时由该机构核准的第三方检验机构实施强制监督检验。影响程度稍小些的，则由主管行业进行规定，同样需实行第三方强制检验。这些焊接产品生产企业的设计、制造、安装、修理、使用及质量管理的全过程均列入了强制监督检验体系中。没有通过第三方的强制检验，产品无法获得"准生证"，不允许投入生产和流通使用。

第三方强制检验制度的实质，是由经过国家有关监管部门核准或经过行业主管部门核准的第三方，代表国家或行业主管部门对焊接产品的安全性能及产品质量进行技术监督，确保企业为社会提供符合相关规范标准的产品。它是建立在企业产品质量自检合格的基础上的监督检验制。这是新中国成立后在大量经验教训的基础上由国家建立和推行的体制，也有些是行业建立的体制，这些同时也是国际通行的惯例，是整个焊接生产质量管理中的重要环节。

焊接产品质量管理的法制化、规范化、标准化是产品生产中必须遵循的基本准则，是产品能顺利进入使用领域的最低质量要求。

1. 焊接生产强制监管的法规依据

《中华人民共和国安全生产法》规定了"在中华人民共和国领域内从事生产经营活动的单位的安全生产，适用本法；有关法律、行政法规对消防安全和道路交通安全、铁路交通安全、水上交通安全、民用航空安全另有规定的，适用其规定。"

《特种设备安全监察条例》规定：特种设备［指锅炉、压力容器（含气瓶）、压力管道、电梯、起重机械、客运索道、大型游乐设施、场（厂）内专用机动车辆］的生产（含设计、制造、安装、改造、维修）、使用、检验检测及其监督检查，应当遵守本条例。同时规定"军事装备、核设施、航空航天器、铁路机车、海上设施和船舶以及矿山井下使用的特种设备、民用机场专用设备的安全监察不适用本条例"，由这些设施的监管部门进行规定。该条例已进入国家立法程序，不久的将来将成为法律。

《国防科技工业军用核设施安全监督管理规定》规定：核材料的生产、加工、贮存及乏燃料后处理设施；核动力装置；各种陆基反应堆，包括生产堆、研究堆、试验堆、临界装置等；放射性废物管理设施；其他需要监督管理的军用核设施实行安全许可制度、安全监督检查制度。

《中华人民共和国民用核设施安全监督管理条例》规定：核动力厂（核电厂、核热电厂、核供汽供热厂等），核动力厂以外的其他反应堆（研究堆、实验堆、临界装置等），核燃料生产、加工、贮存及后处理设施，放射性废物的处理和处置设施，其他需要严格监督管理的核设施实行"选址、设计、建造、运行和退役"全过程的监管制度。

《危险化学品安全管理条例》规定了"危险化学品生产、储存、使用、经营和运输的安全管理，适用本条例。废弃危险化学品的处置，依照有关环境保护的法律、行政法规和国家有关规定执行。"其中，对危险化学品及其包装物、容器实行生产许可证制度。

大型船舶、桥梁、铁路机车、高层建筑钢结构等焊接产品，均有大量规范与标准进行约束，均不是生产企业自检合格就可以出厂投入使用的。关于这一点，必须引起每个从业者高度关注、认真遵照执行。

2. 特种设备焊接产品强制检验的基本要求

特种设备［锅炉、压力容器（含气瓶）、压力管道、电梯、起重机械、客运索道、大型游乐设施、场（厂）内专用机动车辆］是生产生活中最常用的装备。根据《特种设备安全监察条例》的规定，不仅设备本体的制造、安装、改造单位，而且其安全附件、安全保护装置的制造、安装、改造单位，以及压力管道用管子、管件、阀门、法兰、补偿器、安全保护装置等（以下简称压力管道元件）的制造单位和场（厂）内专用机动车辆的制造、改造单位，均需经国务院特种设备安全监督管理部门许可，实施市场准入制。这些设备的维修单位，也需经过省、自治区、直辖市特种设备安全监督管理部门许可，实施低一级别的市场准入制。除对单位资格进行强制规定外，对不同的产品，还做了如下规定：

1）锅炉、压力容器中的气瓶、氧舱和客运索道、大型游乐设施以及高耗能特种设备的设计文件，应当经国务院特种设备安全监督管理部门核准的检验检测机构鉴定，方可用于制造。简言之，实施设计文件的鉴定制。

2）压力容器的设计单位应当经国务院特种设备安全监督管理部门许可，方可从事压力容器的设计活动。简言之，实施产品设计资格许可制。

3）电梯、起重机械实施产品型式试验制。

4）特种设备安装、改造、维修的施工单位应当在施工前将拟进行的特种设备安装、改造、维修情况书面告知直辖市或者设区的市的特种设备安全监督管理部门，告知后即可施工。简言之，实施安装、改造、维修告知制。

5）特种设备出厂时，应当附有安全技术规范要求的设计文件、产品质量合格证明、安装及使用维修说明、监督检验证明等文件。

6）锅炉、压力容器、压力管道元件、起重机械、大型游乐设施的制造过程和锅炉、压力容器、电梯、起重机械、客运索道、大型游乐设施的安装、改造、重大维修过程，必须经国务院特种设备安全监督管理部门核准的检验检测机构按照安全技术规范的要求进行监督检验；未经监督检验合格的不得出厂或者交付使用。简言之，实施授权第三方监督检验制。

从上述规定不难看出，特种设备焊接产品的强制检验贯穿整个企业的生产全过程，涉及企业的全面质量管理、生产全过程的管理及全员的管理。

3．监检单位的要求

从事特种设备监督检验、定期检验、型式试验以及专门为特种设备生产、使用、检验检测提供无损检测服务的特种设备检验检测机构，应当经国务院特种设备安全监督管理部门核准。核准工作依据为 TSG Z7001—2004《特种设备检验检测机构核准规则》。

特种设备检验检测机构，应当具备下列条件：

1）非企业、非营利的公益性事业机构，得到履行特种设备安全监察职能的省级以上（含省级）政府部门确认，有具体或者明确的特种设备检验责任区域、或者范围、或者品种，能够独立、规范和公正地开展检验工作。

2）有与所从事的检验检测工作相适应的检验检测人员。

3）有与所从事的检验检测工作相适应的检验检测仪器和设备。

4）有与所从事的检验检测工作相适应的场地和设施。

5）有健全的检验检测管理制度、检验检测责任制度。

6）检验机构自身，及其与之有行政或者资本关联的直接相关机构，均未参与或者从事与特种设备的生产（含设计、制造、安装、改造、维修）、销售、推荐、监制、监销等相关业务与活动。

7）具有承担与申请核准项目以及所落实检验责任相对应的检验责任过失的赔偿能力。

特种设备的监督检验、定期检验、型式试验和无损检测应当由依照条例规定经核准的特种设备检验检测机构进行。其所开展的项目一经核准，只能在资格核准项目等级及有效期内开展工作，越级及超期检验均属于违法行为，将受到追究。其中，要对因工作失误给企业带来的损失承担赔偿责任。

4. 监检人员的资格要求

从事特种设备监督检验的人员必须参加监检人员资格考试，取得相应监检资格证书方可从事监检工作。以特种设备监督检验人员为例，监检人员首先必须是在获得国家核准的第三方监督检验单位任职才有资格参加考试。监检人员分为高级检验师、检验师、检验员三个等级。检验员必须具备相应的学历和履职经历，参加省级质检部门组织的统一资格考试；检验师必须具备工程类工程师资格、两个以上的检验员资格及相应检验经历，才能参加国家质检总局组织的全国统一的资格考试；高级检验师必须具备高级工程师资格、两个以上的检验师资格、最近 6 年内在省级以上刊物上发表两篇以上的论文、有一项市级以上的科研成果及相应检验经历、处理重大检验工作难题的经历，才有资格参加高级检验师资格考试。取得各种资格证书的监检人员可在规定范围内开展监检工作。资格证书有效期为五年，到期必须提前参加相应级别的换证资格考试。越级监检和超有效期监检都将受到法律上和经济上的处罚。

5. 监检与监理的关系

焊接产品的监检与监理有着本质上的区别。对于特种设备监管体系，监检与监理分别代表不同的部门。

监理是受建设单位或工程承包单位的委托，代表建设单位或工程承包单位（俗称交钥匙工程的承包商）对在现场制造、安装、改造工作的特种设备焊接产品及施工单位实施工程现场监理，其出具的监理报告可以获得建设单位或工程承包单位的认可，但在法规层面上不能得到认可。是否聘请监理由建设单位或工程承包单位自定，不具有强制性。

监检是受国家特种设备安全监管机构核准，代表国家并独立于建设单位或工程承包单位及施工单位的第三方法定检验机构，对特种设备的制造（含现场制造）、安装、修理、改造实施监督检验，其出具的监检报告具有法律效力。建设单位或工程承包单位及施工单位均必须接受其监督检验。未经监督检验的产品一律不允许投入使用，否则将依照《中华人民共和国安全生产法》、《中华人民共和国产品质量法》、《特种设备安全监察条例》及相关法规进行制裁，具有强制性特征。

必须注意的是，在有些领域如建筑行业，没有监检这个概念，行业主管部门核准建立的专职监理机构行使的权利类似上述的监检职能，这一点应引起重视。

二、监检工作的质量要求及质量管理

1. 监检工作的质量要求

关于监检工作国家制定了相应的规范标准。以锅炉、压力容器为例，国家质量监督检验检疫总局制定了《锅炉压力容器产品安全性能监督检验规则》，明确了监检项目和监检方法，规定了监检大纲要求。表 3-10 是针对每台压力容器产品监检必须完成的检验项目表。

从表 3-10 的内容和要求可以看出，监检工作涵盖了企业的整个生产过程和质保体系的运转过程，它不仅仅只是对产品实施监督检验，还必须对企业的质量管理体系运转情况进行综合评价。《锅炉压力容器产品安全性能监督检验规则》中规定监检中一旦发现问题，必须以书面的形式通知企业主管。对于质量体系运转和产品安全性能违反有关规定的一般问题，监检员给企业下发"锅炉压力容器产品安全性能监督检验工作联络单"，一式三份，监检单位存一份，

表 3-10 压力容器产品安全性能监督检验项目表

制造单位：＿＿＿＿＿＿＿＿＿＿＿＿＿＿＿＿　　监检编号：＿＿＿＿＿＿＿＿＿＿＿＿＿＿＿＿

产品名称：＿＿＿＿＿＿＿＿＿　产品编号：＿＿＿＿＿＿＿＿　　类别：＿＿＿＿＿＿＿＿＿＿

设计压力：管程＿＿＿＿＿＿　壳程＿＿＿＿　设计温度：＿＿＿＿＿＿＿℃　　介质：＿＿＿＿＿＿＿

主体材料及壁厚：筒体＿＿＿＿＿＿＿　封头＿＿＿＿＿＿＿＿　制造日期：＿＿＿＿＿＿＿＿＿

序号	监检项目		类别	检查结果	工作见证	监检员	确认日期
1	图样审查	设计单位资格	B				
2		制造和检验标准	B				
3		设计变更	B				
4	材料	主要受压元件和焊接材料材质证明书、复验报告	B				
5		材料标记移植	B				
6		材料代用	B				
7	焊接	焊接工艺评定	A				
8		产品焊接试板制备	B				
9		产品焊接试板性能报告	B				
10		焊工资格和钢印	B				
11	外观和几何尺寸	焊接接头表面质量	B				
12		母材表面质量	B				
13		最大内径与最小内径差、直立容器壳体长度超过 30m 时，检查直线度	B				
14		焊缝布置	B				
15		封头形状偏差	B				
16	无损检测	无损检测报告	B				
17		射线检测底片抽查	B				
18	热处理		B				
19	耐压试验		A				
20	安全附件		B				
21	气密性试验		B				
22	出厂资料		B				
23	铭牌		B				
24	对工厂质保体系运转情况的评价：						

记事栏：

监检员：

年　　月　　日

两份送受检企业，限时完成整改，并将其中一份返监检单位。发生违反有关规定的严重问题时，由监检单位给企业下发"锅炉压力容器产品安全性能监督检验意见通知书"，一式四份，其中一份送当地安全监察机构备案。企业如对监检意见拒不接受或未按要求整改的，监检单位报安全监察机构，监察机构根据情节可进行停厂整顿、限期整改、罚款、甚至吊销制造许可的处罚。

2. 监检工作的质量管理

通常，监检单位常用的方法是向企业派出驻厂监检员，在生产企业内设驻厂监检办公室。对于 A 类项目，必须经驻厂监检员到现场认可后方可进行。因此，A 类项目往往是质量管理中的停止点。对于现场制造、现场组装的特种设备以及 A 类项目中的耐压试验，还必须有用户代表参加，共同签字认可。在无损检测项目监检中，必须抽查一定比例的射线检测底片，尤其是返修片必须抽查，抽片记录应与监检原始记录共同存档备查。所以，监检员可以没有无损检测资格，但考监检资格证时必须加试射线检测底片的评定项目。

监检单位对监检人员实施定期更换制，避免长期在一个单位工作带来负面影响。

受检单位必须提前将企业的生产计划和设计资料提交监检单位审查，同时，根据企业的生产情况告知监检单位需安排监检人员到现场监督的具体时间和工作量；监检单位必须按企业需要及时派监检人员到场监检。监检工作结束后，监检单位必须及时出具监检报告，在监检设备铭牌上打监检钢印，方便企业尽快将设备投入生产现场使用。

需注意的是：监检是在企业自检合格的基础上进行的强制监督检验，监检不能取代企业的自检。监检人员不得在企业领取报酬和报销各种费用，不得干预企业的经营活动，必须为企业提供的技术资料保密。违反上述规定，将受到法律制裁。

三、我国的法律、法规、标准体系介绍

我国是世界标准化成员理事国，标准化在我国已推行多年，了解我国的法规标准体系，只有认真掌握和选择焊接产品的无损检测所涉及的规范和标准，才能在工作中做到认真遵照执行。

1. 我国的法规体系框架

我国的法规体系框架按如下层次进行架构，共分五个层次：法律—行政法规、地方性法规—政府规章（行政规章）—安全技术规范（规范性文件）—技术标准。

（1）第一层次法律　根据《中华人民共和国宪法》和《中华人民共和国立法法》的规定，全国人民代表大会及其常委会制定法律。与焊接产品质量有关的法律有《中华人民共和国产品质量法》、《中华人民共和国标准化法》、《中华人民共和国安全生产法》、《中华人民共和国劳动法》等。

（2）第二层次行政法规　按照《中华人民共和国宪法》和《中华人民共和国立法法》的规定，全国人民代表大会及其常务委员会有权作出决定，授权国家最高行政机关国务院根据实际需要，对尚未制定法律的其中部分事项先制定行政法规。

行政法规通常以"条例"、"规定"的形式由全国人民代表大会及其常务委员讨论通过，并颁布实施。如《国务院关于特大安全事故行政责任追究的规定》、《特种设备安全监察条例》、《危险化学品安全管理条例》、《国防科技工业军用核设施安全监督管理规定》均属于这个层次。

地方性法规：省、自治区、直辖市以及省会市和较大市人大及其常委会根据实际需要制定地方性法规。其特点是只在该省、自治区、直辖市以及省会市和较大市实施，对其他地区

无效。区域性是其重要特征。

（3）第三层次政府规章（行政规章） 按照《中华人民共和国立法法》的有关规定，国务院各部、委、署和具有行政管理职能的直属机构，可以根据法律和国务院的行政法规、决定、命令，在本部门的权限范围内，制定规章。

行政规章（部门规章）规定的事项属于执行法律或国务院的行政法规、决定、命令的事项。行政规章（部门规章）应当经部务会议或者委员会会议决定并由部门首长签署命令予以公布。行政规章（部门规章）泛指国家有关部、委、总局以行政"令"形式颁布的、行政管理性内容较突出的文件。例如国家质量监督检验检疫总局局长签发的第 22 号令《锅炉压力容器制造监督管理办法》等。

省、自治区、直辖市以及省会市和较大市的人民政府可制定政府规章。

（4）第四层次安全技术规范（规范性文件） 泛指经过规定的编制、审定，由有关部、委、总局授权的管理局，如特种设备安全监察局局长签署、以国家质量监督检验检疫总局名义公布的文件，是政府对特种设备的安全性能和相应的设计、制造、安装、改造、维修、使用和检验检测等所作出的一系列规定，是必须强制执行的文件。《特种设备安全技术规范》就是特种设备法规标准体系的主体，是在世界经济一体化中各国贸易性保护措施在安全方面的体现形式，其作用是把法律、法规和行政规章的原则规定具体化。

在这些安全技术规范中，涉及了大量焊接产品生产过程中必须进行无损检测工作的最小检测量和检测方法及配套使用的规定，是检测工作的强制性规范文件。

（5）第五层次技术标准

1）标准是为在一定范围内获得最佳秩序，对活动或其结果规定共同的和重复使用的规则、导则或特性的文件。该文件经协商一致制定并经一个公认机构的批准。它应以科学、技术和经验的综合成果为基础，以促进最佳社会效益为目的。由此可见，标准是一种特殊文件，是现代化科学技术成果和生产实践经验相结合的产物，它来自生产实践，反过来又为发展生产服务，标准随着科学技术和生产的发展不断完善提高。

2）标准化是为在一定范围内获得最佳秩序，对实际的或潜在的问题制定共同的和重复使用的规则的活动。上述活动主要是包括制定、发布及实施标准的过程。标准化的重要意义是改进产品、过程和服务的适用性，减少和消除贸易技术壁垒，并促进技术合作。所以标准化是一种活动，主要是指制定标准、宣传贯彻标准、对标准的实施进行监督管理、根据标准实施情况修订标准的过程。这个过程不是一次性的，而是一个不断循环、不断提高、不断发展的运动过程。

标准是标准化活动的产物。标准化的目的和作用，都是通过制定和贯彻具体的标准来体现的。所以标准化活动不能脱离制定、修订和贯彻标准，这是标准化最主要的内容。

2. 标准的分级

按《中华人民共和国标准化法》规定，我国标准分为四级，即国家标准、行业标准、地方标准和企业标准。另外，为了适应高新技术标准发展快和变化快等特点，国家标准化行政主管部门于 1998 年通过《国家标准化指导性技术文件管理规定》，出台了标准化体制改革的一项新举措，即在四级标准之外，又增设了一种"国家标准化指导性文件"作为对四级标准的补充。

1）国家标准。国家标准指由国家的官方标准化机构或国家政府授权的有关机构批准、发布，在全国范围内统一和适用的标准。

中华人民共和国国家标准是指对全国经济技术发展有重大意义，必须在全国范围内统一的标准。对需要在全国范围内统一的技术要求，应当制定国家标准。

　　我国国家标准由国务院标准化行政主管部门编制计划和组织草拟，并统一审批、编号和发布。我国国家标准的代号为"GB"（"国标"），强制性国家标准的代号为"GB"，推荐性国家标准的代号为"GB/T"。国家标准的编号由国家标准代号、标准发布顺序号和发布年号三部分构成。

　　2）行业标准。行业标准指我国全国性的各行业范围内统一的标准。

　　《中华人民共和国标准化法》规定："对没有国家标准而又需要在全国某个行业范围内统一的技术要求，可以制定行业标准。"行业标准由国务院有关行政主管部门编制计划，组织草拟，统一审批、编号、发布，并报国务院标准化行政主管部门备案。行业标准是对国家标准的补充，行业标准在相应国家标准实施后，自行废止。目前，国务院标准化行政主管部门已批准发布了58个行业标准代号。

　　3）地方标准。地方标准是在某个省、自治区、直辖市范围内需要统一的标准。对没有国家标准和行业标准而又需要在省、自治区、直辖市范围内统一的工业产品的安全和卫生要求，可以制定地方标准。

　　地方标准由省、自治区、直辖市人民政府标准化行政主管部门和国务院有关行政主管部门备案。地方标准不得与国家标准、行业标准相抵触，在相应的国家标准或行业标准实施后，地方标准自行废止。地方标准编号，由"DB"，省、自治区、直辖市行政区划代码前两位数，顺序号和年号四部分组成。

　　4）企业标准。企业标准指企业所制定的产品标准和在企业内需要协调、统一的技术要求和管理、工作要求所制定的标准。

　　企业生产的产品在没有国家标准、行业标准和地方标准时，应当制定企业标准作为组织生产的依据。国家鼓励企业在不违反相应强制性标准的前提下，制定严于国家标准、行业标准和地方标准的企业标准，在企业内部使用。企业标准由企业法人代表或法人代表授权的主管领导批准、发布，由企业法人代表授权的部门统一管理。企业的产品标准，应在发布后30日内办理备案。一般按企业隶属关系报当地标准化行政主管部门和有关行政主管部门备案。

　　5）国家标准化指导性技术文件。国家标准化指导性技术文件为仍处于技术发展过程中（如变化快的技术领域）的标准化工作提供指南或信息，供科研、设计、生产、使用和管理等有关人员参考使用。

　　国家标准化指导性技术文件不宜由标准引用使其具有强制性或行政约束力。

　　国家标准化指导性技术文件由国务院标准化行政主管部门编制计划，组织草拟，统一审批、编号和发布，代号为"GB/Z"。国家标准化指导性技术文件的编号由其代号、顺序号和年号组成。

　　3. 标准的性质

　　按标准的性质区分，标准可分为强制性和推荐性两种，相应称为强制性标准和推荐性标准。

　　按《中华人民共和国标准化法》规定，国家标准、行业标准分为强制性标准和推荐性标准。

　　保障人体健康，人身、财产安全的标准和法律、行政法规规定强制执行的标准是强制性标准，其他标准是推荐性标准。省、自治区、直辖市人民政府标准化行政主管部门制定的工业产品的安全、卫生要求的地方标准，在本行政区域内是强制性标准。

　　（1）强制性标准　具有法律属性，在一定范围内通过法律、行政法规等强制手段加以实施的标准。

　　下列标准属于强制性标准范围：

1）药品标准、食品卫生标准、兽药标准。

2）产品及产品生产、储运和使用中的安全、卫生标准，劳动安全、卫生标准，运输安全标准。

3）工程建设的质量、安全、卫生标准及国家需要控制的其他工程建设标准。

4）环境保护的污染排放标准和环境质量标准。

5）重要通用的技术术语、符号、代号和制图方法。

6）通用的试验、检验方法标准。

7）互换配合标准。

8）国家需要控制的重要产品质量标准。

《中华人民共和国标准化法》规定："强制性标准，必须执行。不符合强制性标准的产品，禁止生产、销售和进口。"由此可见，违反强制性标准就是违法，就要受到法律制裁。强制性标准的强制作用和法律地位是由国家有关法律赋予的。

强制性标准可分为全文强制（全部）和条文强制（部分）两种形式。

（2）推荐性标准 除强制性标准以外的标准是推荐性标准。推荐性标准是非强制执行的标准，国家鼓励企业自愿采用推荐性标准。

推荐性标准一旦被法规引用，实质上就变为强制性标准，无损检测就涉及大量这类标准。

推荐性标准是在生产、交换、使用等方面，通过经济手段调节而自愿采用的一类标准。违反这类标准，不构成经济或法律方面的责任。但是，一经接受采用，或各方面商定同意纳入商品、经济合同之中，就成为各方共同遵守的技术依据，具有法律上的约束力，各方必须严格遵照执行。

4. 贯彻实施标准的权利与义务

1）国家标准、行业标准和地方标准中的强制性标准，企业必须严格执行。不符合强制性标准的产品，禁止出厂和销售。

推荐性标准，企业一经申明采用，应严格执行。企业已备案的企业产品标准，也应严格执行。

2）企业生产的产品，必须按标准组织生产，按标准进行检验。经检验符合标准的产品，由企业质量检验部门签发合格证书。企业生产执行国家标准、行业标准、地方标准或企业产品标准，应当在产品或其说明书、包装物上标注所执行标准的编号和名称。

3）企业研制新产品、改进产品、进行技术改造和技术引进，都必须进行标准化审查。

4）企业应当接受标准化行政主管部门和有关行政主管部门，依据有关法律、法规，对企业实施标准情况进行监督检查。

四、采用国际标准和国外先进标准问题

1. 国际标准和国外先进标准

1）国际标准。国际标准是由国际性标准化组织制定并在世界范围内统一使用的标准。目前是指国际标准化组织（ISO）、国际电工委员会（IEC）、国际电信联盟（ITU）所制定的标准，以及被国际标准化组织确认并公布的其他国际组织制定的标准。

2）国外先进标准。未经ISO确认并公布的其他国际组织的标准、发达国家的国家标准、区域性组织的标准、国际上有权威的团体标准和企业（公司）标准中的先进标准。焊接产品生产及检测均涉及大量ISO标准。

3）有影响的区域性标准。有影响的区域性标准主要有：欧洲标准化委员会（CEN）标准、欧洲电工标准化委员会（CENELEC）标准、欧洲电信标准学会（ETSL）标准、欧洲广播联盟（EBU）标准、太平洋地区标准会议（PASC）标准、亚洲大洋洲开放系统互连研讨会（AOW）标准、亚洲电子数据交换理事会（ASEB）标准等。

4）世界主要经济发达国家的国家标准。世界主要经济发达国家的国家标准主要有：美国国家标准（ANSI）、美国军用标准（MIL）、德国国家标准（DIN）、英国国家标准（BS）、日本工业标准（JIS）、法国国家标准（NF）、意大利国家标准（UNI）等。这些发达国家的焊接标准随着改革开放的推进在我国焊接领域发挥着越来越大的影响力。

5）国际上有权威的团体标准。国际上有权威的团体标准主要有：美国材料与试验协会（ASTI）标准、美国食品与药物管理局（FDA）标准、美国石油学会（API）标准、英国石油学会（IP）标准、美国保险商实验室（UL）安全标准、美国机械工程师协会（ASME）标准、美国材料试验学会（ASTM）标准、英国劳氏船级社《船舶入级规范和条例》（LR）等。在焊接产品的生产及无损检测标准中，该层次的标准涉及引用最多。

2. 采用国际标准和国外先进标准的基本原则和一般方法

采用国际标准和国外先进标准是指把国际标准和国外先进标准中对我国需要的内容，按照我国有关法律、法规和标准的规定，在充分论证分析的基础上，结合我国实际情况，不同程度地转化为我国各级标准，并贯彻实施的活动。

（1）基本原则　确保被采用的标准具有先进、合理和安全可靠等特性。必须结合国情，符合我国有关法律、法规和方针政策。

突出重点，有利于建立健全我国的标准体系，可优先采用基础标准、方法标准、原材料和通用零部件标准、高新技术标准和安全、卫生、环保等方面的标准，以便为制定我国相应的标准创造条件。

应与企业技术改造、新产品开发和技术引进相结合，以赶超国际先进水平为目标。

要考虑开展综合标准化的要求，如果是重要产品采用国际标准，则应包括相应原材料、零部件、元器件、配套产品和检测仪器等标准的采用，相关单位应相互配合。

（2）一般方法　ISO/IEC 在其出版的导则中规定的国家标准采用国际标准的六种方法是：认可法、封面法、完全重印法、翻译法、重新起草法、包括（引用）法。

（3）采用国际标准和国外先进标准的程度　我国采用国际标准和国外先进标准的程度分为两种：等同采用和修改采用。

1）等同采用。等同采用是指技术内容相同，没有或仅有编辑性修改，编写方法完全相对应。等同采用相当于国际上的翻译法。

2）修改采用。修改采用是指在技术内容上有差异，并把这些差异按规定标示。

（4）采用国际标准和国外先进标准的表示方法　我国采用国际标准和国外先进标准程度的表示方法为：

采用程度　符号　缩写字母

等　　同　　≡　　Idt 或 IDT

修　　改　　=　　mod 或 MOD

采用 ISO 标准的两种采用程度在我国国家标准封面上和首页上表示方法如下：

GB×××—××××（idt ISO××××：××××）

GB×××—××××（mod ISO××××：××××）

第四章　焊接安全生产管理

在焊接生产现场，直接从事生产作业的人、机、料相对集中，存在多种危险因素，属于事故多发的作业现场。焊接安全生产管理的任务就是在生产施工过程中，组织安全生产的全部管理活动。它主要通过对生产因素（生产中的一切人、物、环境）具体的状态控制，使生产因素不安全的行为和状态减少或消除，不引发为事故，尤其是不引发使人受到伤害的事故，使生产项目效益目标的实现得到充分保证。

安全生产是焊接生产，尤其是焊接结构安装工程项目中重要的控制目标之一，也是衡量项目管理水平的重要标志。因此，必须把实现安全生产当作组织生产施工活动时的重要任务来抓。其中，控制人的不安全行为和物的不安全状态，既是生产现场安全管理的重点，又是保证生产处于最佳安全状态的根本环节。

第一节　安全生产管理的基本原则

安全管理是企业生产管理的重要组成部分，是综合型的系统科学。安全管理的对象是生产中一切人、物、环境的状态管理和控制，安全管理是一种动态管理。

焊接施工现场安全生产管理的内容，包括安全组织管理、场地与设施管理、行为控制和安全技术管理四个方面，分别对生产中的人、物、环境的状态进行具体的管理与控制。为有效地实施安全管理，必须正确处理五种关系，坚持六项基本管理原则，采取正确的技术措施。

一、正确处理五种关系

1. 安全与危险并存

安全与危险在同一生产过程中是相互对立、相互依赖而存在的。随着生产的推进，安全与危险每时每刻都在变化着，在生产过程中，不会存在绝对的安全或危险。采取措施，预防事故发生，则安全；反之，则危险。

2. 安全与生产统一

生产只有有了安全保障，才能持续、稳定地发展。如果生产活动中事故不断，生产势必瘫痪。"安全第一"的提法，绝非把安全摆在生产之上，但忽视安全绝对是一种错误。

3. 安全与质量相互包含

质量包含安全工作质量，安全概念也包含着质量。安全为质量服务，质量需要安全保证。安全第一、质量第一，并不矛盾。生产过程中丢掉哪一头，都会使生产失控。

4. 安全与速度互保

安全与生产速度成正比关系。速度应以安全做保障，从这个角度来说，安全就是速度。我们追求安全加速度，竭力避免安全减速度。

5. 安全与效益的兼顾

安全技术措施的实施会改善劳动条件，激发职工劳动热情，带来经济效益，足以使原来的投入得以补偿。安全促进效益增长。

但在安全管理中，投入要适度，精打细算，统筹安排。既要保证安全生产，又要经济合理。单纯为了省钱而忽视安全生产，或单纯追求不惜资金的盲目安全高标准，都不可取。

二、坚持安全管理六项基本原则

1．管生产同时管安全

安全与生产虽有时会出现矛盾，但从安全、生产管理的目标、目的看，却表现出高度的一致和完全的统一，存在着进行共同管理的基础。

管生产同时管安全，是向一切与生产有关的机构、人员，明确业务范围内的安全管理责任。安全生产责任制的建立，管理责任的落实，是管生产同时管安全的具体表现。一切与生产有关的机构、人员，都必须参与安全管理并在管理中承担责任。认为安全管理只是安全部门的事，是一种片面、错误的观点。

2．坚持安全管理的目的性

安全管理的目的是保护劳动者的安全与健康，实现效益。因此，必须真正做到对人的不安全行为和物的不安全状态进行有效控制，避免事故的发生。

没有明确目的的安全管理是花架子，只能纵容威胁人的安全与健康的因素，向更为严重的方向发展或转化。

3．必须贯彻预防为主的方针

进行安全管理不是事故处理，而是在生产活动中，针对生产特点，对生产因素采取管理措施，控制不安全因素的发展与扩大，把可能发生的事故消灭在萌芽状态。

在生产过程中，应经常检查、及时发现不安全因素，采取措施，明确责任，尽快地、坚决地予以消除，这是安全管理应有的鲜明态度。

4．坚持"四全"动态管理

前已述及，安全管理是一切与生产有关的人共同的事。同时，安全管理涉及生产活动的方方面面，涉及从开工到竣工的全部过程，涉及全部的生产时间，涉及一切变化着的生产因素。因此，必须坚持全员、全过程、全方位、全天候的动态安全管理。

只抓住一时一事、一点一滴，简单草率、一阵风式的安全管理，是走过场、形式主义。

5．安全管理重在控制

对生产因素状态的控制，与安全管理目的的关系最为直接。一切事故的发生，都是由于人的不安全行为运动轨迹与物的不安全状态运动轨迹的交叉。因此，对生产中人的不安全行为和物的不安全状态的控制，是动态安全管理的重点。不能把约束当做安全管理的重点，是因为约束缺乏带有强制性的手段。

6．在管理中发展提高

既然安全管理是变化着的生产活动中的管理，是一种动态管理，就意味着其也应不断发展、不断变化，以适应变化的生产活动，消除新的危险因素。

第二节　焊接生产安全技术措施

安全技术措施是指企业为了防止工伤事故和职业病的危害，保护职工生命安全和身体健康，促进施工生产任务顺利完成，从技术上采取的措施。通常，在编制的施工组织设计或施工方案中，应针对工程特点、施工方法、使用的机械、动力设备及现场环境等具体条件，制定相应的安全技术措施以及确定各种设备、设施所采取的安全技术装置。如20m³储罐的制作安装工程，由于罐壁焊缝的焊接是高空作业，因此应采取架设脚手架、铺设作业平台、搭置安全平网和立网、捆绑安全带等技术手段防止人、物坠落。

安全技术措施是改善生产工艺，改进生产设备，控制生产因素不安全状态，预防与消除危险因素对人产生伤害的科学武器和有力手段。

一、常用安全技术措施

1. **根除和限制危险因素**

根除和限制生产工艺过程或设备的危险因素，就可以实现安全生产。可以通过选择恰当的焊接结构设计方案、工艺过程以及合适的原材料来彻底消除危险因素。例如，道路采用立体交叉，防止撞车；去除物品的毛刺、尖角或粗糙、破裂的表面，防止割、擦、刺伤工作人员皮肤等；采取通风措施，限制可燃性气体浓度，使其不达到爆炸极限等。

为了根除和限制危险因素，首先必须识别危险因素，评价其危险性，然后选择合理的施工方案、生产工艺，选用理想的原材料和安全设备。如乙炔发生器较乙炔气瓶更易发生回火，则优先选用瓶装乙炔。

2. **隔离**

隔离是最常用的一种安全技术措施。一旦判明有危险因素存在，就应该设法把它隔离起来。预防事故发生的隔离措施包括分离和屏蔽两种。前者是指空间上的分离，后者是指应用物理屏蔽措施进行的隔离，它比空间上的分离更可靠，因而最为常见。如射线检测，宜在采取物理隔离技术（铅房）的室内进行；而大型构件需在生产现场开展射线检测时，则必须设立隔离区，杜绝非操作人员进入。

3. **为设备进行故障－安全设计**

在系统、设备的一部分发生故障或破坏的情况下，在一定时间内也能保证设备安全运行的安全技术措施称为故障－安全设计。一般来说，通过精心的技术设计，可使得系统、设备发生故障时处于低能量状态，防止能量意外释放。例如，设备电气系统中的熔断器就是典型的故障－安全设计。当系统过负荷时熔断器熔断，把电路断开而保证安全；又如，使用压力机进行大批型钢的冲剪下料，工人操纵压力机，每班喂料近万次，一旦某次操作失误，就会冲伤工人的手，而在压力机上设计安装光电感应等安全装置后，当工人的手进入危险区时，压力机自动断电停机，从而防止冲手事故的发生。

系统或设备故障－安全设计方案的选定，应优先保证人的安全，而后依次是保护环境、保护设备和防止机械能力降低。

4. **减少设备故障及失误**

机械、设备故障在事故致因中占有重要位置。虽然利用故障－安全设计可以使得即使发生故障时也不至于引起事故，但是，故障却使设备、系统或生产停顿或降低效率。另外，故障－安全机构本身发生故障会使其失去效用而不能预防事故发生。为此，应力求做到故障最少发生。一般来说，减少故障可以通过三条途径实现，即采用安全监控系统、增大安全系数和提高可靠性。

5. **警告**

警告是生产中最常用的安全技术措施。在生产操作过程中，操作人员需要经常留意危险因素的存在，以引起注意，提高安全意识。警告是提醒人们注意的主要方法。通过警告提醒，把人的各种感官注意到的各种信息传达到大脑，来强化安全意识，避免发生安全事故。根据所利用的感官之不同，警告分为视觉警告、听觉警告、气味警告、触觉警告及味觉警告。

（1）视觉警告 视觉是人们感知外界的主要器官，视觉警告是最广泛应用的警告方式。视觉警告的种类很多，常用的有下面几种。

1）亮度。让有危险因素的地方比没有危险因素的地方更明亮，以使注意力集中在有危险的地方。亮度提高可表明那里有危险；障碍物上的灯光可防止行人、车辆撞到障碍物上。

2）颜色。明亮、鲜艳的颜色很容易引起人们的注意。设备、车辆、建筑物等涂上黄色或橘黄色，很容易与周围环境相区别。在有危险的生产区域，以特殊的颜色与其他区域相区别，可以防止人员误入。有毒、有害、可燃、腐蚀性的气体、液体管路应按规定涂上特殊的颜色。国家标准规定，红、蓝、黄、绿四种颜色为安全色。

3）信号灯。信号灯经常用来表示一定的意义，也用来提醒人们危险的存在。信号灯颜色的含义一般如下：

①红色。表示有危险，发生了故障或失误，应立即停止。

②黄色。表示危险即将出现，达到了临界状态，应该注意缓慢进行。

③绿色。表示安全，现在是满意的状态。

④白色。表示状态正常。

信号灯可以利用固定灯光或闪烁灯光。闪烁灯光较固定灯光更能吸引人们的注意，警告的效果更好。反射光也可用于警告。在障碍物或构筑物上可安装反光的标志，以便夜晚被灯光照射时反光而引起人们的注意。

4）旗帜。利用旗帜进行警告已经有很长的历史了。可以把旗固定在旗杆上或绳子上、电缆上等。如进行无损检测时，在隔离栏挂上红旗以防止人员进入。在开关上挂上小旗，表示正在修理或因其他原因不能合上开关。

5）标记。在设备上或有危险的地方可以贴上标记以示警告。如指出高压危险、功率限制、重负荷、高速度或温度限制等，提醒人们有危险因素存在或需要穿戴防护用品等。

6）标志。利用事先规定了含义的符号标志警告危险因素的存在，或应采取的措施。如防火标志、道路急转弯标志、交叉道口标志等。

国家标准规定，安全标志分为禁止标志、警告标志、指令标志及说明标志四类。

7）书面警告。在操作规程、维修规程、各种指令、说明手册及检查表中写进警告及注意事项，警告人们存在着危险因素、特别需要注意的事项及应采取的行动，如应配戴的劳动保护器具等。如果一旦发生事故可能造成伤害或破坏，则应该把一些预防性的注意事项写在前面显眼的地方以便引起人们的注意。

（2）听觉警告 在有些情况下，只有视觉警告不足以引起人们的注意。例如，当人们非常繁忙时，即使视觉警告离得很近也顾不上看或者人们可能走到看不见视觉警告的地方去工作等。尽管有时明亮的视觉信号可以在远处就被发现，但是，设计在听觉范围内的听觉警告更能唤起人们的注意。有时也利用听觉警告唤起人们对视觉警告的注意，在这种情况下，听觉警告会提供更详细的信息。如起重机起动时，操作人员会按响电铃，提醒其他工作人员注意避让。

一般来说，在下述情况下应采用听觉警告：

1）传递简短、暂时的信息，并要求立即做出反应的场合。

2）当视觉警告受到光线变化、操作者负担过重、操作者移动或不注意等限制时，应采取听觉警告。

3）唤起对某些信息的特别注意。

4）进行声音通信时。

当要求对紧急情况做出反应时，除了采用听觉警告外，还要有其他必要的补充信息或警告信号。常用的听觉警报器有喇叭、电铃、蜂鸣器或闹钟等。

（3）气味警告 可以利用一些带特殊气味的气体进行警告。气体可以在空气中迅速传播，特别是有风的时候，可以传播很远。由于人对气味能迅速地产生退敏作用，因此用气味进行警告有时间方面的限制，只有在没有产生退敏作用之前的较短期间内可以利用气味进行警告。

必须注意，吸烟会降低人对气味的敏感度，因此工作场所应当禁止吸烟。

（4）触觉警告 振动是一种主要的触觉警告，交通设施中广泛采用振动警告的方式。突起的路标使汽车振动，即使瞌睡的司机也会惊醒，从而避免危险。温度是触觉警告的另一种方式，当接触到较高温度时，人们便会本能地迅速脱离。

二、焊接生产安全技术与劳动保护

我国对焊接工人的安全和健康一直是非常重视的。《中华人民共和国安全法》规定：对于电气、起重、焊接、锅炉、压力容器等特殊工种的工人，必须进行专门的安全操作技术训练。经过考试合格后，才准许操作。还有《工厂安全卫生规程》、《气瓶安全监察规程》等，对焊接安全技术也有具体的规定。

焊接技术是现代工业生产中一种重要的金属加工工艺，在建筑、桥梁、造船、化工及机械制造等许多主要生产部门都得到广泛应用。改革开放 30 多年来，焊接技术发展迅速，诸如氩弧焊、二氧化碳气体保护焊、等离子弧焊等新工艺的不断出现，使焊接在生产上的应用范围日趋扩大，随之也出现了新的不安全与不卫生因素。工业生产的迅速发展，使焊工人数不断增加。因此，使广大焊工和其他生产人员深刻了解焊接安全技术，熟知在焊接过程中可能引发事故和职业病的原因，掌握消除工伤事故和职业危害的各项技术措施，显得十分重要。

1. 气焊与气割的安全防护技术

气焊主要应用于薄钢板、非铁金属、铸铁件、刀具的焊接，硬质合金等材料的堆焊，以及磨损、报废零部件的补焊。气焊所用的乙炔、丙烷、氢气和氧气等都是易燃、易爆气体，氧气瓶、乙炔瓶、液化石油气瓶和乙炔发生器全部属于压力容器。

气割是利用可燃气体与氧气混合燃烧的预热火焰，将金属加热到燃烧点，并在氧气射流中剧烈燃烧而将金属分开的一种加工方法。气割主要应用于各种碳素结构钢和低合金结构钢材的备料。气割所用的可燃气体与气焊相同。可燃气体与氧气的混合以及切割氧的喷射是利用割炬来完成的。气割时应用的设备和器具，除割炬外均与气焊相同。

在补焊燃料容器和管道时，还会遇到其他许多易燃、易爆气体及各种压力容器。由于气焊与气割操作中需要与可燃气体和压力容器接触，同时又使用明火，因此如果焊接设备或安全装置有缺陷，或者违反安全操作规程，就有可能造成爆炸和火灾事故。

在气焊火焰的作用下，尤其是气割时氧气射流的喷射作用下，火星、熔融的金属飞溅物和铁渣四处飞溅，容易造成灼烫事故。而且较大的焊渣和铁渣能飞溅到距操作点 5m 以外的地方，会引燃可燃易爆气体而造成事故，所以必须加强对气焊与气割的安全管理及防护。

（1）燃烧和爆炸的基本知识

1）燃烧。根据化学定义，凡是使被氧化物质失去电子的反应都属于氧化反应。强烈的氧化反应，并伴随有热和光同时发出时，则称为燃烧。物质不仅与氧的化合反应属于燃烧，在某些情况下，与氯、硫的蒸气等的化合反应也属于燃烧。但是物质和空气中的氧所起的反应毕竟是最普遍最常见的，也是因焊接操作不当发生火灾爆炸事故的主要原因。

2）燃烧的必要条件。发生燃烧必须具备三个条件：可燃物质、氧或氧化剂和火源。即发生燃烧的条件必须是可燃物质和助燃物质共同存在，构成一个燃烧系统，同时要有导致着火的火源。火源是指具有一定温度和热量的小能源，例如小火焰、电火花、灼热的物体等。

根据燃烧必须具备上述条件的道理，采取适当的措施使之不同时存在，就可以避免燃烧的产生，这是防火技术的理论依据。在扑灭火灾时，采取冷却、隔离或窒息的方法消灭已产生的上述燃烧系统中的一个环节，就可以达到灭火的目的。

3）爆炸极限。可燃物质与空气的混合物，在一定的浓度范围内才能发生爆炸。发生爆炸时可燃物质具有的最低浓度称为爆炸下限，最高浓度称为爆炸上限。例如，乙炔的爆炸极限（体积分数）为 2.2% ~81%。

（2）防止和抑制爆炸的措施　意外爆炸会给人们带来极大灾害，如人身伤亡、设备及建筑物毁坏等。而且爆炸后还会带来火灾，有时还会发生二次爆炸。因此最重要的是预防爆炸，一旦发生爆炸，应尽量把灾害控制在最小范围，尽量减少损失。防止和抑制爆炸的主要措施有：

1）对爆炸性物质加强管理。通常把爆炸性物质的浓度控制在爆炸下限以下、上限以上，或利用惰性气体代替空气，降低爆炸性混合物中的氧浓度，使爆炸性物质处于爆炸极限范围之外。

2）控制火源。一般要避免冲击、摩擦、明火、高温、绝热压缩、自燃发热、电气火花、静电火花、热辐射、光辐射、雷电等。在爆炸性物质生产、使用、运输、贮存、处理过程中，应避免火源。

3）安装安全装置。要抑制爆炸事故，通常应在储存容器、反应器皿、破碎粉碎系统、锅炉、过滤分离器、收尘除尘装置、压力容器等系统及装置上安装安全阀和爆破膜，达到设定温度和设定压力后能立即动作，向外部泄放压力，从而避免设备和容器受到破坏。一般可采用爆炸抑制装置，当容器内的压力即将上升到爆炸压力时，装置动作，自动喷撒干粉灭火剂抑制爆炸的发生。

4）其他措施。通过防止可燃物在爆炸危险场所堆积、设置防爆墙、放大安全距离、采用不燃性建筑材料和加强通风降温等措施，避免燃烧和爆炸事故的发生。

（3）气焊与气割的安全防护措施

1）一般要求乙炔发生器、回火防止器、氧气瓶、减压器均状态良好，整个供气系统密封良好，若发生着火，应采用干砂、二氧化碳灭火器或干粉灭火器灭火。

2）各类气瓶应定期检验，保证承压时合乎技术要求，并远离火源。

3）胶管长度推荐以 10～15m 为宜，使用时不得有残气、气孔。

4）焊炬、割炬应保证气路畅通、射吸能力良好、气密性合格，禁止用火柴点火。

5）严格按照操作规程进行容器的补焊，防止火灾和爆炸的发生。

2. 电焊的安全防护技术

电焊是焊接工艺中经常采用的方法，这种方法设备简单，操作灵活，焊接质量较好。但是，电焊操作时接触电的机会很多，如移动和调节电焊设备及焊钳、电缆、焊件、工作台等，或更换焊条，电就在焊工的手上、身边和脚下。电焊机的空载电压一般都高于安全电压，一旦设备发生故障，较高的电压就会通过焊钳等部件直接作用在焊工的身体上，存在触电的危险。此外，电焊操作还可引发电气火灾、爆炸、灼伤等工伤事故，登高作业的电焊操作可引发高空坠落事故。

（1）焊接发生电击事故的原因

1）直接原因。

① 焊工在更换焊条、电极和焊接操作中，手和身体某部位接触到带电物体，而脚下或身体其他部位对地和金属结构没有绝缘防护。

② 焊工在接线、调节焊接电流和移动焊接设备时，手或身体某部位接触带电体。

③ 登高焊接时接触高压电网，或低压电网连线不当。

2）间接原因。

① 焊接设备、电缆、机罩等漏电。

② 焊接设备或线路发生故障。

③ 焊工操作不当，带电体与人体形成回路。

④ 焊接设备、电缆与厂房内的金属结构形成焊接回路。

（2）电焊引发火灾和爆炸事故的原因

1）焊接设备和线路过热。

2）线路发生短路。

3）焊接操作时线路超负荷。

4）焊接操作时接触部位的电阻过大。

5）工作面通风、散热不良引起设备过热。

6）电火花、电弧、熔融的金属飞溅物落在易燃物上。

（3）电焊的安全防护措施

1）焊接电源必须独立使用，而且要有足够的容量，能保证与焊接操作匹配。

2）焊机外壳必须有完好的绝缘保护，接线头不裸露，焊机各部分连接牢靠，不得松脱。

3）焊机必须保护性接地，必要时设置接零装置。

4）焊机空载一定时间后应能自动断电。

5）焊机周围应通风、散热良好。

6）应经常检查焊钳是否简便牢靠、接触良好、连接正确，焊条是否能够在规定的角度内夹紧。

7）焊接电缆必须柔软、耐油、耐热、耐腐蚀、合乎规格，长度以 20～30m 为宜。

8）焊工要加强个人防护，工作服、绝缘手套、绝缘鞋、垫板等必须使用并保持完好。

9）焊接时，焊接点周围应与易燃、易爆危险品进行安全隔离。如无间隔物，则空间距离应达25m。

10）焊接操作前应制定工作预案，焊接场地应照明良好，空气流通。

11）若发生触电事故，则应立即断开电源，对触电者进行救助时可采用人工呼吸、心脏挤压两种方法。救助过程切不可轻率中止。

3. 焊接电弧辐射的危害与防护

电弧辐射主要产生可见光、红外线和紫外线三种射线，而不会产生对人体危害较大的 X 射线。其中，波长范围在 $180 \times 10^{-9} \sim 290 \times 10^{-9}$ m 的紫外线，具有强烈的生物学作用，可以被皮肤深部组织真皮吸收，造成严重灼伤。

（1）电弧辐射的危害　电弧辐射所发出的可见光比人眼所能安全忍受的光线要强上万倍。过强的可见光会使人的眼睛眩目、流泪，甚至造成暂时性失明。

红外线是热辐射线，眼睛受到辐射，会使眼球晶体变化，长时间照射会导致白内障的发生。

中短波紫外线能强烈地刺激和损害眼睛、皮肤。只要受到短时间的辐射，就可能引起眼睛发炎形成电光性眼炎。发病程度根据受紫外线照射程度的不同而存在差异。一般数小时后即出现症状。首先是眼睛疼痛，有沙粒感，多泪、畏光，怕风吹；接下来眼睛发炎，结膜受到感染。常常是半夜里眼睛突然剧痛，不能入睡。皮肤受到紫外线照射，先是奇痒、发红、疼痛，不能触及，而后起泡、发黑、脱皮。使用惰性气体保护焊、等离子弧焊接、切割等电流密度高的焊、割方法时，其辐射影响尤为严重，往往在短时间内就可使眼睛、皮肤受到损伤。

（2）焊接电弧辐射的防护

1）在焊接作业区严禁直视电弧。焊接操作者和辅助工都要有一定的防护措施，应配戴有专业滤色玻璃的面罩或眼镜。面罩上的滤色玻璃即电焊护目镜片，应该根据不同的焊接方法和同一焊接方法的不同电流，以及母材种类和厚薄等条件的差异选择不同的编号。护目镜片的编号是按护目镜片颜色的深浅程度而定的，由淡到深排列。目前电焊护目镜片的深浅色差共分 7 号、8 号、9 号、10 号、11 号、12 号数种，淡色为小号，深色为大号。

为防止面罩与护目镜片之间漏光，可在中间垫上一层橡胶片，同时可在滤色玻璃外面镶一块普通透明玻璃，以避免金属飞溅而损坏护目镜片。

2）施焊时焊工应穿着标准规定的防护服。焊工专用的工作服应是白色的，可以防止光线直接照射到皮肤及防止飞溅物落到身上。

3）施焊场地应用围屏或挡板与周围隔离。为保护焊接工地其他人员的眼睛，一般在小件焊接的固定场所设置围屏和挡板。围屏或挡板最好是采用耐火材料，如石棉板、玻璃纤维布、铁板等，并涂以深色，其高度约1.8m，屏底距地面为250～300mm，以供空气流通。

当周围有其他人员时，焊工有责任提醒他们注意避开，以免弧光伤眼。周围工作人员应佩戴一般防护眼镜。

4）注意眼睛的适当休息。焊接时间较长，使用的焊接参数较大时，焊接操作者应注意中间休息。如果已经出现电光性眼炎症状，应及时治疗。焊工在实践中创造了许多简易可行的治疗办法，如滴入奶汁或用黄瓜片覆盖眼睛，都可以收到较好的疗效。

5）施焊场地必须有较强的照明。一方面便于焊接操作，另一方面可以减轻弧光对焊工眼睛的刺激。

4. 焊接粉尘和有害气体的危害与防护

焊接电弧的高温将使金属产生剧烈的蒸发。使得焊条和母材金属在焊接时产生各种金属蒸气，形成金属有毒气体，同时这些有毒气体在空气中凝结、氧化形成粉尘。在高温电弧的作用下，空气中的氧气和氮气形成臭氧和氮氧化物等有毒气体，会严重危害焊工的身体健康。

（1）焊接粉尘与有害气体对人体的危害　焊接粉尘与有毒气体可以从人的呼吸道、消化道、皮肤黏膜三个途径进入人体。其中，最主要的途径是呼吸道。从呼吸道吸收的毒物，不先经过肝脏解毒，而是直接进入血液分布到全身，因此有害作用比较强而且迅速。粉尘与有害气体对人体的危害主要有以下几个方面：

1）强烈刺激呼吸道。当金属氧化物、氮氧化物、臭氧等毒物进入人的呼吸道后，受这些毒物刺激，会出现咽喉干痛、发痒、咽部充血、发炎等症状，严重的可能出现急性化学性肺炎或肺水肿。

2）引起慢性中毒。焊工长时间工作在含有金属蒸气的环境中，会引起慢性中毒。如锰会引起锰中毒，铅会引起哮喘和血液病，氧化铁会引起焊工尘肺等。

3）引起"金属热"病。"金属热"是人体大量吸入金属蒸气以后发生的一种发热反应，患者可能高热或低热数天才能消退，而且骨及关节疼痛，口内异味，恶心呕吐，寒颤等。其中，锰蒸气和铜粉尘的危害尤其明显。

（2）焊接粉尘与有害气体的防护。电弧焊焊接区的通风是排除粉尘和有毒气体的有效措施。通风的方式有全面通风和局部通风两种，一般局部通风效果比较显著。

1）焊接场地全面通风。在专门的焊接车间或焊接工作量大、焊机集中的工作地点，应考虑全面机械通风，可集中安装数台轴流式风机向外排风，使车间经常更换新鲜空气。

2）焊接场地局部通风。局部通风分为送风和排气两种。局部送风只是暂时地将焊接区域附近作业地带的有害物质吹走。虽然对作业地带的空气起到了一定的稀释作用，但可能污染整个车间，起不到排除粉尘和有毒气体的作用。

局部排气是目前采取的通风措施中，使用效果良好、方便灵活、设备费用较少的有效措施。局部排气通常是在焊枪附近安装小型通风机械，如排烟罩、排烟焊枪、强力小风机和压缩空气引射器等，这样就可以将粉尘和有毒气体排出车间以外。

3）在封闭容器或舱室里焊接的通风。在封闭容器或舱室里进行焊接作业时，最好上、下都有通风口，使空气对流良好，除了使用排气机外，必要时可用通风管把新鲜空气送到焊工身边，但是严禁把氧气送入，防止发生燃烧。在特殊情况下，可使用焊工用的可换气防护头盔。

4）充分利用自然通风。焊接车间必须有一定的面积、空间和高度，这样，若能正确地调节侧窗和天窗，则可以形成良好的通风。能在露天焊接的焊件，尽量在露天焊接。一般情况下，只要保证焊接场所的自然通风，适当采用通风装置，焊工操作时在上风口，就能起到防毒、防尘的作用。

5）合理组织、调度焊接作业。避免焊接作业区过于拥挤，否则会造成粉尘和有毒气体的聚集，形成更大的危害。

6）积极采用焊接新工艺、新技术。扩大机械化焊接和半机械化焊接的使用范围。

7）采用低尘、低毒焊条。加强研制和推广使用低尘、低毒焊条。

另外，目前在机械零件中使用的某些塑料制品，受热后会分解产生有毒气体。因此，在对零件进行焊接前，应把塑料消除掉。若无法消除，焊接时应该使用专用防毒工具，同时应保证排出焊接烟尘，防止中毒。

5. 高温热辐射的防护

焊接电弧可产生 3000°C 以上的高温。焊条电弧焊时，电弧总热量的 20% 左右散发在周围空间。而且，电弧产生的强光和红外线还会对焊工造成强烈的热辐射。红外线虽然不能直接加热空气，但在被物体吸收后，辐射能转变成热能，使物体成为二次辐射热源。因此，焊接电弧是高温强辐射的热源，尤其夏天，必须采取措施防暑降温，否则还会引起中暑。

中暑是在高温环境影响下，由于体温调节功能紊乱或从事繁重体力劳动而引发的急性疾病。发病时常常表现为突然昏倒，意识丧失，严重的还伴有发烧、抽筋等症状。

遇到这种情况，应立即把中暑人员抬到阴凉通风的地方，让其安静地躺着，解开衣扣，用冷水擦身，用湿毛巾冷敷额部。如呼吸停止，则需要施行人工呼吸。病情严重者应立即送医院急救。

焊接工作场所加强机械通风或自然通风，是防暑降温的重要技术措施，尤其是在锅炉等容器或狭小的舱室进行焊、割时，应向容器或舱室送风和排气，加强通风。

在炎热的夏季，为补充人体内的水分，给焊工供给一定量的含盐清凉饮料，也是防暑降温的保健措施。

第三节 焊接结构生产安全管理

安全管理是焊接结构生产实现安全生产开展的管理活动，管理的重点是对生产各因素状态的约束与控制。

一、落实安全责任，实施责任管理

焊接生产施工项目部承担控制、管理施工生产进度、成本、质量、安全等目标的责任。因此，必须同时承担进行安全管理、实现安全生产的责任。

（1）建立、完善以项目经理为首的安全生产领导组织 有组织、有领导地开展安全管理活动。承担组织、领导安全生产的责任。

（2）建立各级人员安全生产责任制，明确各级人员的安全责任 抓制度落实、抓责任落实，定期检查安全责任落实情况，及时报告。

1）项目经理是施工项目安全管理第一责任人。

2）各级职能部门、人员，在各自业务范围内，对实现安全生产的要求负责。

3）全员承担安全生产责任，建立安全生产责任制，从经理到工人的生产系统做到纵向到底，一环不漏。各职能部门、人员的安全生产责任做到横向到边，人人负责。

（3）施工项目应通过监察部门的安全生产资格审查，并得到认可 一切从事生产管理与操作的人员依照其从事的生产内容，分别通过企业、施工项目的安全审查，取得安全操作许可证，持证上岗。

　　焊工、气割工除经企业的安全审查外，还需按规定参加安全操作考核，取得技术监察部门核发的"特种作业上岗证"，坚持持证上岗。生产施工现场出现特种作业无证操作现象时，项目部必须承担管理责任。

　　（4）项目部负责施工生产中物的状态的审验与认可　承担物的状态漏验、失控的管理责任，承担由此而出现的经济损失。

　　（5）签定安全协议，做好安全保证　一切管理、操作人员均需逐级向上级签定安全协议，做出安全保证。

　　（6）安全生产责任落实情况的检查　应做认真、详细的记录，作为分配、补偿的原始资料之一。

　　（7）严格考核，兑现奖罚　把安全生产目标实现与项目部、项目部各级人员的经济收入和荣誉挂钩，严格考核，兑现奖罚。

二、制订安全技术措施计划

　　在项目生产施工组织设计中，由项目总工程师组织安全负责人、生产技术负责人、工长制定安全技术措施，并以表格的形式编制项目安全技术措施计划，上报本企业安全管理职能部门审核通过。表 4-1 为 $20m^3$ 汽油储罐制作、安装的安全技术措施计划表。

表 4-1　安全技术措施计划表

编制单位：　　　　　　　　　项目名称：$20m^3$ 汽油储罐制作、安装工程　　编制时间：2004 年 3 月 15 日

分项任务		措施内容	实施单位	实施进度	计划经费/元	执行负责人	备注
容器制作	气割、焊接	① 进行安全操作培训与考核	项目部	3 月 20 日~3 月 30 日	3000	项目总工程师	
		② 现场每 30m 安设 4 个灭火器，共 8 个	冷焊车间	3 月 30 日	1000	安全员	
		③ 乙炔瓶安装回火器	冷焊车间	3 月 31 日	100	冷作班长	
		④ 发放劳动保护用品	项目部	3 月 31 日	800	仓库保管员	
		⑤ 配置通风用的风扇、空压机	冷焊车间	4 月 2 日	调配	车间主任	

编制人：　　　　　　　　　审核人：　　　　　　　　　　　　批准人：

三、安全教育与训练

　　进行安全教育与训练，能增强人的安全生产意识，提高安全生产知识水平，有效地防止人的不安全行为，减少失误。安全教育与训练是进行人的行为控制的重要方法和手段。因此，进行安全教育与训练要适时、宜人、内容合理、方式多样，形成制度。组织安全教育与训练应做到严肃、严格、严密、严谨，讲求实效。

　　（1）一切管理、操作人员应具有基本条件与较高的素质

　　1）具有合法的劳动手续。临时性人员需正式签定劳动合同，接受入场教育后，才可进入施工现场和劳动岗位。

　　2）没有痴呆、健忘、精神失常、癫痫、脑外伤后遗症、心血管疾病、晕眩以及不适于从事操作的疾病。

　　3）没有感官缺陷，感性良好，有良好的接受、处理、反馈信息的能力。

　　4）具有适于不同层次操作所必需的文化水平。

5）输入的劳务必须具有基本的安全操作素质，经过正规训练、考核，输入手续完善。

（2）安全教育与训练的目的与方式　安全教育与训练包括知识、技能、意识三个阶段的教育。进行安全教育与训练的目的，不仅在于要使操作者掌握安全生产知识，而且要能正确、认真地在作业过程中表现出安全的行为。

1）安全知识教育使操作者了解、掌握安全操作过程中潜在的危险因素及防范措施。

2）安全技能的训练使操作者逐渐掌握安全生产技能，获得完善化、习惯化的行为方式，减少操作中的失误现象。

3）安全意识教育的目的在于激励操作者自觉坚持实行安全操作。

（3）安全教育的内容随实际需要而确定

1）工人入场前应完成三级安全教育。三级教育就是入厂教育、车间（或项目部）教育和岗位教育。入厂教育是对本企业安全生产的形式和一般情况进行的基本教育，车间（或项目部）教育是对生产性质、生产任务、生产工艺流程及主要生产设备的安全特点进行的安全规范教育，岗位教育是对操作规程、生产工具、安全装置、个人防护用品的使用的具体教育。通过三级教育，能够使操作者自己建立起良好的安全意识。

2）结合施工生产的变化，适时进行安全知识教育。工期很长的生产施工项目每10天组织一次安全教育较合适。

3）结合生产组织安全技能训练，干什么训练什么，反复训练、分步验收，以出现完善化、习惯化的行为方式为一个训练阶段。

4）安全意识教育的内容不易确定，应随安全生产的形势变化，确定阶段教育内容。可结合发生的事故，进行增强安全意识、坚定掌握安全知识与技能的信心、接受事故教训的教育。

5）受季节、自然变化影响时，针对由于这种变化而出现的生产环境、作业条件的变化进行的教育，其目的在于增强安全意识，控制人的行为，尽快地适应变化，减少失误。

6）采用新技术，使用新设备、新材料，推行新工艺之前，应对有关人员进行安全知识、技能、意识的全面安全教育，激励操作者施行安全操作的自觉性。

（4）加强教育管理，增强安全教育效果

1）教育内容全面，重点突出，系统性强，抓住关键反复教育。

2）反复实践，养成自觉采用安全操作方法的习惯。

3）使每个受教育的人，了解自己的学习成果。鼓励受教育者树立坚持采用安全操作方法的信心，养成安全操作的良好习惯。

4）告诉受教育者怎样做才能保证安全，而不是不应该做什么。

5）奖励促进，巩固学习成果。

（5）各种形式、不同内容的安全教育　进行各种形式、不同内容的安全教育时，都应把教育的时间、内容等清楚地记录在安全教育记录本或记录卡上。

四、生产安全技术措施交底

认真进行安全技术措施交底。生产开工前，由项目部技术负责人填写安全交底卡，认真地向参加生产施工的职工进行逐级安全技术措施交底。使广大职工都知道，在什么时候、什么作业应采取哪些措施，并说明其重要性。每个分项工作或重要工序开始前，必须重复交待该分项工作、重要工序的安全技术措施。杜绝只有编制者知道，施工者不知道的现象。

安全技术交底应针对生产项目作业的特点和危险点，内容包括：危险点的具体防范措施和应注意的安全事项，应执行的有关安全操作规程和标准，一旦发生事故时应及时采取的避难和急救措施。

表 4-2 为 20m³ 汽油储罐制作、安装项目中的焊接安全技术交底卡。

表 4-2 焊接安全技术交底卡

项目名称：20m³ 汽油储罐制作、安装工程　　　　　　　　　填写时间：2004 年 4 月 6 日

分项名称：筒体与封头的环缝焊接	任务单编号：20040040601

安全技术交底内容：
① 筒体所有人孔、接管开孔完成后，焊工方可进入容器内施焊
② 容器内使用压缩空气、风扇进行强制通风
③ 容器必须安放在支架或滚轮架上，避免其自行滚动
④ 焊工进入容器施焊时，必须戴上防毒面具，穿绝缘胶鞋
⑤ 容器外设安全监护人，无监护人不得进行施焊操作
⑥ 严格执行焊接安全操作规程

交底人签字：
讲解时间：　　　年　　　月　　　日
接受任务负责人签字：

检查执行情况：

安全员签字：

安全技术交底卡管理办法：

1）凡下达生产任务，必须填写本卡，进行安全技术交底。

2）本卡一式三份，工长留存的用白色纸印，附任务单上的用黄色纸印，交给安全员的用绿色纸印。

五、安全检查

安全检查是发现不安全行为和不安全状态的重要途径，是消除事故隐患、落实整改措施、防止事故伤害、改善劳动条件的重要方法。

（1）安全检查的形式

1）定期安全检查。指列入安全管理活动的计划，有较一致时间间隔的安全检查。定期安全检查的周期宜控制在 10～15 天。各班组必须坚持日检。

2）突击性检查。无固定检查周期，对特殊部门、特殊设备、特种作业、小区域的安全检查，属于突击性检查。

3）特殊检查。针对预料中可能会带来新的危险因素的新设备、新工艺、新项目进行的、旨在发现危险因素的安全检查。

（2）安全检查的内容　主要是查思想、查管理、查制度、查现场、查隐患、查事故处理。

1）焊接生产项目的安全检查以自检形式为主，是对项目经理至操作人员、生产全部过程、各个方位的全面安全状况的检查。检查以劳动条件、生产设备、现场管理、安全卫生设施以及生产人员的行为为主。发现危及人的安全的因素时，必须果断消除。

2）各级生产组织者，应在全面安全检查中，透过作业环境状态和隐患，对照安全生产方针、政策，检查对安全生产认识的差距。

3）对安全管理的检查主要包括：

① 安全生产是否提到议事日程上，各级安全责任人是否坚持"五同时"，即企业或项目领导、主管部门或项目工作负责人在计划、布置、检查、总结、评价生产经营的同时，是否同时计划、布置、检查、总结、评价安全工作。

② 业务职能部门、人员是否在各自业务范围内，落实了安全生产责任，专职安全人员是否在位、在岗。

③ 安全教育是否落实，教育是否到位。

④ 生产技术与安全技术是否结合为统一体。

⑤ 安全控制措施是否得力，控制是否到位，有哪些消除管理差距的措施等。

（3）安全检查的方法　可用安全检查表法进行安全检查，表4-3和表4-4即为安全检查表格式的示例。

表4-3　公司、工程队安全检查表

检查项目	检查内容	检查方法或要求	检查结果
安全生产制度	1）安全生产管理制度是否健全并被认真执行	制度健全，切实可行，进行了层层贯彻，各级主要领导人员和安全技术人员知道其主要条款	
	2）安全生产责任制是否落实	各级安全生产责任制落实到单位和部门，岗位安全生产责任制落实到人	
	3）安全生产的"五同时"执行情况	在计划、布置、检查、总结、评价生产的同时，计划、布置、检查、总结、评价安全生产工作	
	4）安全生产计划编制、执行情况	计划编制切实可行、完整、及时，贯彻认真，执行有力	
	5）安全生产管理机构是否健全，人员配备是否合理	有领导、执行、监督机构，有群众性的安全网点活动，安全生产管理人员不缺员，未被抽调做其他工作	
安全教育	6）是否坚持工人三级教育	有教育计划、有内容、有记录、有考试和考核	
	7）特殊工种的安全教育坚持情况	有安排、有记录、有考试，合格者发了操作证，不合格者进行了补课教育或停止操作	
	8）改变工种和采用新技术等人员的安全教育情况	教育及时，有记录、有考核	
	9）对工人日常教育情况	有安排、有记录	
	10）各级领导干部和业务员安全教育情况	有安排、有记录	
安全技术	11）有无完善的安全技术操作规程	操作规程完善、具体、实用，不漏项、不漏岗、不漏人	
	12）安全技术措施计划是否完善、及时	各工序都有安全技术措施计划，进行了安全技术交底	
	13）主要安全设施是否可靠	道路、管道、电气线路、材料堆放、临时设施等的平面布置符合安全、卫生、防火要求；坑、井、洞、孔、沟等处都有安全措施；脚手架、井字架、龙门架、塔台、梯凳都符合安全生产要求和文明施工要求	
	14）各种机具、机电设备是否安全可靠	安全防护装置齐全、灵敏，闸阀、开关、插头、插座、手柄等均安全，不漏电；有避雷装置、有接地接零；起重设备有限位装置；保险设施齐全、完好等	

（续）

检查项目	检查内容	检查方法或要求	检查结果
安全技术	15）防尘、防毒、防爆、防暑、防冻等措施是否妥当	均达到了安全技术要求	
	16）灭火措施是否妥当	有消防组织，有完备的消防工具和设施，水源方便，道路畅通	
	17）安全帽、安全带、安全网及其他防护用品和设施是否妥当	性能可靠，佩戴或搭设均符合要求	
安全检查	18）是否坚持执行安全检查制度	按规定进行安全检查，有活动记录	
	19）是否有违纪、违章现象	发现违纪、违章，及时纠正或进行处理，奖惩分明	
	20）隐患处理的情况	发现隐患，及时采取措施，并有信息反馈	
	21）交通安全管理情况	无交通事故，无违章、违纪、受罚现象	
安全业务工作	22）记录、台账、资料、报表等管理情况	齐全、完整、可靠	
	23）安全事故报告是否及时	按"四不放过"原则处理事故，报告及时，无瞒报、谎报、拖报现象	
	24）是否开展了事故预测和分析工作	进行了事故预测，进行事故一般分析和深入分析，运用了先进方法和工具	
	25）竞赛、评比、总结等工作是否进行	按工作规划进行	

表 4-4　班组安全检查表

检查项目	检查内容	检查方法或要求	检查结果
作业前检查	1）班前安全生产会开了没有	查安排、看记录，了解未参加人员的主要原因	
	2）每周一次的安全活动坚持了没有	查安排、看记录，了解来参加人员的主要原因，并有安全技术交底卡	
	3）安全网点活动开展得怎样	有安排、有分工、有内容、有检查、有记录、有小结	
	4）岗位安全生产责任制是否落实	知道责任制的主要内容，明确相互之间的配合关系，没有失职现象	
	5）本工种安全技术操作规程掌握如何	人人熟悉本工种安全技术操作规程，理解内容实质	
	6）作业环境和作业位置是否清楚，并符合安全要求	人人知道作业环境和作业地点，知道安全注意事项，环境和地点整洁，符合文明施工要求	
	7）机具、设备准备得如何	机具设备齐全可靠，摆放合理，使用方便，安全装置符合要求	
	8）个人防护用品是否穿戴好	齐全、可靠、符合要求	
	9）主要安全设施是否可靠	进行了自检，没发现任何隐患，或有个别隐患，已经处理了	
	10）有无其他特殊问题	参加作业人员身体、情绪正常，没有发现穿高跟鞋、拖鞋、裙子等现象	
作业中检查	11）有无违反安全纪律现象	密切配合，不互相出难题；不只顾自己，不顾他人；不互相打闹；不隐瞒隐患，强行作业；有问题及时报告等	
	12）有无违章作业现象	不乱摸乱动机具、设备；不乱触乱碰电气开关；不乱挪乱拿消防器材；不在易燃、易爆物品附近吸烟；不乱丢抛料具和物件；不任意脱去个人防护用品；不私自拆除防护设施；不图省事而省略动作等	

（续）

检查项目	检查内容	检查方法或要求	检查结果
作业中检查	13）有无违章指挥现象	违章指挥出自何处何人，是执行了还是抵制了，抵制后又是怎样解决的等	
	14）有无不懂、不会操作的现象	查清作业人和作业内容	
	15）有无违反技术操作现象	查清作业人和作业内容	
	16）作业人员的特异反应如何	对作业内容有无不适应的现象，作业人员身体、精神状态是否失常，是怎样处理的	
作业后检查	17）材料和物资是否整理	清理有用品，清除无用品，堆放整齐	
	18）料具和设备是否整顿	归位还原，保持整洁，如放置在现场，则要加强保护	
	19）清扫工作做得怎样	作业场地清扫干净，秩序井然，无零散物件，道路、路口畅通，照明良好，库上锁，门关严	
	20）其他问题解决得如何	如下班后是否清点人数，事故处理情况怎样，本班作业的主要问题是否报告和反映等	

六、隐患处理

1）安全检查中发现的隐患应进行登记，不仅可作为整改的备查依据，而且可提供安全动态分析的重要信息渠道。如多数单位安全检查都发现同类型隐患，则说明是"通病"；若某单位在安全检查中重复出现隐患，则说明整改不彻底，形成"顽症"。根据检查隐患记录分析，制定指导安全管理的预防措施。

2）对安全检查中查出的隐患，应及时发出隐患整改通知单。对存在即发性事故危险的隐患，检查人员应责令停工，被查单位必须立即进行整改。

3）对于违章指挥、违章作业行为，检查人员可以当场指出，立即纠正。

4）被检单位领导对查出的隐患，应立即研究制定整改方案，按照"三定"（定人、定期限、定措施），限期完成整改。

5）整改完成后要及时通知有关部门派员进行复查验证，复查合格，方可销案。

七、伤亡事故的调查与处理

伤亡事故调查的主要目的如下：

1）揭示伤亡事故发生、发展过程，从而认识其规律性。

2）寻找事故发生原因，研究各种原因间的相互关系。

3）为采取防止伤亡事故重演的安全措施提供依据。

4）为伤亡事故统计分析提供数据。

5）评价伤亡事故发生倾向，预测伤亡事故发生的可能性。

6）评价安全防范措施的实际效果。

7）查明事故的责任者。

应该注意，进行伤亡事故调查时，不应把查明事故的责任者作为首要目的，而应当全面调查。否则，往往容易错判事故的原因，以致不能采取恰当措施防止类似事故的再次发生。

发生职工因公伤亡事故的单位，要将事故的情况立即上报有关部门。发生使工作中断的事故时，负伤人员或最先发现事故者应立即报告班组长、车间主任，并逐级报告安全技术部门及厂级领导。发生重伤或死亡事故时，单位领导人应立即将事故概况报告主管部门、当地劳动部门、公安部门、工会和检察院。对于一次重伤 3 人以上或死亡事故，上述部门要迅速分别逐级转报到省有关部门。对于一次死亡 3 人以上的特大伤亡事故，省劳动部门要上报省政府、国家劳动监察部门，不得瞒报和漏报。

八、案例分析

以某公司 $2m^3$ 压缩空气储罐制作的安全生产管理方案为例，说明焊接安全生产管理的重要性和必要性。

1. 落实安全责任，实施责任管理

为贯彻"安全第一、预防为主"的方针，应把安全工作落到实处，建立健全以项目经理为首的三级安全施工网络体系，确保正常运行，如图 4-1 所示。项目经理为安全生产的第一责任人，配备专职安全员；同时，各专业施工队设兼职安全员；从项目经理到现场作业人员层层落实安全责任制，各尽其责。

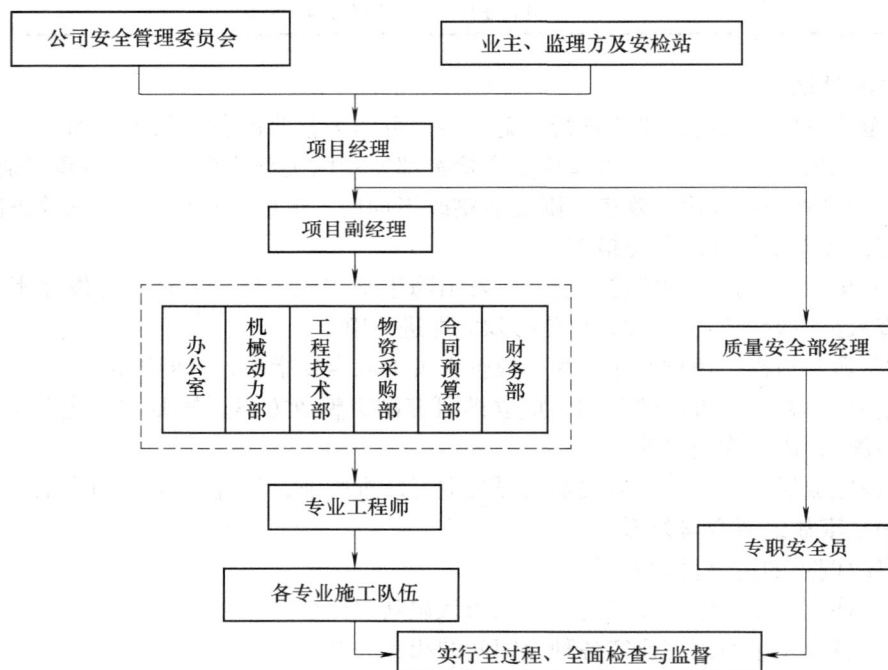

图 4-1 三级安全施工网络体系

（1）项目经理职责

1）项目经理对本工程的安全生产负全面领导责任。

2）贯彻落实安全生产的方针、政策、法规和各项规章制度。

3）组织制定本项目的安全生产管理方法和要求，并监督实施。

4）明确各部门、各岗位的安全工作职责，支持、指导、监督安全管理人员的工作。

5）发生安全事故时，组织做好抢救与现场保护工作，并及时上报，组织配合事故调查，按"四不放过"原则处理，组织制定防范措施，并监督落实。

（2）项目副经理职责

1）主管生产的项目副经理对安全生产负领导责任。

2）负责贯彻安全生产方针政策，执行安全技术规程、规范、标准。

3）协助项目经理制定本项目安全生产管理办法、要求和各项规章制度，并监督实施。

4）组织项目技术人员编制安全技术措施，并随时检查、监督落实。

5）参加所负责区域每周一次的安全检查，对不安全因素，定时、定人、定措施予以解决，并监督落实、检查。

（3）质量安全部经理职责

1）对安全工作负直接责任。遵守项目部关于安全的各项规定和要求。合理调度，满足现场对资源的需求，避免为抓进度而盲目蛮干导致安全事故的发生。

2）执行国家、当地安全生产的方针、政策、法规和各项规章制度，参与制定并执行本项目安全生产管理办法和要求。

3）落实有关安全管理规定，对进场工人进行安全教育与培训，强化职工的安全意识和观念。

4）组织现场安全生产措施的检查，出现问题及时处理。

5）抓好现场总平面管理，使现场物流、人流安全畅通。

6）在项目副经理领导下，参加每周一次的安全大检查，并做好检查记录。对查出的问题，负责下发问题整改单，并亲自监督整改。

7）经常组织安全生产工作的宣传活动。

8）发生安全事故时，首先采取应急措施，保护好现场，并立即报告，按照"四不放过"原则督促改进措施的落实。

9）负责收集整理安全管理资料，及时向上级安全部门汇报本项目的安全状况，填报安全统计报表。待项目竣工后把本项目的安全管理情况资料整理上报。

（4）专职安全员职责

1）执行国家、当地安全生产的方针、政策、法规和各项规章制度，执行本项目安全生产管理办法和要求。

2）组织对进场工人进行安全教育与培训，指导施工队（班组）正确使用劳动防护用品及设施。

3）参加专业工程师对工人的安全技术交底，强调安全注意事项、不安全因素、可能发生事故的地方。

4）深入现场检查措施的落实情况，发现不安全因素及时纠正，当出现险情时有权采取果断措施，并对违章指挥、不服从管理、违反安全管理规定的施工队（班组）和个人，按照有关规定给予处罚。

5）现场发生安全事故时，先采取应急措施，保护好现场，并立即报告。

（5）工程技术部职责

1）执行项目部关于安全的有关规定。

2）组织专业工程师编制安全技术措施。

3）参加质量安全部主持的职工安全教育与培训。

4）组织专业工程师对工人进行安全技术交底。

5）检查现场安全措施的落实情况。

（6）机械动力部职责

1）执行项目部关于安全的有关规定。

2）组织员工进行安全技术操作规程的教育与学习。

3）对施工现场的机械设备安全运行负责，按机械设备管理要求对现场设备进行管理。

4）参加安全事故的调查，从设备事故方面认真分析原因，提出处理意见，制定防范措施。

（7）物资采购部职责

1）根据劳动防护用品计划及时供货。

2）购置的劳动防护用品必须"三证"齐全（生产许可证、产品合格证、年检证），不符合安全标准的用品必须更换，严禁发放使用。

3）按要求做好材料堆放及贮存，防止坍塌，仓库配备灭火器材。

（8）财务部职责　建立安全措施资金专管专用制度。

（9）办公室职责

1）抓好后勤管理，保障职工以充沛的精力投入施工。

2）丰富职工的业余生活，搞好精神文明建设，充分提高职工的积极性。

（10）专业工程师职责

1）认真执行上级有关安全生产的规定，合理安排班组工作，对所管专业的安全生产负责。

2）负责编制本工种的安全技术措施，并对班组进行技术交底。

3）领导班组搞好安全生产活动，组织班组学习安全操作规程及安全规定，指导工人正确使用防护设施和劳动防护用品。

4）经常检查作业环境及各种设备、设施的安全状况，发现问题及时纠正解决，对于重点、特殊部位施工必须检查作业人员及各种设备、设施的技术状况是否符合安全要求，严格执行安全技术交底制度，落实安全技术措施并监督执行。

5）做好新工人的岗位教育，负责对班组进行安全操作方法的检查指导，制止违章行为，以身作则，遵章守纪，确保安全生产。

6）及时消除各级组织检查时发现的和自检发现的安全隐患，不留隐患。

（11）施工人员职责

1）认真学习本专业的安全技术操作规程，遵守安全纪律和项目部的各项安全管理规定，严格按照操作规程施工，严禁酒后上班，严禁在易燃易爆场所吸烟和擅自进入危险区域。

2）认真听取安全技术交底，积极参加各种安全活动，并有权拒绝违章指挥，对不安全做法有责任提出改进意见。

3）爱护安全防护设施和安全标志，发现损坏，立即报告有关人员处理。

4）发生工伤事故、未遂事故、安全隐患时，应及时向班长或上级领导报告。

2. 安全生产管理措施

1）整个施工的全过程必须始终贯彻"安全第一、预防为主、综合治理"的方针，严格执行"分级管理、分线负责"和"谁主管、谁负责"的原则。必要时实行安全一票否决权。

2）加强现场施工人员的安全管理意识，坚决贯彻安全生产岗位责任制。新工人进场必须进行三级安全教育，对参加施工的全体施工人员进行定期安全生产教育。

3）进入施工现场的人员一律按规定穿戴劳动防护用品，合理使用安全"三宝"（安全帽、安全网、安全带）。

4）在施工现场明显处设置足够的安全标志警示施工人员注意安全，树立安全生产思想。

5）严格执行工作中有关工种的安全操作规程。

6）在每一分项工程施工前，必须由安全负责人进行安全技术交底，班组签字后才能施工。明确安全要求，办理安全交底手续，并认真按交底内容执行。

7）建立安全生产检查制度，项目经理每半个月进行一次安全生产大检查，并做好记录。部门经理负责日常安全生产工作。

8）安全资料应有专人负责，认真进行整理分类，每次检查均应有记录资料。

9）做好防火工作，加强火源管理，现场施工电源严格按规程要求布设，加强对工地临时用电和工程动力、照明用电的管理，设置足够的消防器材。

10）电气设备安装接地，电阻值小于4Ω。非专业人员不许乱动电气设备，确保安全用电。

11）注意气象信息，及时预报大风大雨气象信息，采取相应措施，防止事故发生。

12）主要机械设备实行"定人、定机、定岗"，谁使用谁保（养）管，坚持"十字"作业法（清洁、滑润、紧固、调整、防腐）。做到班前检查，班后保养，保证设备处于完好状态，认真填写机械设备运转记录。

13）用FTA（事故树）法分析安全隐患或事故原因。运用人体生理节律理论预测、预防安全事故的发生，确保工程施工安全。

14）特种作业人员应持证上岗。

3. 安全教育与训练

1）工人进场时要组织学习安全操作规程，包括国家、公司的有关规定、标准，做好三级安全教育，培训教育时间不少于4h，特种作业人员应持证上岗。做好培训内容、地点、时间、人数、次数方面的记录。

2）专业技术人员在班组作业前根据现场具体情况及专业特点进行施工组织设计、施工方案、作业指导书中的安全技术措施相对应的安全技术交底，并有交底书面材料，使每位作业人员心中警钟长鸣，确保在安全技术指导下施工。

3）开展特殊季节施工安全教育。对每位现场施工人员进行安全技术交底，搞好特殊季节的安全施工生产。

4. 安全检查制度

施工过程中，施工班组每日进行检查，安全员每日进行巡检，区域施工段每周进行一次安全检查，项目部每半月进行一次安全检查，对查出的安全隐患立即下发整改通知书，并及时组织有关人员进行整改。接受上级有关部门及市安检站等对本工程安全生产的定期或不定期指导、监督和检查。

（1）安全例会制度　项目部每周组织召开一次安全例会，听取安全汇报，通报安全情况，分析近期的安全状况，布置下期的安全工作，针对出现的安全隐患，采取预防措施，并做好记录。

（2）班前安全活动制度　施工班组每天进行安全活动，时间不少于15min。班组长组织班组成员进行安全学习、日常安全教育，检查个人劳动防护用品的穿戴是否齐全，是否符合要求；查找安全隐患，进行规范、规程的学习等。

5. 制定安全施工奖惩制度

1）认真执行"安全第一、预防为主"的方针，加强安全生产管理，有效地制止"三违"，保证安全生产顺利进行。

2）施工现场设置安全奖励基金，对那些完成安全管理指标等的先进施工班组或个人，实行精神和物质奖励。

3）安全管理部门每月还将按照施工现场安全综合考评情况对施工现场管理混乱、安全事故隐患严重、文明卫生条件差的施工班组或个人，视情节给予必要的处罚。

第五章　焊接文明生产与环境保护

文明生产有广义和狭义两种理解。广义的文明施工，简单地说就是科学地组织生产。本章所讲的文明施工是从狭义上理解的，是指在生产施工现场管理中，要按现代化生产的客观要求，使生产现场保持良好的生产环境和生产秩序。它是生产现场管理的一项重要基础工作。

环境保护是我国的一项基本国策。本章所介绍的环境保护是指保护和改善焊接生产现场的环境，即按照国家、地方法规和行业、企业要求，采取措施控制生产现场的各种粉尘、废水、废气、固体废弃物以及噪声、振动等对环境的污染和危害。它是文明生产的重要组成部分，是现场管理的重要内容之一。

第一节　文 明 生 产

一、文明生产的意义

1. 文明生产是企业各项管理水平的综合反映

文明生产就是要通过对生产现场中的质量、安全防护、安全用电、机械设备、技术、消防保卫、场容、卫生、环保、材料等各个方面的管理，创造良好的生产环境和生产秩序，促进安全生产、加快生产进度、保证焊接结构制造质量、降低生产成本、提高企业经济和社会效益。它将涉及人、财、物各个方面，贯穿生产过程之中，是企业各项管理在生产现场的综合反映。

2. 文明生产是现代化生产本身的客观要求

现代化生产施工采用先进的技术、工艺、材料、设备，需要严密的组织、严格的要求、标准化的管理、科学的生产方案和职工较高的素质等。如果现场管理混乱，生产施工不文明，则先进的设备、新的工艺与新技术就不能充分发挥作用，科技成果就不能转化为生产力。

3. 文明生产是企业管理的对外窗口

在招标中，众多客户在压价的同时，总要考察投标方已有的生产现场，此时生产现场的文明程度将给人留下第一印象。如果生产现场脏、乱、差，到处"跑、冒、滴、漏"，甚至"野蛮生产"，将失去中标的可能。实践证明，文明生产不仅可以得到客户的支持和信赖，提高企业的知名度和市场竞争力，而且还可能争取到一些"回头项目"。

二、文明生产的现场管理

1. 开展"5S"活动

"5S"活动是指对施工现场各生产要素（主要是物的要素）所处状态不断地进行整理、整顿、清扫、清洁和素养。由于这五个词日语中罗马拼音的第一个字母都是"S"，所以简称为"5S"。

"5S"活动在日本和西方国家企业中广泛实行，它是符合现代化大生产特点的一种科学的管理方法，是提高职工素质、实现文明施工的一项有效措施与手段。

（1）整理 所谓整理，就是对施工现场现实存在的人、事、物需要还是不需要、合理还是不合理进行区分，把施工现场不需要和不合理的人、事、物及时处理。

1）按照有关规定、计划和工程实际进展情况，区分生产施工现场现实存在的人、事、物需要还是不需要，不需要的要坚决清理出现场，严禁无关闲人滞留生产现场。各种多余的工装夹具、材料、个人用品等及时清理，按指定地点存放。

2）对生产现场的人、机、物使用不合理的，安排不合理或物品摆放位置存放方法不合理的，一经发现就要及时调整。如材料、零件超高码放，按规定、标准要求及时进行整理。

整理的范围是整个生产现场的各个角落，达到现场无不用之物、道路和通道畅通、人尽其才、物尽其用、地尽其租、工序安排合理，这样既增大了作业与使用面积，搞好了成品保护，制止了违章作业，消除了安全隐患，保证了质量，减少了返工损失，又在保证施工的情况下实现了库存最少，节约了资金，创造了最佳施工环境，培养了良好作风，提高了工作效率。

（2）整顿 所谓整顿，就是合理定置。通过上一步整理后，把生产现场所需要的人、机、物、料等按照生产现场平面布置图规定的位置，并根据有关法规、标准以及企业规定，科学合理地安排人员，以及布置和堆码设备、物料，使人才合理使用，物品合理定置，实现人、物、场所在空间上的最佳组合，从而达到科学施工、文明安全生产、培养人才、提高效率和质量的目的。在整顿过程中，应注意以下问题：

1）要根据施工现场实际情况，并以调查研究后确定的方案及时调整生产施工现场平面布置图，使其真正科学合理。

2）物品摆放要按图固定地点和区域。做到无论谁去查看，都能一目了然，知道某物在何处，是何物，有多少，还能及时了解该物品的库存情况。

3）物品摆放地点要科学合理。根据物品使用的频率摆放，需要经常使用的物品尽量靠近作业区，不经常使用的可放得远些；还要根据水平、垂直运输设备的位置，确定构件、材料、焊机等的相对位置，力求运距最短，减少二次搬运。

4）整顿过程中，要按有关要求一次定点到位。物品的摆放不仅要求平面位置合理，还要同时考虑符合安全、质量等以及上级规定的要求。

（3）清扫 所谓清扫，就是要对施工现场的设备、场地、物品勤加维护打扫，保持现场环境卫生，干净整齐，无垃圾，无污物，并使设备运转正常。清扫活动的要点是：

1）要对施工现场进行彻底检查清扫，不留死角。施工现场所有场地，物品、设备、建筑物内外、食堂、仓库、厕所、办公室、加工场、站等都是检查清扫的对象。

2）要做到自产自清，日产日清，工完料净脚下清。在清扫过程中，要注意对生产垃圾分拣过筛综合利用。生产垃圾与生活垃圾分开按指定地点存放，并及时清出现场，送到规定的垃圾消纳场。

3）要定期对设备进行点验、清扫和维护保养，发现设备异常应马上修理，使之恢复正常。

4）清扫也是为了改善。清扫的目的就是通过清扫活动，创造一个明快、舒适的工作、生活环境，以保证安全、质量和高效率地工作。

（4）清洁 所谓清洁，就是维持整理、整顿、清扫，它是前三项活动的继续和深入。从而预防疾病和食物中毒，消除发生安全事故的根源，使施工现场保持良好的施工与生活环境和施工秩序，并始终处于最佳状态。清洁活动的要点是：

1）清洁首先从人开始。职工不仅做到形体上的清洁，而且要注意精神文明，礼貌待人，在现场不大声喧哗，不聚众打架、斗殴、酗酒、赌博，不看黄色书刊杂志和录像，不随地大小便，不凌空抛洒垃圾与物品等。

2）清洁是指现场所有场所和空间上的清洁。要进一步消除施工现场空气、粉尘、噪声、水源污染源，达到规定要求，保证工人身体健康，增加工人劳动热情，心情愉快地工作与生活。

（5）素养 所谓素养，就是努力提高施工现场全体职工的素质，养成遵章守纪和文明施工的习惯。它是开展"5S"活动的核心和精髓。

开展"5S"活动，要特别注意调动全体职工的积极性，要求做到自觉管理、自我实施和自我控制，贯穿生产施工全过程、全现场。由现场职工自己动手，创造一个整齐、清洁、方便、安全和标准化的施工环境，使全体职工养成遵守规章制度和操作规程的良好习惯。

开展"5S"活动，必须领导重视，加强组织，严格管理。要将"5S"活动纳入到岗位责任制中，并按照文明施工标准检查、评比与考核。坚持 PDCR 循环，不断地提高施工现场的"5S"水平。

2．合理定置

合理定置是指把全工地施工期间所需要的物在空间上合理布置，实现人与物、人与场所、物与场所、物与物之间的最佳结合，使施工现场秩序化、标准化、规范化，体现文明施工水平。它是现场管理的一项重要内容，是实现文明施工的一项重要措施，是改善施工现场环境的一个科学的管理办法。

3．目视管理

目视管理是一种符合制造业现代化生产要求和生理及心理需要的科学管理方式，它是现场管理的一项内容，是搞好文明施工、安全生产的一项重要措施。

（1）什么是目视管理 目视管理就是用眼睛看的管理，也可称之为"看得见的管理"。它是利用形象直观、色彩适宜的各种视觉感知信息来组织现场生产施工活动的，以达到提高劳动生产率、保证产品质量、降低生产成本的目的。

目视管理有两个特征：

1）第一个是以视觉显示为基本手段，大家一看就知道是正常还是不正常，并且对不正常情况可采取临时性的或永久性的措施。

2）第二个是以公开化为基本原则，尽可能地向全体职工全面提供所需要的信息，让大家都能看得见，并形成一种大家都能自觉参与完成单位目标的管理系统。

（2）为什么需要目视管理 目视管理是一种形象直观、简便适用、透明度高、便于职工自主管理、自我控制、科学组织生产的有效的管理方式。这种管理方式可以贯穿于生产施工现场管理的各个领域之中，具有其他方式不可替代的作用。

1）目视管理简单、明了，问题发现早、纠正快、效率高。目视管理充分发挥了视觉显示信号的特长，如塔吊信号工只要正确地打个手势信号或旗语信号，就能迅速准确地传递信息，就能和塔吊司机密切配合，又快又好地完成吊运任务。诸如控制线、手势信号、旗语信号、信号灯、仪表、施工图样以及电视、标示牌、图表、安全色、看板等，一系列可以发出视觉信号显示手段的都是形象直观、简单方便、一目了然的，具有其他方式难于代替的作用。在有众多工人的生产施工现场，在有条件的岗位，充分利用这些视觉信号显示手段，可以迅速而准确地传递信息，无需管理人员现场指挥，即可有效地组织生产。这样，既可以减少管理层次和管理手续，又可以提高管理效率。

2）能使操作者通过目测，自我控制调整施工作业中存在的问题。实行目视管理，可以使生产作业的各种要求公开化，干什么、怎样干、干多少、什么时间干和在何处干等问题一目了然，让一线工人熟练掌握本工种的质量标准，自觉、主动地参与施工管理，充分发挥技术骨干、能工巧匠的聪明才智，自主管理、自我控制，通过目测随时调整解决施工作业中存在的问题，齐心协力，紧张而有秩序地完成任务。

3）目视管理能够科学地改善施工环境，有利于职工的身心健康。目视管理就是用眼睛看的管理。只要用眼一看就知道哪个部位脏、乱、差；哪是文明施工，哪是违章作业。对发现的问题，对不正常的情况，采取临时性的或者永久性的措施就可改善施工条件和环境，使职工产生良好的生理和心理效应。比如工人一进现场，就看到告示标牌，如戴好安全帽、工地禁止吸烟等，自然会照办，就可改善施工环境，减少污染和意外伤亡。工人看到施工现场平面布置图后，就可知道某物在某处。按图合理定置就可以使施工现场井井有条，工作忙而不乱。

（3）目视管理的内容和形式　目视管理以施工现场的人、物及环境为对象，贯穿于生产施工的全过程，存在于生产施工现场管理的各项专业管理之中，并且还要覆盖作业者、作业环境和作业手段，这样目视管理的内容才是完整的。其主要内容与形式如下。

1）施工任务和完成情况绘制成图表，公布于众，使每个工人都知道自己完成的任务，按劳分配的多少。

现场项目经理部、分公司或施工队应按项目编制施工进度计划，大力推广应用网络计划，并按月提出旬、日作业计划，以施工任务书的形式，定人、定时、定项、定质、定量，把计划分解下达到生产班组。施工进度计划和网络计划图表以及任务完成情况要公布于众，使大家看出各项计划指标完成中的问题和发展趋势，以及解决问题的方法和措施，促使全体职工都能按要求完成各自的任务，人人知道每人完成的定额任务分配是多少，调动生产积极性。

2）生产现场各项管理制度、操作规程、工作标准、生产现场管理实施细则布告等，应该用看板、挂板或写后张贴墙上公布，展示清楚。

为了使职工自觉遵守生产施工现场各项规章制度和操作规程，应将与现场职工密切相关的规章制度、工艺规程、标准等，一一公布于众。与岗位工人有直接关系的部分，应分别展示在岗位上。如将施工现场管理各项制度和施工现场平面布置图的看板竖立在现场入口处；将管理人员名单、岗位责任制展示在现场办公室；将各种仓库、食堂、工地临时宿舍、厕所、自行车棚、配电室等的标志牌及制度板挂在相应的墙上；将所有机械操作规程等的看板悬挂于相应的操作室、棚、站内，并要始终保持内容齐全、完整、正确与洁净。

3）在定置过程中，以清晰的、标准化的视觉显示信息落实定量设计，实现合理定置。

在定置过程中，为了确定大小型临时设施、各种物品的摆放位置，必须有完善而准确的视觉信号显示手段，诸如标志线、标志牌、标志色等。将上述位置鲜明地标示出来，以防误置和物品混放。在这里目视管理自然而然地与定置管理融为一体，并为合理定置创造了客观条件。

在定置过程中，一定要坚持标准化，并发挥目视管理的长处，以便过目知数，实现一次到位，合理定置。

4）生产现场管理岗位责任人标牌显示，简单易行。为了更好地落实岗位责任制，激发岗位人员的责任心，并有利于群众监督，将生产现场分区管理，责任人名单用标牌显示，简单易行。如现场大门口设置标牌，注明项目名称、建设单位、设计单位、项目经理和项目现场总代表人的姓名以及开、竣工日期等。现场主要管理人员在生产施工现场应配戴证明其身份的证卡。现场责任区负责人，各种加工场、站、堆料场、仓库、食堂、机械设备操作室、棚、电气设备、厕所、垃圾站等以及部分作业区责任人名单应用标牌显示。标牌的制作规格、材质、颜色、字体以及放置位置都要标准化。

5）现场作业控制手段要形象直观，适用方便。为了加快生产进度，保证产品质量，减少返工浪费，提高一次成品率，并做到文明施工、安全生产，就要采用与现场工作状况相适应的简便适用的信息传递手段来有效地进行施工作业控制。目前，常用的生产作业控制手段有点、线控制，施工图控制，看板控制，旗语、手势、警铃等信息传递信号控制等。

6）施工现场科学、合理、巧妙地运用色彩，正确使用安全色以及安全、消防、交通等标志，并实行标准化管理，有利于创造良好的施工秩序，预防发生事故，有利于职工身心健康，具有其他方式难于替代的作用。

现场职工戴的安全帽有红、黄、白、蓝、绿等几种颜色。如果按生产现场不同单位，不同工种和职务之间的区别，分别戴不同颜色的安全帽，则不仅能起到劳动保护的作用，还可以显示企业内部不同单位、工种和职务之间的区别，使人产生责任感，也可为组织施工生产、改善施工秩序和施工环境创造一定的方便条件。

安全色、安全标志、防火和交通标志是清晰、标准化的视觉显示信息，形象直观，使用方便。正确地运用可以引起人们对不安全因素的警惕，增强自我防护意识，可以预防发生事故。例如：现场基坑、沟、槽、井、便桥等危险处用红白相间的护栏围挡，夜间设红色标志灯，悬挂明显的警示标志牌等；在易燃、易爆、化学危险品库区应设明显的"严禁烟火"标志牌和"禁止吸烟"等警告标志；场区道路应设交通标志牌；对配电箱、开关箱进行检查、维修时，必须将其前一级相应的电源开关分闸断电，并悬挂停电标志牌；在现场入口醒目位置悬挂进入现场必须戴安全帽标志等。

7）现场管理各项检查结果张榜公布。根据企业管理规定，项目部每月都要组织几次生产现场管理综合检查或质量、安全、文明施工、环境卫生等单项检查，每次检查评比结果都要绘成图表张榜公布或在黑板、专栏上公布。有的单位在图表上挂不同色彩的牌、旗，以鼓励先进，曝光落后，并且将现场管理综合检查和进度、质量、安全等专业检查结果与单位和职工个人的工资奖金挂勾，奖罚严明，推动文明施工向高水平迈进。

8）信息显示手段科学化。应广泛应用电视机、广播、仪表、信号等现代化传递信息手段，在宣传教育动员全体职工做好文明施工的同时，搞好企业职工精神文明建设。

（4）推行目视管理应注意的问题

1）推行目视管理，一定要从施工现场实际情况出发，进行深入细致的调查研究，有重点、有计划地逐步展开，不盲目一轰而上或搞形式主义。

2）推行目视管理，一定要实行标准化，消除各种杂乱现象。

3）推行目视管理，一定要注意现场各种视觉信息显示手段，要做到形象直观，一目了然；清晰、鲜明、位置适宜，现场人员都能看得见，看得清，要适用，少花钱，多办事，讲究实效。

4）推行目视管理，要严格管理，严格要求。现场所有人员都必须严格遵守和执行有关规定，有错必纠，奖罚合理，坚持兑现。

第二节 焊接废气污染的危害及控制

一、焊接废气的主要来源

焊接中使用的能源一半为燃料，燃料燃烧后会产生大量的废气，其主要污染物是 CO、CO_2、SO_2 和颗粒物。

各种焊接方法都会有大量的气态污染物排入大气中，主要有粉尘、碳氢化合物、含硫化合物、含氮化合物以及卤素化合物等。

焊接过程中产生的废气量很大，例如焊条电弧焊最大为 11.1～13.1g/kg，气体保护焊最大为 11～13g/kg，超过了国家标准规定的车间内允许烟尘浓度的 1000 多倍。

二、焊接废气中主要污染物的危害

焊接废气中的污染物包括碳的氧化物、硫的氧化物、氮氧化合物、碳氢化合物、粒状污染物，这些污染物对环境和人体都会产生很大的影响，同时对全球环境也带来影响，如温室效应、酸雨、臭氧层破坏等，对全球的气候、生态、农业、森林等将会产生一系列影响。大气污染物可以通过降水、降尘等方式对水体、土壤和动植物产生影响，并通过呼吸、皮肤接触、食物、饮用水等进入人体，对人体健康和生态环境造成直接的或远期的危害。

焊接废气含有大量的粒状污染物。悬浮在大气中的微粒统称为悬浮颗粒物，简称颗粒物，这种微粒可以是固体也可以是液体。因其对生物的呼吸、环境的清洁、空气的能见度以及气候等有明显的不良影响，所以是大气中危害最明显的一类污染物。

三、焊接废气中颗粒污染物的净化方法

随着工业的不断发展，人为排放的气溶胶粒子所占的比例逐渐增加。据统计，至 2000 年人为活动所造成的气溶胶粒子的排放量是 1968 年的两倍，城市大气首要污染物主要是悬浮颗粒物。所以，控制这些粉尘污染物的排放数量，是大气环境保护的重要内容。

1. 粉尘的控制

从不同方面进行粉尘的控制与防治。主要有以下四个工程技术领域。

（1）防尘规划与管理 主要内容包括：园林绿化的规划管理以及对有粉尘物料的加工过程和生产中产生粉尘的过程实现密封化和自动化。园林绿化具有阻滞粉尘和收集粉尘的作用，尽量用园林绿化带将产生粉尘的单位合理地包围起来或隔开，可使粉尘向外的扩散降低到最低限度；生产过程中还可以采用密闭技术及自动化技术，以减少粉尘排放，避免人员接触。

（2）通风技术 对工作场所引进清洁空气，以替换含尘浓度较高的被污染空气。通风技术分为自然通风和人工通风两大类。人工通风包括单纯换气技术及带有气体净化措施的换气技术。

（3）除尘技术　对悬浮在气体中的粉尘进行捕集分离，以及对已落到地面或物体表面上的粉尘进行清除。前者可采用干式除尘和湿式除尘等不同方法，后者采用各种定型的吸尘设备进行处理。

（4）防尘护罩技术　个人使用防尘面罩，整个车间可以使用隔离罩进行防护。

2. 除尘装置的选用原则

根据含尘气体的特性，可以从以下几方面考虑除尘装置的选择和组合。

1）若尘粒的粒径较小，几微米以下粒径占多数时，应选用湿式、过滤式或电除尘式除尘器；若粒径较大，以 $10\mu m$ 以上粒径占多数时，可选用机械除尘器。

2）若气体含尘浓度较高，则可用机械除尘器；若含尘浓度低，则可采用文丘里洗涤器；若气体的进口含尘浓度较高而又要求气体出口的含尘浓度低时，则可采用多级除尘器串联组合的方式除尘，先用机械除尘器除去较大尘粒，再用电除尘式或过滤式除尘器等除去较小粒径的尘粒。

3）对于粘附性较强的尘粒，最好采用湿式除尘器。不宜采用过滤式除尘器，因为易造成滤布堵塞；也不宜采用静电除尘器，因为尘粒粘附在电极表面上将使电除尘器的效率降低。

4）如采用电除尘器，一般可以预先通过温度、湿度调节或添加化学药品的方法，调整尘粒的导电性。电除尘器只适用于温度在500℃以下的情况。

5）如气体温度增高，则粘性将增大，流动时压力损失增加，除尘效率也会下降。而温度过低，低于露点温度时，会有水分凝出，增大尘粒的粘附性。故一般应在比露点温度高20℃的条件下进行除尘。

6）气体中若含有易燃、易爆的气体，如一氧化碳，则应将一氧化碳氧转化为二氧化碳后再进行除尘。

四、焊接废气中气态污染物的治理方法

焊接生产过程中所排放的有害气态物质种类繁多，根据这些物质不同的化学性质和物理性质，采用不同的技术方法进行治理。

1. 吸收法

吸收法是采用适当的有机溶剂作为吸收剂，使含有有害物质的废气与吸收剂接触，废气中的有害物质被吸收于吸收剂中，使气体得到净化的方法。在用吸收法治理气体污染时，多采用化学吸收法进行。

吸收工艺流程一般采用逆流操作，被吸收的气体由下向上流动，吸收剂由上而下流动，在气、液逆流接触中完成传质过程。

吸收法具有设备简单、捕集效率高、应用范围广、一次性投资低等特点，已被广泛用于有害气体的治理，由于吸收法是将气体中的有害物质转移到了液相中，因此必须对吸收液进行处理，否则容易引起二次污染。

2. 吸附法

吸附法就是使废气与大比表面积的多孔性固体物质相接触，使废气中的有害组分吸附在固体表面上，使其与气体混合物分离，从而达到净化的目的。

吸附法的净化效率高，特别是对低浓度气体具有很强的净化能力。吸附法常常应用于排放标准要求严格或有害物浓度低，用其他方法达不到净化要求的气体的净化。对高浓度废气的净化，一般不宜采用该法。

3. 催化转化法

催化转化法是利用催化剂的催化作用，将废气中的有害物质转化为无害物质或易于去除的物质的一种废气治理技术。

使用催化转化法使废气中的碳氢化合物转化为二氧化碳和水、氮氧化物转化为氮、二氧化硫转化为三氧化硫后加以回收利用，使有机废气和臭气催化燃烧以及对尾气进行催化净化等。该法的缺点是催化剂价格较高，废气预热需要一定的能量，即需要添加附加的燃料使废气催化燃烧。

4. 燃烧法

将含有可燃有害组分的混合气体加热到一定温度后，有害组分与氧化剂反应进行燃烧，或在高温下氧化分解，从而使这些有害物质转化为无害物质。该方法主要应用于碳氢化合物、一氧化碳、恶臭、沥青烟、黑烟等有害物质的净化治理。燃烧法工艺简单，操作方便，净化程度高，并可回收热能，但不能回收有害气体，有时会造成二次污染。

第三节　焊接废水污染的危害及处理技术

一、焊接水污染及其危害

根据焊接生产的污染物质及其形成污染的性质，可以将焊接水污染分成化学性污染和物理性污染两类。

1. 化学性污染

（1）酸碱污染　焊接生产的工业废水常含有一定量的酸或碱，酸碱污染会使水体的 pH 值发生变化，抑制细菌和其他微生物的生长，影响水体的生物自净作用，还会腐蚀船舶和水下建筑物，影响渔业，破坏生态平衡，并使水体不适宜作饮用水源或其他工、农业用水。

（2）重金属污染　焊条药皮中往往含有各种重金属，有一些可以溶入水中。重金属对人体健康及生态环境的危害极大，如汞、镉、铅、砷、铬等。闻名于世的水俣病就是由汞污染造成的，镉污染则会导致骨痛病。重金属排入天然水体后不可能减少或消失，却可能通过沉淀、吸附及食物链而不断富集，达到对生态环境及人体健康有害的浓度，其危害具有持久性。

（3）需氧性有机物污染　焊接生产废水中的一些油类等碳水化合物、醇等有机物，可在微生物作用下进行分解，分解过程中需要消耗氧，因此被统称为需氧性有机物。大量需氧性有机物排入水体中，会引起微生物繁殖和溶解氧的消耗。当水体中的溶解氧含量降低至 4mg/L 以下时，鱼类和水生生物将不能在水中生存。水中的溶解氧耗尽后，有机物只能通过厌氧微生物的作用而发酵，生成大量硫化氢、氨、硫醇等带恶臭的气体，使水质变黑发臭，造成水环境严重恶化。需氧有机物污染是水体污染中最常见的一种污染。

2. 物理性污染

焊接废水中常见的物理性污染有以下几种。

（1）悬浮物污染　焊接废水中均有悬浮杂质，主要是氧化铁和焊渣等。其排入水体后影响水体外观，增大水体的浑浊度，妨碍水中植物的光合作用，对水生生物生长不利。悬浮物还有吸附凝聚重金属及有毒物质的能力。

（2）热污染　当焊接生产中使用的冷却水温度升高后排入水体时，将引起水体温度升高，溶解氧含量下降，微生物活动加强，某些有毒物质的毒性作用增强等，对鱼类及水生生物的生长有不利的影响。

在实际的水环境中，上述各类污染往往是同时存在的，而且各类污染也常常是互有联系的。例如，很多有机物以悬浮状态存在于废水中，很多病原性微生物与有机物共同排放至水体等，因此治理污水时一般是多种方法联合使用。

二、焊接废水处理方法

焊接废水处理就是采用各种方法将废水中所含的污染物质分离出来，或将其转化为无害和稳定的物质，从而使废水得以净化。现代废水处理技术，根据其作用原理可划分为四大类别，即物理法、化学法、物理化学法和生物法。

1. 物理法

通过物理作用和机械力分离或回收废水中不溶解的悬浮污染物质（包括膜和油珠），并在处理过程中不改变其化学性质的方法称为物理法。

物理法一般较为简单，多用于废水的一级处理中，以保证后续工序的正常进行并降低其他处理设施的处理负荷。常用的方法有以下几种。

（1）调节与均衡　焊接废水的水质、水量常常是不稳定的，具有很强的随机性，尤其是当操作不正常时，废水的水质就会急剧恶化，水量也大大增加，往往会超出废水处理设备的处理能力，给处理操作带来很大的困难，使废水处理设备难以维持正常工作状态。这时，就要进行水量的调节与水质的均衡。

调节与均衡主要通过设在废水处理系统之前的调节池来实现。在池内设有若干折流隔墙，使废水在池内来回折流。配水槽设在调节池上，废水通过配水孔溢流到池内前后各位置，得以均匀混合。配水槽起端配水孔入口流量一般为总流量的1/4左右，其余通过各配水孔口流入池内。调节池容积的大小可根据废水的浓度和流量变化、要求的调节程度及废水处理设备的处理能力来确定，做到既经济又能满足废水处理系统的要求。

（2）沉淀　沉淀是利用焊接废水中悬浮物的密度比水大，可借助自身重力作用下沉的原理而达到液固分离的一种处理方法。沉淀根据废水中悬浮物的沉淀现象可分为自由沉淀、絮凝沉淀、拥挤沉淀和压缩沉淀四种类型。它们均是通过沉淀池来进行沉淀的。

沉淀池是一种分离悬浮颗粒的构筑物，根据它们的构造可分为普通沉淀池和斜板斜管沉淀池。普通沉淀池应用较为广泛，按池内水流方向，可分为平流式、竖流式和辐流式三种。

（3）筛选与过滤　利用过滤介质截流焊接废水中的悬浮物，使液固分离从而净化水的方法称为筛选与过滤法。这种方法有时可作为废水处理时的最终处理单元，出水供循环使用。筛选与过滤法的实质是：让废水通过一层带孔眼的过滤装置或介质，尺寸大于孔眼尺寸的悬浮颗粒则被截流。使用一定时间后，过水阻力增大，就需要将截流物从过滤介质中除去，一般常用反洗法来实现。过滤介质有钢条、筛网、滤布、硅砂、无烟煤、合成纤维、微孔管等，常用的过滤设备有格栅、栅网、过滤池、微滤机、砂滤器和压滤机等。

2. 化学法

化学法是焊接废水处理的基本方法之一。它利用化学作用处理废水中的溶解物质或胶体物质，可用来去除废水中的金属离子、细小的胶体有机物、无机物、植物营养素（氮、磷）、乳化油、色度、臭味、酸、碱等，对废水的深度处理有重要作用。化学法包括中和法、混凝法、氧化还原法、电化学法等方法。本章主要介绍中和法、混凝法和氧化还原法。

（1）中和法 中和法主要用来处理含酸、含碱的废水。中和就是酸、碱相互作用生成盐和水。中和即为调整废水的 pH 值。废水含酸或含碱时，表现为 pH 值的降低或升高。废水呈中性时 pH 值 = 7；pH 值 < 7 时，废水呈酸性，pH 值越小，酸性越强；pH 值 > 7 时，废水呈碱性，pH 值越大，碱性越强。酸、碱废水的中和方法有：酸、碱废水互相中和、投药中和及过滤中和。

（2）混凝法 混凝法是在废水中，投加混凝剂后去除废水中利用自然沉淀法难以去除的细小悬浮物及胶体微粒的物理化学方法。这种方法尤其适用于有机大分子颗粒物、某些重金属和放射性物质的处理。此外，混凝法还能改善污泥的脱水性能，因此混凝法在废水处理中获得了广泛应用。它既可以作为独立的处理方法，也可以和其他处理方法配合使用，作为处理流程中的预处理、中间处理或最终处理。

混凝法与废水的其他处理法比较，其优点是设备简单，操作易于掌握，处理效果好，间歇或连续运行均可以。缺点是运行费用高，沉渣量大，且脱水较困难。

（3）氧化还原法 氧化还原法是通过药剂与废水中的污染物发生氧化还原反应，使废水中的污染物转化为无毒物质的方法。其工艺设备比较简单，只需要一个反应池。常用方法有：

1）空气氧化法。此法简单易行，是经常采用的方法。

2）臭氧氧化法。臭氧的氧化性在天然元素中仅次于氟，可分解一般氧化剂难于破坏的有机物，且不产生二次污染物，制备方便，因此广泛地用于消毒、除臭、脱色以及除酚、氰、铁、锰等，而且可降低废水的 COD 值、BOD 值。

臭氧处理系统中最主要的设备是接触反应器。为使臭氧与污染物充分反应，应尽可能使臭氧化空气在水中形成微细气泡，并采用两相逆流操作，强化传质过程。

3）氯氧化法。氯系氧化剂包括氯气，氯的含氧酸及其钠盐、钙盐以及二氧化氯，除了用于消毒外，还可用于氧化废水中的某些有机物和还原性物质，如氰化物、硫化物、酚、醇、醛、油类，以及用于废水的脱色、除臭。

3. 生物法

利用微生物的作用，使废水中溶解状及胶体状有机物质得到氧化分解的方法，即为生物法。生物法具有投资少、效果好、运行费用低等优点，在城市污水和工业废水的处理中得到了最广泛的应用。

根据微生物的呼吸特性，可分为好氧微生物和厌氧微生物两大类，因此生物法可相应地分为好氧生物处理和厌氧生物处理两大类。

根据微生物生长的状态，还可分为悬浮生长的系统和附着生长的系统两大类。

以下是对常用生物处理系统的简单介绍。

（1）活性污泥法——好氧微生物悬浮生长系统 活性污泥是由大量繁殖的悬浮状的微生物絮凝体组成的。采用活性污泥法处理污水时，向活性污泥与污水的混合液不断充氧，微生物即能将污水中的有机污染物氧化分解，同时不断生长繁殖。停止曝气后，活性污泥在重力作用下沉降，从而与水分离。

（2）生物膜法——好氧微生物附着生长系统 微生物附着生长于某种载体的表面，形成一定厚度的生物膜并利用生物膜处理废水的方法即为生物膜法。生物膜主要由细菌、真菌和原生动物组成。当废水流经载体空隙时，废水中的有机物被生物膜所吸附，并通过扩散转移进入生物膜，进而被微生物降解。空气中的氧也通过同样的途径传递给微生物，供微生物呼吸用。微生物代谢有机物的产物则沿着相反方向从生物膜中排出。当生物膜由于微生物的生长而增加至一定厚度时，氧无法穿透其内层，以至于出现局部的厌氧状态，使生物膜的附着力减弱，再加上水流的冲刷作用，生物膜会从载体表面脱落，并随出水流出池外。生物膜的不断生长、脱落和更新，可保持其良好的活性。

第四节　焊接固体废物的危害、处置与利用

固体废物是指在生产建设、经营、日常生活和其他活动中产生的污染环境的各种固态、半固态、高浓度固液混合态、粘稠状液态等废弃物质的总称。焊接生产中的固体废物主要是焊渣和生产工艺过程产生的其他固体废物。

一、固体废物的分类及危害

焊接生产产生的固体废物通常是固体块状、粒状、粉状的无机废物，属于工业废物。

1. 焊接固体废物分类

焊接固体废物一般常见如下几种：

（1）焊接冶金废渣　主要指各种金属经过焊接冶金过程排出的所有残渣废物，如钢渣、各种非铁金属渣、铁合金渣以及各种粉尘和污泥等。

（2）燃料废渣　焊接生产所使用的窑炉中燃料燃烧后所产生的废物，主要有煤渣、烟道灰、煤粉渣等。

（3）焊接原材料废弃物　焊接生产过程中会产生部分不能使用的边角废料，也属于固体废物。

焊接中产生的废渣量不是很大，主要有电石渣、各种金属渣、各种粉尘，还有加热炉产生的煤渣、烟道灰、煤粉渣等，应当全部进行无害化处理。

2. 固体废物的危害

固体废物的性质多种多样，成分也十分复杂，特别是在废水、废气治理过程中所排出的固体废物，浓集了许多有害成分，因此，固体废物对环境的危害极大，污染也是多方面的。主要表现为：

1）侵占土地，破坏地貌和植被。

2）污染土壤和地下水。

3）污染水体。

4）污染大气。

5）造成巨大的直接经济损失和资源能源的浪费。

二、常见的固体废物的处理方法

固体废物的处理是指通过各种物理、化学、生物等方法将固体废物转变为适于运输、利用、贮存或可最终处置的过程。常见的处理方法有以下几种。

1. 焚烧法

焚烧法是将可燃固体废物置于高温炉内，使其中的可燃成分充分氧化的一种处理方法。焚烧法的优点是可以回收利用固体废物内潜在的能量，减小废物的体积（一般可减小80%

~90%），破坏有毒废物的组成结构，使其最终转化为化学性质稳定的无害化的灰渣，同时还可彻底杀灭病原菌、消除腐化源。但该法投资比较大，处理过程中不可避免地会产生可造成二次污染的有害物质，从而产生新的环境问题。

2. 化学法

化学法是通过化学反应使固体废物变成安全和稳定的物质，使废物的危害性降到尽可能低的水平的方法。此法往往用于有毒、有害的废渣处理，属于一种无害化处理技术。化学法不是固体废物的最终处置方法，往往与浓缩、脱水、干燥等后续操作联用，从而达到最终处置的目的。其中包括以下几种方法。

（1）中和法　有许多化学药物可用于中和反应。中和酸性废渣可采用氢氧化钠、熟石灰、生石灰等。中和碱性废渣通常采用硫酸。

中和法主要用于金属表面处理等工业中产生的酸、碱性泥渣。中和反应可以采用罐式机械搅拌设备或池式人工搅拌设备两种，前者多用于大规模中和处理，后者则多用于间断的小规模处理。

（2）氧化还原法　通过氧化或还原反应，将固体废物中可以发生价态变化的某些有毒、有害成分转化成为无毒或低毒且具有化学稳定性的成分，以便进行无害化处置或资源回收。例如对含有重金属的焊接废渣的无害化处理，由于渣中的主要有害物质具有正的化学价，因而需要在渣中加入适当的还原剂，在一定条件下使其还原。

（3）化学浸出法　该法是选择合适的化学溶剂（浸出剂，如酸、碱、盐水溶液等）与固体废物发生作用，使其中的有用组分发生选择性溶解后进一步回收的处理方法。化学浸出法可用于含重金属的固体废物的处理，既消除了固体废物对环境的污染，又取得了一定的经济效益。

3. 分选法

分选方法很多，其中手工捡选是在各国最早采用的一种方法，适用于废物产源地、收集站、处理中心、转运站或处置场。机械分选方式则大多需在废物分选前进行预处理，一般至少需经过破碎处理。机械设备的选择视分选废物的种类和性质而定。分选处理技术主要有：

（1）风力分选　风力分选属于干式分选，主要分选城市垃圾中的有机物和无机物。可采用卧式惯性分选机，当固体废物在机内下落时，水平风力可将重物质、次重物质、轻物质吹散分离。

（2）浮选　浮选是在大水量、高流速的条件下，借助水、渣二者之间的相对密度差，将水与渣自然分离的方法。

（3）磁选　磁选是利用工业废渣中不同组分磁性的差异，在不均匀磁场中实现分离的一种分选技术。

（4）筛分　筛分是根据化工废渣颗粒尺寸的大小进行分选的一种方法，是通过一个以上的不同孔径的筛面，将不同粒径的混合固体废物分为两组以上颗粒组的过程。

4. 填埋法

填埋法即土地填埋方法。目前，采用较多的土地填埋方法有卫生土地填埋法、安全土地填埋法和浅地层处置法。

卫生土地填埋法是处置固体废物而不会对公众健康及环境造成危害的一种方法。通常是每天把运到土地填埋场的废物在限定的区域内铺散成 $40 \sim 75cm$ 的薄层，然后压实减小废物的体积，并在每天操作之后用一层厚 15～30cm 的土壤覆盖、压实，废物层和土壤覆盖层共同构成一个单元，即填筑单元。具有同样高度的一系列相互衔接的填筑单元构成一个升层。完整的卫生土地填埋场地是由一个或多个升层组成的。当土地填埋场达到最终的设计高度之后，再在该填埋层之上覆盖一层 90～120cm 厚的土壤，压实后就达到一个完整的卫生土地填埋场。

安全土地填埋法和浅地层处置法是卫生土地填埋法的改进，其防渗和监测系统更为完善。此外，还有废弃物固化法，处理效果好，但费用较高。

第五节　焊接噪声污染的危害与控制

噪声是焊工每天感受的公害之一。随着焊接工业生产的发展，噪声越来越强，危害也越来越大。而在焊接工业生产中，由噪声造成的工作效率降低、意外事故等，引起的经济损失也相当大，因此，焊接生产环境噪声及其控制问题已成为企业和焊工关注的焦点。

一、焊接噪声的产生

1. 噪声

从环境保护角度来说，凡是干扰人们正常休息、学习和工作的声音，即为噪声。

2. 焊接生产噪声的来源

根据焊接生产的情况，噪声的来源主要有交通运输噪声、焊接工业生产噪声和生活噪声。焊接生产使用的载货汽车、拖拉机等重型车辆的行进噪声为 89～92dB，电喇叭为 90～100dB，气喇叭为 105～110dB。这些噪声的平均值都超过了人的最大承受值 85dB。同时，焊接设备在生产过程中的机械振动、摩擦、撞击及气流扰动也会引起噪声。我国工业企业噪声调查结果表明，砂轮打磨噪声为 120dB，风铲、风镐、大型鼓风机在 120dB 以上。

焊接噪声非常明显，综合起来在 120dB 左右，因此必须进行治理和个人防护。

二、噪声污染及其危害

噪声污染与水污染、大气污染一起构成当代三种主要污染公害。噪声污染是一种物理污染，一般情况下不致命，它直接作用于人的感官，当噪声源发出噪声时，一定范围内的人们立即会感到噪声污染，而当噪声源停止发生时，噪声立即消失。噪声污染源无处不在且往往不是单一的，具有随发分散性。

大多数国家规定的噪声的环境卫生标准为 40dB，超过这个标准的噪声被认为是有害噪声。吵闹的噪声使人讨厌、烦恼、精神不集中，影响工作效率，妨碍休息和睡眠等。强的噪声还容易掩盖交谈和危险信号，分散人的注意力，发生工伤事故。据世界卫生组织估计，美国每年由于噪声的影响而带来的工伤事故、不能工作及低效率所造成的损失将近 40 亿美元。

在强噪声下暴露一段时间后，会引起暂时性的听觉疲劳，听力变迟钝，经休息后可以恢复。但长期在强噪声下工作，听觉疲劳就不能恢复，造成职业性听力损失。长期在不同噪声环境下工作，耳聋发病率的统计结果表明，噪声级在 80dB 以下，能保证长期工作不致耳聋；在 85dB 的条件下，有 10% 的人可能产生职业性耳聋；在 90dB 的条件下，有 20% 的人可能产生职业性耳聋。如果人们暴露在 140～160dB 的高强度噪声下，就会使听觉器官发生急性外伤，引起鼓膜破裂出血，螺旋体从基底急性剥离，双耳失聪。长期在强噪声下工作的工人，除了失聪外，还有头昏、头疼、神经衰弱、消化不良等症状，往往导致高血压和心血管病。

此外，高强度的噪声还能破坏机械设备及建筑物。研究证明，150dB 以上的强噪声，由于声波振动，会使金属疲劳而发生事故。

三、焊接噪声控制技术

噪声的传播一般有三个阶段：噪声源、传播途径和接受者。传播途径包括反射、衍射等各种形式的声波行进过程。只有当噪声源、传播途径和接受者三个因素同时存在时，噪声才能对人造成干扰和危害。因此，控制噪声必须考虑这三个因素。

1. 噪声源控制技术

控制噪声的根本途径是对噪声源进行控制，控制噪声源的有效方法是降低辐射声源功率。在工矿企业中，经常可以遇到各种类型的噪声源，它们产生噪声的机理各不相同，所采用的噪声控制技术也不相同。下面根据噪声物理性质的不同来分别介绍其控制技术。

（1）机械噪声的控制 机械噪声是由各种机械部件在外力激发下产生振动或相互撞击而产生的。控制机械噪声的主要方法有：提高旋转运动部件的平衡精度，减小旋转运动部件的周期性激发力；在固体零部件接触面上，增加特性阻抗不同的弹性材料，减少固体传声；在振动较大的零部件上安装减振器，以隔离振动，减少噪声传递；采用内损耗系数较高的材料制作机械设备中噪声较大的零部件，或在振动部件的表面附加阻尼，降低其声辐射效率；提高运动部件的加工精度和表面质量，选择合适的公差配合，控制运动部件之间的间隙大小，降低运动部件的振动振幅，采取足够的润滑减小摩擦力；避免运动部件的冲击和碰撞，降低撞击部件之间的撞击力和速度，延长撞击部件之间的撞击时间；用焊接代替铆接，用滚压机和风压机矫正钢板，以代替敲打矫正钢板，用无声液压或挤压代替冲压，可用压力机代替锻锤。

（2）气流噪声的控制 气流噪声是由于气流流动过程中的相互作用或气流和固体介质之间的作用产生的，控制气流噪声的主要方法是：选择合适的空气动力机械设计参数，减小气流脉动，减小周期性激发力；降低气流速度，减少气流压力突变，以降低湍流噪声；降低高压气体排放压力和速度；安装合适的消声器。

（3）电磁噪声的控制 电磁噪声主要是由交替变化的电磁场激发金属零部件和空气作周期性振动而产生的。

降低电动机噪声的主要措施有：合理选择沟槽数和级数；在转子沟槽中充填一些环氧树脂材料，以降低振动；提高定子的刚性；提高电源稳定性；提高制造和装配精度。

降低变压器电磁噪声的主要措施有：减小磁力线密度；选择低磁性硅钢材料；合理选择铁心结构，铁心间隙充填树脂性材料，硅钢片之间采用树脂材料粘贴。

2. 传播途径控制技术

通常由于某种技术和经济上的原因，从噪声源上控制噪声难以实现，这时就要从传播途径上考虑降噪措施，具体采取的方法有如下几种。

（1）吸声降噪 当声波入射到物体表面时，部分入射声波能被物体表面吸收而转化成其他能量，这种现象称为吸声。吸声降噪是一种在传播途径上控制噪声强度的方法。其做法通常是在室内墙面或顶棚面安装吸声材料。

（2）消声器 消声器是一种既能使气流通过又能有效地降低噪声的设备。通常可用消声器降低各种空气动力设备的进出口或沿管道传递的噪声。例如在内燃机、通风机、鼓风机、压缩机、燃气轮机以及各种高压、高速气流排放的噪声控制中广泛使用消声器。

（3）隔声降噪 隔声降噪是焊接生产中常用的一种噪声控制技术。它是把产生噪声的机器设备封闭在一个小的空间，使它与周围环境隔开，以减少噪声对环境的影响，这种做法称为隔声。隔声屏障和隔声罩是主要的两种设计，其他隔声结构还有隔声室、隔声墙、隔声幕、隔声门等，这些隔声设备只是结构不同，其隔声降噪的原理基本相同。用隔声量衡量构件隔声性能的好坏，单位是分贝（dB），数值越大构件隔声性能越好。

1）隔声屏障。它是保护近声场人员免遭直达声危害的一种噪声控制手段。当声波在传播中遇到屏障时，会在屏障的边缘处产生绕射现象，从而在屏障的背后产生一个声影区，声影区内的噪声级低于未设置屏障的噪声级，这就是隔声屏障降噪的基本原理。目前国内大量采用各种形式的屏障降低交通噪声，这时屏障用来阻挡噪声源与受体之间的直达声。例如，某企业采用隔声屏障，经过实测表明隔声屏障内的噪声为85dB，而隔声屏障外30m内的噪声仅为69~70dB，下降了15~16dB，效果十分明显。

2）隔声罩。当噪声源比较集中或只有个别噪声源时，可将噪声源封闭在一个小的隔声空间内，这种隔声设备称为隔声罩。隔声罩是抑制机构噪声的较好的一种方法，它往往能获得很好的减噪效果。如老式直流焊机是强噪声设备，常常使用隔声罩来减噪。

一般机器所用的隔声罩由罩板、阻尼涂料和吸声层构成。罩板一般用1~3mm厚的钢板，也可以用密度较大的木质纤维板。罩壳用金属板时要涂以一定厚度的阻尼层以提高隔声量，专用阻尼材料是橡胶、沥青、塑料和环氧树脂等所谓的粘滞性材料，这主要是声波在罩壳内的反射作用会提高噪声的强度。隔声罩在制作过程中，一定要注意密封，最好是将声源全部密封，但这在实际中是难以做到的。

（4）个人隔声防护

1）采用小型消声器，设置在噪声出口处，对降低噪声有较好的效果。

2）操作者佩戴隔声耳罩或隔声耳塞，可起到较好的防护效果。

3）工作面周围可以临时设置消声材料，也有一定效果。

下篇　焊接检测

本篇围绕焊接质量管理工作的需要，讲述射线检测、超声波检测、磁粉检测、渗透检测等焊接质量的无损检测技术。

第六章　焊接检测概述

为了确保焊接结构的完整性、可靠性、安全性和使用性，除了焊接技术和焊接工艺的要求以外，焊接检测是焊接结构质量管理的重要一环。焊接检测在生产中具有保证生产正常进行的职能，具有预防焊接缺陷的职能，具有提供质量管理信息的职能。同时，焊接产品的强制性监督检验对某些重要的焊接产品而言，甚至是产品能否顺利出厂的关键条件。因此，焊接检测与焊接生产是平行互动的，是开展焊接生产质量管理的主要具体工作。

第一节　焊接检测的步骤、职能、依据与方法

焊接检测必须按照焊接结构的设计说明书进行，或者按照合同的约定进行，通过焊接检测才能保证生产顺利进行，确定焊接产品的合格性。

一、焊接检测的步骤与职能

1. 焊接检测的步骤

焊接检测是一个细致的过程，一般包括以下步骤。

1）明确质量要求。根据焊接技术标准和生产工艺的考核指标，确定检测项目和各项目的质量标准，确定检测员的职责，使检测员熟悉检测项目。

2）进行项目检测。选用一定方法和手段测试被检测的对象或产品，得到质量特性值和结果。

3）评定测试结果。将检测得到的结果同质量要求比较，确定检测对象或者产品的级别，判定其合格与否。

4）报告检测结果。不论产品合格与否，都要以书面或标记的形式作出结论。

2. 焊接检测的职能

焊接检测的职能具体可以归纳为以下三个方面。

1）质量保证的职能。也就是把关的职能，通过对焊接原材料、工序、半成品和成品的检测，做到不合格的原材料不投产，不合格的工序和半成品不流转到下一道工序，不合格的成品不出厂。

2）缺陷预防的职能。检测获得的信息和数据是质量控制的依据，进而发现生产过程中的质量问题，通过检测能及早发现质量问题，并找出原因及时纠正、预防或减少不合格焊缝的产生。

3）结果报告的职能。在检测中得到的各种数据和记录，经过分析，形成一定形式的书面报告存档备查。同时把对这些数据和记录所作的分析和评价结果报告有关部门，为改进焊接工艺、提高产品质量、加强管理提供质量信息和依据。

焊接检测的三种职能中，最基本、最主要的还是质量保证的职能。因此，健全检测机构、改善检测手段、加强检测力量、完善检测的标准化工作是十分必要的。焊接检测是全面质量管理的重要组成部分，在推行全面质量管理的过程中，不能放松和削弱检测工作，只有这样，才能从根本上解决焊缝及其产品的质量问题。

二、焊接检测的依据

1. 焊接结构（产品）设计说明书

根据焊接结构（产品）设计说明书，对产品焊接接头的各项技术条件，如接头的等级要求、力学性能指标、工艺参数等进行必要的检测。

2. 焊接技术标准

焊接技术标准规定了焊接产品的质量要求和质量评定方法，是从事检测工作的指导性文件。

3. 工艺文件

包括焊接工艺规程、焊接检测规程、焊接检测工艺等，它们具体规定了检测方法和检测程序，指导现场检测人员进行工作。

4. 订货合同

用户对焊接质量的要求在合同中应明确指出，可作为图样和技术文件的补充规定。

5. 焊接施工图样

图样是最为简便的检测文件，尤其是工序检测。

6. 焊接质量管理制度

企业的管理制度包含质量检测的管理制度，可以直接或者间接作为焊接检测的依据。

三、焊接检测方法

焊接检测方法很多，一般可按下述方法分类。

1. 按焊接检测数量分类

1）抽检。在焊接质量比较稳定的情况下，例如自动焊、摩擦焊、氩弧焊等，当工艺参数调整好之后，在焊接过程中焊接质量变化不大、比较稳定时，可以对焊接接头质量进行抽查检测。但是，影响焊接质量的因素很多，不能排除网路电压、送丝速度、焊丝摆动等偶然因素的影响。因此，抽查检测焊缝的质量，不能完全反映所有焊缝的质量，只能相对比较和评价焊接质量。

抽查检测的数量一般用百分比表示，具体数值依据同类焊缝或者同类产品的缺陷率确定。

2）全检。对所有的焊缝或者产品进行检查。

3）强制监督检验。对于某些重要的焊接产品，如锅炉、压力容器等，根据国家的法令、法规要求，整个产品的设计、制造、安装、改造等过程，均必须通过由国家质量监督检验检疫总局授权的特种设备安全监察机构核准的检验单位进行强制监督检验，合格后方可投入使用。

2. 按焊接检测方法分类

（1）破坏性检测 破坏性检测的分类如图6-1所示。

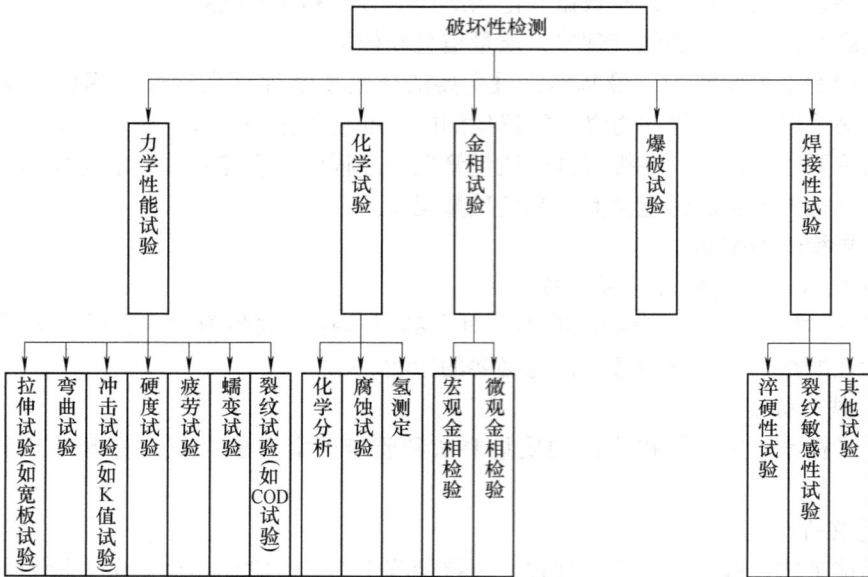

图6-1 破坏性检测的分类

（2）非破坏性检测 非破坏性检测的分类如图6-2所示。

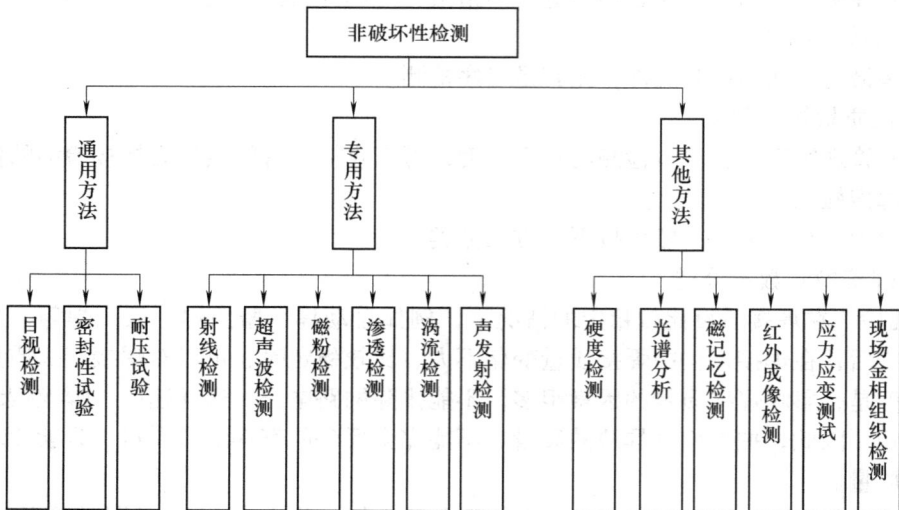

图6-2 非破坏性检测的分类

非破坏性检测又可分为通用方法、专用（无损检测）方法和其他方法三类。

1）通用方法。

①目视检测也称为外观检测，包括尺寸检测、几何形状检测和外表伤痕检测等。

②密封性试验（泄漏试验）包括气密试验、载水试验、沉水试验、煤油渗漏试验、氨渗漏试验、氦检漏试验等。其实质是设备的泄漏试验。

③耐压试验包括液压试验、气压试验、气液组合压力试验等。该试验同时也是设备的强度试验。

2）专用方法。专用方法其实就是无损检测，包括射线检测、超声波检测、磁粉检测、渗透检测、涡流检测、声发射检测等。

3）其他方法。其他方法中除硬度检测、现场金相组织检测、光谱分析是较早采用的方法外，磁记忆检测、红外成像检测、应力应变测试是近年来采用的新方法。

第二节　检测中常见的焊接缺陷

焊接缺陷的产生原因十分复杂，既有冶金因素，也有工艺因素，还有应力因素，有时环境因素影响也很大，因此焊接缺陷种类较多。焊接检测人员必须熟悉缺陷的种类、特征，才能及时发现缺陷，保证生产顺利进行。

一、焊接缺陷及其分类

焊接过程中在焊接接头上产生的不符合标准要求的缺陷称为焊接缺陷。一般来讲，评定焊接接头质量是以焊接接头存在缺陷的性质、大小、数量和危害程度作为依据的。

在焊接生产过程中要想获得无缺陷的焊接接头，技术上是相当困难的，也是不经济的。为了满足产品的使用要求，促进焊接技术的发展和产品质量的提高，应该把焊接缺陷限制在一定范围之内，使之对焊接结构的运行不产生危害即可。焊接缺陷的分类方法很多，按广义分类，焊接缺陷基本上可归纳为如下三类。

1. 尺寸上的缺陷

尺寸上的缺陷包括焊接结构的尺寸误差和焊缝形状不佳等。

2. 结构上的缺陷

结构上的缺陷包括气孔、夹渣、非金属夹杂物、熔合不良、未焊透、咬边、裂纹、表面缺陷等。

3. 性质上的缺陷

性质上的缺陷包括力学性能和化学性质等不能满足焊件的使用要求的缺陷。力学性能指的是抗拉强度、屈服强度、伸长率、硬度、冲击吸收能量、疲劳强度、弯曲角度等。化学性质指的是化学成分和耐蚀性等。

熔焊焊接接头中常见缺陷及分类见表6-1。

二、常见焊接缺陷的基本特征

1. 焊缝形状和尺寸不符合要求

焊缝外表高低不平和波纹粗劣，焊缝宽度不均匀、太宽或太窄，焊缝余高过低或过高，角焊缝焊脚尺寸不均等，都属于焊缝形状和尺寸不符合要求。这些缺陷不仅使焊缝成形不美观，而且容易造成应力集中，影响焊缝与母材的结合强度。

2. 咬边

咬边是指沿焊趾的母材部位产生的沟槽或凹陷。咬边减小了焊缝的有效截面，降低了焊接接头的力学性能。由于在咬边处形成应力集中，焊接结构承载后可能在咬边处产生裂纹。

表 6-1　熔焊焊接接头中常见缺陷及分类

分　类	缺陷名称	分　类	缺陷名称
裂纹	横向裂纹 纵向裂纹 弧坑裂纹 枝状裂纹 放射状裂纹 间断裂纹 微观裂纹	未熔合及未焊透	未熔合 未焊透
孔穴	球形气孔 均布气孔 局部密集气孔 链状气孔 条形气孔 虫形气孔 表面气孔	形状和尺寸不良	凹坑 弧坑 咬边 焊瘤 下塌 烧穿 未焊满 角焊缝凸度过大 焊缝超高 焊缝宽度不齐 焊缝表面粗糙、不平滑
固体夹杂	夹渣 焊剂或熔剂夹渣 氧化物夹杂 皱褶 金属夹杂	其他缺陷	电弧擦伤 飞溅（如钨飞溅） 定位焊缺陷 表面撕裂 双面焊道错开 打磨过量 凿痕 磨痕

3. 焊瘤

焊瘤是指在焊接过程中，熔化金属流淌到焊缝外在未熔化的母材上冷凝成的金属瘤。立焊和仰焊时最易产生，埋弧焊焊接小直径环缝时也易产生。焊瘤不仅影响焊缝美观，而且往往随之出现夹渣和未焊透等缺陷；管子内部的焊瘤将减小管路介质的流通截面。

4. 凹坑和弧坑

凹坑是指焊缝表面或背面形成的低于母材表面的局部低洼部分。弧坑是凹坑的一种，发生在焊缝收尾处。凹坑和弧坑都使焊缝的有效截面减小，降低焊缝的承载能力。弧坑处容易产生偏析和杂质积聚，易导致气孔、夹渣、裂纹等焊接缺陷的产生。

5. 烧穿

烧穿是在焊接过程中，由于焊接参数选择不当，焊接操作工艺不良或者工件装配不好等原因，熔化金属自焊缝坡口背面流出，造成穿孔的现象。

6. 未熔合

未熔合是熔焊时，焊道与母材之间或焊道与焊道之间，未能完全熔化结合的部分。未熔合间隙很小，可视为片状缺陷，类似于裂纹，易造成应力集中，是危险性缺陷。

7. 未焊透

未焊透是熔焊时，焊接接头根部未完全熔透的现象。未焊透减小了焊缝的有效工作截面，在根部尖角处产生应力集中，容易引发裂纹，导致结构破坏。

8. 气孔

气孔是在焊接过程中，熔池金属中的气体在金属冷却凝固时未能逸出而残留在焊缝中所形成的孔穴。气孔按其产生的部位分为内部气孔和外部气孔，按形成气孔的主要气体分为氢气孔、一氧化碳气孔和氮气孔。气孔一般呈圆形或者椭圆形。

9. 夹渣

夹渣是指焊缝金属在快速凝固过程中，来不及浮出焊缝表面而残留在焊缝中的熔渣。夹渣的危害比气孔严重，因为夹渣的几何形状不规则，存在棱角或尖角，易造成应力集中，它往往是裂纹的起源。

10. 裂纹

裂纹产生的原因较复杂，常见的裂纹形式有以下两种。

1）热裂纹。热裂纹是焊接过程中，焊缝和热影响区金属冷却到固相线附近的高温区时所产生的焊接裂纹。由于产生在高温区，与大气相通的开口部位发生氧化，裂纹断口表面有氧化色，这可以作为判断裂纹是否属于热裂纹的重要依据。有时在裂纹中可见到焊渣，裂纹的微观特征为沿晶界分布，对断口进行扫描电镜观察，可见到金属凝固的自由表面。在焊缝和热影响区均可产生热裂纹。

2）冷裂纹。冷裂纹是指焊接接头冷却到较低温度下时产生的焊接裂纹。冷裂纹的产生有时间性，可能在焊后立即产生，也可能在焊后延迟一段时间才出现，后者称为延迟裂纹。延迟的时间取决于氢在金属中的扩散速度，而扩散速度又取决于焊件所处的环境温度，在 -70 ~ +50℃的温度区间内，容易产生延迟裂纹。裂纹断口处呈金属光亮，微观特征为沿晶界或穿过晶界。在焊缝和热影响区均可产生冷裂纹，特别是焊道下熔合线附近、焊趾和焊缝根部。

第三节　焊缝的常规检测

焊缝的常规检测是焊接结构完全检测的第一步，它除了对焊缝外观和焊缝尺寸进行检测以外，也为以后其他方法的检测提供了初步判断的依据。

一、焊缝缺陷检测的基本流程

焊缝缺陷检测的基本流程如图 6-3 所示。

二、焊缝外观检测

焊缝的外观检测可用肉眼及放大镜，主要检测焊接接头的形状和尺寸，检测过程中可使用标准样板和量规。

1. 目视检测的方法

目视检测工作容易进行，并且直观、方便、效率高，因此应对焊接结构的所有可见焊缝进行目视检测。对于结构庞大、焊缝种类或形式较多的焊接结构，为避免目视检测时遗漏，可按焊缝的种类或形式分为区、块、段逐次检查。当焊接结构存在隐蔽焊缝时，应在组装之前或焊缝尚处在敞开的时候进行目视检测，以保证产品焊缝的缺陷在封闭之前发现，及时消除。

目视检测方法可分为直接目视检测和远距离目视检测。

1）直接目视检测。直接目视检测也称为近距离目视检测，用于眼睛能充分接近被检物体的场合，可直接观察，或通过放大镜观察，以提高眼睛发现缺陷和分辨缺陷的能力。

```
                              ┌─────────┐
                              │ 缺陷检测 │◄──────────────────────────┐
                              └─────────┘                           │
                    ┌─────────────┴──────────────┐                 │
                    ▼                             ▼                 │
              ┌─────────┐                   ┌─────────┐             │
              │ 外部缺陷 │                   │ 内部缺陷 │             │
              └─────────┘                   └─────────┘             │
                    │                             │                 │
                    ▼                             │                 │
              ┌─────────┐                         │                 │
              │ 目视检测 │                         │                 │
              └─────────┘                         │                 │
          ┌─────────┴─────────┐                   │                 │
          ▼                   ▼                   │                 │
    ┌──────────┐        ┌──────────┐              │                 │
    │ 外表面,内表面│     │ 内表面    │              │                 │
    │ (人可进入) │       │ (人不可进入)│           │                 │
    └──────────┘        └──────────┘              │                 │
          │                   │                   │                 │
          ▼                   ▼                   │                 │
    ┌──────────┐        ┌──────────┐              │                 │
    │  放大镜   │        │ 放大镜,内窥镜│          │                 │
    └──────────┘        └──────────┘              │                 │
          │                   └──────────────────►│                 │
          ▼                                        │                 │
    ┌────────────┐                                 │                 │
    │  表面要求:  │                                 │                 │
    │经清理,部分需打磨│                            │                 │
    └────────────┘                                 │                 │
      ┌─────┴──────┐                               │                 │
      ▼            ▼                               │                 │
┌──────────┐ ┌──────────┐                          ▼                 │
│渗透检测/涡流检测│ │磁粉检测/涡流检│              ┌──────────┐        │
│(非铁磁材料)│ │测(铁磁材料)│               │ 射线检测  │        │
└──────────┘ └──────────┘                   │超声波检测 │        │
      │            │                          └──────────┘        │
      ▼            ▼                               │                 │
┌──────────┐ ┌──────────┐                          │                 │
│ 体积缺陷  │ │ 线性缺陷  │──────────────────────►  │                 │
└──────────┘ └──────────┘                          ▼                 │
      │            │                          ┌──────────┐        │
      ▼            ▼                          │缺陷尺寸及性质│       │
┌──────────┐ ┌──────────┐                   │  分析    │        │
│(超声)测深度│ │(超声)测深度│               └──────────┘        │
│          │ │裂纹测深仪 │              ┌────────┴────────┐      │
└──────────┘ └──────────┘              ▼                 ▼      │
      │            │                 ┌──────────┐  ┌──────────┐ │
      ▼            ▼                 │在允许范围内│ │ 超标返修 │─┘
┌──────────┐ ┌──────────┐           └──────────┘  └──────────┘
│ 能打磨消除 │ │ 超标返修 │                │
└──────────┘ └──────────┘                │
      └──────┬──────┴───────────────────┘
             ▼
        ┌─────────┐
        │ 耐压试验 │
        └─────────┘
             │
             ▼
        ┌─────────┐
        │  出厂   │
        └─────────┘
```

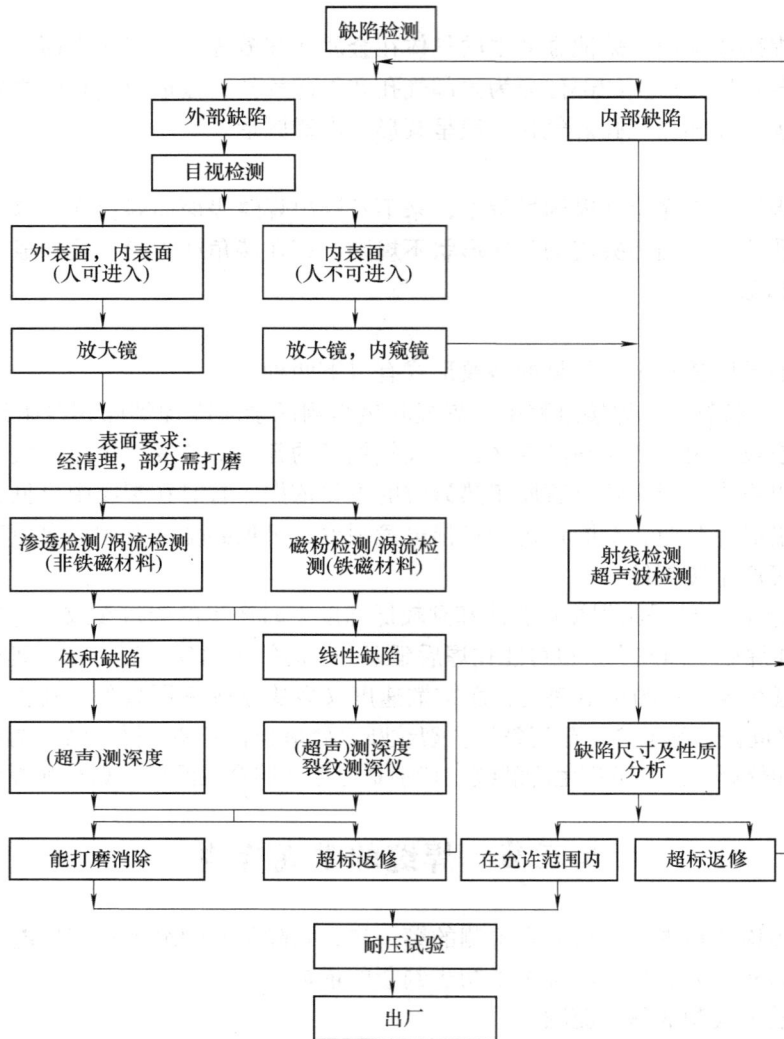

图 6-3　焊缝缺陷检测的基本流程

2）远距离目视检测。远距离目视检测用于眼睛不能接近被检物体的场合，可借助望远镜、视频探测镜（电子内窥镜、视频内窥镜）、工业检测用闭路电视、照相机等进行观察，其分辨能力，至少应具备相当于直接目视观察所获检测的效果。

2. 目视检测的项目

1）焊接后清理质量检测。所有焊缝及其边缘，应无焊渣、飞溅及阻碍外观检测的附着物。

2）焊接缺陷检测。在整条焊缝和热影响区附近，应无裂纹、夹渣、焊瘤、烧穿等缺陷，气孔、咬边应符合有关标准规定。焊接接头部位容易产生焊瘤、咬边等缺陷，收弧部位容易产生弧坑、裂纹、夹渣、气孔等缺陷，检查时要引起注意。

3）几何形状检测。重点检测焊缝与母材连接处以及焊缝形状和尺寸急剧变化的部位。焊缝应完整，不得有漏焊，连接处应圆滑过渡。焊缝高低、宽窄及结晶鱼鳞纹应均匀变化。

可借助测量工具来进行测量。

4）焊接的伤痕补焊检测。重点检测装配工夹具拆除部位，钩钉吊卡焊接部位、母材引弧部位、母材机械划伤部位等。应无缺肉及遗留焊瘤，无表面气孔、裂纹、夹渣、疏松等缺陷，划伤部位不应有明显棱角和沟槽，伤痕深度不超过有关标准规定。

目视检测时若发现裂纹、夹渣、焊瘤等不允许存在的缺陷，应清除、补焊或修磨，使焊缝表面的质量符合要求。

三、焊缝尺寸的检测

焊缝尺寸的检测是按图样标注的尺寸或技术标准规定的尺寸对实物进行测量检查。尺寸测量工作可与目视检测同时进行，也可在目视检测之后进行。通常是在目视检测的基础上，初步掌握几何尺寸变化的规律之后，选择测量部位。一般情况下，选择焊缝尺寸正常部位、尺寸变化的过渡部位和尺寸异常变化的部位进行测量检查，然后相互比较，找出焊缝尺寸变化的规律，与标准规定的尺寸对比，从而判断焊缝的几何尺寸是否符合要求。

1. 对接接头焊缝尺寸的检测

一般情况下，施工图样只标注坡口尺寸，不标明焊后尺寸要求。对接接头焊缝尺寸应按有关标准规定或技术要求检测。检测对接接头焊缝尺寸的方法简单，可直接用直尺或焊接检验尺测量出焊缝的余高和焊缝宽度。

若组装工件存在错边，则测量焊缝的余高时应以表面较高一侧母材为基准进行计算。若组装工件厚度不同，则测量焊缝余高时也应以表面较高一侧母材为基准进行计算，或保证两母材之间的焊缝呈圆滑过渡，如图6-4所示。

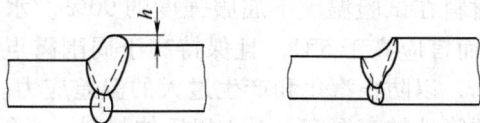

图6-4　对接接头焊缝

2. 角焊缝尺寸的检测

角焊缝尺寸包括焊缝的计算厚度、焊脚尺寸、凸度和凹度等。测量角焊缝的尺寸，主要是测量焊脚尺寸和角焊缝厚度，然后通过测量结果计算焊缝的凸度和凹度。焊脚尺寸的测量采用焊接检验尺，测量方法如图6-5所示。

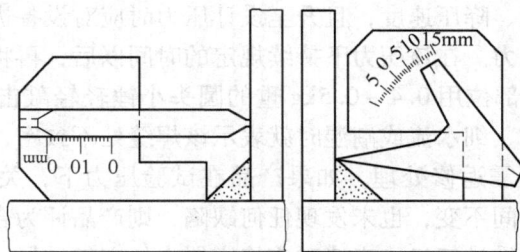

图6-5　用焊接检验尺测量焊脚尺寸

进行角焊缝检测时，一般首先要对最小尺寸部位进行测量，同时对其他部位进行外观检测，如焊缝坡口应填满金属，并使其圆滑过渡、外形美观、无缺陷。检测时应注意更换焊条的接头部位，有严重的凸度和凹度时，应及时修磨或补焊。

第四节 焊接结构的耐压试验和密封性试验

耐压试验和密封性试验是对焊接结构的整体强度和密封性进行的综合检测，也是对焊接结构的选材、切割和制造工艺等的综合性检测。其检测结果不仅是判断产品是否合格和进行等级划分的关键数据，而且是保证焊接结构安全运行的重要依据。耐压试验包括液压试验、气压试验和气液组合试验。密封性试验包括气密试验、煤油试验和氨气试验等。虽然液压试验和气压试验在某种程度上也具有密封性检测的性质，但其主要目的仍然是强度检测，因而习惯上也把它们称为强度试验。

一、水压试验

水压试验是最常用的液压试验方法。水的压缩性很小，试验时如果焊接结构因缺陷扩展而发生泄漏，水压立即显著下降，不会引起爆炸。同时，其对试验场地周边的环境、人员、设施危害最小。因此，用水作试压介质既安全又廉价，操作起来也十分方便，故得到了广泛的使用。对于极少数不宜盛装水的焊接结构，则可采用不会导致发生危险的其他液体，但试验时液体的温度应低于其闪点或沸点。进行水压试验时，要求焊接工作必须全部结束，药皮、焊渣等杂物必须全部清理干净，焊缝的返修、焊后热处理、力学性能检测及无损检测必须全部合格。

水压试验可用作焊接容器的密封性试验和强度试验。其试验参数包括：环境温度、水温、试验压力、保压时间等。通常，水压试验前必须根据不同的材料选择是否进行强度校核。其薄膜应力不得超过材料在试验温度下屈服强度的 90%。水压试验的环境温度应高于5℃。水的温度对一般材料而言应高于5℃，且保持高于周围露点温度，以防止试验设备表面结露，但也不宜温度过高，以防止汽化和产生过大的温差应力。对于合金结构钢制设备，试验水温应高于所用钢种的脆性转变温度。对于奥氏体材料，必须控制水中氯离子的质量浓度不超过 25mg/L，不能满足这一要求时，试验后必须立即将水渍去除干净。试验压力及保压时间必须按照国家相关规范和标准要求进行选择。当环境温度低于5℃进行试验时，要采用人工加热，维持水温在5℃以上方可进行。试验时，容器充满水，彻底排尽空气，然后用水压机逐步增大容器内的静水压力，压力的大小依产品的工作性质而定，一般为工作压力或设计压力的 1.25 ~ 1.5 倍。当设备壁温与液体温度接近时开始升压，升降压时必须保证压力缓慢升降，严格控制升压、降压速度，且升至设计压力时应对设备进行全面检查，确保无泄漏后才能缓慢升至试验压力。在该压力下持续规定的时间以后，再将压力降至工作压力，并沿焊缝边缘 15 ~ 20mm 的部位用 0.4 ~ 0.5kg 重的圆头小锤轻轻敲击，同时对焊缝进行仔细检查，当发现焊缝有水珠、细水流或潮湿时就表示该焊缝处不致密，应当把它标示出来，这样的产品应评为不合格，需返修处理。如果产品在试验压力下，关闭了所有进、出水的阀门，其压力值保持一定时间不变，也未发现任何缺陷，则产品评为合格。

试验时，容器顶部应设排气口，充液时应将容器内的空气排尽。试验过程中，应保持表面的干燥，以便于观察。升压或降压应缓慢进行。当达到规定试验压力后，保压时间要足够长，以便对所有焊缝和连接部位进行检查。如有渗漏，修补后重新试验。水压试验完毕后，应将焊接结构内部的液体排尽，并用压缩空气将内部吹干。

必须注意的是：由于试验压力为工作压力或设计压力 1.25 ~ 1.5 倍，已对焊接设备进行了强度试验，因此试验压力下的耐压试验不允许反复进行。尤其对设计压力较高的设备必须引起高度关注，力求一次成功。

对管道进行检查时，可用闸阀将它们分成若干段，并且依次对各段进行检查。

水压试验的系统中，至少有两只压力计，其中一只作为监视压力计，另一只为工作压力计。压力计必须安装在设备使用时的最高点。如条件不许可，则必须增大该段的液体静压力，否则水压试验结果为不合格。压力计必须经计量部门校核过，并有铅封才能使用。

水压试验是设备制造时的关键停止点。对于需第三方监督检验的设备，水压试验过程中监检人员必须到场全程监督，共同签署试验报告，否则该试验结果为不合格。

在特殊情况下，为了检查强度，可用比工作压力大几倍或相当于材料屈服强度的压力值进行试验。试验时，应注意观察应变仪，防止超过屈服强度。进行这种试验之后的产品，必须经退火处理，以消除因试验产生的残留应力。

二、气压试验

气压试验和水压试验一样是检测在一定压力下工作的容器和管道的焊缝密封性及强度的试验，其往往是在不具备水压试验的条件下才进行的试验（如结构和支承原因、运行条件不允许残留试验液体的设备）。气压试验虽然比水压试验更为灵敏和迅速，同时试验后的产品不用进行排水处理，对于排水困难的产品尤为适用，但是，试验的危险性比水压试验大，设备试验时一旦失效，相当于发生一次人为爆炸事故，故进行试验时，必须遵守相应的安全技术措施，以防试验过程中发生事故。安全技术措施规定如下：

1）要在隔离场所或用厚度不小于 3mm 的钢板将被试验产品的三面或四面包围起来，才能进行试验。试验场地只保留必需的工作人员，其他人员一律撤离。

2）不得对处在压力下的产品进行敲击、振动和修补缺陷。

3）在输送压缩空气到产品的管道上时，要设置一个气罐，以保证进气的稳定。在气罐的气体出、入口处，各装一个开关阀，并在输出口端（即产品的输入口端）管道上装上安全阀、工作压力计和监视压力计。

4）当产品内的压力值达到所需的试验数值时，输入压缩空气的管道必须关闭，停止加压。

进行试验时，先将所试验的产品缓慢加压至试验压力的 10%，保压 5min，并对产品进行检查。无泄漏时升压至试验压力的 50%，无异常再按 10% 逐级升到所需的试验压力。该压力值由产品的相关规范标准和技术条件规定。然后关闭进气阀，停止加压并保压至规定时间；而后开始降压，降至设计压力后开始保压，进行检查。把肥皂水涂到焊缝上，检查焊缝是否漏气，或检查工作压力表数值是否下降，如没有漏气或压力值不下降，则该产品可评为合格。当产品的焊缝出现漏气或容器压力下降时，应找出部位，进行标示，卸载后进行返修补焊处理。返修后再经检测合格才可评定为合格。

气压试验同样是设备制造时的关键停止点。对于需第三方监督检验的设备，气压试验过程中监检人员必须到场全程监督，共同签署试验报告，否则该试验结果为不合格。

三、气液组合压力试验

气液组合压力试验是 TSG R0004—2009《固定式压力容器安全技术监察规程》中新增加的一种耐压试验方法，主要用于对因承重等原因无法注满液体的压力容器进行耐压试验。试验时，可根据焊接设备的承重能力先注入部分液体，然后注入气体，进行气液组合压力试验。这种试验是目前大型焊接设备开展压力试验的有效的补充方法。

气液组合压力试验既具有液压试验的部分特征，又具有气压试验的部分特征。所以，开展气液组合压力试验时，试验用液体、气体必须分别与前面水压试验、气压试验所要求的内容相一致，试验时的试验温度、试验的升降压要求、安全防护要求以及合格标准应按气压试验的要求执行。

四、密封性试验

储存液体或气体的焊接容器，其焊缝的缺陷，如贯穿性的裂纹、气孔、夹渣、未焊透以及疏松组织等，可用密封性试验来检验。密封性检测方法有：煤油试验、载水试验、水冲试验、沉水试验、吹气试验、氨气试验和氦气试验等。

1. 煤油试验

煤油试验是密封性检测最常用的方法，常用于检测敞口的容器，如储存石油、汽油的固定储罐和其他同类型的产品。

用这种方法进行检测时，在比较容易修补和发现缺陷的一面，将焊缝涂上白垩粉水溶液，干燥后，将煤油仔细地涂在焊缝的另一面上。由于煤油的粘度和表面张力很小，渗透性很强，具有透过极小的贯穿性缺陷的能力，当焊缝上有贯穿性缺陷时，煤油就能渗透过去，并且在白垩粉涂过的表面上显示出明显的斑点或条带状油迹。时间一长，它们会渐渐散开成为模糊的斑迹。为了精确地确定缺陷的大小和部位，检测工作要在涂覆煤油后立即开始，一旦发现油斑应及时将缺陷标出。

检测的持续时间和焊件板厚、缺陷的大小及涂覆煤油量有关。板越厚，时间越长，缺陷较小，时间也要长些，一般为 15~20min。试验时间通常在技术条件中标出。如果在规定的时间内，焊缝表面上并未出现油斑，则所检查的焊缝被评为合格。

这种方法对于对接接头最为适合，而对于搭接接头的检测有一定困难；同时，会给有缺陷的焊缝的修补工作带来一定的危险，因搭接处的煤油不易清理干净，修补时容易引起火灾。

2. 载水试验

载水试验常用来检测较浅的不承受压力的容器或敞口容器，如船体、水箱等。进行该试验时，将容器的全部或一部分充满水，观察焊缝表面是否有水渗出。如果没有水渗出，该容器的焊缝视为合格。这一方法需要较长的检测时间。

3. 水冲试验

进行水冲试验时，在焊缝的一面用高压水流喷射，而在焊缝的另一面观察是否漏水。水流喷射方向与试验焊缝的表面夹角不应小于 70°，水管的喷嘴直径要在 15mm 以上，水压应使垂直面上的反射水环直径大于 400mm。检测竖直焊缝时应从下至上，避免已发现缺陷的漏水影响未检焊缝的检测。这种方法常用于检测大型敞口容器，如船体甲板的密封性。

4. 沉水试验

沉水试验是先将容器类焊件浸入水中，然后在容器中充灌压缩空气，为了易于发现焊缝的缺陷，被检的焊缝应当在水面下 20~40mm 的深处，当焊缝存在缺陷时，会在有缺陷的地方出现气泡。这种方法只适用于小型容器的焊缝，如用来检查飞机、汽车的燃油箱的密封性。

5. 吹气试验

吹气试验是用压缩空气对着焊缝的一面猛吹，焊缝另一面涂上肥皂水，当焊缝有缺陷存在时，便在缺陷处产生肥皂泡。所使用的压缩空气，其压力不得小于 0.4MPa，并且气流要正对焊缝表面，喷嘴到焊缝表面的距离不得超过 30mm。

6. 氨气试验

氨气试验是将容器的焊缝表面用质量分数为 5% 的硝酸汞水溶液浸过的纸带盖严，在容器内加入体积分数为 1% 的氨气的混合气体，加压至容器的设计压力值时，如果焊缝有缺陷，氨气就透过焊缝，并作用到浸过硝酸汞的纸上，使该处形成黑色的图斑。根据这些图斑，就可以确定焊缝的缺陷部位。封闭容器和敞口容器都可以采用这一试验。试验所得的硝酸汞纸带可作为判断焊缝质量的文件证据。也可用浸过同样溶液的普通医用绷带代替纸带，绷带的优点是洗净后可以再用。这种方法比较准确、迅速和经济，同时可在低温下对焊缝进行检测。

7. 氦气试验

氦气试验是通过将被检容器充满氦气或用氦气包围容器后，检测容器漏氦或渗氦情况来探明焊缝质量的试验方法。它是灵敏度比较高的一种密封性试验方法。用氦气作为试剂是因为氦气密度小，能穿过微小的孔隙。此外，氦气是惰性气体，不会与其他物质发生化学反应而变化。

目前，氦气检漏仪可以检测到气体中存在的体积分数为千万分之一的氦气，相当于在标准状态下漏氦气率为 $1cm^3/a$。

图 6-6 所示为氦气检漏仪的工作原理示意图，当被检容器中含有氦气的气体进入氦气检漏仪后，通过热控制栅被激活后与灯丝发射的电子撞击变成离子束。离子束在电场的作用下，经过狭缝聚焦后穿过永久磁铁形成的磁场时，在磁场的作用下，不同质量的离子有不同的偏转角度。此时使一狭缝的位置刚好在氦离子偏转的地方，所以只有氦离子通过并被聚焦，使它投射到集电靶上。然后通过静电计管的检波和放大装

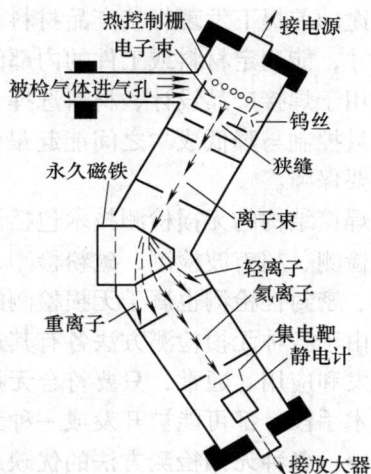

图 6-6 氦气检漏仪的工作原理示意图

置，进入音频发生器和电流计，氦离子产生的电流推动音频发生器发出可听到的声响，同时，电流计可显示电流变化过程的读数，从而反映出容器是否密封或渗漏的程度。

五、承压容器焊接接头的强度检测

由于承压容器产品的特殊性和整体性，所以只能通过检测其完整产品的强度来确定焊接接头是否符合产品的设计强度要求。这种检测方法常用于储存液体或气体的受压容器检查上，一般除进行密封性试验外，还要进行强度试验。

产品整体的强度试验分为两类：一类是破坏性强度试验，另一类是超载试验。

破坏性强度试验主要是为了验证设备在何种参数下达到其破坏极限而进行的试验。在正常的生产过程中极少采用此方法。主要作为研究手段和重要产品定型前或部分大批量生产产品（只进行抽样检测，如气瓶）采用的安全验证。

进行破坏性强度试验时，试验施加的载荷（压力、弯曲、扭转等）远高于工作载荷，且载荷必须要加至产品被破坏为止。用破坏载荷和正常工作载荷的比值来说明产品的强度情况。这个比值是由设计部门和安全监察部门依据相关规范标准来确定的。

超载试验是通过对产品施加超过工作载荷一定值的载荷，如超过工作载荷 25% ~ 50%，来检验焊接结构是否出现变形、泄漏、裂纹等缺陷的检验方法，同时该方法也是判断设备强度是否合格的检验方法。前面叙述的水压试验、气压试验和气液组合压力试验就属于典型的强度试验（超载试验）。通常，承压的特种设备规定 100% 均要接受这种检测。其余大部分普通焊接设备（需进行密封性检测）往往采用此方法作为产品的最终检测方法。

第五节　焊接结构的无损检测

无损检测（Non – destructive Testing，NDT）是指对材料或工件实施一种不损害或不影响其未来使用性能或用途，探测材料、构件或设备（被检物）的各种宏观的内部或表面缺陷，并判断其位置、大小、形状和种类的检测方法。

焊接结构的无损检测指通过使用无损检测技术，能在不损害或不影响焊接结构使用性能和用途的前提下发现焊接产品材料、工件内部和表面所存在的缺陷，能测量缺陷的几何特征和尺寸，能测定材料或工件的内部组成、结构、物理性能和状态等。焊接结构的无损检测广泛应用于焊接产品设计、材料选择、加工制造、成品检验、在役检查（维修保养）等方面，在质量控制与降低成本之间能起最优化作用，同时是焊接产品安全运行和（或）有效使用的重要保障。

焊接结构的无损检测技术包括许多种已可有效应用的方法，最常用的无损检测方法是：射线检测、超声波检测、磁粉检测、渗透检测、涡流检测、声发射检测等。前面叙述的目视检测、密封性检测也属于无损检测的范畴。

由于各种无损检测方法各有其适用范围和局限性，因此新的无损检测方法一直在不断地被开发和应用。通常，只要符合无损检测的基本定义，任何一种物理的、化学的或其他可能的技术手段，都可能被开发成一种无损检测方法。

一、各种无损检测方法的优缺点

1. 射线检测（RT）

1）设备。X 射线机、胶片、射线铅屏蔽、胶片处理设备、底片观察评价设备及辐射监控设备等。

2）用途。检测焊接不连续性（包括裂纹、气孔、未熔合、未焊透及夹渣）以及腐蚀和装配缺陷。最宜检测一定壁厚设备的体积型缺陷。

3）优点。获得永久记录，可供日后再次检查，射线功率可调。

4）局限性。X 射线设备的一次投资大，不易携带，不安全，要保护将被照射的设备和场地。同时，由于 X 射线穿透能力的影响，对检测厚度有限制。

5）相关技术。γ 射线源输出能量（波长）恒定，不能调节，要控制曝光能级和剂量；辐射源易损耗且必须定期更换，成本较高；对操作和评片人员的技术水平要求较高。X 射线的照相质量通常比 γ 射线高。

2. 超声波检测（UT）

1）设备。超声波检测仪、探头、耦合剂及标准试块等。

2）用途。检测铸件缩孔、气泡、焊接裂纹、夹渣、未熔合、未焊透等缺陷及厚度。

3）优点。对平面型缺陷十分敏感；易于携带，多数超声波检测仪不必外接电源；穿透力强，检测厚度范围广。

4）局限性。为耦合传感器，要求被检表面光滑，难于检测出细小裂缝；要有参考标准；缺陷没有直观性，缺陷定性依赖检测人员的经验，为解释信号，要求检验人员技术水平高；传统的超声波检测仪无法记录，新型的超声波检测仪采用微机技术已可记录。

3. 磁粉检测（MT）

1）设备。磁头、轭铁、线圈、电源及磁粉。某些应用中要有专用设备和紫外线光源。

2）用途。检测工件表面或近表面的裂纹、折叠夹层、夹渣及冷隔等。

3）优点。经济，简便，信号易解释，设备较轻便。

4）局限性。仅限于铁磁性材料，检测前后必须清洁工件，涂覆层太厚会引起假显示。某些应用中，还要求检测之后给工件退磁。

4. 渗透检测（PT）

1）材料及设备。荧光或着色渗透液、显像液、清洁剂（溶剂、乳化剂）及清洁装置。如果用荧光着色，则需紫外线光源。

2）用途。检测表面不连续性缺陷，如裂纹、气孔及缝隙等。

3）优点。对所有的材料都适用。设备轻便，投资相对较少。检测简便，结果易解释。除光源需要电源外，其他设备都不需要电源，可直观核对显示。

4）局限性。仅限于表面开口的缺陷检测。由于涂料、污垢及涂覆金属等表面层会掩盖缺陷，孔隙表面的漏洞也能引起假显示，因此，检测前后必须清洁工件。

5. 涡流检测（ET）

1）设备。涡流检测仪和标准试块。

2）用途。检测材料表面的不连续性缺陷（如裂纹、气孔、未熔合等）和某些亚表面夹渣。

3）优点。较经济、简便，可自动检测对准工件，不需要耦合，探头不必接触试件。

4）局限性。仅限于导体材料，穿透浅，因为灵敏度随试件几何形状而异，所以有些显示被掩盖了。要有参考标准。

6. 声发射检测（AET）

1）设备。声发射传感器、放大电路、信号处理电路及声发射信号分析系统等。

2）用途。检测焊缝在冷却过程中的内裂纹、裂纹萌生及裂纹的生长率等。

3）优点。实时并连续监控探测，可以遥控，装置较轻便。

4）局限性。传感器同试件耦合应良好，试件必须处于应力状态，延性材料产生低幅值声发射。噪声不得进入探测系统。设备贵，对人员的技术水平要求高。

二、各种无损检测方法的适用性及选择

各种无损检测方法的适用性及选择方法见表 6-2 ~ 表 6-7。

表 6-2　各种焊接缺陷无损检测方法的选择

缺　　陷	目视检测	磁粉检测	渗透检测	射线检测	超声波检测
裂纹	●	●[***]	●[*]	●	●
未焊透	●	—	—	●	●
未熔合	—	—	—	●	●
咬边	●	—	—	—	—

（续）

缺　陷	目 视 检 测	磁 粉 检 测	渗 透 检 测	射 线 检 测	超声波检测
内气孔	—	—	—	●	●
表面气孔	●	—	●	—	—
内夹渣	—	—	—	●	●
表面夹渣	●	—	●	—	—
内凹陷	●	—	—	●	●
分层	—	●^{※※}	—	●^{※※※}	●

注：●表示可用；※表示能检出表面缺陷；※※表示能检出表面和近表面缺陷；※※※表示取决于缺陷与射线透照的角度。

表 6-3　缺陷位置与无损检测方法的选择

检 测 方 法	缺 陷 位 置		
	表面开口缺陷	近表面缺陷	焊缝内部缺陷
射线检测	良	良	良
超声波检测	尚可或困难	尚可或困难	良
磁粉检测	良	尚可或困难	不可能
渗透检测	良	不可能	不可能
涡流检测	良	良	不可能

表 6-4　缺陷形状与无损检测方法的选择

检 测 方 法	缺 陷 形 状			
	平面型内部缺陷	体积型内部缺陷	平面型表面缺陷	体积型表面缺陷
射线检测	良好或困难	最适合		
超声波检测	最适合	良好或困难		
磁粉检测			最适合	良好或困难
渗透检测			最适合或良好	最适合
涡流检测			最适合	最适合

表 6-5　各种无损检测方法对不同材质的适应性

检测材料	缺陷性质	检测方法				
		射线检测	超声波检测	磁粉检测	渗透检测	涡流检测
铁素体钢	内部缺陷	很适用	很适用	不适用	不适用	—
	表面缺陷	有限适用		很适用	很适用	有限适用
奥氏体钢	内部缺陷	很适用	有限适用		不适用	—
	表面缺陷	有限适用			很适用	有限适用
铝合金	内部缺陷	很适用	很适用	不适用	不适用	—
	表面缺陷	有限适用	有限适用		很适用	有限适用
其他金属	内部缺陷	很适用	—		不适用	—
	表面缺陷	有限适用	—		很适用	有限适用

表 6-6　表面无损检测方法的比较

项目 ＼ 方法	磁粉检测	渗透检测	涡流检测
方法原理	磁力作用	毛细渗透作用	电磁感应作用
适用材质	铁磁性材料	非多孔性材料	导电材料
能检出的缺陷	表面和近表面缺陷	表面开口缺陷	表面和近表面缺陷
显示缺陷器材	磁粉	渗透液和显像剂	记录仪、示波器或电压表
应用对象	板材、型材、管材、棒材	任何非多孔性材料工件	管材、线材、棒材
主要检测缺陷	裂纹、白点、发纹、折叠、疏松和夹杂	裂纹、白点、疏松、针孔和夹杂	裂纹、白点、疏松、针孔和夹杂
缺陷显示	直观	直观	不直观
性质判断	能大致确定	能大致确定	难以判断
灵敏度	高	较高	较低
检测速度	较快	慢	很快
污染	较轻	较重	很轻

表 6-7　常用无损检测方法的识别界限

检测方法	缺陷尺寸		
	深　度	宽　度	长　度
渗透检测	$10 \sim 20 \mu m$	$5 \mu m$	$10 \mu m$
磁粉检测	$10 \mu m$	$2 \mu m$	$5 \mu m$
涡流检测	$10 \mu m$		
超声波检测	$0.1 \sim 1 mm$ 一般技术：λ 分析技术：$0.1 \sim 0.3\lambda$		
射线检测	0.1mm 直径钢丝（象质指数）		

从以上表格内容可见，每一种无损检测方法都有其独立性，并按其特殊的工作方法进行检测。同时，每种检测方法又都具有最适宜的检测对象、适宜的范围和场合，也均有各自的特点和不足之处。只有充分了解各种检测方法的优缺点，在实际工作中，根据被检测对象的特性、检验目的及要求，合理地选择一种或多种无损检测方法，配合使用，取长补短，才能获得最佳的检测效果。

三、提高缺陷检出率和保证无损检测可靠性的原则

1）无损检测与破坏性检测相配合。

2）正确选用实施无损检测的时机。

3）正确选用最适当的无损检测方法。

4）综合应用各种无损检测方法。

5）严格执行检测比例、扩检、复检的规定。

只有掌握无损检测的应用特点，严格执行有关法规、标准，才能保证无损检测的可靠性。

四、从事无损检测的一般通用规定

从事无损检测工作，无论是单位还是个人，均有一系列的规范、标准限制。以特种设备安全领域为例，对单位资格，TSG Z7001—2004《特种设备检验检测机构核准规则》中有具体的规定，对个人资格，国家质量监督检验检疫总局《特种设备无损检测人员考核与监督管理规则》中有明确的规定。无论哪个行业，从事该工作均需满足以下基本规定。

1. 取得无损检测资格证书

从事无损检测人员上岗前应参加国家或行业主管部门组织的无损检测人员资格考试，取得相关等级资格证书。对参加无损检测资格考试的人员除有身体条件、文化程度的规定外，还有从业时间的限制。资格证书的等级划分及工作权限规定如下：

1）Ⅰ级。可在Ⅱ、Ⅲ级人员的指导下进行无损检测操作，记录检测数据，整理检验资料。

2）Ⅱ级。可编制一般无损检测程序，按照无损检测工艺规程或在Ⅲ级人员的指导下编写工艺卡，并按无损检测工艺独立进行检测操作，评定检测结果，签发检测报告。

3）Ⅲ级。可编制无损检测工艺，审核或签发检测报告，协调Ⅱ级人员对检测结论的技术争议。

无损检测人员资格证书有效期一般为 4 年。有效期期满前必须提前 2 个月提出换证申请，参加换证考试。

2. 单位的资格规定

目前，我国实行专职无损检测单位资格证制度和生产单位自备检验机构两种体制。

专职无损检测单位必须按照国家或行业的相关规范、标准要求，取得国家或行业认可的无损检测单位资格证书，才能公开提供对企事业单位的无损检测服务。规范、标准规定了这些机构必须配置的基本人员资格要求及检测设备数量、办公场地的必备条件、管理体系最低要求和条件，并严格限定了检测的业务范围和资格证书的有效期。

专职无损检测单位资格证书的有效期一般为 4 年。有效期期满前必须提前 6 个月提出复核申请，由核准机构进行资格核准。

生产单位自备检验机构可在单位生产许可证获取时同时进行认证，随单位的许可证有效期到期而结束。对于一般行业，生产单位自备检验机构可为外单位的无损检测提供服务。但对于重要行业，如特种设备生产单位，自备检验机构不允许对外提供无损检测服务，只能请专职无损检测单位进行委托检测。否则，一经发现，将吊销检测人员资质。

3. 检测结果处理原则及其他规定

当采用两种或两种以上方法对同一部位进行无损检测时，应按各自的方法评定级别。

当采用同种检测方法按不同工艺进行无损检测时，如果检测结果不一致，应以危险性大的评定级别为准。

检测用仪器设备的性能应进行定期检定（校准），并有检定（校准）证书备查。

检测记录和检测报告应准确、完整，并经相应责任人员签字认可。

检测记录和检测报告等保存期不得少于 7 年。7 年后，如用户需要可转交用户保管。

第七章 射线检测

射线检测是利用射线可以穿透物质和在物质中有衰减的特性，来发现物质内部缺陷的一种无损检测方法。它主要用于检测金属和非金属材料及其制品的内部缺陷，如焊缝中的气孔、夹渣、夹钨等体积型缺陷。同时，对平面型缺陷，如未焊透、未熔合及尺寸达到一定值的裂纹等缺陷也有较高的检出率。这种无损检测方法有其独特的优越性，即检测缺陷的直观性、准确性和缺陷性质判定的相对可靠性；同时，由于得到的射线底片可用于缺陷的分析和作为质量凭证存档，因此该方法得到了广泛的使用。但此法也存在着设备较复杂、成本较高、检测厚度受限制、裂纹检出率受透照方向和缺陷尺寸的影响、相对超声波检测而言检出率低，以及需要对射线进行防护等缺点。

第一节 射线及射线检测的方法和原理

常见的射线检测方法有四种，它们的检测原理基本相同，但是每一种都有其特点及适用范围，实际检测时可能多种方法一起使用，才能准确评定焊接缺陷。

一、射线的产生、性质及衰减

1. X射线的产生及其性质

（1）X射线的产生 用来产生X射线的装置是X射线管。它由阴极、阳极和真空玻璃（或金属陶瓷）外壳组成，其简单结构和工作原理如图7-1所示。

阴极通以电流加热至白炽时，阳极周围形成电子云，当在阳极与阴极间施加高压时，电子被阴极排斥而被阳极吸引，加速穿过真空空间，高速运动的电子束集中轰击金属靶某个部位（面积几平方毫米左右，称为实际焦点），电子被阻挡减速和吸收，其中约1%的动能转换为X射线，其余99%以上的能量变成热能。

（2）与检测有关的X射线的性质

1）不可见，以光速直线传播。

2）不带电，不受电场和磁场的影响。

3）具有可穿透可见光不能穿透的物质（如骨骼、金属等）的能力，并且在物质中有衰减的特性。

4）可以使物质电离，能使胶片感光，也能使某些物质产生荧光。

5）能起生物效应，伤害和杀死细胞。

2. γ射线的产生及其特性

γ射线是由放射性物质（^{60}Co、^{192}Ir 等）内部原子核的衰变过程产生的。γ射线的性质与

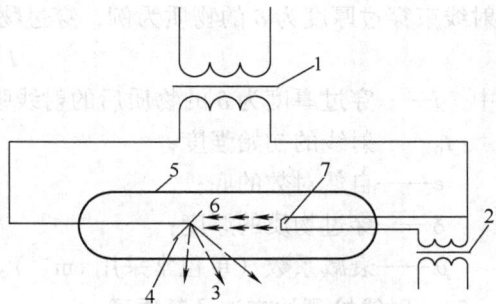

图7-1 X射线产生装置示意图

1—高压变压器 2—灯丝变压器 3—X射线 4—阳极
5—X射线管 6—电子 7—阴极

X 射线相似,由于其波长比 X 射线短,因而能量高,具有更大的穿透力。例如,目前广泛使用的 γ 射线源⁶⁰Co,可以检查 250mm 厚的铜质焊件、350mm 厚的铝制焊件和 300mm 厚的钢制焊件。

3. 高能 X 射线的产生及其特性

高能 X 射线是指射线能量在 1MeV 以上的 X 射线。它主要是通过加速器使灯丝释放的热电子获得高能量后撞击射线靶而产生的。加速器产生的高能 X 射线,其射线束能量、强度和方向均可精确控制,能量可高达 35MeV,对钢铁的检测厚度达 500mm。

高能 X 射线虽然具有一般 X 射线的性质,但是由于其能量很大,因此其特性不同于一般 X 射线,主要表现在以下几点:

(1) 穿透力 工业无损检测用的高能 X 射线能量一般为 15~30MeV,可穿透一般 X 射线及 γ 射线不能穿透的焊件,它对于解决大厚件的无损检测问题是很有成效的。

(2) 灵敏度 高能 X 射线装置产生的能量有 40%~50% 可以转变成 X 射线,其余的变成热能,故高能 X 射线装置的散热问题不大,从而可以制成很小的焦点(一般为 0.3~1mm)来提高无损检测灵敏度。高能 X 射线无损检测的灵敏度高达 0.5%~1%,而一般 X 射线无损检测的灵敏度只有 1%~2%。

(3) 透照幅度 高能 X 射线能量很高,而且其装置产生的能量转换成射线的效率也高,产生的射线也多,因此比一般 X 射线无损检测所需的曝光时间短得多,故散射线少。这样不仅可以得到清晰的底片,而且它透照零件的厚度差的幅度也很宽,厚度相差一倍而不用补偿时,在底片上也可以得到清晰的图像。

4. 射线的衰减

当射线穿透物质时,由于物质对射线有吸收和散射作用,因此会引起射线能量的衰减。

射线在物质中的衰减是按照射线强度的衰减呈负指数规律变化的,以强度为 I_0 的一束平行射线束穿过厚度为 δ 的物质为例,穿过物质后的射线强度为

$$I = I_0 e^{-\mu\delta}$$

式中 I——穿过厚度为 δ 的物质后的射线强度;

I_0——射线的初始强度;

e——自然对数的底;

δ——穿过物质的厚度;

μ——衰减系数(单位常采用 cm^{-1})。

二、射线检测的方法及其原理

1. 射线照相法

射线照相法是根据被检焊件与其内部缺陷介质对射线能量衰减程度的不同,使得射线透过焊件后的强度不同,使缺陷能在射线底片上显示出来的方法。如图 7-2 所示,当平行射线束透过焊件时,由于缺陷内部介质(如空气、非金属夹渣等)对射线的吸收能力比基体金属对射线的吸收能力要低得多,因而透过缺陷部位(图中 A、B)的射线强度高于周围完好部位(如 C 处)。在感光胶片上,对应有缺陷部位将接受较强的射线曝光,经暗室处理后将变得较黑(图中 A、B 处黑度比 C 处大)。因此,焊件中的缺陷通过射线照相后就会在底片上产生缺陷影迹。这种缺陷影迹的大小实际上就是焊件中缺陷在投影面上的大小。

2. 射线实时成像法

射线实时成像法（简称 XRTI 法）是一种图像随被检物体的变动而迅速改变的电子学成像检测方法，即在透照的同时就可观察到所产生图像的检测方法，能实时地显示被检焊件内部和表面缺陷性质、大小和位置分布等方面的信息，能实时、快速、动态地评价被检焊件的质量，是较早期无损检测自动化技术中成功的方法之一。

射线实时成像法有两种，一种方法是利用小焦点或微焦点 X 射线源透照焊件，在荧光屏或图像增强器上成像，再通过电视摄像机摄像后，将图像通过计算机处理后再显示在电视监视屏上，以此来评定焊件内部的质量。另一种是指数字化透视（Digital Fluoroscopy，简称 DF）。目前所说的工业 X 射线实时成像检测，已经越来

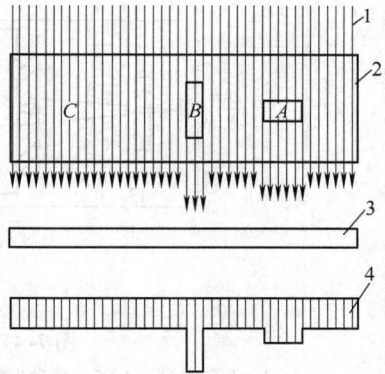

图 7-2 射线照相法原理
1—X 射线 2—焊件 3—胶片
4—底片黑度变化

越多地采用 CCD（数字化耦合器）摄像机或 CMOS（图像传感器）器件以及线扫描技术等取代摄像管技术。X 射线先通过闪烁体或荧光体构成的可见光转换屏，将 X 射线光子变为可见光图像，然后通过光学系统由 CCD 或 CMOS 采集转换为图像电信号。

目前的射线实时成像法的检测灵敏度已高于 2%，并可与射线照相法相媲美。该法的检测系统的基本组成如图 7-3 和图 7-4 所示。

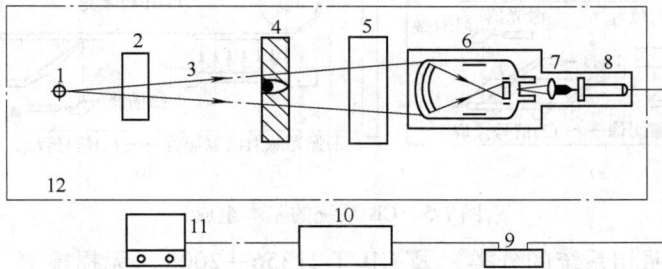

图 7-3 X 射线图像增强－电视成像法检测系统
1—X 射线源 2、5—电动光阑 3—X 射线束 4—焊件 6—图像增强器 7—耦合透镜组
8—电视摄像机 9—控制器 10—图像处理器 11—监视器 12—防护设施

3. 计算机辅助成像技术或 DR 技术

计算机辅助成像技术（Computer Radiography，简称 CR）也称为间接数字化 X 射线成像技术。其主要原理是利用存储荧光体成像，它采用荧光体结晶构成的成像板（Imaging Plates，简称 IP 板）吸收 X 射线信息，IP 板感光形成潜影，再经过激光扫描转化成数字化信号，并进入计算机系统进行图像处理。CR 系统的基本组成如图 7-5 所示。

CR 技术在美国和欧盟国家的应用已很成熟。1999 年美国就已有了 CR 技术的 ASTM 标准 E2033－99，定义存储检测信号的器件为 SPIP（Storage Phosphor Imaging Plate），之后又相继出台了 E2007－00、E2339－04、E2445－05、E2446－05 等标准。欧盟 2005 年也出台了 EN14784－1 和 EN14784－2，这两个标准涵盖了美国的 5 个标准。

我国参照美国 ASTM E2445－05 等标准，于 2007 年起草了 GB/T 21355—2008《无损

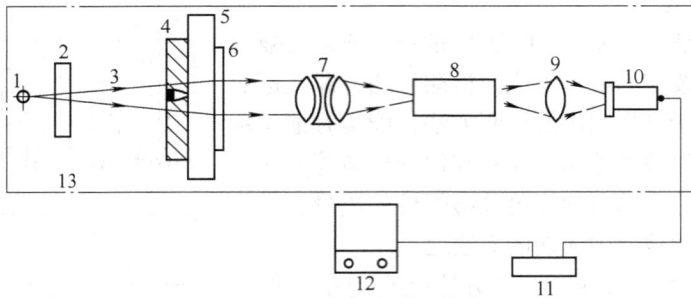

图 7-4 X 光电增强 – 电视成像法检测系统

1 – X 射线源　2、5—电动光阑　3—X 射线束　4—焊件　6—光纤闪烁屏　7—光学透镜组
8—微光增强器　9—光学透镜　10—电视摄像机　11—控制器　12—监视器

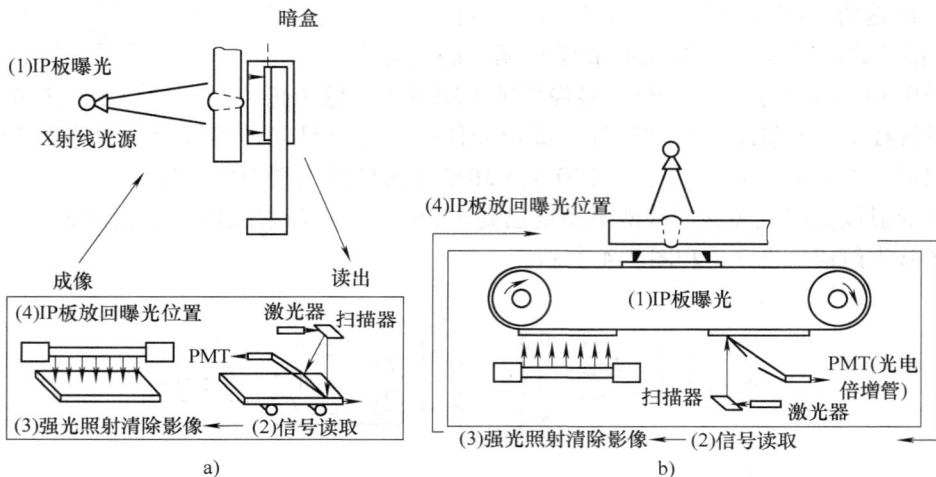

图 7-5　CR 系统的基本组成

检测　计算机射线照相系统的分类》及 GB/T 21356—2008《无损检测　计算机射线照相系统的长期稳定性与鉴定方法》，规定了计算机射线照相系统的评定和分类，以及计算机射线照相系统的基本参数，以保证无损检测时获得令人满意和可重复的结果。同时，JB/T 10815—2007《无损检测　射线透视检测用分辨力测试计》规定了包括可用于射线成像检测的透照检测分辨力测试卡的分类、技术要求和检验方法，使 CR 技术在我国得到迅速的推广使用。

DR（Digital Radiography）一词有两种解释：一种是数字摄影，另一种是直接数字化照相。早期的 DR 采用增感屏加光学镜头耦合的数字化耦合器（CCD）来获取数字化 X 射线图像，被称为第一代 DR 技术。现在普遍应用的 DR 主要采用平板探测器（FPD）对 X 射线产生的图像信号进行扫描和直接读出，成像原理是先将 X 射线信号转变为可见光，通过光敏二极管进行聚集，再由专门的读出电路读出并送至计算机系统进行处理。X 射线扫描成像探测器的工作原理如图 7-6 所示。

与常规的 X 射线信号相比，除了具有 CR 技术的优点外，DR 系统用平板检测的 X 射线接收装置替代了传统的增感屏和胶片，实现了 X 射线信号的数字化。随着 DR 系统的不断改

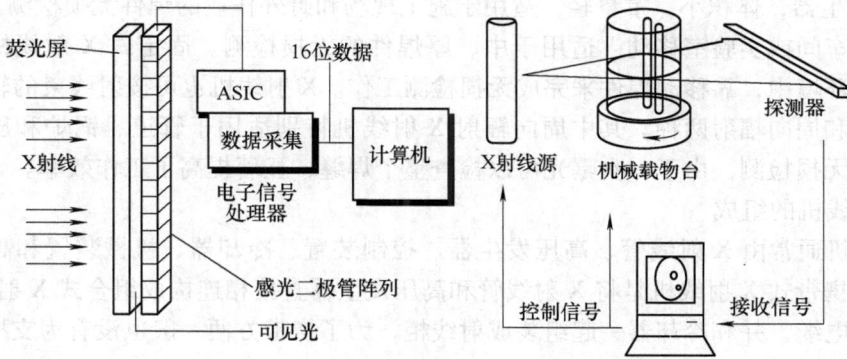

图 7-6 X 射线扫描成像探测器的工作原理

进和提高，产品日渐成熟，价格降低，它们将逐步取代 CR 技术。但现有产品价格较高，全面推广尚需时间。

4. 工业 CT 技术

工业计算机层析照相或计算机层析扫描成像都是工业 CT（Computer Tomography）的全称。它是放射学和计算机科学结合产生的一门新的成像技术。在工业应用方面，特别是无损检测与无损评价领域，显示了独特的优势。工业 CT 在无损伤状态下得到被检测断层的二维灰度图像，以图像的灰度来分辨被检测断面的内部的结构组成、装配情况、材质状况、有无缺陷、缺陷性质及大小等。只需沿扫描线扫得足够多的断层二维图像，就可以得到被检物的三维图像。国际无损检测界把工业 CT 称为最先进的无损检测手段，目前已发展到第三代。工业 CT 结构的工作原理如图 7-7 所示。

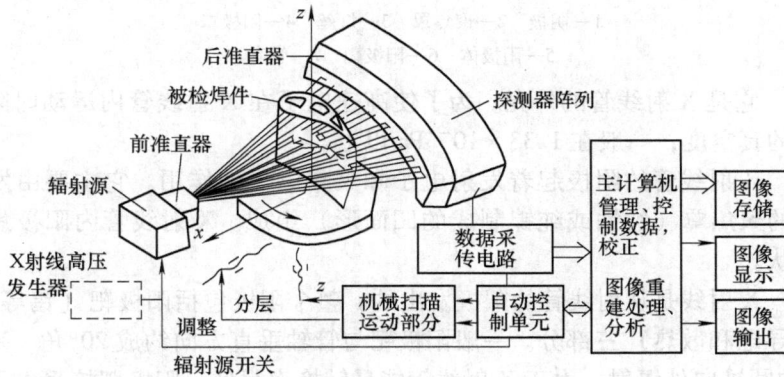

图 7-7 工业 CT 结构的工作原理图

第二节 射线检测设备简介

射线检测常用的设备主要有 X 射线机、γ 射线机及加速器等，它们的结构区别较大。

一、X 射线机

1. X 射线机的分类和用途

X 射线机按结构形式分为携带式、移动式和固定式三种。携带式 X 射线机多采用组合式 X 射线发生器，体积小，重量轻，适用于施工现场和野外作业的焊件无损检测。移动式 X 射线机能在车间或实验室移动，适用于中、厚焊件的无损检测。固定式 X 射线机则固定在确定的工作环境中，靠移动焊件来完成无损检测工作。X 射线机也可按射线束的辐射方向分为定向辐射和周向辐射两种。其中周向辐射 X 射线机特别适用于管道、锅炉和压力容器的环形焊缝的无损检测，由于一次曝光可以检查整个焊缝，显著提高了工作效率。

2. X 射线机的组成

X 射线机通常由 X 射线管、高压发生器、控制装置、冷却器、机械装置和高压电缆等部件组成。携带式 X 射线机是将 X 射线管和高压发生器直接相连构成组合式 X 射线发生器，省去了高压电缆，并和冷却器一起组装成射线柜，为了携带方便一般也没有为支撑机器而设计的机械装置。

3. X 射线管

X 射线管是 X 射线机的核心部件，是由阴极、阳极和管套组成的真空电子器件，其结构如图 7-8 所示。

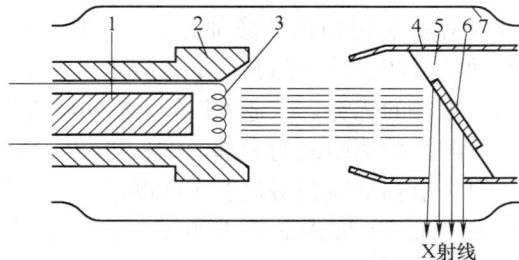

图 7-8　X 射线管结构示意图
1—阴极　2—聚焦罩　3—灯丝　4—阳极罩
5—阳极体　6—阳极靶　7—管套

（1）管套　它是 X 射线管的外壳。为了使高速电子在 X 射线管内运动时阻力减小，管内要求有较高的真空度，一般在 1.33×10^{-4} Pa 以上。

（2）阴极　X 射线管的阴极起着发射电子和聚集电子的作用。它主要由发射电子的钨丝和聚焦电子的聚焦罩（纯铁或纯镍制成的凹面形）组成。X 射线管内阳极焦点的形成取决于阴极的形状。

（3）阳极　X 射线是从射线管的阳极发出的。整个阳极包括阳极靶（钨等）、阳极体和阳极罩（铜，导电和散热）三部分。一般阳极靶与管轴垂直方向约成 20°角，X 射线束则形成一个约 40°的圆锥向外辐射。由于 X 射线管能量转换率很低，阳极靶接受电子轰击的动能绝大部分转换为热能而被阳极吸收，因此阳极的冷却至关重要。目前采用的冷却方式主要有辐射散热及油、水冷却等。

（4）焦点　X 射线管的焦点是决定 X 射线管光学性能好坏的重要标志，焦点的大小直接影响检测灵敏度。技术指标中给出的焦点尺寸通常是有效焦点，因为影响透照清晰度和灵敏度的主要是有效焦点的大小。由于阳极靶与射线束轴线一般成 20°角，所以有效焦点大约是实际焦点的 1/3。

4. X 射线机的选择

（1）根据工作条件选择　X 射线机按其可搬动性分为携带式和移动式两大类。携带式轻便，易于搬动，管电压可达300kV。移动式X射线机比较重，组件多，但管电压、管电流可以制作得较大，其线路结构和安全可靠性也较好。目前，移动式X射线机管电压达420kV。因此，对于零件较小，可以集中在地面工作的，宜选用移动式X射线机。对于零件较大、需在高空或地下工作的，宜选用携带式X射线机。

（2）根据透过物体的结构和厚度选择　X射线机是利用射线透过被检测物质来发现其中是否有缺陷的。所以，首先关心的是X射线能否穿透欲检测物质的材料或焊缝。X射线的穿透能力取决于X射线的能量和波长。X射线管的管电压越高，发射的X射线波长越短，能量越大，透过物质的能力越强。因此，选择管电压高的X射线机可以得到高的穿透能力。

另外，X射线穿透不同的物质时，物质对射线的衰减能力不同。一般来说，被透照物质的原子序数越大、密度越大，则对射线衰减的能力越大。因此，透照轻金属或厚度较薄的焊件时，宜选用管电压低的X射线机，透照重金属或厚度较大的焊件时，宜选用管电压高的X射线机。

二、γ射线机

γ射线机按其结构形式分为携带式、移动式和爬行式三种。携带式γ射线机多采用^{60}Co射线源，用于较厚焊件的无损检测。爬行式γ射线机主要用于野外焊接管线的无损检测。

γ射线机具有以下优点：穿透力强，最厚可透照300mm的钢材；透照过程中不用水和电，因而可在野外、对带电高压电气设备以及在高空、高温和水下等多种场合工作，可在X射线机和加速器无法达到的狭小部位工作。主要缺点是：半衰期短的γ射线源更换频繁；要求有严格的射线防护措施；检测灵敏度略低于X射线机。

三、加速器

加速器是一种利用电磁场使带电粒子（如电子、质子、氘核、氦核及其他重离子）获得能量的装置。用于产生高能X射线的加速器，主要有电子感应式、电子直线式和电子回旋式三种。目前应用最广的是电子直线加速器。

由于加速器能量高，射线焦点尺寸小，检测灵敏度高，且其射线束能量、强度与方向均可精确控制，因此其应用已日益广泛。

第三节　射线检测标准及一般性规定

射线检测工作涉及大量的规范和标准要求，每次工作开始前都必须了解清楚所需检测设备的射线检测规范和标准的具体规定，再根据规范、标准的要求和单位的射线检测规程要求制订相关的检验工艺，并认真遵照执行。通常情况下，在设计图样中会对射线检测的检测比例及验收标准作出相应的规定，委托检测报告也会提出相应的要求，但怎么检验、检测的后续操作必须由检测人员进行判断和选择。因此，熟悉规范、标准要求和射线检测的一般性规定，以及所检测结构的相关知识显得非常重要。

**一、GB/T 3323—2005《金属熔化焊焊接接头射线照相》与 JB/T 4730.2—2005《承压
　　设备无损检测　第2部分：射线检测》介绍**

目前，GB/T 3323—2005与JB/T 4730.2—2005两个标准覆盖了我国绝大部分射线照相检测应用领域，是目前我国最重要的两个射线检测现行标准。

1. GB/T 3323—2005介绍

GB/T 3323—2005是个专用标准，性质属于推荐性标准。该标准适用于各种金属材料制

造的金属构件的熔化焊焊接接头射线照相检测。GB/T 3323—2005 的使用范围非常广泛（有专门规定的除外，如承压特种设备不适用此标准）。

GB/T 3323—2005 未规定适用的厚度范围，由像质计适用范围看，其适用厚度下限可小于 1.2mm，上限可超过 375mm。

GB/T 3323—2005 适用于熔化焊焊接接头。标准没有对熔化焊焊接接头的适用范围作详细解析。从其透照布置图，只看到三种焊接接头形式：对接接头对接焊缝、角接接头对接焊缝和 T 形接头角焊缝。不过该图仅用于解析透照布置，不能据此判断其他类型的焊接接头形式不适用。由于透照布置图中既包含全焊透结构，又包含未焊透结构，所以可认为该标准对焊接接头的 8 种形式（分别是对接焊缝、T 形接头对接焊缝、角接接头对接焊缝、加垫板单面焊对接焊缝、角接接头角焊缝、T 形接头角焊缝、搭接接头角焊缝和对接接头角焊缝）全部适用。

GB/T 3323—2005 将射线检测技术分为 A 级（普通级）和 B 级（优化级）两个等级。

2. JB/T 4730.2—2005 介绍

JB/T 4730—2005《承压设备无损检测》是个系列标准。标准包括所有承压设备使用的无损检测方法。其中，JB/T 4730.2—2005《承压设备无损检测 第 2 部分：射线检测》是专用于射线检测的标准。JB/T 4730—2005 虽然属于推荐性标准，但 2006 年 3 月 27 日， 国家质量监督检验检疫总局质检办特［2006］144 号《关于锅炉压力容器安全监察工作有关问题的意见》中规定：承压设备无损检测执行 JB/T 4730—2005，因此 JB/T 4730—2005 在承压设备领域实质上为强制性标准。2009 年 8 月 31 日批准、12 月 1 日实施的特种设备安全技术规范 TSG R0004—2009《固定式压力容器安全技术监察规程》（取代 1999 年颁布实施的《压力容器安全技术监察规程》）中第 4.5.2 条第（2）款规定：压力容器制造单位或者无损检测机构应当根据设计图样要求和 JB/T 4730 的规定制订压力容器的无损检测工艺，同样明确了压力容器制造必须执行 JB/T 4730—2005。新颁布实施的 GB 150.4—2011《压力容器 第 4 部分：制造、检验和验收》再次明确了压力容器制造必须执行标准 JB/T 4730—2005。

JB/T 4730—2005 适用于所有承压设备（包括碳素钢、低合金钢、不锈钢、铜及铜合金、铝及铝合金、钛及钛合金、镍及镍合金制作的承压设备焊接接头）无损检测方法，包括射线、超声波、磁粉、渗透、涡流五种无损检测方法。

JB/T 4730.2—2005 规定了射线检测适用的厚度范围。碳素钢、低合金钢、奥氏体不锈钢、镍及镍合金的透照厚度为 2 ~ 400mm；铜及铜合金、铝及铝合金的透照厚度为 2 ~ 80mm；钛合金的透照厚度为 2 ~ 50mm。

JB/T 4730.2—2005 适用于熔化焊对接接头（即对接接头的对接焊缝、双面焊、单面焊和加垫板单面焊对接焊缝），且只适用于全焊透对接接头。而其他角接接头对接焊缝、T 形接头对接焊缝和角焊缝均不适用。这是因为对角接接头和 T 形接头的工艺和评级技术准备不足，而且承压设备不允许采用未焊透的角焊缝。

JB/T 4730.2—2005 作为专用于承压特种设备射线检测的标准，它将射线检测技术分为 A 级（低灵敏度）、AB 级（中灵敏度）和 B 级（高灵敏度）三个等级。

射线检测三个等级选择的有关规定如下。

1）射线检测技术等级选择应符合设备制造、安装、改造等有关规范标准及设计图样规定。承压设备对接接头的制造、安装、在用时的射线检测，一般应采用 AB 级射线检测技术进行检测。对重要设备、结构、特殊材料和特殊焊接工艺制作的对接焊接接头，可采用 B 级技术进行检测。

2）由于结构、环境条件、射线设备等方面限制，检测的某些条件不能满足 AB 级（或 B 级）射线检测技术的要求时，经检测方技术负责人批准，在采取有效补偿措施（例如选用更高类别的胶片）的前提下，若底片的像质计灵敏度达到了 AB 级（或 B 级）射线检测技术的规定，则可认为按 AB 级（或 B 级）射线检测技术进行了检测。

3）承压设备在用检测中，由于结构、环境、射线设备等方面限制，检测的某些条件不能满足 AB 级射线检测技术的要求时，经检测方技术负责人批准，在采取有效补偿措施（例如选用更高类别的胶片）后可采用 A 级技术进行射线检测，但应同时采用其他无损检测方法进行补充检测。

4）三个等级选择的注意事项如下。

① 底片灵敏度必须达到相应技术级别的规定。

② 有效措施一般包括：高类别胶片、提高底片黑度、采用最佳透照方式、最大限度地控制散乱射线等措施。

以上两个标准均适用于 X 射线和 γ 射线照相检测。但由于 γ 射线透照的固有不清晰度比 X 射线透照大得多，因此对重要的焊接接头应尽量采用 X 射线透照方法检测。如确因厚度、几何尺寸或工作场地所限无法进行 X 射线照相检测，则可采用 γ 射线照相方法进行检测，但检测时应尽可能采用高梯度噪声比（T1 或 T2）胶片。对于 $R_m \geqslant 540\mathrm{MPa}$ 的高强度材料，则必须采用高梯度噪声比的胶片。

二、人员资格的规定

1. JB/T 4730.1—2005 通用规定（对所有无损检测项目均有效）

从事承压设备的原材料、零部件和焊接接头无损检测的人员，应按照《特种设备无损检测人员考核与监督管理规则》的要求取得相应无损检测资格。

无损检测人员资格级别分为Ⅲ（高）级、Ⅱ（中）级和Ⅰ（初）级。取得不同无损检测方法各级别的人员，只能从事与该方法和该资格级别相应的无损检测工作，并承担相应的技术责任。

2. JB/T 4730.2—2005 对射线检测的专门规定

（1）视力规定 射线检测人员未经矫正或经矫正的近（距）视力和远（距）视力应不低于 5.0（小数记录值为 1.0），测试方法应符合 GB 11533《标准对数视力表》的规定。从事评片的人员应每年检查一次视力。且从事评片人员每年的视力检查情况应存档。

（2）辐射安全知识的培训 从事射线检测的人员上岗前应进行辐射安全知识的培训，并取得放射工作人员证。

（3）取得射线检测资格证 从事射线检测的人员上岗前应参加国家或行业部门组织的射线检测人员资格证考试，取得相关等级资格证书。其资格证书的等级按 Ⅰ 级、Ⅱ 级、Ⅲ 级划分，其工作权限规定见第六章第五节一般规定内容。其资格证有效期一般为 4 年。到期前必须提前 2 个月申请，参加换证资格考试。

（4）特殊规定 射线检测人员上岗必须佩戴个人 X 射线或 γ 射线辐射个人剂量计，并每年定期送放射卫生检测机构检测。射线检测人员应定期到省级放射卫生检测机构进行身体检查。

检测现场操作人员必须使用 X 射线、γ 射线剂量报警仪对检测现场进行检测，并设置安全范围和警示标志，杜绝无关人员误闯入受到辐射伤害。

三、单位资格的规定

1. 单位资格要求

生产单位自备检验部门可在单位制造许可证规定范围内承担本单位的无损检测工作，也可委托专职检验单位承担无损检测业务。

2. 特殊要求

无论是生产单位自备检验部门或专职检验单位，均必须办理"射线装置工作许可证"或"放射性同位素工作许可登记证"。

无损检测室建成后必须经过放射监管部门的测试，合格后方可使用。每年必须测量操作场所和临近区的辐射水平。

γ 射线源必须有专门的存放地点，并有可靠的防盗、防护功能。放射性主管部门每年必须对装置的安全性、泄漏辐射进行检测。其存放地点必须报告当地公安部门备案。

放射源的运输必须报公安部门备案。

四、检测设备的规定

射线检测设备应按 JJG 40—2011《X 射线探伤机检定规程》和 JJG 452—2006《黑白密度片检定规程》每 1 年定期送计量部门检定。

个人剂量计、剂量报警仪每 1 年送法定计量检定机构进行检定或校准，一般个人剂量计去环保局辐射管理处 3 个月交检一次，剂量报警仪由计量部门按 JJG 521—2006《环境监测用 X、γ 辐射空气比释动能（吸收剂量）率检定规程》进行检定。

JB/T 4730.2—2005 规定：射线检测设备应制作曝光曲线，曝光曲线每年至少校验一次；射线设备更换重要部件或经较大修理后应及时对曝光曲线进行校验或重新制作。

黑度计（光学密度计）至少每 6 个月校验一次，采用标准黑度片（密度片）校验，校验方法可按 JB/T 4730.2—2005 附录 B 要求进行。

观片灯的亮度和均匀度应每年校验一次。

第四节　射线检测工艺规程

持证无损检测单位的资格核准过程中，对单位的一个基本要求就是必须建立相适应的无损检测全面质量管理体系，射线检测工艺规程及射线检测工艺是体系中必不可少的规范性文件。

一、射线检测工艺规程的基本概念及内容

根据现行规范、标准和相关要求制订的正确完成无损检测工作的程序文件，称为无损检测工艺规程。它是无损检测单位质量管理体系中的重要文件，各单位的检测人员必须自觉遵守工艺规程的相关要求。

工艺规程通常可分为通用工艺规程、专用工艺规程和作业指导书三种类型。一般情况下，检测单位主要制订通用工艺规程和作业指导书。对重要的、有特殊需要的无损检测工作，需编制专用工艺规程。

1. 通用工艺规程

在某种检测方法或某类产品范围内通用的程序文件，称为通用工艺规程。通用射线检测工艺规程包含如下内容。

1）适用范围。

2）引用标准及规范。

3）人员要求。

4）外观质量要求。

5）设备、器材选择原则：机型、焦点尺寸、胶片、增感屏、像质计、观片灯、黑度计等。

6）透照布置及选择原则。

7）画线、编号方法。

8）像质计摆放、标记的规定。

9）工艺基础数据：一次透照长度、最少透照次数的数据表。

10）控制散射线的措施。

11）暗室处理的有关规定。

12）底片像质的要求：不允许的伪缺陷、像质计灵敏度、黑度范围。

13）记录、报告及存档的规定。

14）编制、审核、批准及资格的规定。

2. 专用工艺规程

根据通用工艺规程制订的适用于某一具体检测对象的技术文件，称为专用工艺规程。

3. 作业指导书

作业指导书即检测机构根据通用工艺规程制订的适用于开展检测活动的检测工艺指导性技术文件。其目的是保证检测过程受控，使不同人员的操作准确一致，实现检测结果的有效性和正确性。作业指导书包含如下内容：

1）检验细则。根据焊接产品的检验标准来编制检验细则。通常，可将检验标准直接转化成检验细则。尤其是对于有安全要求的产品，应根据规范、标准中对无损检测的规定制订出检验细则，包括检测过程的安排及检测结果的处理与判定方法。

检验细则中还应包括对 X 射线机、γ 射线机、胶片、增感屏、像质计、观片灯、黑度计等的质量要求，以及检测过程中发生意外情况的应急处理方法等。

2）X 射线机、γ 射线机的操作规程。

3）检测设备的校准规程。X 射线机使用一定时间后，X 射线管会产生老化现象，导致穿透力下降。应定期进行曝光曲线测试，以修正曝光量的选择。γ 射线源更是无论是否使用都会发生衰减，不经常使用时未经修正往往不能得到理想的检测结果。因此，校准工作是检测质量管理中的重要环节。其中，还必须注意黑度计及黑度校准试片的校准。

4）消耗品验收管理方法。

二、射线检测工艺卡的基本概念及内容

射线检测工艺卡是针对某一具体产品或产品上的某一部件、某一部位，依据通用工艺规程和图样要求，专门制订的有关透照技术的细节和具体参数条件，以指导对该产品或该部件、该部位进行具体检测操作的技术文件。射线检测工艺卡是射线检测工作中最常用、最基础的技术文件，主要包含如下内容。

1. 必须交代的内容

1）工件情况。包括检测工艺卡编号、产品名称、材质、规格、壁厚、焊接种类、坡口形式、检查比例、执行标准、技术等级、合格级别等。

2）透照条件、参数。必须包括机型、焦点尺寸、透照方式、焦距 F、一次透照长度 L_3、环缝分段透照次数 n、管电压、管电流、胶片种类、规格、增感屏种类、厚度、像质要求（黑度范围、像质计型号、应显示的最小钢丝直径、像质计位置）、显影液配方、暗室操作条件等。

3）注意事项或辅助措施。如消除边蚀、防背散射、补厚、滤波、双胶片技术等。

2. 必须绘出的示意图

1）布片位置图。

2）特殊的透照布置、透照方向示意图。

3. 检测时机

4. 必须签署的人员

检测工艺卡编制人员及资格、审核人员及资格、日期。

三、射线检测透照方式的选择

透照方式可分为单壁透照和双壁透照两大类。单壁透照可再分为外透法（源在外）和内透法（源在内）。内透法可继续分为中心法和偏心法。双壁透照主要用于管道、角接接头的特殊透照，可分为双壁单影和双壁双影。各种透照方式如图7-9～图7-22所示（图中 d 为射线源，F 为焦距，b 为工件至胶片距离，f 为射线源至工件距离，T 为公称厚度，D_0 为管子外径）。

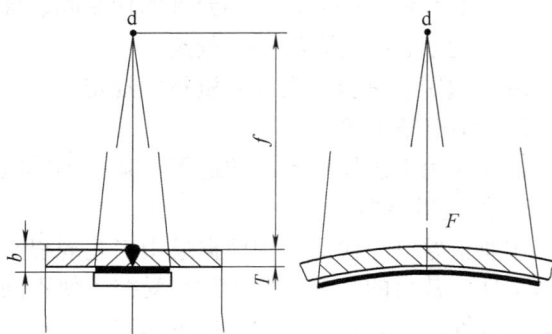

图 7-9　纵、环焊接接头单壁外透法

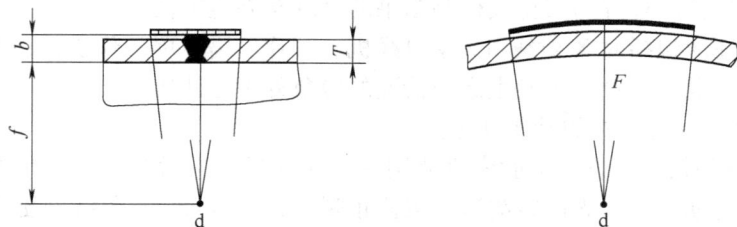

图 7-10　纵、环焊接接头单壁内透法

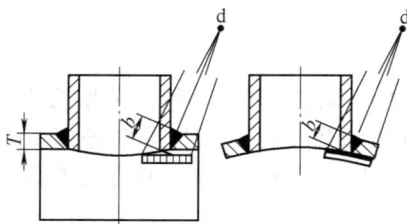

图 7-11　骑座式管接头单壁外透法

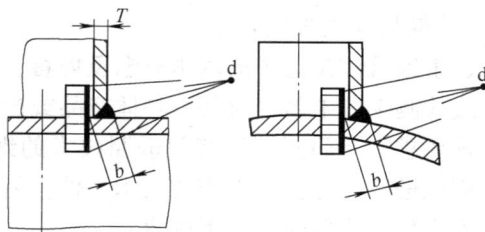

图 7-12　插入式管接头单壁外透法

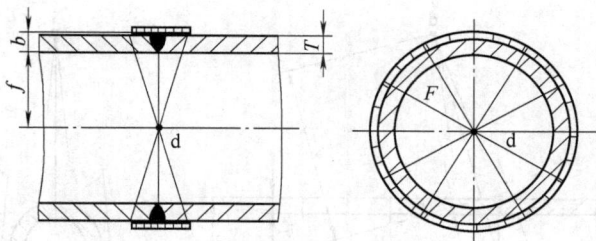

图 7-13　环焊缝内透法（中心法）1

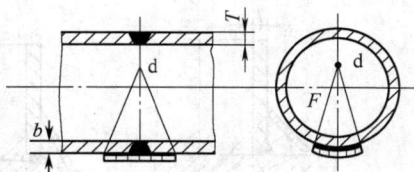

图 7-14　环焊缝内透法（偏心法）2

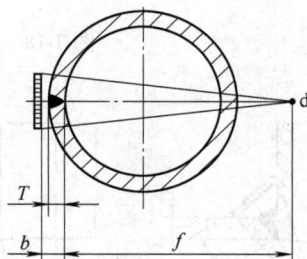

图 7-15　双壁单影法（直透法）

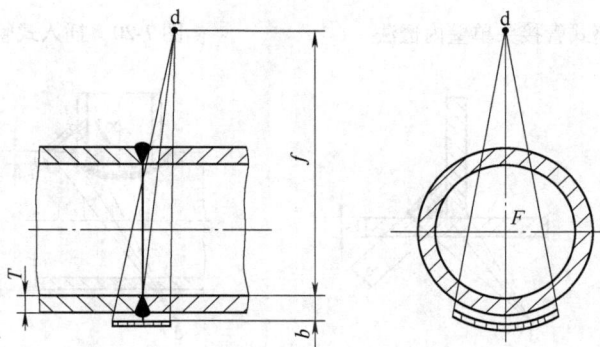

图 7-16　双壁单影法（斜透法）

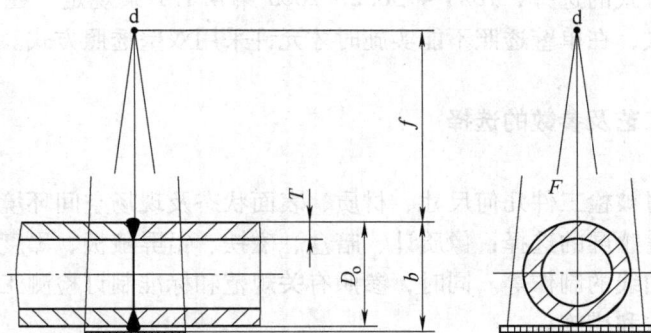

图 7-17　双壁双影法（直透法）

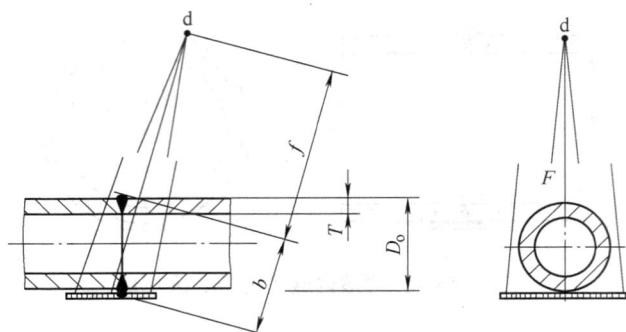

图7-18 双壁双影法（斜透法、椭圆法）

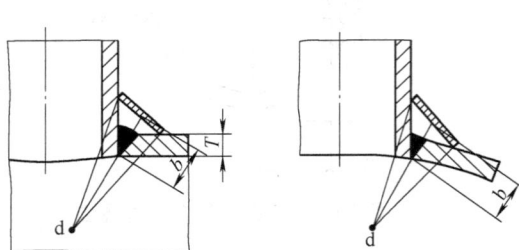

图7-19 骑座式管接头单壁内透法   图7-20 插入式管接头单壁内透法

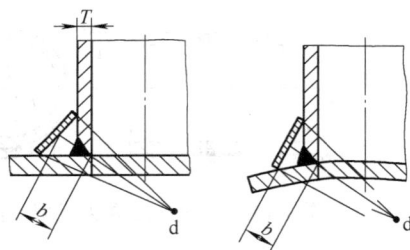

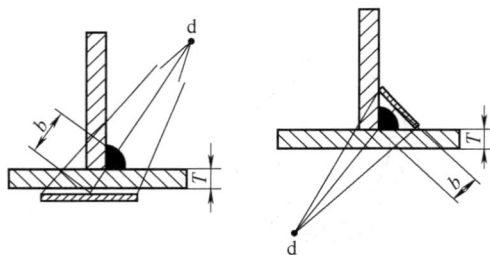

图7-21 T形接头角焊缝透照   图7-22 三通填角焊缝透照（双壁单影内透法）

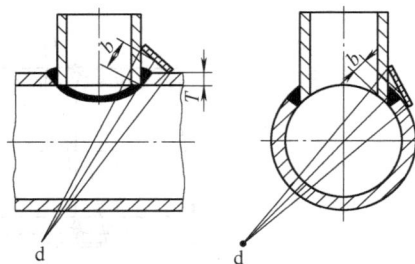

针对上述透照方式的选择，JB/T 4730.2—2005 第4.1.1条规定：在可以实施的情况下应选用单壁透照方式，在单壁透照不能实施时才允许采用双壁透照方式。选择时应充分注意这一点。

四、射线检测工艺及参数的选择

1. 工艺准备

工艺准备包括对被检工件几何尺寸、材质、表面状态及现场空间环境情况的了解；射线源的选择；胶片、增感屏的选择；像质计、暗盒、磁铁、铅屏蔽板、黑度计、观片灯及评片工具的准备；曝光曲线的制作等。同时，参照有关规范和标准制订检测工艺卡，确定射线检测方法、程序、参数和措施。

2. 透照布置

射线检测的基本透照布置如图7-23所示。其基本原则是使射线透照能更有效地检测工件中的待检缺陷。因此，在检测前应考虑以下几方面。

1）射线源、工件、胶片的相对位置。

2）射线中心束的方向。

3）有效透照范围。

4）像质计、各种标记的摆放位置。

3. 确定检测位置

在实际检测中，被检工件的抽检比例由产品有关的规范、标准和设计图样进行规定。除规定需进行100%检测的外，其余应按以下原则选择抽查位置。

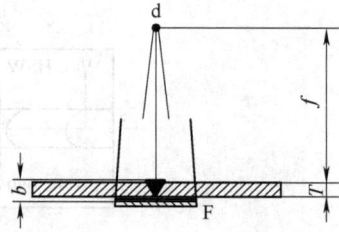

图 7-23 射线检测的基本透照布置
d—射线源 F—胶片 f—射线源至工件的距离
T—公称厚度 b—工件至胶片距离

1）可能出现缺陷的位置。

2）危险断面或受力最大的焊缝部位。

3）应力集中的位置。

具体实践中，GB 150.4—2011《压力容器 第4部分：制造、检验和验收》第10.3.2条作出如下具体规定：下列 a）～e）部位、焊缝交叉部位应100%检测，其中 a）、b）、c）部位及焊缝交叉部位的检测长度可计入局部检测长度之内。

a）先拼板后成形凸形封头上的所有拼接接头。

b）凡被补强圈、支座、垫板、内件等覆盖的焊接接头。

c）对于满足 GB 150.4—2011 中 5.1.3 不另行补强的接管，自开孔中心、沿容器表面的最短长度等于开孔直径的范围内的焊接接头。

d）嵌入式接管与圆筒或封头对接连接的焊接接头。

e）承受外载荷的公称直径 DN≥250mm 的接管与接管对接接头和接管与高颈法兰的对接接头。

4. 标记及摆放

对于选定的焊缝检测位置进行标识，使每张射线底片能与工件被检部位进行对照，以易于找出返修位置的标志，称为标记。标记分为以下几种：

1）定位标记。包括中心标记、搭接标记。

2）识别标记。包括工件编号、焊缝编号、部位编号、返修标记等。

3）B标记。该标记应贴附在暗盒背面，用以检查背面散射线防护效果。若在较黑背景上出现"B"的较淡影像，则应重照。

另外，工件也可以采用永久性标记（如钢印）或详细的透照部位草图标记。各种标记的相互位置（标记系）如图7-24所示。

5. 射线能量的选择

射线能量的选择实际上是对射线源的管电压和能量或 γ 射线源的种类的选择。射线能量越大，其穿透能力越强，可透照的工件厚度越大。但同时带来了由于衰减系数的降低而导致的成像质量下降。所以在保证穿透的前提下，根据材质和成像质量要求，可参考下列条件尽量选择较低的射线能量。

1）对于轻质合金、低密度材料，目前尚无合适的 γ 射线源，主要选用 X 射线。

2）厚度小于5mm的钢，要选用 X 射线。

3）厚度为 5～50mm 的钢，选用 X 射线总可获得较高的灵敏度。γ 射线源的选用应根据具体厚度和所要求的检测灵敏度，选择[192]Ir 或[75]Se，还应考虑配合使用的胶片类别。

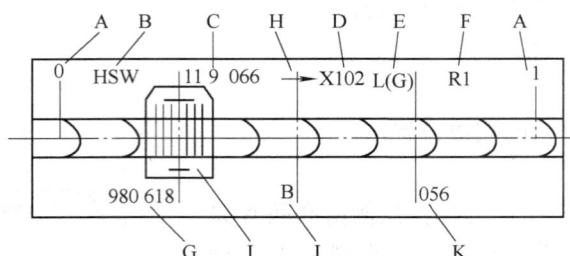

图 7-24　各种标记的相互位置（标记系）

A—定位及分编号（搭接标记）　B—制造厂代号　C—产品编号（合同号）

D—工件编号　E—焊接类别（纵、环缝）　F—返修次数　G—检验日期

H—中心定位标记　I—像质计　J—B 标记　K—操作者代号

4）厚度为 50 ~ 150mm 的钢，选用 X 射线和 γ 射线可得到几乎相同的像质灵敏度（50mm 以下 X 射线的灵敏度比 γ 射线明显高），但裂纹检出率有差异。

5）厚度大于 150mm 的钢，选用兆伏级高能 X 射线。

6）对大批量的工件实施射线照相时，选用 X 射线，因为时间短，灵敏度高。

7）对于某些现场透照，体积庞大的 X 射线机使用不方便可能成为主要问题。

8）环焊缝的透照尽量选用圆锥靶周向 X 射线机作内透中心法垂直全周向曝光，以提高效率和影像质量。对于直径较小的锅炉联箱或其他管道焊缝，也可选用小焦点（0.5mm）的棒阳极 X 射线管或小焦点（0.5 ~ 1.0mm）γ 射线源作 360°周向曝光。

9）选用平靶周向 X 射线机对环焊缝作内透中心法倾斜全周向曝光，必须考虑射线倾斜角度对焊缝中纵向平面状缺陷的检出影响。

表 7-1 为 γ 射线源和能量 1MeV 以上 X 射线设备的透照厚度范围。

表 7-1　γ 射线源和能量 1MeV 以上 X 射线设备的透照厚度范围（钢、不锈钢、镍合金等）

射线源	透照厚度 W/mm	
	A 级，AB 级	B 级
Se – 75	≥10 ~ 40	≥14 ~ 40
Ir – 192	≥20 ~ 100	≥20 ~ 90
Co – 60	≥40 ~ 200	≥60 ~ 150
X 射线（1 ~ 4MeV）	≥30 ~ 200	≥50 ~ 180
X 射线（>4 ~ 12MeV）	≥50	≥80
X 射线（>12MeV）	≥80	≥100

6. 焦距的选择

焦距对射线照相灵敏度的影响主要表现在几何不清晰度上。为了保证射线照相的清晰度，标准对射线源至工件表面的最小距离作了规定。在 JB/T 4730.2—2005 中规定，射线源至工件表面的距离 f 与有效焦点尺寸 d 和工件至胶片的距离 b 应满足表 7-2 中的关系。

由于焦距 $F = f + b$，所以上述关系式也就限制了 F 的最小值。在实际工作中，一般并不采用最小焦距，所用的焦距比最小焦距要大得多。这是因为透照场的大小与焦距有关，焦距增大后，匀强透照场范围增大，这样可以得到较大的有效透照长度，同时影像清晰度也有进一步的提高。

实际检测中，焦距的最小值可从诺模图查找。

表7-2 不同透照等级射线源至工件表面的距离 f

射线检测技术等级	射线源至工件表面的距离 f
A	$f \geq 7.5db^{2/3}$
AB	$f \geq 10db^{2/3}$
B	$f \geq 15db^{2/3}$

7. 曝光量的选择

对于 X 射线检测而言，曝光量是指管电流与时间的乘积。对 γ 射线源来说，曝光量是指放射源活度与时间的乘积。

曝光量是射线透照工艺中一个重要的参数。射线照相的黑度取决于胶片感光乳剂吸收的射线量，在透照时，当各项透照条件（试件尺寸，射线源、试件、胶片的相对位置，胶片和增感屏，给定的放射源或管电压）固定后，底片的黑度与曝光量有很好的对应关系，因此可以通过改变曝光量来控制底片的黑度。同时，它还影响影像的对比度和信噪比，从而影响底片上可记录的最小细节。为保证射线照相质量，曝光量应不低于某一最小值。当焦距为 700mm 时，JB 4730.2—2005 中推荐的曝光量为：A 级、AB 级不小于 15mA·min，B 级不小于 20mA·min。

实际检测中，常常利用曝光曲线进行曝光规范的选择。X 射线的曝光曲线如图 7-25 所示。曝光曲线是在机型、胶片、增感屏、焦距等条件一定的前提下，通过改变曝光参数（固定 管电压改变曝光量或固定曝光量改变管电压）透照由不同厚度组成的钢阶梯试块，根据给定的冲洗条件洗出的底片达到某一基准黑度（如 2.0 或 2.5）来求得管电压、曝光量和透照厚度三者之间的关系。

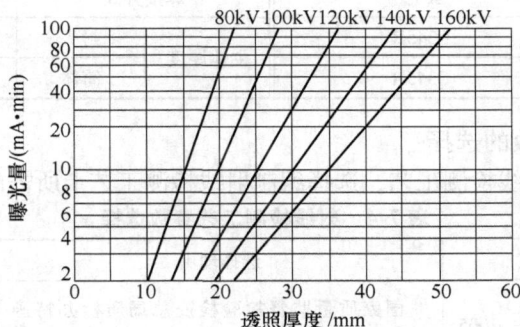

图 7-25 X 射线的曝光曲线

五、射线检测工艺规程及射线检测工艺卡编制的基本规定

持射线检测Ⅲ级证的人员编制无损检测工艺规程，审核持射线检测Ⅱ级证人员编制的无损检测工艺卡。持射线检测Ⅱ级证的人员可编制一般的无损检测工艺卡。

六、案例分析

1. 项目及设计参数

某单位设计制造的 50m³ 液化石油气卧式储罐如图 7-26 所示，其设计参数见表 7-3。

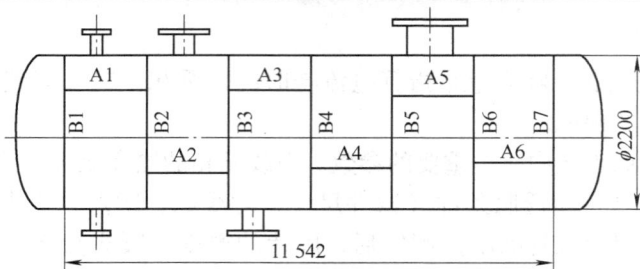

图 7-26　50m³ 液化石油气卧式储罐

表 7-3　50m³ 液化石油气卧式储罐设计参数

容器名称	50m³ 液化石油气储罐		容器编号	CⅢ2009 – 01
设计压力	1.8MPa		操作压力	1.6MPa
设计温度	50℃		操作温度	≤50℃
设计标准	GB/T 150.4—2011		制造标准	GB/T 150.4—2011
容器内径	2 200mm		容器高（长）	11 542mm
容器类别	Ⅲ类		工作介质	液化石油气
焊接坡口	X 形		焊接方式	双面埋弧焊
主体材质	封头	Q345R	主体厚度	封头	18mm
	筒体	Q345R		筒体	16mm

2. 射线检测工艺参数的选择

根据项目要求编制射线检测工艺，选择编制射线检测工艺卡所需的工艺参数，见表 7-4。

表 7-4　射线检测工艺参数选择

序号	参数名称	选择值	选择理由	备注
1	检测执行标准	JB/T 4730—2005《承压设备无损检测》	国家质量监督检验检疫总局质检办特函 [2006] 144 号《关于锅炉压力容器安全监察工作有关问题的意见》	
2	透照比例	100% 射线	TSG R0004 – 2009《固定式压力容器安全技术监察规程》第 4.5.3.2.2 条第（1）款及第（6）款规定	100% 射线检测或 100% 超声波检测
3	透照质量等级	AB 级	TSG R0004 – 2009 第 4.5.3.4.1 条第（1）款规定	

（续）

序号	参数名称	选择值	选择理由	备注
4	合格级别	Ⅱ级	TSG R0004－2009 第 4.5.3.4.1 条第（1）款规定	
5	透照方式	纵焊缝：直缝单壁透照 环焊缝：中心透照	设备直径较大，制造厂有射线检测专用的移动式射线机支承架及设备转动支座，可旋转移动拍摄	环焊缝可选单壁单影环外透法。本案例采用中心透照法，前提是单位有周向机
6	检测设备	纵焊缝：XX 2505（单向） 环焊缝：XX 3005（周向）	根据单位设备配置情况选取。环焊缝的最佳方案为采用周向机，可显著提高环焊缝检测效率	可一次完成整条环焊缝透照
7	透照管电压	180kV（外透法） 210kV（中心透照）	根据射线机曝光曲线选择	
8	焦点尺寸	2mm×2mm	从射线机随机资料中查出	
9	检测时机	外观检测合格后	TSG R0004－2009 第 4.5.3.3 条第（1）款规定	
10	胶片选择	天津Ⅲ型胶片规格：360mm×80mm	可采用 T3 及以上级别胶片，牌号可根据单位所购情况选择（Koda A、B；AgfaC7、D7、D8；Fuji 100；上海 GX－A7）	本案例选天津Ⅲ型胶片
11	增感屏	Pb 材质，厚度 0.03mm（前、后）	前屏和后屏可相同，也可以不同	
12	胶片与像质计的放置部位	外透法：胶片贴于焊缝内表面，像质计置于焊缝外表面 中心透照法：胶片贴于焊缝外表面，像质计置于焊缝内表面（至少 3 个，120°均布）	纵焊缝直缝单壁透照法和环焊缝单壁单影环外透法均属于外透法 中心透照法主要在有周向机的前提下，一次完成整条环焊缝的透照，属于内透法；特殊要求：像质计至少 3 个，120°均布，要求见 JB/T 4730.2—2005 第4.7.3 条 a）款规定	
13	像质计型号及像质指数	JB/T 7902-10-Fe-16；像质指数：11	根据 JB/T 4730.2—2005 第 4.11.4 条表 5 规定选择	
14	底片黑度 D	2.0～4.0	JB/T 4730.2—2005 第4.11.2 条规定	
15	焦距 F	外透法：700mm 中心透照法：1118mm	可在 700mm、600mm 中选择，但一次透照长度应计算 因被检测设备尺寸原因，焦距已固定，无法更改。否则，只能使用偏心透照法	本案例中心透照法完全能满足透照要求

（续）

序号	参数名称	选择值	选择理由	备注
16	一次透照长度 L_3	外透法：纵缝为320mm	因为属于 AB 级照相，所以纵缝透照厚度比 $K \leqslant 1.03$（JB/T 4730.2—2005 第 4.1.3 条表3），则横向裂纹检出角取 $\theta \leqslant 13.86°$，则 $L_3 \leqslant 0.5L_1$，$L_3 =$（700 – 16）mm/2 =342mm，取 320mm 　　相邻两片的搭接长度 ΔL 用下式计算： 　　考虑暗盒与工件贴合时的空隙，取 $L_2 = T + 2$mm，则本案例 $L_2 = T + 2$mm ＝（16 + 2）mm $=18$mm，$\Delta L = L_2L_3/L_1$＝（$18 \times 320/684$）mm ≈ 9mm 　　底片的有效评定片长 L_{eff} 按下式计算： 　　$L_{eff} = L_3 + \Delta L/2 + \Delta L/2 = L_3 + \Delta L =$（320 + 9）mm $=329$mm 　　与单位实有片袋规格和底片进行对比后，选取 320mm	计算为 329mm，实际取 320mm，片袋选 360mm × 80mm 每边留 20mm，是为保证有足够的搭接长度 　　L_1 为透照距离；L_2 为透照厚度
		外透法：环缝为360mm	∵ 属 AB 级照相∴ 环缝透照厚度比 K 按 1.1 选取（JB/T 4730.2 – 2005 第 4.1.3 条表3） 　　∴ 最少曝光次数按下列公式计算 　　$N = 180°/\alpha$（本案例 N 计算后为18.3≈19）； 　　$\alpha = \theta - \eta$（本案例 α 计算后为9.74°）， 　　$\theta = \cos^{-1}\{[1 + (K^2 - 1)\ T/D_0]\ /K\}$（本案例计算后 $\theta = 24.62°$）， 　　$\eta = \sin^{-1}[D_0\sin\theta/(D_0 + 2L_1)]$。 　　当 $D_0 > > T$ 时，$\theta = \cos^{-1}K^{-1}$ 　　式中 　　θ—有效最大失真角； 　　η—有效半辐射角（°）（本案例为 14.88°）； 　　K—透照厚度比（本案例为 1.1）； 　　T—工件厚度（mm）； 　　D_0—容器外径（mm）（本案例为 2200mm）。 　　一次透照长度 L_3 用下式计算： 　　$L_3 = \pi D_0/N$（本案例计算后 $L_3 = 684$mm） 　　相邻两片的搭接长度 ΔL 用下式计算： 　　$\Delta L = 2T\tan\theta$（本案例计算后为 14.66 ≈ 15mm） 　　底片的有效评定片长 L_{eff} 按下式计算： 　　$L_{eff} = \Delta L/2 + L_3{}' + \Delta L/2$ 　　本案例计算后 $L_{eff} = 373$mm，计算结果与单位所实有的片袋规格及底片进行对比后，选取 360mm	计算为 373mm，实际取 360mm，片袋选 400mm × 100mm 每边留 20mm，是为保证有足够的搭接长度（如没有该规格的片袋，可选 360mm × 80mm，则实际取 320mm，需增加最少曝光次数。实践中尽量减少最少曝光次数，以提高检测效率） 注：最小透照次数的选择可不进行计算，直接从 JB/T 4730.2 – 2005 标准附录 D 中图表进行查询选择
		中心透照：6908mm	∵ 属 AB 级照相，中心透照∴ 纵缝透照厚度比 $K = 1$，则横向裂纹检出角 $\theta \approx 0°$ 　　一次透照长度 L_3 等于整条环缝长度。最少曝光次数为 1 次	可选用各种规格的片袋或专用片袋，使用非专用片袋时需注意每边留 20mm 的搭接长度

（续）

序号	参数名称	选择值	选择理由	备注
17	曝光时间	外透法：3 min 中心透照法：5min	用曝光量计算或根据射线机上配置的曝光曲线选取	
18	透照次数	纵缝：各 6 次 环缝：各 19 次 中心透照法：各 1 次	用每个筒节纵缝长度除以有效片长计算 （见本表序号 16 一次透照长度计算）	
19	显影液配方	天津Ⅲ型专用	选用相应胶片的专用配方	
20	显影时间	5min		
21	显影温度	≥5℃	室温低于 5℃时，应采用增温措施	
22	定影时间	15min		底片可采用自然或热风干燥

3. 编制射线检测工艺卡

根据上述选择的参数，编制射线检测工艺卡，见表 7-5。

表 7-5　50m³ 液化石油气储罐射线检测工艺卡

产品编号	CⅢ2006 - 01	产品名称	50m³ 液化石油气储罐	产品类别	Ⅲ类
产品规格	50m³	材质	Q345R	焊接方法	双面埋弧焊
执行标准	JB/T 4730.2—2005	照相质量等级	AB 级	验收等级	Ⅱ级
无损检测 设备型号	XX2505（单向） XX3005（周向）	焦点尺寸	2mm×2mm	检测时机	外观检测合格后
胶片牌号	天津Ⅲ型胶片	胶片规格	360mm×80mm	增感屏	Pb 材质，厚度 0.03mm（前、后）
像质计	JB/T 7902 - 10 - Fe - 16	像质指数	11	底片黑度	2.0～4.0
显影液配方	天津Ⅲ型专用	显影时间	5min	显影温度	(20±2)℃

焊缝编号	焊缝长度/mm	检测比例（%）	T/mm	透照方式	焦距/mm	L_3/mm	透照次数/次	透照管电压/kV	曝光时间/min
A1 – A6	1920	100	16	外透法	700	320	各 6	180	3
B1 – B7	6908	100	16	外透法	700	360	各 19	180	3
B1 – B7	6908	100	16	中心透照法	1118	6908	各 1	210	5

纵缝、环缝外透照布置示意图　　　　　中心透照布置示意图

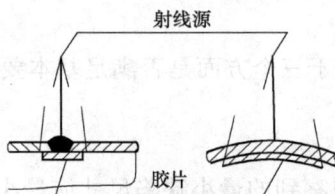

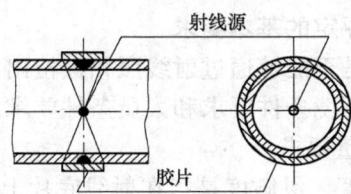

技术要求及说明

① 底片标记应包括：产品编号、焊缝编号、底片号、返修标记/扩拍标记（需要时）、透照日期

② B1 环缝外透照部位中心点应选择与 A1 缝交叉部位为起点，B2… B7 类似

③ 采用中心透照法时，每条环缝放 3 个像质计，120°均布

编制			年　月　日	审核			年　月　日
资格				资格			

4. 执行工艺卡时的注意事项

编制了上述射线检测工艺卡后，检测人员就可以在该工艺卡的指导下进行现场检测。

（1）检测过程 划线→编号及标记→布片→调节射线机及检测位置→安全检查→曝光→取片→暗室处理。

（2）注意事项

1）划线。按选定的胶片长度在受检设备内、外侧划线，确定布片位置以及像质计、标记摆放位置。划线时应注意胶片的搭接位置。

2）编号及标记。底片按顺序从小到大编号，搭接标记可用顺序号。采用中心透照法时，3 个像质计每隔 120°摆放 1 个，确保均布。

3）布片。装有胶片的暗袋必须与焊缝紧贴，否则将增加照片的不清晰度。

4）调节射线机及检测位置。通过调节射线机与工件的位置，确保检测工艺卡所选参数能顺利实施。检测现场不能满足检测工艺卡所选条件时，应适当对曝光参数进行相应调整。

5）安全检查。开始曝光前，应养成安全检查的习惯，确保检测现场已隔离，符合安全要求。

6）曝光。按选定的曝光参数进行试曝光，并对胶片进行暗室试处理，以验证所选参数合理；在确定所选曝光参数及暗室处理条件符合检测要求后，再进行全面检测。

7）取片。取片要轻拿轻放，不允许折压暗袋，以免产生伪缺陷；同时要将已拍胶片与未拍胶片隔离保管，避免取错胶片。

8）暗室处理。按暗室试处理条件进行全面冲洗。当室内温度很低或很高时，应适当对显、定影液进行升温或降温处理，以满足显、定影温度要求。从片袋中取片时应小心，不能用手捏胶片正面，只能拿胶片两角，放入洗片夹中。整个过程要确保暗室不透光，水洗过程要充分。冲洗过程必须用片夹，避免暗室处理时造成伪缺陷，影响底片评定。冲洗完成后的 X 光片必须完全晾（烘）干后，用原夹胶片纸或软纸隔离，放入专用片袋保管。

现场检测及暗室处理工作结束时，都应分别对实际检测情况作相应记录。

完成上述工作后，可进入底片等级评定程序。

第五节　焊缝射线透照检测底片的评定

一、底片评定的基本要求

焊缝缺陷是否能够通过射线照相被检出，取决于三个方面是否满足基本要求，即底片质量要求、设备环境条件要求和人员条件要求。

1. 底片质量要求

（1）灵敏度 灵敏度是指在射线底片上可以观察到的最小缺陷尺寸或最小细节尺寸。

1）绝对灵敏度。在射线底片上所能发现的射线穿透方向上的最小尺寸。

2）相对灵敏度。最小缺陷尺寸与透照厚度的百分比称为相对灵敏度。

3）像质计灵敏度。用人工孔槽、金属丝尺寸（像质计）作为底片影像质量的监测工具而得到的灵敏度。

4）可进行底片评定的胶片上可识别的像质计影像、型号、规格、摆放位置符合编制要求，可观察到的像质指数（Z）达到标准规定要求，则该底片满足标准灵敏度规定，可进行评定。

（2）黑度 为保证底片具有足够的对比度，黑度不能太小，但因受到观片灯亮度的限制，底片黑度不能过大。JB/T 4730.2—2005 规定：观片灯亮度必须满足观察底片黑度 $D \geqslant$ 2.0 的要求。

下限黑度是指底片两端搭接标记处的焊缝余高中心位置的黑度，上限黑度是指底片中部焊缝两侧热影响区（母材）位置的黑度。有效评定区内各点的黑度均在规定的范围内方为合格。

底片评定范围内的黑度应符合下列规定：

① A 级，$1.5 \leqslant D \leqslant 4.0$。

② AB 级，$2.0 \leqslant D \leqslant 4.0$。

③ B 级，$2.3 \leqslant D \leqslant 4.0$。

透照小径管或截面厚度变化大的工件时，经合同双方同意，AB 级最低黑度可降低至 1.5，B 级最低黑度可降低至 2.0。采用多胶片技术时，单片观察时单片的黑度应符合以上要求，A 级允许以双片叠加观察，双片叠加观察时单片黑度应不低于 1.3（AB 级、B 级不能采用双片观察）。对于评定范围内黑度 $D > 4.0$ 的底片，如有计量检定报告证明所用观片灯的亮度能满足要求，并经合同双方同意，允许进行评定。

（3）标记 底片上标记的种类和数量应符合有关标准和工艺规定，标记影像应显示完整、位置正确。通常，需检查底片上的常用标记，即识别标记和定位标记。

1）识别标记。检查产品编号、焊接接头编号、部位编号和透照日期。返修后的要检查返修标记和扩大检测比例的扩大标记。

2）定位标记。检查中心定位标记、搭接标记等。小径管双壁双影透照或垂直透照不用搭接标记。除中心 100% 透照或连续多张一次曝光外，每张底片上均应有中心标记，$\phi 20mm$ 以下小径管除外。非 100% 透照的焊接接头也要放置搭接标记，其标记为有效区段标记。

检查标记摆放位置是否合格，上述标记应摆放在距焊趾不少于 5mm 处。

标记不全的底片，对缺陷定位有影响的，则不能进行评定。

（4）伪缺陷 伪缺陷是因透照操作或暗室操作不当，或由于胶片、增感屏质量不好，在底片上留下的缺陷影像，如划痕、折痕、水迹、斑纹、静电感光、指纹、霉点、药膜脱落、污染等。

伪缺陷的存在会影响评片的正确性，造成漏判和误判，所以底片上有效评定区域内不允许有干扰缺陷影像识别的伪缺陷影像存在。

（5）背散射检查 射线透照时，在底片暗袋背面通常贴附一个"B"铅字标记，这是为了测试透照时散射线的影响。评片时若发现在较黑背景上出现较淡的"B"字影像（浅白色），则说明背散射较严重，应采用防护措施重新拍照；若未见"B"字，或在较淡背景出现较黑的"B"字，则表示符合要求。黑"B"字是由于铅字本身引起射线散射产生了附件增感，不能作为底片质量判废的依据。

（6）搭接情况检查 双壁单影透照纵焊缝时，其搭接标记以外应有附加长度 ΔL（$\Delta L = L_2 L_3 / L_1$）才能保证无漏检区。

其他透照方式摄得的底片，如果搭接标记按规定摆放，则底片上只要有搭接标记影像即可保证无漏检区，但如果因某些原因搭接标记未按规定摆放，则底片上搭接标记以外必须有附加长度 ΔL，才能保证完全搭接。

2. 设备环境条件要求

（1）环境 评片室应独立、整洁、安静，温度适宜，光线应暗且柔和。评片人员在评片前应经历一定的暗适应时间。从阳光下进入评片室的暗适应时间一般为 5～10min，从一般的室内进入评片室的暗适应时间应不少于 30s。

底片评定范围内的亮度应符合下列规定：

1）当底片评定范围内的黑度 $D \leqslant 2.5$ 时，透过底片评定范围内的亮度应不低于 $30cd/m^2$。

2）当底片评定范围内的黑度 $D > 2.5$ 时，透过底片评定范围内的亮度应不低于 $10cd/m^2$。

底片评定范围的宽度一般为焊缝本身及焊缝两侧 5mm 宽的区域。对低合金高强度钢要特别注意热影响区的观察。

（2）观片灯 设备主要性能指标应符合 GB/T 19802—2005《无损检测 工业射线照相 观片灯 最低要求》规定，亮度可调，性能稳定，安全可靠，噪声 <30dB。观片时使用遮光板能保证底片边缘不产生眩光而影响评片。

黑度 $D \leqslant 2.5$ 的底片，透照前照度应不低于 3200 cd/m^2，透照后可见光度应不低于 $30cd/m^2$；黑度 $D > 2.5$ 的底片，透照前照度应不低于 9487 cd/m^2，透照后可见光度应不低于 $10cd/m^2$。

（3）黑度计 设备必须具有读数准确、稳定性好的特点，能准确测量 4.5 以内的透射样品黑度，分辨力为 +0.02，测量值误差应不超过 ±0.05，光孔径小于或等于 1.0mm 为佳。

黑度计至少每 6 个月校验一次，标准黑度片至少应每两年送法定计量单位检定一次。

（4）评片工具 包括放大 3～5 倍的放大镜、0～2cm 长有刻度的透明塑料尺及手套（避免底片污痕）、评片尺。

3. 人员条件要求

1）持 RT - Ⅱ级及以上资格证。

2）有一定的评片实际工作经验。

3）有一定的焊接、材料及热处理等相关专业知识。

4）熟悉有关规范、标准，并能正确理解和严格执行。

5）了解被评定的工件材质、焊接工艺、接头坡口形式、可能产生的焊接缺陷种类和部位，以及射线透照工艺情况。

6）视力合格。

满足上述条件后，可开始底片评定工作。

二、焊接缺陷、焊接方法及焊接位置在底片上的影像特征

射线检测底片的评定工作之一，就是确定底片上显示的缺陷影像源于何种焊接缺陷。因此，熟悉各种焊接缺陷影像特征显得非常重要。同时，常用焊接方法也是底片评定时需要掌握的基础。

1. 常见焊接缺陷的分类

常见的焊接缺陷有气孔（A）、夹渣（B）、未焊透（D）、未熔合（C）、裂纹（E）、形状缺陷（F，如咬边）等六种。

1）按缺陷在底片上显示的形态可分为体积型缺陷和平面型缺陷两大类。

①体积型缺陷（又称为三维缺陷），如气孔、夹渣、未焊透、咬边、内凹等。

②平面型缺陷（又称为二维缺陷），如未熔合、裂纹、白点等。

2）按缺陷成分的密度及在底片上的黑度显示分类。

①密度大于焊缝金属的缺陷（呈白色影像），如夹钨、夹铜等。

②密度小于焊缝金属的缺陷（呈黑色影像），如气孔、夹渣等。

2. 缺陷成像的基本特征

（1）裂纹 裂纹在底片上的形貌典型特征如图7-27所示。

1）黑细线条，略带曲齿及有波状细纹，两端尖细，黑度逐渐变浅直至消失。有时，端头前方有丝状阴影延伸。

2）直线细纹，轮廓分明，两端常较尖细，中部稍宽，含分枝较少，边缘没有松散现象。

3）放射性裂纹，黑度较浅。

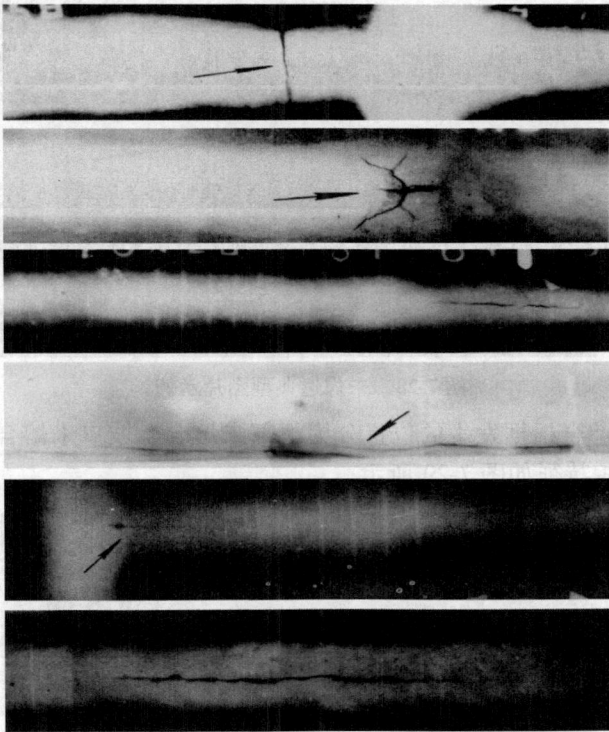

图 7-27 裂纹典型图片示例

裂纹不仅在焊缝金属中产生，而且在母材热影响区也可能产生。裂纹是射线检测中比较难发现的一种缺陷，检测中必须高度关注。

裂纹是二维空间的平面型缺陷。一般的裂纹宽度小、深度大。在射线照相时，裂纹能否被检查出与射线的透照方向有很大关系。透照时，当射线束方向与裂纹深度方向有一定的倾斜角度时，裂纹在底片上的形貌就较宽，而且边缘不清楚。当倾斜角度很大时，可能仅有非常模糊的一个阴影，甚至很难观察出来。当射线束平行于裂纹深度方向时，能获得一张裂纹显示良好的底片。因此，常常会有漏检的可能。

有关研究资料显示：当射线对裂纹的透照角度 $\theta > 15°$ 时就可能漏检；当 $\theta = 15°$ 时，漏检率为50%；当 $\theta = 10°$ 时，漏检率为30%。所以，裂纹的检测和定量，单靠射线检测是不够的。必要时，要用其他检测手段，如在超声波检测和磁粉检测（表面或近表面）的配合下进行。

（2）未焊透 未焊透可分为双面焊未焊透和单面焊未焊透两种，其典型特征如图7-28所示。

未焊透在底片上显示位于焊缝中间，形貌是一条黑直线，线条连续或断续的情况都有。呈条状或带状，其宽度取决于焊缝间隙的大小。焊缝间隙很小时，在底片上呈一条很细的黑线，似裂纹，但无尾梢。间隙大时，呈较粗的黑直线。阴影的黑度均匀，轮廓明显。当有夹渣和气孔伴随时，虽然线条的宽度和黑度在局部有所改变，但仍是一条直线。

因坡口制备、透照方向等因素的影响，黑直线也有可能出现在焊缝的边缘一侧。

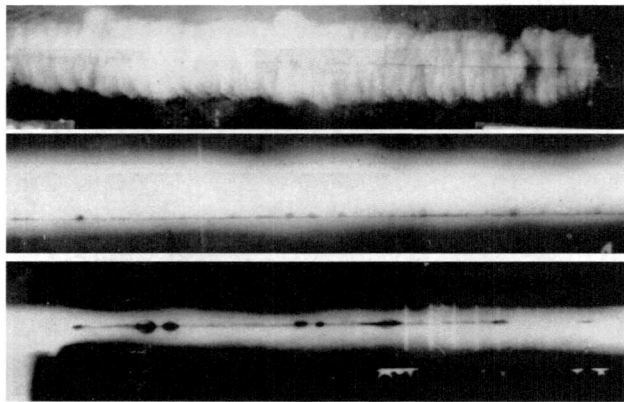

图7-28 未焊透典型图片示例

（3）未熔合 未熔合根据发生的位置分为根部未熔合、坡口未熔合、层间未熔合三种，未熔合在底片上的形貌特征如图7-29所示。

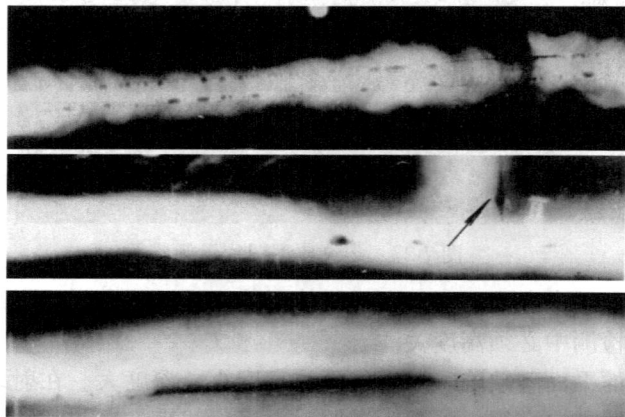

图7-29 未熔合典型图片示例

1）根部未熔合的典型影像是一条细直黑线，线的一侧轮廓整齐且黑度较大，为坡口钝边痕迹，另一侧轮廓可能较规则也可能不规则。根部未熔合在底片上的位置应是焊缝根部的投影位置，一般在焊缝中间，因坡口形状或投影角度等原因也可能偏向一边。

2）坡口未熔合的典型影像是连续或断续的黑线，宽度不一，黑度不均匀，一侧轮廓较规则，黑度较大，另一侧轮廓不规则，黑度较小；在底片上的位置一般在焊缝中心至边缘的1/2 处，沿焊缝纵向延伸。

3）层间未熔合的典型影像是黑度不大的块状阴影，形状不规则，伴有夹渣时，夹渣部位的黑度较大。较小时，底片上不易发现。

对未熔合缺陷的评判要慎重，因为有时与夹渣很难区分，尤其是层间未熔合容易误判。一般未熔合与夹渣的区别在于黑度的深浅和外貌形状是否规则等。

（4）夹渣 夹渣根据夹渣物的性质分为非金属夹渣和金属夹渣两大类，夹渣的典型特征如图 7-30 所示。

1）非金属夹渣在底片上的形貌特征。非金属夹渣在底片上的影像特征有黑点、黑条和黑块，形状不规则，黑度变化无规律，轮廓不圆滑，有的带棱角。非金属夹渣可能发生在焊缝中的任何位置，条状夹渣的延伸方向多与焊缝平行。

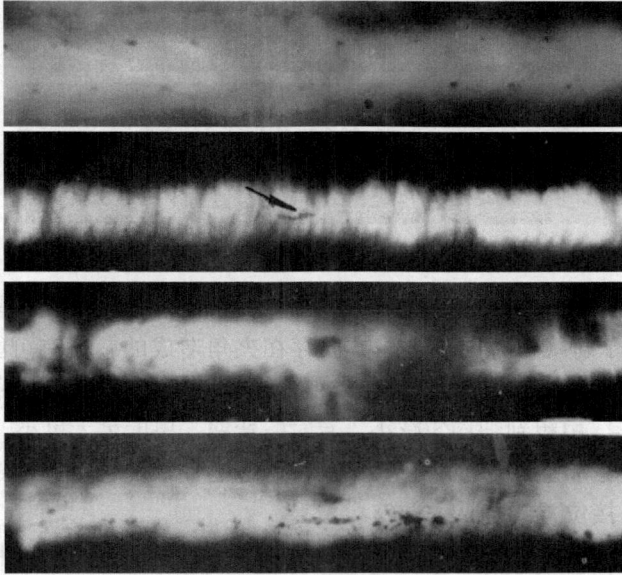

图 7-30 夹渣典型图片示例

底片上常见的非金属夹渣分为点状夹渣、块状夹渣、条状夹渣、链状夹渣和密集夹渣等。

2）金属夹渣在底片上的影像特征。夹钨在底片上的影像是一个白点。由于钨对射线的吸收系数很大，因此白点的黑度极小（极亮），据此可将其与飞溅影像相区别。夹钨只产生在非熔化极氩弧焊焊缝中。该焊接方法多用于不锈钢材料焊接和重要的板、管材对接环焊缝的打底焊接。

夹钨尺寸一般不大，形状不规则。大多数情况以单个形式出现，少数情况以弥散状态出现。

（5）气孔 气孔的典型形貌特征如图 7-31 所示。

自动焊中的气孔与手工电弧焊相似，但直径较大（$\phi2 \sim \phi6mm$），一般呈圆形或卵形。气孔在底片上黑度大，大多数边缘轮廓明显，少数不明显。

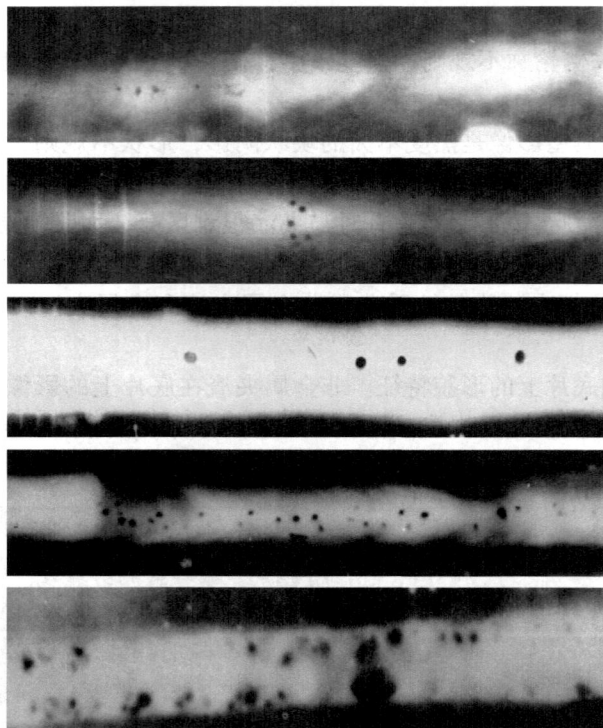

图 7-31　气孔典型图片示例

气孔影像有时呈两个同心圆或偏心圆，中心黑度较大，这实际上是呈圆柱形或圆锥形的影像的气孔，这是由于射线束方向与缺陷方向存在夹角造成的，还有可能是缺陷的重叠。

底片影像为一种小而特黑的阴影，直径较小，轮廓清晰，应判断为针孔。还有一种长度为 3～6mm 呈锥形的阴影，由粗到细均匀减小，有时略弯曲，黑度可大可小，这可能是虫孔。

自动焊针孔多数在焊缝的中心，手工焊中在焊缝的任一部位都可能产生气孔。

3. 焊接方法及焊接位置的确认

射线底片评定过程中的一个基本要求是必须确定该焊接接头是采用什么焊接方法焊接的，是在什么位置进行焊接的。因此，掌握焊接方法及焊接位置在底片上留下的影像特征是一个基本要求。

（1）焊接方法　常用的焊接方法有焊条电弧焊、钨极氩弧焊、埋弧焊等。这些焊接方法在底片上的影像显示如下：

1）焊条电弧焊。影像中明显可见焊条摆动时的运条波纹，显示表面成形不光滑。

2）钨极氩弧焊。由于采用氩气作保护气体，光焊丝作填充金属，因此焊接时焊丝摆动速度低于焊条电弧焊。故影像显示表面成形光滑，运条波纹明显少于焊条电弧焊。

3）埋弧焊。影像显示成形规整、表面光滑，无焊条电弧焊的运条波纹，但下坡焊有熔敷金属的铁液流线纹。

（2）焊接位置　焊接位置分为平焊、立焊、横焊和仰焊四个位置。管环缝的焊接可分为水平转动焊、水平固定焊和垂直固定焊。水平固定焊又称为全位置焊接。

1）平焊。手工平焊影像明显可见均匀细致的运条波纹，成形较规整，其波纹图形类似水的波纹。

2）立焊。手工立焊影像明显可见鱼鳞状三角波纹，有时呈三角沟槽，成形较规整。

3）横焊。手工横焊影像明显可见焊道与焊道之间的沟槽。横焊时，焊条不上下摆动，故无运条波纹。

4）仰焊。手工仰焊由于焊条摆动方式与平焊、立焊、横焊均不相同，故其影像无平焊、立焊、横焊的运条波纹，如同许多个圆饼形纹组成的焊缝影像，黑度不均匀。若其背面为平焊缝，则还可见不太明显的平焊波纹。

5）水平转动焊。其影像明显可见平焊的水波纹特征。

6）水平固定焊。其影像既具有平焊特征，又有立焊和仰焊影像特征，显示表面成形不太规整。

7）垂直固定焊。该焊缝全部为横焊缝，故其影像具有横焊影像特征。

在确定上述焊接方法和位置的同时，还必须确定焊接时是采用单面焊还是双面焊，或是加垫板的单面焊，这些都必须如实记录在案。

三、焊缝质量的评定

焊缝射线照相检测底片的评定，就是将底片的缺陷影像进行定性、定量，然后与标准规定进行比对，确定该焊缝的质量等级。因此，了解缺陷影像的特征后，比对标准评级才是最终目的。此处均以 JB/T 4730.2—2005 中钢、镍、铜制承压设备熔化焊对接接头射线检测质量分级作为参照标准。

JB/T 4730.2—2005 中，根据缺陷对安全性能危害程度，将缺陷性质和数量分为四个等级，即Ⅰ级、Ⅱ级、Ⅲ级、Ⅳ级。

Ⅰ级对接焊接接头内不允许存在裂纹、未熔合、未焊透和条形缺陷。但允许一定数量和一定尺寸的圆形缺陷存在。

Ⅱ级和Ⅲ级对接焊接接头内不允许存在裂纹、未熔合、未焊透（对于压力管道，单面焊、双面成形焊接对接接头内允许有一定尺寸未焊透存在）。但允许一定数量和一定尺寸的条形缺陷和圆形缺陷存在。

对接焊接接头中缺陷超Ⅲ级者为Ⅳ级。

当各类缺陷评定的质量级别不同时，以质量最差的级别作为焊接接头的质量级别。

需注意的是，对接接头底片评定中只针对评定区域内气孔、夹渣、未焊透、未熔合、裂纹五种缺陷影像进行定性、定量、定位和定级，并对气孔、夹渣按其长、宽尺寸比分为圆形缺陷和条状缺陷，再依据缺陷的危害安全程度对缺陷性质进行分级限定。对缺陷影像定量评定时，仅对缺陷的单个长度、直径及其总量进行分级限定，未对缺陷自身高度（沿板厚方向）即黑度大小进行限定。

其他焊接形状缺陷，尤其是表面缺陷，应该由外观检测检验，而不是由射线来检测。这是因为焊接产品是在焊缝外观检测合格后才开始射线检测工作的，这些缺陷不属于射线检测检出的范畴，因此不作评级规定。但对于小径管、小直径容器、锅炉联箱及其他带垫板焊缝的根部缺陷，由于这些场合或部位无法进行目视检测，例如内凹、烧穿、内咬边等，应由射线检测检出并作出评级规定。

从上述等级划分可以看出，底片上的缺陷影像一旦确定为裂纹、未熔合、未焊透，则可以直接将级别评定为Ⅳ级（但必须注意：针对压力管道，Ⅱ级和Ⅲ级单面焊、双面成形焊接对接接头内允许有未焊透存在），所以评定时应引起高度重视。

1. 标准对圆形缺陷质量分级的规定

射线底片缺陷影像长宽比小于或等于3的缺陷定义为圆形缺陷，它可以是圆形、椭圆形、锥形或带尾巴的不规则形状等。但必须注意：这是只针对气孔、夹渣这些缺陷进行的定义。

圆形缺陷用圆形缺陷评定区进行质量分级评定，圆形缺陷评定区为一个与焊缝平行的矩形，其尺寸见表7-6。圆形缺陷评定区应选在缺陷最严重的区域。

表7-6　圆形缺陷评定区　　　　　　　　　　　　（单位：mm）

母材公称厚度 T	≤25	>25～100	>100
评定区尺寸	10×10	10×20	10×30

注：在圆形缺陷评定区内或与圆形缺陷评定区边界线相割的缺陷均应划入评定区内。

将评定区内的陷按表7-7换算成点数，并按表7-8的规定评定对接焊接接头的质量级别。

表7-7　缺陷点数换算表

缺陷长径/mm	≤1	>1～2	>2～3	>3～4	>4～6	>6～8	>8
缺陷点数	1	2	3	6	10	15	25

表7-8　各级别允许的圆形缺陷点数

评定区尺寸/mm×mm	10×10			10×20		10×30
母材公称厚度 T/mm	≤10	>10～15	>15～25	>25～50	>50～100	>100
Ⅰ级	1	2	3	4	5	6
Ⅱ级	3	6	9	12	15	18
Ⅲ级	6	12	18	24	30	36
Ⅳ级	缺陷点数大于Ⅲ级或缺陷长径大于 $T/2$					

注：当母材公称厚度不同时，取较薄板的厚度。

当缺陷的尺寸小于表7-9的规定时，分级评定时可不计该缺陷点数。质量等级为Ⅰ级的对接焊接接头和母材公称厚度 $T \leq 5mm$ 的Ⅱ级对接焊接接头，不计点数的缺陷在圆形缺陷评定区内不得多于10个，超过时对接焊接接头质量等级应降低一级。

表7-9　不计点数的缺陷尺寸（单位：mm）

母材公称厚度 T	缺陷长径
≤25	≤0.5
>25～50	≤0.7
>50	≤1.4% T

在圆形缺陷评定时，对由于材质或结构等原因，进行返修可能会产生不利后果的对接焊接接头，各级别的圆形缺陷的点数可放宽1～2点。

对致密性要求高的对接焊接接头，评定人员应将黑度大的圆形缺陷定义为深孔缺陷。当对接焊接接头存在深孔缺陷时，应将其评定为Ⅳ级。

2. 标准对条形缺陷质量分级的规定

长宽比大于3的气孔、夹渣等缺陷定义为条形缺陷。

条形缺陷按表7-10的规定进行分级评定。

3. 标准对综合评定质量分级的规定

在圆形缺陷评定区内同时存在圆形缺陷和条形缺陷时，应进行综合评级。

综合评级的级别如下确定：对圆形缺陷和条形缺陷分别评定级别，将两者级别之和减一作为综合评级的质量级别。

四、焊缝底片评定示例

1. 圆形缺陷底片评定示例

【示例1】 图 7-32 所示为用 $T_1 = 24mm$ 和 $T_2 = 26mm$ 的钢板对接焊制而成的工件，在底片上发现缺陷。按 JB/T 4730.2—2005 标准规定，该张底片评为几级？

表 7-10 条形缺陷的分级

级别	单个条形缺陷最大长度	一组条形缺陷累计最大长度
Ⅰ		不允许
Ⅱ	$\leq T/3$（最小可为 4mm）且 ≤ 20	在长度为 12T 的任意选定条形缺陷评定区内，相邻缺陷间距不超过 6L 的任一组条形缺陷的累计长度应不超过 T，但最小可为 4mm
Ⅲ	$\leq 2T/3$（最小可为 6mm）且 ≤ 30	在长度为 6T 的任意选定条形缺陷评定区内，相邻缺陷间距不超过 3L 的任一组条形缺陷的累计长度应不超过 T，但最小可为 6mm
Ⅳ		大于Ⅲ级者

注：1. L 为该组条形缺陷中最长缺陷本身的长度；T 为母材公称厚度，当母材公称厚度不同时取较薄板的厚度值。

2. 条形缺陷评定区是指与焊缝方向平行的、具有一定宽度的矩形区，$T \leq 25mm$，宽度为 4mm；$25mm < T \leq 100mm$，宽度为 6mm；$T > 100mm$，宽度为 8mm。

3. 当两个或两个以上条形缺陷处于同一直线上、且相邻缺陷的间距小于或等于较短缺陷长度时，应作为 1 个缺陷处理，且间距也应计入缺陷长度之中。

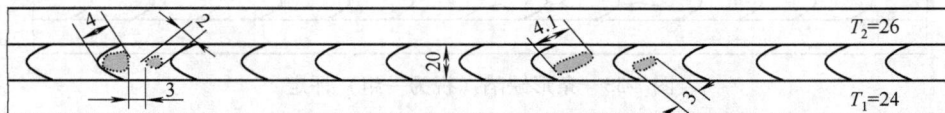

图 7-32 不等厚板圆形缺陷评定

解析：

① 评定区大小选择。已知 $T_1 = 24mm$，$T_2 = 26mm$，从表 7-6 查得，按 T_1 评定区尺寸为 10mm × 10mm，按 T_2 评定区尺寸为 10mm × 20mm。

当母材公称厚度不同时，取较薄板的厚度，因此评定区尺寸选 10mm × 10mm。

② 底片缺陷评定对象选择。底片上有两处缺陷，如图 7-32 所示都在 10mm × 10mm 评定区内，以缺陷最严重者（右边）为评定对象。

③ 计算缺陷点数。查表 7-7 得，4.1mm 缺陷换算为 10 点，3mm 缺陷换算为 3 点，合计 13 点。

④ 等级评定。查表 7-8 得，该片缺陷总点数大于 9 点，不能评为Ⅱ级，小于 18 点，可评为Ⅲ级。

【示例2】 板厚 $T = 5mm$ 的对接焊缝的底片上，发现两处缺陷，都在 10mm × 10mm 的评定区范围内，A 处为 3 个 1mm 夹钨，B 处为 2 个 1mm 点渣和 11 个 0.5mm 的点渣，按 JB/T 4730.2—2005 标准规定，该底片如何评级？

解析：

已知板厚 $T = 5mm$，故评定区为 10mm × 10mm，由于无法立即评定哪个部位缺陷最严重，故先分别评级。

① A 处 3 个 1mm 夹钨，查表 7-5 得，缺陷换算为 3 点，可评为Ⅱ级。

② B 处 2 个 1mm 点渣，查表 7-5 得，缺陷换算为 2 点，可评为Ⅱ级。但该区域还有 11

个0.5mm点渣,可有两种处理办法。

方法一:将1个0.5mm点渣视为尺寸大于0.5mm、小于1mm的缺陷,就可再折换为1点,共3点,其余10个点渣按表7-9规定,0.5mm点渣可不计,故该片B处评为Ⅱ级。

方法二:根据标准"质量等级为Ⅰ级的对接焊接接头和母材公称厚度$T \leq 5$mm的Ⅱ级对接焊接接头,不计点数的缺陷在圆形缺陷评定区内不得多于10个,超过时对接焊接接头质量等级应降低一级"的规定,该片B处评为Ⅲ级。

从上述分析可见,两种方法都符合标准规定,结果却不同。此时可参考结构的重要程度来判别。如结构盛装介质为有毒、有害及易燃、易爆物质,则严格等级评定,评为Ⅲ级;其他情况评为Ⅱ级。

③ 综合判定。

A处、B处同为Ⅱ级,只评一处即可,本底片为Ⅱ级。

A处为Ⅱ级、B处为Ⅲ级,则选B处为评定区,本底片为Ⅲ级。

2. 条形缺陷底片评定示例

【示例3】 图7-33所示底片长100mm,$T = 10$mm,按JB/T 4730.2—2005标准规定,该底片如何评级?

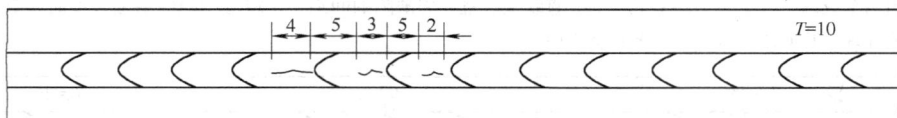

图 7-33 条形缺陷(视为一组)评定

解析:

① 其中最长缺陷的长度为4mm,将其作为单个缺陷,查表7-10,符合Ⅱ级要求,再验看夹渣组是否符合Ⅱ级。

② 由表7-10可知,在长度为$12T = 120$mm的任意选定条形缺陷评定区内,相邻缺陷间距不超过6L的任一组条形缺陷的累计长度应不超过$T = 10$mm。可评为Ⅱ级。但现在片长为100mm,需计算Ⅱ级允许的夹渣总长。

设Ⅱ级允许的夹渣总长为X,则

$10 : 120 = X : 100$

$X = 10 \times 100\text{mm}/120 = 8.33\text{mm}$

则Ⅱ级允许的夹渣总长为8.33mm,实际夹渣总长 = (4 + 3 + 2) mm = 9mm > 8.33mm

因此得出结论:该片不能评为Ⅱ级。

③ 三个夹渣在$6T = 60$mm范围内,且间距都小于3L,总长9mm < 板厚10mm。根据表7-10,该片可评为Ⅲ级。

【示例4】 图7-34所示底片长300mm,$T = 20$mm,按JB/T 4730.2—2005标准规定,该底片如何评级?

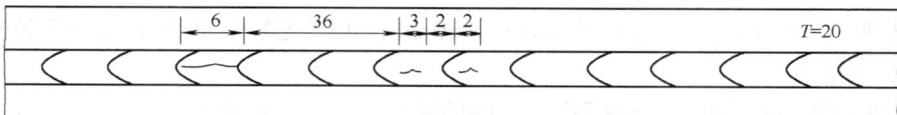

图 7-34 条形缺陷(非一组)评定

解析：

①从图7-34可见，三个夹渣在同一直线上，且间距均不大于6L，又最长者6mm < （1/3）T，则根据表7-10可以从Ⅱ级开始观察。右侧3mm与2mm缺陷的间距不大于2mm，根据表7-10注3的规定，它们可视为一个夹渣，两个缺陷的净长度再加上其间距为(3 + 2 + 2) mm = 7mm，超过了（1/3）T = （1/3）×20mm = 6.67mm。故该片不能评为Ⅱ级。

②由于7mm < （2/3）T，故根据表7-10可由Ⅲ级来验查。6mm与3mm两夹渣间距 > 3L = 3×7mm = 21mm，三个夹渣不在一组内。选缺陷最严重的右侧夹渣为评定区，7mm < （2/3）T，该片可评为Ⅲ级。

3. 底片缺陷综合评定示例

【示例5】 图7-35所示底片长360mm，T = 26mm，有气孔、条渣两类缺陷共存，按JB/T 4730.2—2005标准规定，该底片如何评级？

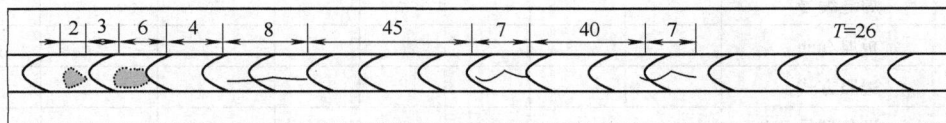

图7-35 缺陷综合评定

解析：

① 最长条渣长度为8mm < （1/3）T，查表7-10可评为Ⅱ级。

② 三个条渣在同一直线上，缺陷间距都大于7mm，但小于6L，根据表7-10，将其在12T范围内视为一组缺陷，条渣总长为（8 + 7 + 7） mm = 22mm < 板厚T = 26mm，根据表7-10的规定，该条渣组评为Ⅱ级。

③ 根据板厚从表7-6查得，圆形缺陷的评定区为10mm×20mm，由表7-7查得两气孔的换算点数为（2 + 10）点 = 12点，根据表7-8可知，该圆形缺陷可评为Ⅱ级。

④ 合理移动评定区，可使8mm条渣套入评定区内，因而对评定区内的缺陷进行综合级别：

2 + 2 − 1 = 3，故该底片综合评定级别为Ⅲ级。

五、检测记录和报告

评片结束后，评片人员应对射线照相检测结果及有关事项进行详细记录，并出具检测报告。根据JB/T 4730.2—2005规定，检测报告至少应包括如下内容：

1）委托单位。

2）被检工件名称、编号、规格、材质、焊接方法和热处理状态。

3）检测设备名称、型号、焦点尺寸。

4）检测标准和验收等级。

5）检测规范、技术等级、透照布置、胶片、增感屏、射线能量、曝光量、焦距、暗室处理方式和条件等。

6）工件检测部位及布片草图。

7）检测结果及质量分级。

8）检测人员和责任人员签字并注明技术资格。

9）检验日期。

表 7-11 为某产品 X 射线检测报告参考格式。表 7-12 为该产品 X 射线底片评定表，作为射线检测报告的附页，加无损检测示意图后，成为一份完整的射线检测报告提供给产品质检部门，以出具产品质量证书。

表 7-11 某产品 X 射线检测报告参考格式

工件	工件名称		材料牌号	
	工件编号		表面状态	
	检测部位			
检测条件及工艺参数	源种类		胶片牌号	
	增感方式	Pb 前屏： 后屏：	胶片规格	
	冲洗条件	□自动 □手工 时间： min 温度： ℃		
	照相质量等级	AB	底片黑度	2.0~4.0
	焊缝编号			
	板厚/mm			
	透照方式			
	设备型号			
	焦点尺寸			
	像质计型号			
	要求像质指数			
	透照距离 L_1/mm			
	管电压/kV			
	管电流/mA			
	曝光时间/min			
	焊缝长度/mm			
	一次透照长度/mm			
	合格级别			
	要求检测比例（%）			
	实际检测比例（%）			
	检测执行标准	JB/T 4730.2—2005	检测工艺编号	

合格片数/张	A 类焊缝	B 类焊缝	相交焊缝	共计	最终评定结果	Ⅰ级片数/张	Ⅱ级片数/张	Ⅲ级片数/张	Ⅳ级片数/张

缺陷及返修情况说明	检 测 结 果
1）以上部位返修共计 处，最高返修 次 2）超标缺陷部位返修后复验合格 3）返修部位原缺陷情况见焊缝 X 射线检测底片评定表	1）以上部位焊缝质量符合 级的要求，结果合格 2）检测位置及底片情况详见焊缝 X 射线底片评定表及射线检测位置示意图（另附）

报告人：
资格：RT –
    年 月 日
	审核人：
	资格：RT –
	    年 月 日
		无损检测专用章
		
		    年 月 日

表 7-12　X 射线底片评定表

序号	焊缝编号	底片编号	相交焊接接头	底片黑度	像质指数	板厚	缺陷性质及数量	评定	一次透照长度/mm	备注

初评人（资格）	（RT - Ⅱ）		年　月　日	复评人（资格）	（RT - Ⅱ）		年　月　日

六、检测不合格情况的处理

1. 局部射线检测不合格情况的处理原则

对于局部射线检测不合格的特种设备，TSG R0004 – 2009《固定式压力容器安全技术监察规程》第 4.5.3.2.3 第(2)条规定：经过局部无损检测的焊接接头，如果在检测部位发现超标缺陷时，应当在该缺陷两端的延伸部位各进行不少于 250mm 的补充检测，如果仍然存在不允许的缺陷，则对该焊接接头进行全部检测。因此，发现局部射线检测不合格时，应及时对该焊接接头进行补充检测，在超标缺陷两端延伸部位 250mm（GB 150.4—2011《压力容器　第 4 部分：制造、检验和验收》第 10.5.3 条中为"该焊接接头长度的 10%，且两侧均不小于 250mm"）的补充检测规定长度内，至少应各加拍一张片，以确定在延伸位置是否存在超标缺陷。

2. 检测比例 100% 时不合格情况的处理原则

检测比例为 100% 时，发现超标缺陷不存在加拍问题，而是返修后按原工艺重新检测，直至合格。但由于设备制造时检测比例要求高，往往表示该设备在使用状态下的安全等级要求高，承载、使用介质、环境条件苛刻，材料的等级水平也比局部检测的设备高，因此检测时应考虑增加超声波复检、表面检测的综合应用。

在对缺陷进行返修时，为确保返修前已彻底清除了缺陷，应编制返修工艺，并按工艺要求在碳弧气刨、打磨清除结束后增加焊接坡口表面检测方法进行辅助检测，确认已清除了缺陷后再按返修工艺规定进行返修、（延时）进行外观检测，合格后再进行射线检测。检测时注意射线底片编号必须加返修编号标记，以示区别。

第八章 超声波检测

超声波检测是利用超声波在物体中的传播、反射和衰减等物理特性来发现缺陷的一种无损检测方法。它可以检查金属材料、部分非金属材料的表面和内部缺陷，如焊缝中的裂纹、未熔合、未焊透、夹渣、气孔等缺陷。超声波检测具有灵敏度高、设备轻巧、操作方便、探测速度快、成本低、可检测材料厚度范围宽、对人体无害等优点。但由于其早期仅使用模拟信号，大部分检测设备仅有 A 扫描形式，需要有经验的无损检测人员对信号进行人工分析才能得出正确的结论，对检测和分析人员的要求较高，使其应用受到一定的限制。在计算机技术和高速器件飞速发展的今天，超声波检测信号的数字化采集、处理、分析与显示方面均获得了大量研究成果，使超声波检测技术和检测设备快速发展，信号的分析和成像处理已实现 A、B、C、MA、3D 等扫描显示。最新发展的衍射时差法超声波检测（TOFD）、超声波相控阵等检测技术，应用成像技术使超声波检测结果更加直观可见，还可通过模式识别对工件实现质量分级，减少人为因素影响，提高检测的可靠性和稳定性，且可存储检测原始信号和检测结果，为其应用与拓展提供了更大的空间，具有很大的发展潜力，是当今无损检测方法中发展最快、应用最广泛的无损检测技术，占有至关重要的地位。但其在对缺陷进行定性和定量的准确判定方面还存在着一些需要解决的问题。

第一节 超声波的产生、接收及其性质

物体沿着直线或曲线在某一平衡位置附近作往复周期性的运动，称为机械振动。振动的传播过程，称为波动。波动分为机械波和电磁波两大类。机械波是机械振动在弹性介质中的传播过程。超声波就是一种机械波，机械振动与波动是超声波检测的物理基础。

机械波的主要参数有波长、频率和波速。

波长 λ：同一波线上相邻两振动相位相同质点间的距离称为波长，波源或介质中任意一质点完成一次全振动，波正好前进一个波长的距离，常用单位为 m。

频率 f：波动过程中，任一给定点在 1s 内所通过的完整波的个数称为频率，常用单位为 Hz。

波速 c：波动中，波在单位时间内所传播的距离称为波速，常用单位为 m/s。

超声波检测所用的频率一般为 0.5 ~ 10MHz，对钢等金属材料的检测，常用的频率为 1 ~ 5MHz。

一、超声波的产生与接收

超声波检测中采用压电法来产生超声波。压电法是利用压电晶片来产生超声波的。压电晶片是一种特殊的晶体材料，当压电晶片受拉应力或压应力的作用产生变形时，会在晶片表面出现电荷；反之，其在电荷或电场作用下，会发生变形，前者称为正压电效应，后者称为逆压电效应。

超声波的产生与接收是利用超声波探头中压电晶片的压电效应来实现的。由超声波检测仪产生的电振荡，以高频电压形式加载于探头中的压电晶片的两面上，由于逆压电效应的结果，压电晶片会在厚度方向上产生持续的伸缩变形，形成了机械振动。若压电晶片与工件表面有良好的耦合时，机械振动就以超声波的形式传播进入被检工件，这就是超声波的产生。反之，当压电晶片受到超声波作用而发生伸缩变形时，正压电效应的结果会使压电晶片两表面产生具有不同极性的电荷，形成超声频率的高频电压，以回波电信号的形式经超声波检测仪显示，这就是超声波的接收。

二、超声波的性质

1）超声波具有良好的方向性。超声波是频率很高、波长很短的机械波，在无损检测中使用的波长为毫米级；超声波像光波一样具有良好的方向性，可以定向发射，易于在被检材料中发现缺陷。它在弹性介质中能像光波一样沿直线传播，且在固定的介质中传播速度是个常数，所以根据传播时间就能求得其传播距离，这样就为检测中缺陷的定位提供了依据。

2）超声波能在弹性介质中传播，不能在真空中传播。一般无损检测中通常把空气介质作为真空处理，所以认为超声波也不能通过空气进行传播。

3）超声波如同声波一样，通过介质时，根据介质质点的振动方向与波的传播方向之间相互关系的不同，有不同的波形。

① 纵波（L）。介质中质点的振动方向与波的传播方向互相平行的波称为纵波。固体、液体和气体都能传播纵波。钢中纵波波速一般为5960m/s，一般应用于钢板、锻件检测。

② 横波（S）。介质中质点的振动方向与波的传播方向互相垂直的波称为横波。横波只能在固体介质中传播，不能在液体和气体介质中传播。钢中横波波速一般为3230m/s。横波检测有独特的优点，如灵敏度较高、分辨力较好等，一般应用于焊缝、钢管及纵波难以检测的场合，应用比较广泛。

③ 表面波（R）。当介质表面受到交变应力作用时，产生沿介质表面传播的波，称为表面波，也称为瑞利波。

表面波在介质表面传播时，介质表面质点作椭圆运动，椭圆长轴垂直于波的传播方向，短轴平行于波的传播方向。椭圆运动可视为纵向振动与横向振动的合成，即纵波与横波的合成，因此表面波只能在固体介质中传播，不能在液体和气体介质中传播。

表面波的能量随深度增加而迅速减弱，当传播深度超过两倍波长时，质点的振幅就已经很小了，因此，一般认为表面波检测只能发现距工件表面两倍波长深度内的缺陷。表面波一般应用于钢管无损检测。

④ 板波。在板厚与波长相当的薄板中传播的波称为板波。根据质点的振动方向不同可将板波分为SH波和兰姆波。板波一般应用于薄板、薄壁钢管的无损检测。

对于普通钢材，超声波在其中传播的纵波速度最快，横波速度次之，表面波速度最慢。因此，对同一频率的超声波来说，纵波的波长最长，横波次之，表面波最短。由于检测缺陷的分辨力与波长有关，波长短的分辨力高，因此表面波的检测分辨力优于横波，横波则优于纵波。

综上所述，由于超声波在金属介质中能够以不同传播速度传播不同波形，因此对金属焊缝进行检测时必须选定所需超声波的波形。通过以上分析可知，横波相对较好，所以实际检测通常选择横波，否则会使回波信号发生混乱，得不到正确的检测结果。

4）超声波可以在异质界面透射、反射、绕射、折射，以及进行波形转换和聚焦。

① 超声波垂直入射异质界面时的透射、反射和绕射。当超声波从一种介质垂直入射到第二种介质上时，其能量的一部分被反射而形成与入射波方向相反的反射波，其余能量则透过界面产生与入射波方向相同的透射波。超声波反射能量 $W_{反}$ 与入射能量 $W_{入}$ 之比称之为超声波能量的反射系数 K，即 $K = W_{反}/W_{入}$。

超声波在异质界面上的反射是很严重的，尤其在固 - 气界面上 $K = 1$，因此检测中良好的耦合是一个必要条件。当然，焊缝与其中的缺陷构成的异质界面，也正因为有极大的反射才使超声波检测成为可能。当界面尺寸很小时，超声波能绕过其边缘继续前进，即产生波的绕射。由于绕射使反射回波减弱，因此一般认为超声波检测中能探测到的缺陷尺寸为 $\lambda/2$。显然，要想能探测到更小的缺陷，就必须提高超声波的频率。

② 超声波倾斜入射异质界面时的反射、折射、波形转换和聚焦。若超声波由一种介质倾斜入射到另一种介质时，在异质界面上将会产生波的反射和折射，并产生波形转换。不同波形的入射角、反射角、折射角的关系遵循几何光学的原理。

由于超声波通过介质时具有折射的性质，因此如同光线一样，可利用透镜进行聚焦。聚焦所用的声透镜可用液体、金属、有机玻璃和环氧树脂等材料制作。

5）超声波具有可穿透物质和在物质中衰减的特性。超声波的这一性质与射线相似，但超声波的能量很大，因而具有更强的穿透能力。超声波在大多数介质中，尤其在钢等金属材料中传播时，传输损失少，传播距离最大可以达到数米远。所以，超声波检测能够有较大的探测深度，这一优势是其他无损检测方法没有的。

超声波在介质中传播时，其能量随着传播距离的增加而逐渐减弱的现象称为超声波的衰减。在金属材料的超声波检测中，引起超声波衰减的原因主要是散射，其声压按负指数规律衰减，即

$$P_X = P_0 e^{\alpha X}$$

式中　P_X——与压电晶片表面的距离为 X 处的声压（Pa）；

$\quad\quad P_0$——超声波原始声压（Pa）；

$\quad\quad$e——自然对数的底；

$\quad\quad \alpha$——金属材料的衰减系数（dB/m）；

$\quad\quad X$——超声波在金属材料中传播的距离（m）。

第二节　超声波检测设备简介

超声波检测设备主要包括超声波检测仪、探头和试块等，了解这些设备的原理、构造和作用及其主要性能的测试方法，是正确选用检测设备进行有效检测的保证。

一、超声波检测仪

超声波检测仪的主要作用是产生电振荡并加于探头上，激励探头发射超声波，同时将探头送回的电信号进行放大、处理，通过一定方式显示出来，从而得到被检测工件内部有无缺陷及缺陷位置和大小等信息。

1. 超声波检测仪的分类

按超声波的连续性可将检测仪分为脉冲波、连续波和调频波检测仪三种。其中，后两种

检测仪灵敏度低，缺陷测定有较大的局限性，在焊缝检测中均不采用。

按缺陷显示方式，可将超声波检测仪分为 A 型显示（缺陷波幅显示）、B 型显示（缺陷俯视图像显示）、C 型显示（缺陷侧视图像显示）和 3D 型显示（缺陷三维图像显示）等。

按超声波的通道数目又可将检测仪分为单通道和多通道检测仪两种。前者是由一个或一对探头单独工作；后者是由多个或多对探头交替工作，而每一通道相当于一台单通道检测仪，适用于自动化检测。

目前，焊缝超声波检测中广泛使用 A 型显示脉冲反射式单通道超声波检测仪，其又主要分为模拟式超声波检测仪和数字式超声波检测仪。

2. 模拟式 A 型脉冲回波超声波检测仪

模拟式 A 型脉冲回波超声波检测仪原理如图 8-1 所示。接通电源后，同步电路产生的触发脉冲同时加至扫描电路和发射电路。扫描电路受触发后开始工作，产生的锯齿波电压加至示波管水平（x 轴）偏转板上使电子束发生水平偏转，从而在示波屏上产生一条水平扫描线（又称为时间基线）。与此同时，发射电路受触发产生高频窄脉冲加至探头，激励压电晶片振动而产生超声波，再通过探测表面的耦合剂将超声波导入工件。超声波在工件中传播遇到缺陷或底面时会发生反射，回波被同一探头或接收探头所接收并被转变为电信号，经接收电路放大和检波后加到示波管垂直（y 轴）偏转板上，使电子束发生垂直偏转，在水平扫描线的相应位置上产生始波 T（表面反射波）、缺陷波 F、底波 B。实际上，示波屏上横坐标反映了超声波的传播时间，纵坐标反映了反射波的振幅，因此通过始波 T 和缺陷波 F 之间的距离，便可确定缺陷与工件表面的距离，同时通过缺陷波 F 的高度可判断缺陷的大小。

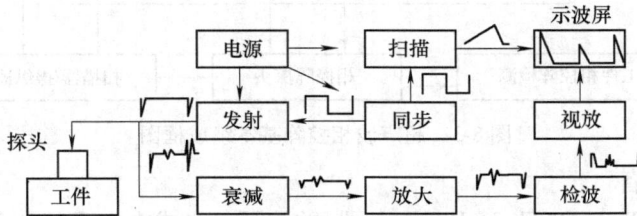

图 8-1　模拟式 A 型脉冲回波超声波检测仪原理

3. 数字式 A 型脉冲回波超声波检测仪

随着科学技术的进步和计算机技术的广泛应用，超声波检测仪的技术性能不断提高，功能不断增加，自动化程度越来越高，先进的数字化、智能化仪器设备不断涌现。数字式 A 型脉冲回波超声波检测仪基本原理如图 8-2 所示。它集高精度运算、控制和逻辑判断功能于一身，可以替代大量原来需人工完成的体力和脑力劳动，减少人为因素误差，提高了检测的可靠性，并较好地解决了模拟机无法解决的记录问题，是近年来发展最快的检测设备。

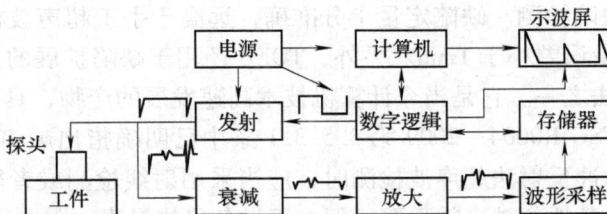

图 8-2　数字式 A 型脉冲回波超声波检测仪基本原理

4. 超声波相控阵检测设备

超声波相控阵检测技术是一种新型的特殊超声波检测技术，类似相控阵雷达、声呐。20 世纪 60 年代，医学领域最先应用相控阵技术进行动态超声波诊断。20 世纪 80 年代该技术从医学领域进入工业领域。由于该方法可对缺陷进行定位、定量，较一般的波幅法容易、直观且有记录，对在役设备检测中的缺陷评价特别有价值。如果结合常规的缺陷测长方法，就可以掌握缺陷二维甚至三维尺寸，利用断裂力学知识对设备进行剩余寿命评价，因此，该技术在无损检测中得到快速发展。目前主要由于设备价格昂贵，限制了其广泛使用。

超声波相控阵基本组成框图如图 8-3 所示。该技术的关键是采用了全新的发生与接收超声波的方法，采用许多精密复杂的、尺寸极小的、相互独立的压电晶片阵列（例如 36 个、64 个甚至多达 128 个晶片组装在一个探头壳体内）来产生和接收超声波束，通过功能强大的软件和电子方法控制各个压电晶片阵列激发高频脉冲的相位和时序，使其在被检测材料中发生相互干涉叠加，从而产生可控制形状的超声波场，得到预先希望的波阵面、波束入射角度和焦点位置。因此，超声波相控阵检测技术实质上是利用相位可控的换能器阵列来实现的。超声波相控阵激发的超声波进入材料后，仍然遵循超声波在材料中的传播规律。常规超声波检测应用的频率、聚焦的焦点尺寸、聚焦长度、入射角、回波幅度与定位等，对于超声波相控阵也同样适用。

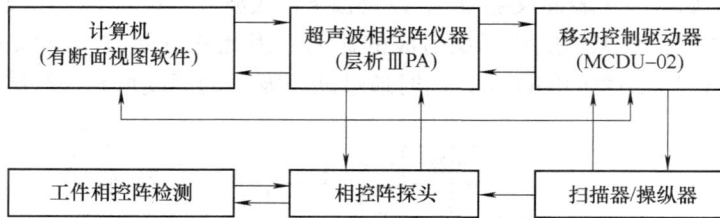

图 8-3　超声波相控阵基本组成框图

5. TOFD 检测设备

TOFD 是英文 "Time Of Flight Diffraction" 的缩写，译成中文是 "衍射时间差"，现在把这种检测方法称为 "衍射时差法超声波检测"。它是采用一发一收探头工作模式，利用缺陷端点的衍射波信号探测和测定缺陷尺寸的一种自动超声波检测方法。

TOFD 技术的工作原理是：采用一发一收两个宽带窄脉冲探头进行检测，探头相对于焊缝中心线对称布置。发射探头产生非聚焦纵波波束以一定角度入射到被检工件中，其中部分波束沿近表面传播被接收探头接收，部分波束经底面反射后被探头接收。接收探头通过接收缺陷尖端的衍射信号及其时差来确定缺陷的位置和高度。该方法的检测原理如图 8-4 所示。

TOFD 主要用于缺陷检测。缺陷定量十分准确，远高于手工超声波检测。一般对线型缺陷或平面型缺陷的测量误差小于 1mm。另外，TOFD 还用于缺陷扩展的监控，是有效且能准确测量裂纹增长的方法之一。它是当今计算机技术高速发展的产物，具有其他检测方法无法比拟的功效。目前，TSG R0004—2009 第 4.5.3.1 条中已明确指出超声检测包括 TOFD，且 "当采用不可记录的脉冲反射法超声波检测时，应当采用射线检测或者衍射时差法检测作为附加局部检测"，可见其地位越来越重要。但由于设备价格昂贵，限制了其广泛使用。

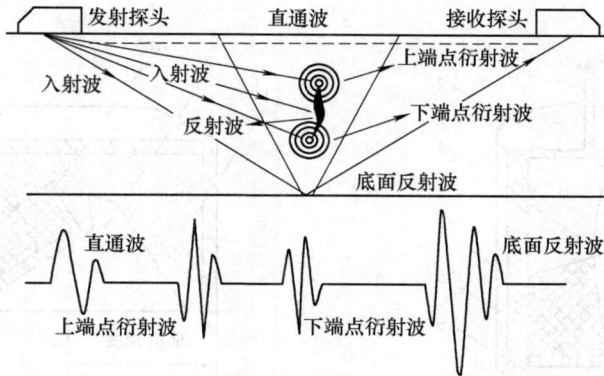

图 8-4　TOFD 方法的检测原理示意图

二、超声波探头

超声波探头又称为压电超声换能器，是实现电－声能量相互转换的能量转换器件。在超声波检测中，超声波的发射和接收就是通过探头来实现的。

1. 探头种类

超声波探头可分为压电型超声波探头（压电材料换能）、磁致伸缩型超声波探头（磁致伸缩换能）、电磁感应型超声波探头（金属电涡流和洛伦兹力换能）、激光超声波探头［材料局部热膨胀（热波）和干涉测振技术］。最常用的压电型超声波探头有以下几种。

（1）纵波直探头　声束垂直于被测工件表面入射的探头称为直探头。纵波直探头如图 8-5 所示，它由压电元件、阻尼块、保护膜和外壳等组成。主要用于钢板、锻件和铸件的检测。其保护膜有软、硬之分。软保护膜用于表面粗糙度值大且有一定曲率的表面，硬保护膜用于表面粗糙度值小的工件表面。

（2）斜探头　利用透声斜楔块使声束倾斜于工件表面入射的探头称为斜探头。斜探头可分为纵波斜探头、横波斜探头和表面波斜探头。最常用的是横波斜探头。横波斜探头主要用于焊缝检测和某些特殊部件的检测。

典型的斜探头结构如图 8-6 所示，它由接头、斜楔块、阻尼块和外壳等组成。斜楔块用有机玻璃制作，它与工件组成固定倾斜角度的异质界面，使探头中的压电元件发射的纵波通过波形转换，以折射横波的形式在工件中传播。通常横波斜探头以钢中折射角 γ 标称，有 40°、45°、50°、60°、70°等几种；有时也以折射角的正切值 $K = \tan\gamma$ 标称，有 1.0、1.5、2.0、2.5、3.0 几种。

（3）双晶探头（分割探头）　双晶探头是为了弥补普通直探头探测近表面缺陷时存在着盲区大、分辨力低的缺点而设计的探头，如图 8-7 所示。探头内有两个压电元件，分别是发射晶片和接收晶片，中间用隔声层分开。双晶探头可分为双晶纵波探头和双晶横波探头，主要用于近表面缺陷检测和薄工件的测厚。

（4）聚焦探头　聚焦探头按焦点形状分为点聚焦探头和线聚焦探头。点聚焦的理想焦点为一点，其声透镜为曲面。聚焦探头按耦合情况可分为水浸聚焦探头和接触聚焦探头。水浸聚焦探头以水为耦合介质，探头不与工件直接接触，如图 8-8 所示。接触聚焦探头通过薄层耦合介质与工件接触。接触聚焦根据聚焦方式不同又分为透镜式聚焦、反射式聚焦和曲面晶片聚焦。水浸聚焦探头主要用于板材和管材检测，点聚焦探头用于测量缺陷高度，准确度较高。

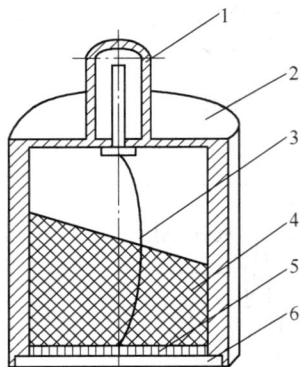

图 8-5 纵波直探头示意图
1—接头 2—外壳 3—电缆线
4—阻尼块 5—压电晶片 6—保护膜

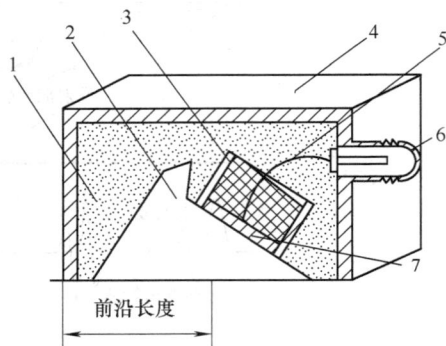

图 8-6 斜探头示意图
1—吸声材料 2—斜楔块 3——阻尼块
4—外壳 5—电缆线 6—接头 7—压电晶片

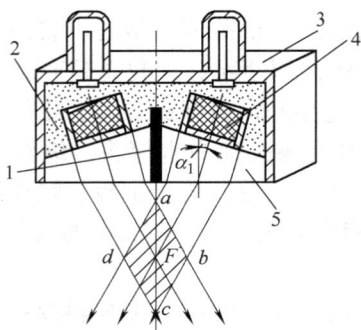

图 8-7 双晶探头示意图
1—隔声层 2—吸声材料 3—外壳 4—阻尼块 5—延迟块

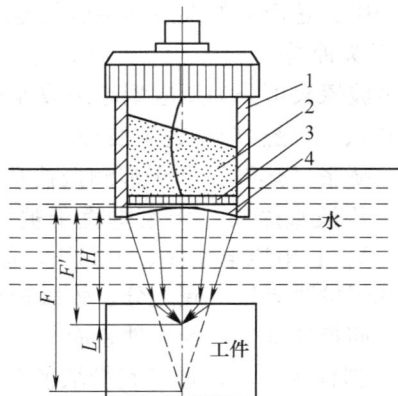

图 8-8 水浸聚焦探头示意图
1—外壳 2—阻尼块 3—晶块 4—声透镜

2. 探头型号

探头型号由五部分组成，用一组数字和字母表示，其排列顺序如图 8-9 所示。

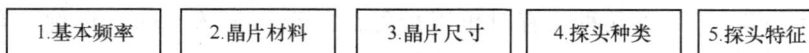

| 1.基本频率 | 2.晶片材料 | 3.晶片尺寸 | 4.探头种类 | 5.探头特征 |

图 8-9 探头型号的组成

（1）基本频率 用阿拉伯数字表示，单位为 MHz。

（2）晶片材料 用化学元素缩写符号表示，常用的压电晶片材料及其代号见表 8-1。

（3）晶片尺寸 用阿拉伯数字表示，单位为 mm。其中，圆形晶片为晶片直径，矩形晶片为长度×宽度，双晶探头晶片为分割前的尺寸。

（4）探头种类 用汉语拼音首字母表示，见表 8-1，直探头可不标。

（5）探头特征 用阿拉伯数字表示。斜探头为钢中折射角的正切值 K 或折射角 γ；双晶探头为钢中声束交叉区深度，单位为 mm；水浸探头为水中焦距，单位为 mm，后缀 DJ 表示点聚焦，XJ 表示线聚焦。如探头 5 P 6×6 K3，5 表示基本频率为 5MHz，P 表示压电晶片材料为锆钛酸铅陶瓷，6×6 表示矩形晶片尺寸为 6mm×6mm，K3 表示 *K* 值为 3 的斜探头。

表 8-1　常用压电晶片材料和探头的代号

压电晶片材料	代　号	探头种类	代　号
锆钛酸铅陶瓷	P	直探头	Z
钛酸钡陶瓷	B	斜探头（用 *K* 值表示）	K
钛酸铅陶瓷	T	斜探头（用 γ 值表示）	X
铌酸锂单晶	L	分割探头	FG
碘酸锂单晶	I	水浸探头	SJ
石英单晶	Q	表面波探头	BM
其他材料	N	可变角探头	KB

3. 探头的主要参数

探头性能的好坏，直接影响着检测结果的可靠性和准确性。因此，对探头性能的有关指标，国家规定了基本的要求，生产中需定期测试以保证检测质量。焊缝超声波检测常用斜探头。斜探头的主要性能参数如下：

（1）折射角 γ 或 *K* 值　γ 或 *K* 值大小决定了声束入射工件的方向和超声波传播途径，是缺陷定位计算的一个关键数据，因此探头使用磨损后均需测量 γ 或 *K* 值。

（2）前沿长度　声束入射点至探头前端面的距离称为前沿长度，又称为接近长度。它反映了探头对有余高的焊缝接近的程度。入射点是探头声束轴线与斜楔块底面的交点。探头在使用前和使用过程中要经常测定入射点位置，以便对缺陷进行准确定位。

（3）声轴偏离角　它反映了主声束中心轴线与晶片中心法线的重合程度。声轴偏离角除直接影响缺陷定位和指示长度的测量精度外，还会导致检测者对缺陷方向产生误判，从而影响对检测结果的分析。

三、试块

试块是一种按一定用途设计制作的具有简单形状的人工反射体。它是无损检测设备的一个组成部分，是判定检测对象质量的重要尺度。

在超声波检测技术中，确定检测灵敏度、显示探测距离、评价缺陷大小以及测试仪器和探头的组合性能等，都是利用试块来实现的。以试块为参考依据来进行比较是超声波检测的一个特点。

根据使用的目的和要求，通常将试块分成标准试块和对比试块两大类。

1. 标准试块和对比试块

（1）标准试块　由法定机构对材质、形状、尺寸和表面状态等作出规定和检定的试块称为标准试块。这种试块若是由国际机构（如国际焊接学会、国际无损检测协会等）规定的，则称为国际标准试块（如 IIW 试块）；若是国家规定的，则称为国家标准试块（如日本 STB-G 试块）。

JB/T 4730.3—2005《承压设备无损检测　第 3 部分：超声检测》规定常用的试块有：钢板用标准试块 CBI、CBⅡ；锻件用标准试块 CSI、CSⅡ、CSⅢ；焊接接头用标准试块 CSK-ⅠA、CSK-ⅡA、CSK-ⅢA、CSK-ⅣA。

（2）对比试块　对比试块又称为参考试块，是由各专业部门按某些具体检测对象规定的试块，主要用于检测时的校准。

2. 试块的要求和维护

（1）试块的要求 试块材质应均匀，内部杂质少，无影响检测的缺陷，且尽可能用与工件相同或相近的材料制作。通常，使用平炉镇静钢或电炉软钢，如20钢。对比试块需有良好的声学特性，易加工，不易变形和锈蚀。其平行度、垂直度、表面粗糙度和尺寸精度符合一定的要求。

（2）试块的维护

1）试块应在适当部位编号，防止混淆。

2）试块在使用和搬运过程中应注意保护，防止碰伤和擦伤。

3）使用时，应注意清除反射体内的油污和锈蚀。常用蘸油布对锈蚀部位进行抛光处理，或用去锈剂处理。平底孔在清洗干燥后用尼龙塞或胶合剂封口。

4）使用后如停放时间较长，应涂敷防锈剂进行保护。

5）为防止试块变形，应尽可能立放，防止重压，并避免火烤。

3. 国外试块介绍

（1）IIW试块 IIW试块是国际焊接学会标准试块，首先由荷兰代表提出，故又称为荷兰试块，因形状似船，又称为船形试块，如图8-10所示。该试块用20钢制作，正火处理，晶粒度7~8级。其主要用途如下：

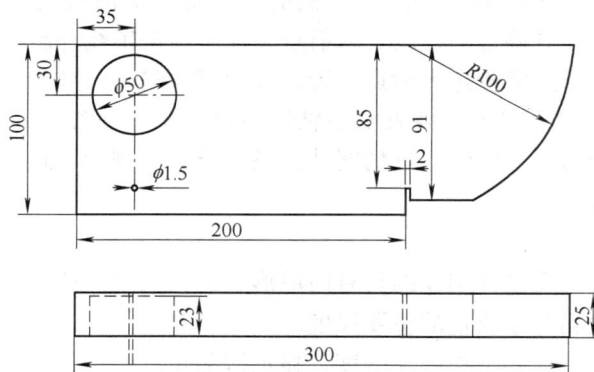

图8-10 IIW试块结构尺寸图

1）调整纵波探测范围和扫描速度（时基线比例），利用试块上尺寸为25和100的部位调整。

2）测仪器的水平线性、垂直线性和动态范围，利用试块上尺寸为25和100的部位测。

3）测直探头和仪器的分辨力，利用试块上尺寸为85、91和100的部位测。

4）测直探头和仪器组合后的穿透力，利用尺寸 $\phi50$ 有机玻璃块底面的多次反射波测。

5）测直探头和仪器的盲区范围，利用试块上尺寸 $\phi50$ 有机玻璃块圆弧面与侧面间距5和10测。

6）测斜探头的入射点，利用试块上 $R100$ 圆弧面测。

7）测斜探头的折射角，折射角在35°~76°范围内用 $\phi50$ 孔测。在74°~80°范围内用 $\phi1.5$ 孔测。

8）测斜探头和仪器的灵敏度余量，利用试块 $R100$ 圆弧面或 $\phi1.5$ 孔测。

9）调整横波探测范围和扫描速度，利用试块上尺寸为91的部位来调整。

10）测斜探头声轴偏离角，利用试块的直角棱边测。

（2）IIW2 试块 尽管 IIW 试块用途广泛，但仍有些不足。德国和日本在 R100 圆弧面圆心处两侧加开宽 0.5mm、深 2mm 的沟槽，借以获得 R100 圆弧面的多次反射，就克服了 IIW 试块调整横波探测范围和扫描速度不便的缺点，从而出现了 IIW2 试块。其仍由荷兰代表提出，由于外形似牛角，故又称为牛角试块，如图 8-11 所示。与 IIW 试块相比，IIW2 试块具有重量轻、尺寸小、形状简单、容易加工、便于携带的优点，但功能不及 IIW 试块。IIW2 试块的主要用途如下：

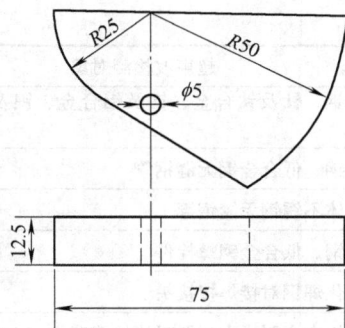

图 8-11 IIW2 试块结构尺寸图

1）测斜探头的入射点，利用 R25 圆弧面与 R50 圆弧反射面测。

2）测斜探头的折射角，利用 φ5 横通孔测。

3）测定仪器水平线性、垂直线性和动态范围，利用 12.5 厚度测。

4）调整探测范围和扫描速度，纵波直探头利用底面的多次反射调整，横波斜探头利用 R25 圆弧面与 R50 圆弧面调整。

5）测仪器和探头的组合灵敏度，利用 φ5 横通孔或 R50 圆弧面测。

第三节　超声波检测标准及一般性规定

超声波检测是近年发展最快的无损检测方法，有大量新的检测方法和检验标准可遵循，其中 JB/T 4730.3—2005 是采用 A 型脉冲反射式超声波检测仪检测承压特种设备缺陷时检测方法和质量分级要求执行的标准。除第七章所述对无损检测单位和人员的通用规定外，针对超声波检测还作了一般性规定。

一、JB/T 4730.3—2005《承压设备无损检测　第 3 部分：超声检测》介绍

1. 标准的性质

与射线检测规定基本相同。

2. 标准的适用范围

JB/T 4730.3—2005 适用于承压设备采用 A 型脉冲反射式超声波检测仪检测工件缺陷的超声波检测方法和质量等级评定。

该标准适用于金属材料制承压设备用原材料、零部件和焊接接头的超声波检测，也适用于金属材料制在用承压设备的超声波检测。与承压设备有关的支承件和结构件的超声波检测，也可参照使用。

不同检测对象对应的超声波检测厚度见表 8-2。

表 8-2　不同检测对象对应的超声波检测厚度

超声波检测对象	适用厚度/mm
碳素钢、低合金钢、奥氏体钢、镍及镍合金板材	母材厚度为 6 ~ 250
铝及铝合金、钛及钛合金板材	厚度≥6
碳素钢、低合金钢锻件	厚度≤1000

（续）

超声波检测对象	适用厚度/mm
不锈钢、钛及钛合金、铝及铝合金、镍及镍合金复合板	基板厚度≥6
碳素钢、低合金钢无缝钢管	外径为 12～660，壁厚≥2
奥氏体不锈钢无缝钢管	外径为 12～400，壁厚为 2～35
碳素钢、低合金钢螺栓件	直径大于 M36
全熔化焊钢对接焊接接头	母材厚度为 6～400
铝及铝合金制压力容器对接焊接接头	母材厚度≥8
钛及钛合金制压力容器对接焊接接头	母材厚度≥8
碳素钢、低合金钢压力管道环焊缝	厚度≥4、外径为 32～159，或壁厚为 4～6、外径≥159
铝及铝合金接管环焊缝	厚度≥5、外径为 80～159，或壁厚为 5～8、外径≥159
奥氏体不锈钢对接焊接接头	母材厚度为 10～50

3. 标准对超声波检测各种产品、方法的专门规定

JB/T 4730.3—2005 对承压设备用原材料、零部件、对接焊接接头以及承压设备管子、压力管道环向对接焊接接头及在用承压设备的超声波检测方法和检测质量分级均分别专门作出了具体的规定。因此，上述任何条件的改变均意味着检测方法和质量分级有不同的变化。这使它与 X 射线检测有着明显的差异（X 射线检测仅对承压设备熔化焊对接焊接接头，承压设备熔化焊管子、压力管道环向对接焊接接头的质量分级作出了专门的规定，其他方面未作专门规定）。在进行这些产、成品的超声波检测时应特别注意这一点，一定要根据待检产、成品来对照标准的规定选取正确的检测方法和检测质量分级，切记不是所有的超声波检测方法都适用。

二、人员资格的规定

满足第七章第三节中所述 JB/T 4730.1—2005 的通用规定。

三、单位资格的规定

与第七章第三节中所述单位资格要求的内容相同。

四、超声波检测设备的规定

1. 超声波检测仪

依据 JB/T 4730.3—2005，采用 A 型脉冲反射式超声波检测仪，其工作频率范围为（0.5～10）MHz，仪器至少在荧光屏满刻度的 80% 范围内呈线性显示。检测仪应具有 80dB 以上的连续可调衰减器，步进级每挡不大于 2dB，其精度为任意相邻 12dB 的误差在 ±1dB 以内，最大累计误差不超过 1dB。水平线性误差不大于 1%，垂直线性误差不大于 5%。其余指标应符合 JB/T 10061—1999《A 型脉冲反射式超声波探伤仪　通用技术条件》的规定。

依据 JJG 746—2004《超声探伤仪检定规程》，超声波检测仪的检定周期一般不超过 1 年。

2. 探头（JB/T 4730.3—2005 通用要求规定）

晶片面积一般不应大于 $500mm^2$，且任一边长原则上不大于 25mm。单斜探头声束轴线水平偏离角不应大于 2°，主声束垂直方向不应有明显的双峰。

新购探头应有探头性能参数说明书，新探头使用前应进行前沿距离、K 值、主声束偏离、灵敏度余量和分辨力等主要参数的测定，测定应按 JB/T 10062—1999《超声探伤用探头 性能测试方法》的有关规定进行。

3. 超声波检测仪和探头的系统性能

在达到所探工件的最大检测声程时，其有效灵敏度余量应不小于 10dB。

仪器和探头的组合频率与公称频率误差不得大于 ±10%。

仪器和直探头组合的始脉冲宽度（在基准灵敏度下）：对于频率为 5MHz 的探头，宽度不大于 10mm；对于频率为 2.5MHz 的探头，宽度不大于 15mm。

直探头的远场分辨力应不小于 30dB，斜探头的远场分辨力应不小于 6dB。

仪器和探头的系统性能应按 JB/T 9214—2010《无损检测 A 型脉冲反射式超声检测系统工作性能测试方法》和 JB/T 10062—1999 的规定进行测试。

4. 耦合剂

应采用透声性好，且不损伤检测表面的耦合剂，如机油、糨糊、甘油和水等。

5. 仪器系统校准和复核

每隔 3 个月至少对仪器的水平线性和垂直线性进行一次测定，测定方法按 JB/T 10061—1999 的规定。

系统校准应在标准试块上进行，校准中应使探头主声束垂直对准反射体的反射面，以获得稳定和最大的反射信号。

校准、复核和对仪器进行线性检测时，任何影响仪器线性的控制器（如抑制或滤波开关等）都应放在"关"的位置或处于最低水平上。

五、其他规定

1. 检测准备

超声波检测前，检测时机及抽检率的选择等除应按相关法规、产品标准及有关技术文件的要求和原则进行外，还需满足以下要求：

1）所确定检测面应保证工件被检部分均能得到充分检查。

2）焊缝的表面质量应经外观检测合格。所有影响超声波检测的锈蚀、飞溅和污物等都必须予以清除，其表面粗糙度应符合检测要求。表面的不规则状态不得影响检测结果的正确性和完整性，否则应作适当的处理。

2. 扫查覆盖率

为确保检测时超声波声束能扫查到工件的整个被检区域，探头的每次扫查覆盖率应大于探头直径的 15%。

3. 探头的移动速度

探头的扫查速度不应超过 150mm/s。当采用自动报警装置扫查时，不受此限。

4. 扫查灵敏度

扫查灵敏度通常不得低于基准灵敏度。

5. 灵敏度补偿

1）耦合补偿。在检测和缺陷定量时，应对由表面粗糙度引起的耦合损失进行补偿。

2）衰减补偿。在检测和缺陷定量时，应对材质衰减引起的检测灵敏度下降和缺陷定量误差进行补偿。

3）曲面补偿。对探测面是曲面的工件，应采用曲率半径与工件相同或相近的试块，通过对比试验进行曲率补偿。

6. 检测前仪器和探头系统测定

使用仪器—斜探头系统，检测前应测定前沿距离、K 值和主声束偏离，调节或复核扫描量程和扫查灵敏度。

使用仪器—直探头系统，检测前应测定始脉冲宽度、灵敏度余量和分辨力，调节或复核扫描量程和扫查灵敏度。

7. 检测过程中仪器和探头系统的复核

检测过程中遇有下述情况应对仪器和探头系统进行复核：

1）校准后的探头、耦合剂和仪器调节旋钮发生改变时。

2）检测人员怀疑扫描量程或扫查灵敏度有变化时。

3）连续工作 4h 以上时。

4）工作结束时。

8. 检测结束前仪器和探头系统的复核

1）每次检测结束前，应对扫描量程进行复核。如果任意一点在扫描线上的偏移超过扫描线读数的 10%，则扫描量程应重新调整，并对上一次复核以来所有的检测部位进行复检。

2）每次检测结束前，应对扫查灵敏度进行复核。一般对距离—波幅曲线的校核不应少于 3 点。如曲线上任何一点幅度下降 2dB，则应对上一次复核以来所有的检测部位进行复检；如幅度上升 2dB，则应对所有的记录信号进行重新评定。

第四节　超声波检测工艺规程

一、超声波检测工艺规程基本内容

进行承压设备无损检测的机构应按 JB/T 4730.1—2005 的规定制定出符合要求的无损检测工艺规程。无损检测工艺规程包括通用工艺规程和作业指导书。

1. 通用超声波检测工艺规程包含的内容

1）适用范围。

2）引用标准和规范。

3）检测人员资格要求。

4）检测仪器型号、性能指标要求，所用探头的频率、晶片、类型、K 值、波束特性等，测试方法，标准试块及自制的专用试块要求（如材质、表面粗糙度、反射类型、尺寸位置、试块尺寸等），耦合剂型号、名称等。

5）对检测面选择、探头移动距离、表面粗糙度、耦合补偿方法（曲面补偿、粗糙度补偿、材质补偿、底面反射补偿等）等作出规定。

6）明确何时检测，如焊后多少小时可检测，是否需要磨平余高等。

7）明确扫查方式、探头移动速度、声束覆盖范围、距离—波幅曲线的绘制、检测灵敏度（包括扫查灵敏度和评定灵敏度）以及缺陷位置的确定方法（水平、深度等）。

8）测定当量，指示长度，指示面积，缺陷尺寸（包括缺陷的长度、高度和宽度）的测量方法，规定缺陷性质的估判方法及缺陷的评定方法。

9）质量等级评定。

10）检测记录、报告和资料存档。

11）编制（级别）、审核（级别）和批准人。

12）制定日期。

2. 作业指导书包含的内容

（1）检验细则　根据焊接产品的超声波检测标准来编制检验细则。通常，可将检验标准直接转化成检验细则。尤其是对于有安全要求的产品，应根据规范标准中对超声波检测的规定制定出检验细则，包括检测过程的安排及检测结果的处理与判定方法。

检验细则中还应包括对超声波检测仪，所用探头频率、晶片、类型、K值、波束特性等测试方法的要求，对标准试块或自制的专用试块的质量要求，以及检测过程中发生意外情况的应急处理方法等。

（2）超声波检测仪的操作规程

（3）检测设备的校准规程　超声波检测仪每年至少一次送计量部门进行精度检定，每隔3个月至少按 JB/T 10061—1999 的规定对仪器的水平线性和垂直线性进行一次测定。

每次检测前对仪器和探头进行系统测定，作业指导书中应规定检测过程中遇有哪些情况应对系统仪器和探头系统进行复核，检测结束前仪器和探头系统应对扫描量程、扫查灵敏度进行哪些复核等。

（4）消耗品验收管理方法　在消耗品验收管理中，需特别注意新探头入库验收时应对探头进行前沿距离、K值、主声束偏离、灵敏度余量和分辨力等主要参数的测定。

二、超声波检测工艺卡基本内容

1. 必须要交代的内容

（1）工件情况　包括工艺卡编号，产品名称，产品编号，制造、安装或检测编号，承压设备的类别，材料牌号，规格尺寸，热处理状态及表面状态，执行标准，验收级别等。

（2）检测设备与器材　设备种类及型号、探头规格参数、试块和耦合剂等。

（3）检测工艺参数　检测方法、检测比例、检测部位、仪器时基线比例和检测灵敏度调整、扫查覆盖率等。

（4）检测程序

2. 必须绘出的示意图

检测部位示意图。

3. 检测时机

4. 必须签署的人员

工艺卡编制人员及资格、审核人员及资格、日期。

三、超声波检测方法

1. 按原理分类

（1）脉冲反射法　超声波在传播过程中遇到异质界面时发生反射，根据反射波的情况来检测工件缺陷的方法称为脉冲反射法。在实际检测中包括缺陷回波法、底波法和多次底波法。通过分析来自异质界面声能（声压）大小的变化，来判断缺陷的量值。

（2）穿透法　根据脉冲波或连续波穿透试件之后的能量变化来判断缺陷的状况，从而确定缺陷量值的方法称为穿透法。穿透法常用两个探头，一个发射，一个接收，分别在试件的两侧（端）进行检测。

（3）共振法 若声波（频率可调的连续波）在被检工件内传播，当试件的厚度为超声波的半波长的整数倍时，将引起共振，仪器显示出共振频率。当试件内存在缺陷或工件厚度发生变化时，将改变试件的共振频率，依据试件的共振频率特性，来判断缺陷情况和工件厚度变化情况的方法称为共振法。共振法常用于试件测厚。

2. 按波形分类

（1）直射纵波法 使用直探头反射纵波进行检测的方法称为直射纵波法。直射纵波法主要用于铸件、锻件和板材的检测。纵波直探头检测一般具有波形和传播方向不变的特性，因此缺陷定位简单明了。

（2）斜射横波法 将纵波通过斜楔块斜入射至试件表面，用所产生的波形转换所得横波进行检测的方法称为斜射横波法。斜射横波法主要用于焊缝、管材的检测，并可作为纵波直探头检测不易发现缺陷的有效辅助检测方法。

（3）表面波法 使用表面波进行检测的方法称为表面波法。这种方法主要用于表面光滑的试件。表面波波长很短，衰减很大。同时，它仅沿表面传播，对表面上的覆层、油污、不光洁等反应敏感，并被大量地衰减。利用此特点可用手蘸油在声束传播方向上进行触摸并观察缺陷回波高度的变化，从而对缺陷进行定位。

（4）板波法 使用板波进行检测的方法称为板波法。主要用于薄板、薄壁管等形状简单试件的检测。检测时，板波充塞于整个试件，可以发现内部和表面的缺陷。

3. 按探头数量分类

（1）单探头法 采用一个探头既发射又接收进行检测的方法称为单探头法。该方法能检出大多数缺陷，且操作简单，是目前最常用的方法。当缺陷与声束轴线垂直时检测效果最佳；而当缺陷与声束轴线倾斜时，可能只收到部分回波或回波全反射，导致缺陷漏检。

（2）多探头法 在试件上放置两个以上探头，且往往成对组合使用进行检测的方法称为多探头法。多探头法可采用手动检测，但更多的是与多通道仪器和自动扫描装置配合使用。

4. 按探头接触方式分类

（1）接触法 检测时探头通过薄层液态耦合剂直接与工件接触进行检测的方法，称为接触法。该法操作简单，灵敏度较高，是实际检测中应用最多的方法。但正是由于其具有探头与工件直接接触的特点，对工件表面粗糙度要求较高。

（2）液浸法 将工件和探头头部浸在耦合液中，探头不接触工件的检测方法称为液浸法。该法最适宜大批量板材、管材及表面较粗糙工件的超声波检测，且可实现检测的自动化。

5. 按缺陷显示方式分类

超声波检测按缺陷显示方式可分为 A 型、B 型和 C 型。

四、超声波检测工艺

1. 接触法

接触法主要采用 A 型脉冲反射式检测仪，使用时在探头和被检测工件表面涂有一层耦合剂，作为传声介质。常用的耦合剂有机油、变压器油、甘油、化学糨糊、水及水玻璃等。焊缝检测多采用化学糨糊和甘油。该法由于操作方便，检测图形简单，判断容易且检测灵敏度高，因此在实际生产中得到广泛应用。

（1）垂直入射法　垂直入射法（简称垂直法）是采用直探头将声束垂直入射工件检测面进行检测的方法。由于该法利用纵波进行检测，故又称为纵波法，如图 8-12 所示。当直探头在工件检测面上移动时，经过无缺陷处检测仪示波屏上只有始波 T 和底波 B，如图 8-12a 所示。若探头移到有缺陷处，且缺陷的反射面比声束小时，则示波屏上出现始波 T、缺陷波 F 和底波 B，如图 8-12b 所示。若探头移至大缺陷（缺陷比声束大）处时，则示波屏上只出现始波 T 和缺陷波 F，如图 8-12c 所示。

显然，垂直法能发现与检测面平行或近于平行的缺陷，适用于厚钢板、轴类、轮等几何形状简单的工件。

（2）斜角检测法　斜角检测法（简称斜射法）是采用斜探头将声束倾斜入射工件检测面进行检测的方法。由于它利用横波进行检测，故又称为横波法，如图 8-13 所示。当斜探头在工件检测面上移动时，若工件内没有缺陷，则声束在工件内径多次反射将以 "W" 形路径传播，此时在示波屏上只有始波 T，如图 8-13a 所示。当工件内存在缺陷，且该缺陷与声束垂直或倾斜角很小时，声束会被缺陷反射回来，此时示波屏上将显示出始波 T、缺陷波 F，如图 8-13b 所示。当斜探头接近板端时，声束将被端角反射回来，此时在示波屏上将出现始波 T 和端角波 B′，如图 8-13c 所示。

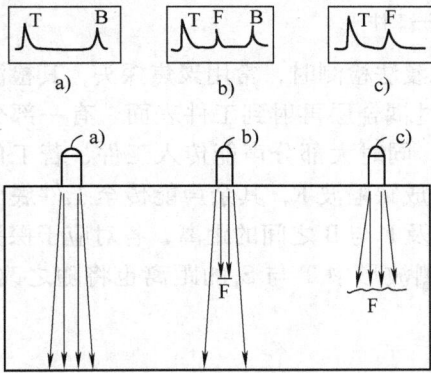

图 8-12　垂直入射法检测
a）无缺陷　b）小缺陷　c）大缺陷

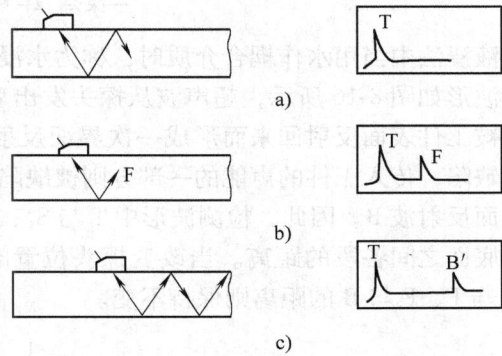

图 8-13　斜角检测法
a）无缺陷　b）有缺陷　c）接近板端

斜角检测法能发现与探测表面成角度的缺陷，常用于焊缝、环状锻件、管材的检查。在焊缝检测中，有时也采用一发一收两个斜探头，并用专门夹具固定成组，对焊缝进行串列式扫查，称为串列斜角检测法，如图 8-14 所示。前边为发射探头，其发射的声束遇缺陷时，产生的反射波会被后边的接收探头所接收，从而在示波屏上出现始波 T、缺陷波 F。检测时，仪器的探头必须处在一发一收的工作状态。串列斜角检测法对垂直于检测面且具有平滑反射面的缺陷的检查非常有效。

2. 液浸法

液浸法根据工件和探头浸没方式，分为全没液浸法、局部液浸法和喷流式局部液浸法等，其原理如图 8-15 所示。

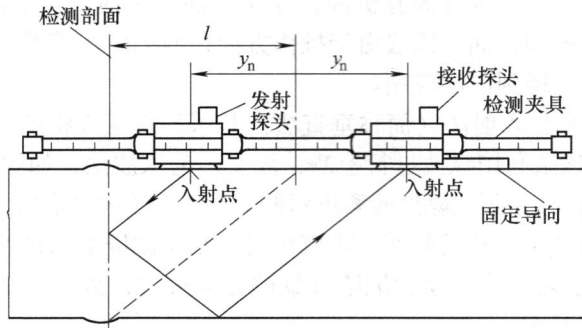

图 8-14 串列斜角检测法

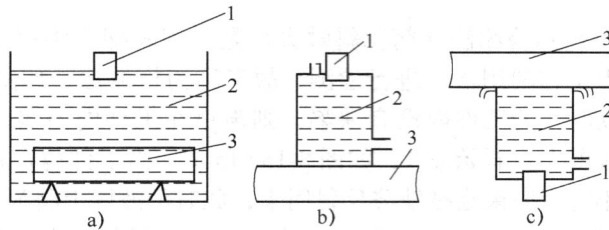

图 8-15 液浸法
a）全没液浸法 b）局部液浸法 c）喷流式局部液浸法
1—探头 2—耦合液 3—工件

液浸法中当用水作耦合介质时，称为水浸法。水浸法检测时，常用聚焦探头，其检测原理和波形如图 8-16 所示，超声波从探头发出后，经过耦合层再射到工件表面，有一部分声能将被工件表面反射回来而形成一次界面反射波 S_1。同时大部分声能传入工件，若工件中存在缺陷，传入工件的声能的一部分则被缺陷反射形成缺陷波 F，其余声能传至工件底面产生底面反射波 B。因此，检测波形中 T 与 S_1、S_1 与 F 及 F 与 B 之间的距离，各对应于探头到工件底面之间各段的距离。当改变探头位置时，检测波形中 T 与 S_1 的距离也将随之改变，而 S_1 与 F、F 与 B 的距离则保持不变。

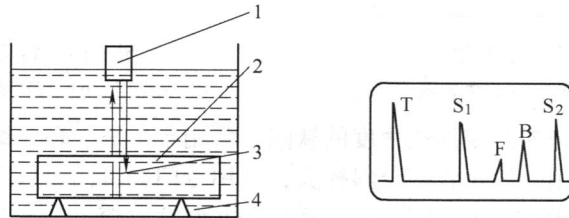

图 8-16 水浸聚焦检测原理和波形
1—探头 2—工件 3—缺陷 4—水 T—始波
S_1—一次界面反射波 F—缺陷波 B—工件底面反射波 S_2—二次界面反射波

用液浸法检测时，应注意使探头和工件之间的耦合介质层有足够厚度，以避免二次界面反射波 S_2 出现在工件底面反射波 B 之前。一般要求探头到工件表面的距离应在工件厚度的 1/3 以上。

液浸法检测由于探头与工件不直接接触，因而它具有探头不易磨损，声波的发射和接收比较稳定等优点。其主要缺点是需要一些辅助设备，如液槽、探头桥架、探头操纵器等。另外，由于液体耦合层一般较厚，因而声能损失较大。

五、超声波脉冲反射法检测的通用技术

1. 检测面的选择和准备

检测面的选择应考虑以下几个方面：

1）检测面应是平面或规则面。

2）检测面的表面粗糙度 Ra 值应 ≤6.3μm，表面应清除杂物、松动氧化皮、毛刺、油污等。

3）被检测缺陷的位置、取向。

4）入射声束应尽可能垂直于缺陷反射面。

5）被检工件的材质、坡口形式、焊接工艺等。

6）根据探头的晶片尺寸、K 值等确定检测面宽度。

7）工件侧面反射波的影响。

8）变形波的影响等。

2. 检测仪器的选择

1）仪器和各项指标要符合检测对象标准规定的要求。

2）根据检测目的，从灵敏度、分辨力、定量要求、定位要求和便携、稳定等方面考虑后选择。如对定位要求高时，应选择水平线性误差小的仪器，最好选择数字式检测仪。对定量要求高时，应选择垂直线性误差小、衰减器精度高的仪器，对大型工件或粗晶材料工件检测时，可选择功率大、灵敏度余量高、信噪比高、低频性能好的仪器。对近表面缺陷检测要求高时，可选择盲区小、近场区分辨力高的仪器。

3. 探头的选择

（1）类型的选择 常用的探头有纵波直探头、横波斜探头、表面波探头、双晶探头、聚焦探头等。应根据工件的形状和可能出现缺陷的部位、方向等条件来选择探头的类型，使声束轴线尽量与缺陷垂直。

纵波直探头的声束轴线垂直于检测面，主要用于检测与检测面平行的缺陷，如锻件、钢板中的夹层、折叠等缺陷。

横波斜探头主要用于检测与检测面垂直和成一定角度的缺陷，如焊缝中的未焊透、夹渣、未熔合等缺陷。

表面波探头用于检测工件表面缺陷，双晶探头用于检测工件近表面缺陷，聚焦探头用于水浸检测管材或板材。

（2）频率的选择 超声波频率为（0.5～10）MHz，选择范围大。一般选择频率时应考虑以下因素：

1）由于波的绕射，使超声波检测灵敏度约为波长的一半，因此提高频率有利于发现更小的缺陷。

2）频率高，脉冲宽度小，分辨力高，有利于区分相邻缺陷。

3）频率高，波长短，则半扩散角小，声束指向性好，能量集中，有利于发现缺陷并对缺陷定位。

4) 频率高，波长短，近场区长度大，对检测不利。

5) 频率提高时，衰减急剧增加。

从以上分析可知：频率的高低对检测有较大的影响，频率高，灵敏度和分辨力高，指向性好，对检测有利；但近场区长度大，衰减大，又对检测不利。实际检测中要全面分析考虑各方面的因素，合理选择频率。一般在保证检测灵敏度的前提下尽可能选用较低的频率。

对于晶粒较细的锻件、轧制件和焊接件等，一般选用较高的频率，常采用 2.5 ~ 5MHz；对于晶粒较粗大的铸件、奥氏体钢等宜选用较低的频率，常采用 0.5 ~ 2.5MHz。如果频率过高，就会引起严重衰减，屏幕上出现林状回波，信噪比下降，甚至无法检测。

（3）晶片尺寸的选择 选择晶片尺寸主要考虑以下因素：

1) 晶片尺寸增大，半扩散角减小，波束指向性变好，超声波能量集中，对检测有利。

2) 晶片尺寸增大，近场区长度迅速增大，对检测不利。

3) 晶片尺寸大，辐射的超声波能量大，探头未扩散区扫查范围大，发现远距离缺陷的能力增强。

从以上分析可知：晶片大小对声束指向性、近场区长度、近距离扫查范围和远距离缺陷检出能力有较大的影响。实际检测中，检测面积大的工件时，为了提高检测效率，宜选用大晶片探头；检测厚度大的工件时，为了有效地发现远距离的缺陷，宜选用大晶片探头；检测小型工件时，为了提高缺陷定位、定量精度，宜选用小晶片探头；检测表面不太平整，曲率较低且较大的工件时，为了减少耦合损失，宜选用小晶片探头。

（4）横波斜探头 K 值的选择 在横波检测中，探头的 K 值对检测灵敏度、声束轴线的方向、一次波的声程（入射点至底面反射点的距离）有较大的影响。K 值大，一次波的声程大。因此在实际检测中，当工件厚度较小时，应选用较大的 K 值，以便增加一次波的声程，避免近场区检测；当工件厚度较大时，应选用较小的 K 值，以减少声程过大引起的衰减，便于发现深度较大处的缺陷。在焊缝检测中，不仅要保证主声束能扫查整个焊缝截面，而且对于单面焊根部未焊透，还要考虑端角反射问题，应使 $K = 0.7 ~ 1.5$，因为 $K < 0.7$ 或 $K > 1.5$，端角反射很低，容易引起漏检。

4. 耦合剂的选择

超声耦合是指超声波在检测面上的声强透射率。声强透射率高，超声耦合好。为提高耦合效果，在探头与工件表面之间增加的一层透声介质称为耦合剂。耦合剂的作用在于排除探头与工件表面之间的空气，使超声波能有效地传入工件，达到检测的目的；耦合剂还有减少摩擦的作用。

影响超声耦合的主要因素有：耦合层的厚度，耦合剂的声阻抗，工件的表面粗糙度和工件表面形状等。选择耦合剂时，应主要考虑以下因素：

1) 透声性能好，声阻抗尽量与被检材料的声阻抗相近。

2) 有足够的润湿性、适当的附着力和粘度。

3) 对工件无腐蚀，对人体无害，对环境无污染。

4) 容易清除，不易变质，价格便宜，来源方便。

超声波检测中常用的耦合剂有：机油、水、水玻璃、甘油和化学糨糊等。其声阻抗见表 8-3。

表 8-3 常用耦合剂的声阻抗 Z 值　　［单位：$10^6 kg/ (m^2 \cdot s)$］

耦合剂	机油	水	水玻璃	甘油
Z	1.28	1.5	2.17	2.43

从表 8-3 可见，甘油声阻抗高，耦合性能好，常用于重要工件的精密检测；但其价格较高，对工件有腐蚀作用。水玻璃的声阻抗较高，常用于表面粗糙的工件检测；但清洗不太方便，且对工件有腐蚀作用。水来源广，价格低，常用于水浸检测；但易流失，使工件生锈，有时不易润湿工件。机油粘度、流动性、附着力适当，对工件无腐蚀，价格也不贵，是目前实验室里使用最多的耦合剂。

近年来，化学糨糊由于耦合效果较好，成本低，使用方便，被现场检测大量使用。

5. 表面耦合损耗补偿的选择

在实际检测中，当调节检测灵敏度用的试块与工件表面粗糙度、曲率半径不同时，往往由于工件耦合损耗大而使检测灵敏度降低，为了弥补耦合损耗，必须增大仪器的输出来进行补偿。

6. 超声波检测仪器的调节和缺陷定位

（1）零点调节　超声波通过保护膜、耦合剂（直探头）或有机玻璃楔块（斜探头）进入待测工件进行缺陷定位时，需将这部分声程移去，才能得到超声波在工件中的实际声程。

零点一般通过已知声程的试块进行调节，如 CSK-IA 试块中的 R100mm 圆弧面（斜探头）或深 100mm 的大平底（直探头）。

（2）K 值调节　由于斜探头检测时不仅要知道缺陷的声程，而且要得出缺陷的垂直和水平位置，因此斜探头还要精确测定其 K 值（折射角）才能准确地对缺陷进行定位。

K 值一般通过具有已知深度孔的试块来调节，如 CSK-IA 试块的 ϕ50mm 或 ϕ1.5mm 孔。

（3）定量调节　定量调节一般采用 AVG（直探头）或 DAC（斜探头）。

（4）缺陷定位　超声波检测中测定缺陷位置简称为缺陷定位。

1）纵波（直探头）定位。纵波定位较简单，如探头声束轴线不偏离，则缺陷波在屏幕上的位置即是缺陷至探头在垂直方向的距离。

2）表面波定位。表面波检测定位与纵波定位基本类似，只是缺陷位于工件表面，缺陷波在屏幕上的位置是缺陷至探头在水平方向的距离（此时要考虑探头前沿长度）。

3）横波定位。横波斜探头检测定位由缺陷的声程和探头的折射角或缺陷的水平和垂直方向的投影来确定。

4）横波周向探测圆柱面时的缺陷定位。周向检测时，缺陷定位与平面检测不同，可采用外圆周向探测或内壁周向探测，均以缺陷获得最大反射波的位置为准。

7. 缺陷大小和数量的测定

缺陷定量包括确定缺陷的大小和数量，而缺陷的大小指缺陷的面积和长度。常用的定量方法有当量法、底波高度法和测长法三种。当量法和底波高度法用于缺陷尺寸小于声束截面的情况，测长法用于缺陷尺寸大于声束截面的情况。

六、案例分析

以图 7-26 所示 50m^3 液化石油气储罐为例，根据表 7-3 所例储罐的设计参数采用超声波检测方法检测所有对接焊缝及热影响区外表面缺陷，并编制超声波检测工艺。

1. 超声波检测工艺参数的选择

根据要求编制超声波检测工艺，选择编制超声波检测工艺卡所需的工艺参数，见表8-4。

表8-4　超声波检测工艺参数的选择

序号	参数名称	选择值	选择理由	备注
1	检测执行标准	JB/T 4730—2005《承压设备无损检测》	国家质量监督检验检疫总局质检办特函〔2006〕144号《关于锅炉压力容器安全监察工作有关问题的意见》	
2	检测比例	100%超声波检测	TSG R0004—2009《固定式压力容器安全技术监察规程》第4.5.3.2.2条第（1）款及第（6）款规定	100%超声波检测或100%射线检测
3	验收标准	B级	TSG R0004—2009《固定式压力容器安全技术监察规程》第4.5.3.4.2条第（1）款规定	
4	合格级别	Ⅰ级	TSG R0004—2009 第4.5.3.4.2条第（1）款规定	
5	检测设备	CTS-22	根据单位设备配置条件选取，有条件的最好用数字式超声波检测仪。本案例选用最基本的模拟机	
6	检测频率	5MHz	根据JB/T 4730.3—2005 第5.1.4.3条规定选取	
7	探头型号	5P8×10K2.5	根据JB/T 4730.3—2005 第5.1.4.2条表18规定，结合案例检测工件给定参数情况选取	
8	试块种类	CSK-ⅠA、CSK-ⅡA、CSK-ⅢA	根据JB/T 4730.3—2005 第5.1.3.2条和第5.1.3.3条规定选取	
9	耦合剂	机油	根据JB/T 4730.3—2005 第3.3.5条规定选取	
10	表面补偿	4dB	根据JB/T 4730.3—2005 第3.3.6条及检验经验选取	
11	扫描线调节	深度1:1	模拟检测仪可按深度、水平、声程调节法；数字检测仪常用声程法1:1调节	
12	检测灵敏度	$\phi1×6$-9dB	根据JB/T 4730.3—2005 第5.1.5.2条表19中的规定选取	
13	表面状态	打磨至显现金属光泽（$Ra≤6.3\mu m$）	JB/T 4730.3—2005 第5.1.4.1条b）款规定	
14	检测面	单面双侧	JB/T 4730.3—2005 第5.1.2.2.2条a）款规定	
15	扫查方式	锯齿型扫查	JB/T 4730.3—2005 第5.1.6.1条规定	

2. 编制超声波检测工艺卡

根据选择的参数编制超声波检测工艺卡，见表8-5。

表8-5　超声波检测工艺卡

编号：

产品名称		50m³液化石油气储罐	产品编号	CⅢ2009-01
工件	部件名称	筒体	厚度	16mm/18mm
	部件编号	—	规格	$\phi2200mm×11542mm$
	材料牌号	Q345R	检测时机	焊后24h
	检测项目	焊接对接接头	坡口形式	X形
	表面状态	打磨至显现金属光泽（$Ra≤6.3\mu m$）	焊接方法	双面埋弧焊

（续）

	产品名称	50m³液化石油气储罐	产品编号	CⅢ2009-01
仪器、探头参数	仪器型号	CTS-22	仪器编号	—
	探头型号	5P8×10K2.5	试块种类	CSK-ⅠA、CSK-ⅡA、CSK-ⅢA
	检测面	单面双侧	扫查方式	锯齿型扫查
	耦合剂	机油	表面补偿	4dB
	扫描线调节	深度1:1	检测灵敏度	φ1×6-9dB
技术要求	检测标准	JB/T 4730.3—2005	检测比例	100%
	验收标准	JB/T 4730.3—2005	合格级别	Ⅰ级

检测部位示意图

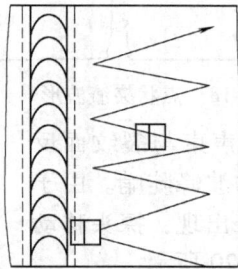

编制（资格）	（UT-Ⅱ）	审核（资格）	（UT-Ⅲ）
日期		日期	

第五节 焊缝缺陷显示及超声波检测等级的评定

超声波检测除确定焊接接头中缺陷的位置和大小外，由于不同性质的缺陷危害程度不同，应尽可能判定缺陷的性质。因此，缺陷的定性十分重要。目前常用的 A 型脉冲反射式超声波检测仪只能提供缺陷的回波时间和幅度信息，检验人员根据这两方面的信息来判定缺陷的性质是有困难的。实际检测中需要结合工件的加工工艺、缺陷特征、缺陷波形和底波情况来分析估计缺陷的性质。

缺陷性质是指缺陷的形状、大小和密集程度。对于平面型缺陷，在不同方向上检测时，其缺陷回波高度显著不同。在垂直于缺陷的方向上检测时，缺陷回波高；在平行于缺陷的方向上检测时，缺陷回波低，甚至无缺陷回波。一般的裂纹、未熔合、未焊透等缺陷就属于平面型缺陷。对于点状缺陷，在不同的方向检测时，缺陷回波无明显变化。气孔、夹渣等就属于点状缺陷。

一、缺陷波形

缺陷波形分为静态波形和动态波形两类。静态波形是指探头不动时缺陷波的高度、形状和密集程度；动态波形是指探头在检测面上移动的过程中，缺陷波的变化情况。

1. 静态波形

1）气孔。气孔表面较平滑，界面光谱反射因数高，波形陡直尖锐。但由于气孔大多为球形，因此波幅不会很高。单个气孔波形为单峰，探头左右移动时，波形很快消失。当探头作环绕移动时，波幅变化不大。单个气孔波形如图8-17所示。

2）夹渣。夹渣表面粗糙，界面光谱反射因数低，同时还有部分声波透入夹渣层，形成多次反射，波形宽大并带锯齿，波幅一般不高，其波峰比较毛糙。从各个方向检测时，当量明显不同。点状夹渣波形如图8-18所示。

3）未焊透。由于钢板边缘未被熔化，则未焊透缺陷光谱反射因数高，反射波幅高。探头左右移动时，波形稳定，波幅变化不大。从焊缝两侧检测时，波幅高度相差不大。未焊透波形如图8-19所示。

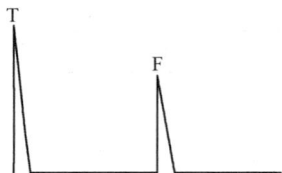

图8-17　单个气孔波形　　　　图8-18　点状夹渣波形　　　　图8-19　未焊透波形

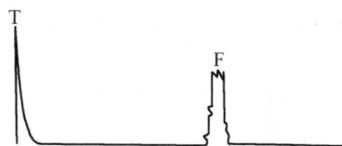

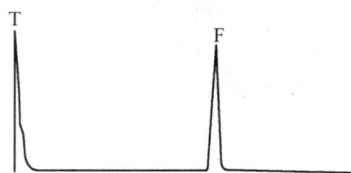

4）裂纹。光谱反射因数高。当声束与裂纹面反射理想时，反射波幅很高，比夹渣的波峰陡峭。由于裂纹面往往呈锯齿形，故往往呈多峰出现，探头移动时，波幅起伏变化。裂纹波形如图8-20所示。

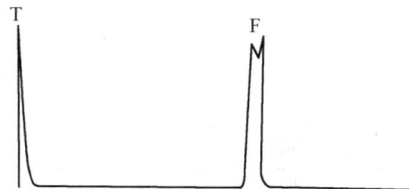

5）未熔合。未熔合分为坡口未熔合和层间未熔合。坡口未熔合波形的主要特征是探头在焊缝的一侧检测时，由于反射面理想，故反射波幅很高。但在另一侧检测时，由于反射条件很差，故反射波幅很低。在有些情况下，由于检测条件和反射条件均很差，在焊缝某一侧很难发现未熔合信号。而层间未熔合的波形与一般夹渣很难区别。未熔合波形如图8-21所示。

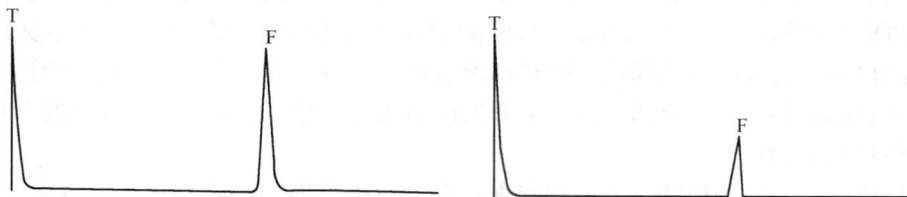

图8-20　裂纹波形

图8-21　未熔合波形

在实际检测中，依靠静态波形来区别缺陷性质难度较高。需要不断实践，认真总结经验，并根据波形进行实物解剖，通过大量积累才能较好地判断缺陷的性质。

2. 动态波形

当探头在检测面上左右、前后移动，定点转动和环绕运动时，缺陷的波形会发生变化并有某种规律可循。表8-6列出了三种典型缺陷的动态波形。

通过缺陷的动态波形，较静态波形能较好地对缺陷性质作出判断，实践中要掌握这种方法。但必须指出：仅从回波形态来辨认缺陷性质对于超声波检测来说是很困难的，必须有丰富的实践经验和焊接、材料、工艺知识。因此，检测中无硬性规定。当判断为裂纹时，如有可能，应进行必要的验证。

表8-6 三种典型缺陷的动态波形

包络线特征 ＼ 探头运动方式	左右移动	前后移动	定点转动	环绕运动
图形缺陷（如气孔）				
平直缺陷（如未焊透）				
锯齿形缺陷（如裂缝）				

二、缺陷类型识别和性质估判

在超声波检测中，缺陷类型是指缺陷是点状、线状、体积状、平面状或是多重缺陷。识别缺陷类型是估判其性质的前提和基础。通常，缺陷类型识别和定性与缺陷定位、定量可同时进行，也可单独进行。

1. 点状缺陷

点状缺陷是指气孔或小夹渣等小缺陷，大多属于体积型缺陷。回波特征是回波当量较小，探头左右、前后和转动扫查时均显示图8-22所示的动态波形。对缺陷进行环绕扫查时，从不同方向，用不同声束角度探测时，若保持声程不变，则回波高度基本相同。

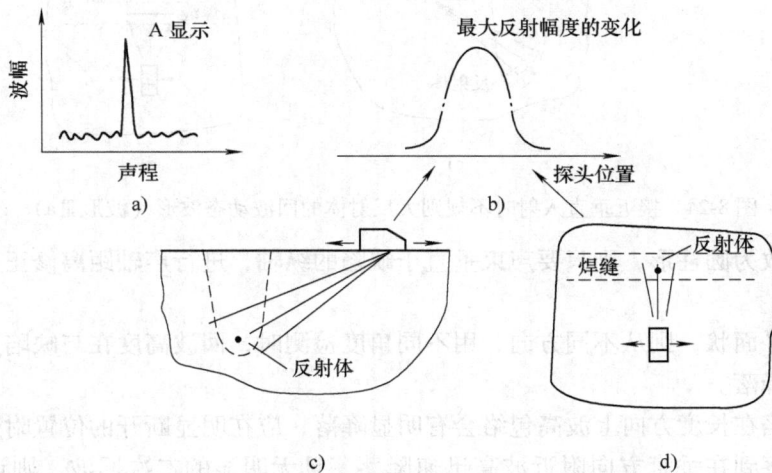

图8-22 点状缺陷回波动态波形（波形Ⅰ）

2. 线状缺陷

线状缺陷有明显的指示长度，但不易测其断面尺寸。如线状夹渣、未焊透或未熔合等均属于这类缺陷。这类缺陷在长度方向也可能是间断的，如链状夹渣、断续未焊透或断续未熔合等。回波特征是探头对准这类缺陷前后扫查时，一般显示波形Ⅰ（见图 8-22）的特征，左右扫查时，显示波形Ⅱ（见图 8-23）的特征，或者类似图 8-24 所示的波形Ⅲa。转动和环绕扫查时，回波高度在与缺陷平面相垂直方向两侧迅速降落。只要信号未明显断开，就表明缺陷基本连续。

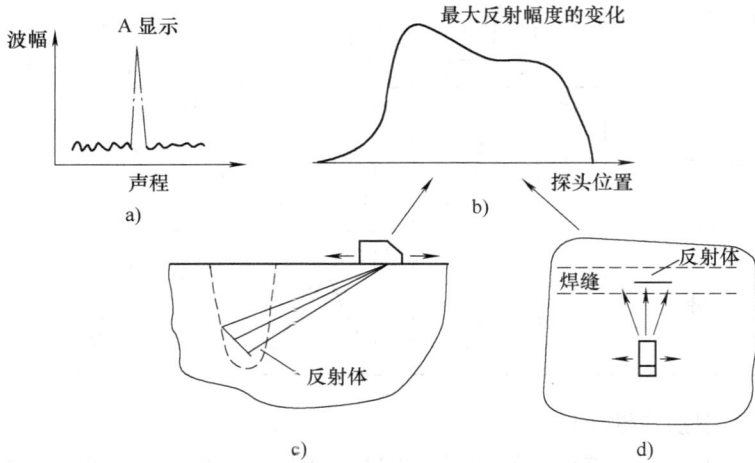

图 8-23　接近垂直入射时光滑大平面反射体的回波动态波形（波形Ⅱ）

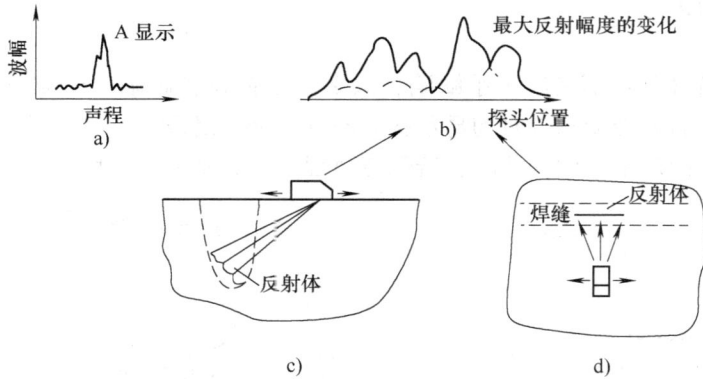

图 8-24　接近垂直入射时不规则大反射体的回波动态波形（波形Ⅲa）

若缺陷大致为圆柱形，则只要声束垂直于缺陷的纵轴，进行声轴距离修正后，回波高度变化就应较小。

若缺陷为平面状，则从不同方向、用不同角度检测时，回波高度在与缺陷平面相垂直的方向应有明显降落。

断续的缺陷在长度方向上波高包络会有明显降落，应在明显断开的位置附近作转动和环绕扫查，如观察到在垂直方向附近波高迅速降落，且无明显的二次回波，则证明缺陷是断续的。

3. 体积状缺陷

这种缺陷有可测的长度和明显的断面尺寸，如不规则或球形的大的夹渣。这类缺陷作左右扫查时，显示回波动态波形Ⅱ或Ⅲa，前后扫查时显示波形Ⅲa或Ⅲb（见图 8-25）。

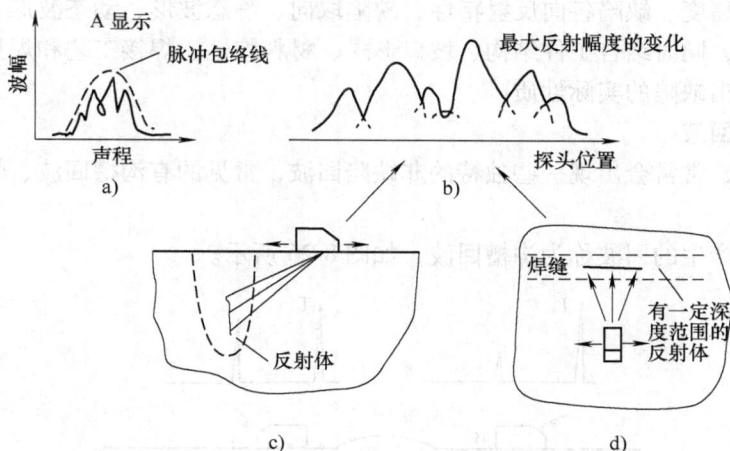

图 8-25 倾斜入射时不规则大反射体的回波动态波形（波形Ⅲb）

转动扫查时，若声束垂直于倾斜纵轴，所显示的波形类似波形Ⅲb，一般可观察到最高回波。环绕扫查时，在倾斜轴线的垂直方向两侧，回波高度有不规则的变化。

这种缺陷在方向变动较大，或更换多种声束角度时，仍能被检测到，但回波高度有不规则的变化。

4. 平面状缺陷

这种缺陷有长度和明显的自身高度，表面既有光滑的，也有粗糙的，如裂纹，面状未熔合或面状未焊透均属于这种缺陷。这类缺陷作左右、前后扫查时，显示回波动态波形Ⅱ或Ⅲa、Ⅲb。

对表面光滑的缺陷作转动和环绕扫查时，在与缺陷平面相垂直方向的两侧，回波高度迅速降落。对表面粗糙的缺陷作转动扫查时，显示动态波形Ⅲb的特征，作环绕扫查时，在与缺陷平面相垂直方向两侧回波高度均呈不规则变化。

由于缺陷相对于声束的取向及表面粗糙度不同，通常回波幅度变化很大。

5. 多重缺陷

这是一群缺陷的集合，各个小缺陷彼此之间距离很近，用超声波检测无法单独对每个小缺陷单独定位和定量，如密集气孔或再热裂纹等属于这类缺陷。

对这类缺陷作左右、前后扫查时，由各反射体产生的回波在时基线上出现位置不同，次序也不规则，每个单独的回波信号显示波形Ⅰ的特征。根据回波的不规则性，可将此类缺陷与有多个反射的裂纹区分开来。

通过转动和环绕扫查，可大致了解多重缺陷是球形还是平面型点状反射体。

从不同方向、用不同角度测出回波高度的平均值，若反射有明显的方向性，则表明其是一群平面型点状反射体。

6. 缺陷性质估判程序

1）反射波幅低于评定线或按本部分判断为合格的缺陷原则上不予定性。

2）对于超标缺陷，首先应进行缺陷类型识别，对于可判断为点状的缺陷一般不予定性。

3）对于判定为线状、体积状、平面状或多重的缺陷，应进一步测定和参考缺陷平面、深度位置、缺陷高度、缺陷各向反射特性、缺陷取向、静态波形、动态波形、回波包络线和扫查方法等参数，同时结合工件结构、坡口形式、材料特性、焊接工艺和焊接方法进行综合判断，尽可能定出缺陷的实际性质。

三、非缺陷回波

焊缝检测中，常常会出现一些独特的非缺陷回波，常见的有沟槽回波、焊趾回波等。

1. 沟槽回波

由焊缝沟槽产生的回波称为沟槽回波，如图8-26所示。

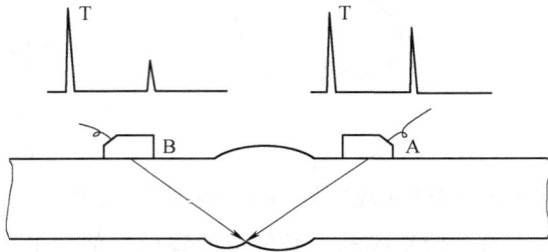

图8-26 沟槽回波

自动焊或手工焊的多道焊都容易在焊缝表面形成沟槽。当超声波扫查到沟槽时，会产生沟槽回波。其特点是在沟槽一边（图8-26中的A位置）检测时回波稍高，而在B位置回波低或者没有回波。用手蘸上油在沟槽处轻轻敲击，回波会上下跳动。如果根据回波在显示屏上的位置计算出水平距离和垂直距离，那么计算出的位置会和工件焊缝上的沟槽位置相同，长度也会相等。

自动焊的沟槽大小、深浅比较规则、均匀，因此其沟槽产生的回波容易识别。手工焊的沟槽大小、深浅不规则、不均匀，因此其沟槽产生的回波容易和焊缝下半部的缺陷回波相混淆，难以识别。

2. 焊趾回波

焊缝一般都有余高。余高与母材交界处称为焊趾。由焊趾产生的回波称焊趾回波。

在阶梯试块上做一个试验：如图8-27所示，从A、B两个相反的方向检测同一个台阶，探头在A位置时会有回波，在B位置时没有回波。

实际焊缝产生的焊趾回波如图8-28所示。

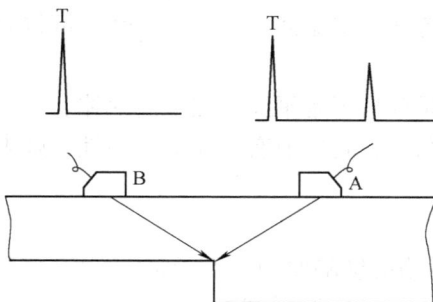

图8-27 检测阶梯试块试验

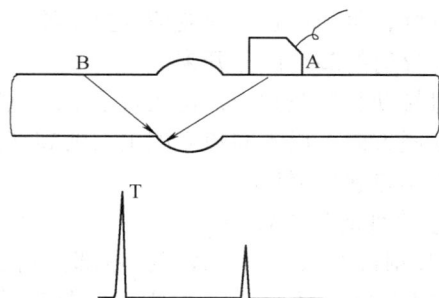

图8-28 焊趾回波

由上述试验可知，焊趾回波的特点是：探头在工件A位置时会有回波产生，在B位置处时则无焊趾回波产生。焊趾回波的高度与余高高度有关，余高高时焊趾回波的高度高，余高低时焊趾回波的高度低。当高度低到一定程度时，则无焊趾回波。当探头沿焊缝平行移动时，焊趾回波的位置不会变动。当探头垂直焊缝作前后移动时，焊趾回波的位置会相应地移动一段距离。根据最高焊趾回波的位置计算出它的水平距离和垂直距离，计算的焊趾位置与工件上的实际焊趾位置相同。用手指蘸上油轻轻敲击工件的焊趾处，焊趾回波会上下跳动。根据焊趾回波的这些特点，就可以识别焊趾回波。

在实际检测中，由于工件结构、表面状况、焊接状况等原因会产生一些其他的非缺陷回波，如上、下错位回波，单面焊回波，仪器、探头杂波，耦合剂反射波，焊瘤、内凹等回波，只要仔细观察，认真分析回波特点，寻找反射条件，就可以识别非缺陷回波，避免误判。

四、缺陷评定

下面以钢制承压设备对接接头超声波检测和质量分级为例介绍缺陷评定。

当检测发现超过评定线的信号时，应注意其是否具有裂纹等危害性缺陷特征。有怀疑时，应改变探头 K 值、增加检测面、观察动态波形并结合结构工艺特征进行评定。对波形不能判断时，应辅以其他检测方法进行综合判定。

缺陷指示长度小于 10mm 时，按 5mm 计。

相邻两缺陷在一直线上，其间距小于其中较小的缺陷长度时，应作为一条缺陷处理，以两缺陷长度之和作为其指示长度（间距不计入缺陷长度）。

钢制承压设备对接接头超声波检测质量分级标准见表 8-7。

表 8-7 钢制承压设备对接接头超声波检测质量分级标准

等级	板厚 T/mm	反射波幅（所在区域）	单个缺陷指示长度 L	多个缺陷累计长度 L'
Ⅰ	6 ~ 400	Ⅰ	非裂纹类缺陷	
	6 ~ 120	Ⅱ	$L = T/3$，最小为 10mm，最大不超过 30mm	在任意 $9T$ 焊缝长度范围内，L' 不超过 T
	> 120 ~ 400		$L = T/3$，最大不超过 50mm	
Ⅱ	6 ~ 120	Ⅱ	$L = 2T/3$，最小为 12mm，最大不超过 40mm	在任意 $4.5T$ 焊缝长度范围内，L' 不超过 T
	> 120 ~ 400		最大不超过 75mm	
Ⅲ	6 ~ 400	Ⅱ	超过Ⅱ级者	超过Ⅱ级者
		Ⅲ	所有缺陷	
		Ⅰ、Ⅱ、Ⅲ	裂纹等危害性缺陷	

注：1. 母材板厚不同时，取薄板侧厚度值。

2. 当焊缝长度不足 $9T$（Ⅰ级）或 $4.5T$（Ⅱ级）时，可按比例折算。当折算后的缺陷累计长度小于单个缺陷指示长度时，以单个缺陷指示长度为准。

五、检测记录和报告

1. 缺陷检测记录

（1）记录水平 反射波幅位于定量线及以上区域的缺陷应予记录。反射波幅位于Ⅰ区的缺陷，被判为危险缺陷时，也应予以记录。以获得缺陷最大反射波幅的位置测定缺陷位置。应分别记录缺陷沿焊接接头方向的位置：缺陷到检测面的垂直距离，以及缺陷偏离焊接接头中心线的距离。

（2）缺陷指示长度　反射波幅位于定量线及以上区域的缺陷，应测定缺陷指示长度。当缺陷反射波只有一个高点时，用 6dB 法测长。在测长扫描过程中，当发现缺陷反射波幅起伏变化，有多个高点时，用端点最大回波 6dB 法测长。

反射波幅位于Ⅰ区的缺陷，需记录时，以评定线灵敏度采用绝对灵敏度法测长。

2. 检测报告

检测后，检测人员应根据超声波检测结果出具检测报告。检测报告至少应包括如下内容：

1）委托单位。

2）被检工件：名称、编号、规格、材质、坡口形式、焊接方法和热处理状况。

3）检测设备：探伤仪、探头、试块。

4）检测规范：技术等级、探头 *K* 值、探头频率、检测面和检测灵敏度。

5）检测部位及缺陷的类型、尺寸、位置和分布应在草图上予以标明，如有因几何形状限制而检测不到的部位，也应加以说明。

6）检测结果及质量分级、检测标准名称和验收等级。

7）检测人员和责任人员签字及其技术资格。

8）检测日期。

表 8-8 为超声波检测报告参考格式。

表 8-8　超声波检测报告参考格式

报告编号：

工件	工件名称		材料牌号		
	工件编号		表面状态		
	检测部位				
器材及参数要求	检测仪器型号		检测仪器编号		
	探头型号		试块型号		
	评定线灵敏度	dB	检测方法/扫查面		/
	耦合剂		补　偿		dB
	检测比例		合格级别		级
	检测标准		检测工艺编号		

检测部位（区段）及缺陷位置示意图：

（续）

超声波检测结果评定表

	序号	区段编号	缺陷位置	缺陷埋藏深度/mm	缺陷指示长度/mm	缺陷高度/mm	缺陷反射波幅	评定级别	备注
检测部位缺陷情况									

检测结果：

报告人（资格）： （UT-Ⅱ）	审核人（资格）： （UT-Ⅱ）	无损检测专用章
年　月　日	年　月　日	年　月　日

六、检测不合格情况的处理

与第七章射线检测不合格情况的处理相同，主要包括局部超声波检测不合格情况的处理和检测比例为100%时不合格情况的处理。

第九章 磁粉检测

磁粉检测是通过对铁磁性材料工件整体或局部进行磁化，利用工件表面有缺陷存在时缺陷处的磁阻增大而产生漏磁、形成局部磁场、磁粉在此处集聚来显示缺陷的形状和位置这一原理，从而检测产品缺陷存在的一种无损检测方法。

磁粉检测主要用来检测各种铁磁性材料工件和焊接产品表面或近表面缺陷，是一种非常传统的检测方法，我国从 20 世纪 40 年代开始应用，至今已有 70 多年的发展历史。磁粉检测设备简单，操作容易，检测迅速，具有较高的检测灵敏度，且成本低廉，可用来检测表面或近表面的缺陷。依据 TSG R0004—2009，在选择表面或近表面无损检测方法时，只要是铁磁性材料制造的承压设备和零部件，应优先选用磁粉检测方法进行检测。只有在各种因素限制或非铁磁性材料无法进行磁粉检测时，才选择渗透检测方法。

第一节 磁粉检测概述

磁粉检测是根据铁磁性材料的性质发明的一种无损检测方法，金属材料的焊缝缺陷检测完全符合磁粉检测条件，所以磁粉检测是一种重要的焊接生产无损检测方法。

一、磁粉检测的基本原理

铁磁性材料制成的工件被磁化后，工件就有磁力线通过。如果工件本身没有缺陷，磁力线在其内部是均匀连续分布的。当工件内部存在缺陷时，如裂纹、夹杂、气孔等非铁磁性物质，其磁阻非常大，磁导率低，必将引起磁力线的分布发生变化。缺陷处磁力线不能通过，将产生一定程度的弯曲。当缺陷位于或接近工件表面时，磁力线不但在工件内部产生弯曲，而且还会穿过工件表面漏到空气中形成一个微小的局部磁场，如图 9-1 所示。这种由于介质磁导率的变化而使磁力线泄漏到缺陷附近空气中所形成的磁场，称为漏磁场。通过一定的方法将漏磁场检测出来，进而确定缺陷的大小、形状和深度等，即磁粉检测的原理。

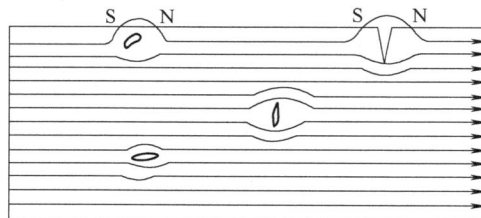

图 9-1 缺陷附近的磁力线分布

二、影响漏磁场强度的因素

1. 外加磁场强度

将铁磁性材料磁化的外加磁场强度高时，在材料中所产生在磁感应强度也高，因而表面缺陷阻挡的磁力线也较多，形成的漏磁场强度也随之增大。

2. 材料的磁导率

材料磁导率高的工件易被磁化，在一定的外加磁场强度下，在材料中产生的磁感应强度正比于材料的磁导率。在缺陷处形成的漏磁场强度随着磁导率的增大而增大。

3. 缺陷的埋藏深度

材料中的缺陷越接近表面，被弯曲逸出材料表面的磁力线越多。随着缺陷埋藏深度的增加，逸出表面的磁力线减少，达到一定深度时，在材料表面没有磁力线逸出而仅仅改变了磁力线方向，所以缺陷的埋藏深度越小，漏磁场强度越大。

4. 缺陷方向

当缺陷的长度方向和磁力线方向垂直时，磁力线弯曲严重，形成的漏磁场强度最大。随着缺陷长度方向与磁力线夹角的减小，漏磁场强度减小，当缺陷长度方向平行于磁力线方向时，漏磁场强度最小，甚至在材料表面不能形成漏磁场。

5. 缺陷的磁导率

如果缺陷内部含有铁磁性材料（如 Ni、Fe），即使缺陷在理想的方向和位置上，也会在磁场的作用下被磁化，缺陷形不成漏磁场。缺陷的磁导率与材料的磁导率对漏磁场的影响正好相反，即缺陷的磁导率越高，产生的漏磁场强度越低。

6. 缺陷的大小和形状

缺陷在垂直于磁力线方向上的尺寸越大，阻挡的磁力线越多，越容易形成漏磁场且其强度越大。缺陷的形状为圆形时，如气孔等，漏磁场强度小；当缺陷为线形时，容易形成较大的漏磁场。

第二节 磁粉检测设备简介

一、磁粉检测设备的命名方法

根据 JB/T 10059—1999[⊖] 《试验机与无损检测仪器型号编制方法》的规定，磁粉检测机按以下方式命名：

C　　X　　X　　–　　X

↓　　↓　　↓　　　　↓

1　　2　　3　　　　4

第 1 部分——C，代表磁粉探伤机；
第 2 部分——字母，代表磁粉探伤机的磁化方式；
第 3 部分——字母，代表磁粉探伤机的结构形式；
第 4 部分——数字或字母，代表磁粉探伤机的最大磁化电流或探头形式。
常用的磁粉探伤机命名参数见表 9-1。

二、磁粉检测设备的分类

磁粉检测设备按其组合方式分为一体型和分立型两种；按设备的重量和可移动性分为固定式、移动式和携带式三种。一体型磁粉检测设备是将磁化电源、螺线管、工件夹持装置、

⊖ 标准现已废止，但生产企业仍多依此标准命名磁粉检测设备。

表9-1 磁粉探伤机命名参数

第1个字母	第2个字母	第3个字母	第4个字母或数字	代表意义
C				磁粉探伤机
	J			交流
	D			多功能
	E			交直流
	Z			直流
	X			旋转磁场
	B			半波脉冲直流
	Q			全波脉冲直流
		X		携带式
		D		移动式
		W		固定式
		E		磁轭式
		G		荧光磁粉探伤
		Q		超低频退磁
			如2000	周向磁化电流2000A

磁悬液喷洒装置、照明装置和退磁装置等部分组成一体的检测设备;分立型磁粉检测设备是将各部分按功能制成单独分立的装置,在检测时组合成系统的检测设备。固定式磁粉检测设备属于一体型,使用操作方便。移动式和携带式磁粉检测设备属于分立型,便于移动和在线组合使用。

1. 固定式磁粉检测设备

固定式磁粉检测设备的体积和重量都比较大,额定磁化电流一般为1000~10 000A。这类检测设备能进行通电法、中心导体法、感应电流法、线圈法、磁轭法整体磁化或复合磁化等,并有照明装置、退磁装置、磁悬液搅拌和喷洒装置,以及夹持工件的磁化夹头和放置工件的工作台及格栅,适用于中小工件的检测。此外,固定式磁粉检测设备还常常备有触头和电缆,以便对搬上工作台有困难的大型工件进行检测。

2. 移动式磁粉检测设备

移动式磁粉检测设备的额定磁化电流一般为500~8000A。主体是磁化电源,可提供交流和单相半波整流电的磁化电流。配合使用的附件有触头、夹钳、开合和闭合式磁化线圈及软电缆等,能进行触头法、夹钳通电法和线圈法磁化。这类设备是一种分立型的检测装置,体积和重量较固定式小,一般装有滚轮,可推动或吊装在车上运送到检测现场,对大型工件进行检测。

3. 携带式磁粉检测设备

携带式磁粉检测设备具有体积小、重量轻和携带方便等特点,额定磁化电流一般为500~2000A。这类检测设备能适用于现场、高空和野外检测,多用于特种设备的焊缝检测,以及飞机、火车、轮船的现场检测或大型工件的局部检测。常用的仪器有带电极触头的小型磁粉检测设备以及电磁轭、交叉磁轭或永久磁铁磁轭式检测设备等。仪器手柄上装有微型电流开关,以控制通、断电和自动衰减退磁。

三、磁粉检测设备的组成部分

无论是一体型磁粉检测设备还是分立型磁粉检测设备，它们基本上都是由磁化电源装置、工件夹持装置、指示与控制装置、磁粉或磁悬液施加装置、照明装置和退磁装置所组成的。

磁化电源装置是磁粉检测设备的核心组成部分，它的作用是提供磁化电流，使工件被磁化。磁化电源主要由变压器组成，输出的电流可用于工件磁化。磁化电源的形式有：低压大电流产生装置、磁化线圈、交叉线圈、固定式或携带式磁轭。

工件夹持装置是固定式检测设备夹持工件的夹头或触头，夹头的间距是可调节的，以适应不同尺寸的工件。在轴向通电法、中心导体法中通电是为了避免工件表面打火烧伤，磁化夹头上应包覆铜编织垫。

指示装置主要包括电流表和电压表。在磁化过程中，为了检测所使用的磁化规范是否准确，是否能得到满足检测要求的磁场强度，需在设备上安装电流表和电压表。

对于磁粉或磁悬液施加装置，可利用电动式送风器或空压机将干磁粉吹到工件表面，也可将干磁粉装在有小孔的橡皮球内，手动压缩橡皮球将磁粉喷撒于工件表面。

第三节 磁粉检测标准及一般性规定

一、JB/T 4730.4—2005《承压设备无损检测 第4部分：磁粉检测》介绍

JB/T 4730.4—2005 适用于铁磁性材料制承压设备的原材料、零部件和焊接接头表面、近表面缺陷的检测，不适用于奥氏体不锈钢和其他非铁磁性材料的检测。与承压设备有关的支承件和结构件，如有要求也可参照该标准执行。

JB/T 4730.4—2005 没有规定铁磁性材料的具体检测范围，这是由于磁粉检测主要检测铁磁性材料制造的承压设备和零部件的表面和近表面缺陷，所以没有厚度的限制。

磁粉检测的效果比渗透检测好。为了提高表面缺陷检出率，标准规定铁磁性材料制造的工件应主要采用磁粉检测方法。

二、人员资格的规定

1. 视力规定

磁粉检测人员未经矫正或经矫正的近（距）视力和远（距）视力应不低于5.0（小数记录值为1.0）。从事磁粉检测人员的视力1年检查1次，不得有色盲。

2. 无损检测资格

应符合 JB/T 4730.1—2005 中的通用规定（参见第七章第三节）。

三、单位资格的规定

参见第六章第五节相关内容。

四、磁粉检测设备的规定

磁粉检测设备必须符合 JB/T 8290—2011《无损检测仪器 磁粉探伤机》的规定。在用设备必须定期送计量部门按照 JJG 100—1992《磁粉探伤机检定规程》进行检定。

磁粉检测设备必须满足下列基本条件：

1）当使用磁轭最大间距时，交流电磁轭至少应有45N的提升力，直流电磁轭至少应有177N的提升力，交叉磁轭至少应有118N的提升力（磁极与试件表面间隙为0.5mm）。

2）当采用剩磁法检测时，交流检测设备必须配备断电相位控制器。

五、光源（辐）照度及波长的规定

1）可见光照度。可见光照度也称为照度，即单位面积上接收的光通量，单位为勒［克斯］（lx）。采用非荧光磁粉检测时，被检工件表面的可见光照度应大于或等于1000lx。若现场由于条件有限，无法满足时，可以适当降低，但不能低于500lx。

2）紫外线辐照度。紫外线辐照度称为辐（射）照度。表面上一点的辐照度是入射在包含该点的面元上的辐射能通量除以该面元面积 dA 之商，单位为瓦［特］/厘米^2（W/cm^2）。当采用荧光磁粉检测时，使用的黑光灯在工件表面的黑光辐照度应大于或等于1000μW/cm^2，黑光的波长应为320~400nm，中心波长约为365nm。

3）环境光照度。环境光照度应小于或等于20lx。

六、工件退磁后表面磁场强度的规定

退磁装置应能保证工件退磁后表面剩磁小于或等于0.3mT（240A/m）。

七、安全防护

1. 紫外线的危害

使用黑光灯时，人眼应避免直接注视黑光光源，防止造成眼球损伤。应经常检查滤光板，不准有任何裂纹，因为320nm以下的短波紫外线若从裂纹穿过，对人的眼睛和皮肤都是有害的，有裂纹的滤光板应及时更换。磁粉检测人员在检测时应戴上相应的防护眼镜。

大多数黑光灯工作时温度都非常高，皮肤与其接触会受到热和辐射烧伤，这种烧伤非常疼痛且愈合很慢。只要正确使用黑光灯，UV-A（波长为320~400mm的紫外线称为UV-A、黑光或长波紫外线）的黑光对人体是无害的。

检测人员连续工作时，工间应适当休息，避免眼睛疲劳。

2. 电气与机械安全

JB/T 8290—2011规定磁粉检测设备整机绝缘电阻不小于2MΩ，以防止电器短路给人员安全带来危险。尤其使用水基磁悬液时，绝缘不良会产生电击伤人。使用冲击电流法磁化时，不得用手接触高压电路，以防高压伤人。气压和液压部件失效时，会引起伤害事故。

3. 检测系统的潜在危险

1）使用通电法或触头法时，与电接触的部位有铁锈和氧化皮，或触头在带电的情况下接触工件或离开工件时，由于接触不良，会产生电弧打火，造成火星飞溅，有可能烧伤检测人员的眼睛和皮肤，同时可能烧伤工件，严重时引起油基磁悬液起火。

2）磁化的工件和通电线圈周围会产生磁场，会影响装在附近的磁罗盘和电子仪表的精度及正常使用。

3）应注意，安装心脏起搏器的人员不得从事磁粉检测。

4）检测现场附近有易燃易爆材料时，禁止使用触头法和通电法进行磁粉检测。

5）磁粉检测使用低闪点油基载液时，在检测区内不允许有明火或火源。

第四节 磁粉检测工艺规程

一、磁粉检测工艺规程基本内容

一般情况下，检测单位主要制定通用磁粉检测工艺规程和作业指导书。对于重要的、有特殊要求的无损检测工作，需要编制专用工艺规程。通用工艺规程要求应有一定的覆盖性、

通用性和可选择性。

1. 通用磁粉检测工艺规程包含的内容

1）适用范围。

2）引用标准和法规。

3）检测人员资格。

4）检测设备、器材和材料：机型、磁粉、磁悬液浓度、灵敏度试片等。

5）检测表面制备。

6）检测时机。

7）检测工艺和检测技术：磁化方式、磁悬液施加、退磁方式及要求等。

8）检测结果的评定和质量等级分类。

9）检测记录、报告和资料存档。

10）编制（级别）、审核（级别）和批准人。

11）制定日期。

2. 作业指导书包含的内容

1）检验细则。根据焊接产品的磁粉检测标准来编制检验细则。通常，可将检验标准直接转化成检验细则。尤其是对于有安全要求的产品，应根据规范、标准中对无损检测的规定制定出检验细则、检测过程的安排及检测结果的处理与判定方法。

检验细则中还应包括磁粉检测设备、磁粉、磁悬液浓度、灵敏度试片、辐照计、照度计、磁场强度计、毫特斯拉计等的质量要求，检测过程中发生意外情况的应急处理方法等。

2）磁粉检测设备的操作规程。

3）检测设备的校准规程。

① 磁粉检测设备应每年至少进行一次内部短路检查。方法是将磁化电流调节到经常使用的最大电流，夹头之间不夹任何导体，通电后电流表的指针不动则说明无短路。

② 磁粉检测设备使用的电流表应至少半年送计量部门进行一次精度检定。

③ 电流载荷的校验每年至少应进行一次，即检查所输出的最小和最大磁化电流值是否符合要求。

④ 通电时间的校验每年至少应进行一次，检查控制磁化电流的持续时间，要求控制在0.5~1s。

⑤ 电磁轭的提升力半年至少校验一次。

⑥ 辐照计、照度计、磁场强度计、毫特斯拉计每年至少进行一次校准。

4）磁粉、磁悬液浓度的测定及校准规程。

5）消耗品验收管理方法。

二、磁粉检测工艺卡基本内容

1. 必须要交代的内容

（1）工件情况　包括工艺卡编号，产品名称，产品编号，制造、安装或检测编号，承压设备的类别，材料牌号，规格尺寸，热处理状态及表面状态，执行标准，验收级别等。

（2）检测设备与器材　包括设备种类、型号、规格尺寸、检测附件和检测材料。

（3）检测工艺参数　包括检测方法、检测比例、检测部位、标准试片（块）。

（4）检测程序　磁粉检测的一般程序包括如下6个部分：

1）预处理。

2）磁化。

3）施加磁粉。

4）磁痕的观察与判断。

5）记录。

6）后处理。

2. 必须绘出的示意图

1）检测部位示意图。

2）磁化方式示意图及磁悬液施加示意图。

3. 检测时机

4. 必须签署的人员

工艺卡编制人员及资格、审核人员及资格、日期。

三、磁粉检测方法的选择

磁粉检测工艺有多种分类方法，根据 JB/T 4730.4—2005 将其按表 9-2 的方式进行分类。

表 9-2 磁粉检测方法分类

分类条件	磁粉检测方法名称
施加磁粉的载体	干法（荧光、非荧光）、湿法（荧光、非荧光）
施加磁粉的时机	连续法、剩磁法
磁化方法	轴向通电法、触头法、线圈法、磁轭法、中心导体法、交叉磁轭法

1. 干法

干法通常用于交流和半波整流的磁化电流或磁轭进行连续法检测。

（1）干法的适用范围

1）适用于表面粗糙的大型锻件、铸件、毛坯、结构件和大型焊接件焊缝的局部检查及灵敏度要求不高的工件。

2）通常与便携式设备配合使用，磁粉不回收。

3）适用于检测大缺陷和近表面缺陷。

（2）干法的操作要点

1）工件表面必须干净和干燥，磁粉同样也必须干燥。

2）在工件磁化时施加磁粉，并在观察和分析磁痕后再撤去磁场。

3）需将磁粉吹成云雾状，使其轻轻地飘落在被磁化工件的表面上，形成薄而均匀的一层。

4）在磁化时，用干燥的压缩空气吹去多余的磁粉，风压、风量和风口距离都要控握适当，并应有顺序地从一个方向吹向另一个方向。注意不要吹掉已经形成的磁痕显示。

（3）干法的优点

1）检测大裂纹灵敏度高。

2）用干法＋单相半波整流电检测工件近表面缺陷灵敏度高。

3）适用于现场检测。

（4）干法的局限性

1）检测微小缺陷的灵敏度不如湿法。

2）磁粉不易回收。

3）不适用于剩磁法检测。

2．湿法

湿法主要用于连续法和剩磁法检测。

（1）湿法的适用范围

1）适用于承压设备上的焊缝、宇航工件及灵敏度要求高的工件。

2）适用于大批量工件的检查，常与固定式设备配合使用，磁悬液可回收。

3）适用于检测表面微小缺陷，如疲劳裂纹、磨削裂纹、焊接裂纹和发纹等。

（2）湿法的操作要点

1）磁悬液施加可采用浇法、喷法和浸法，但不宜采用刷涂法。

2）连续法宜用浇法和喷法，液流要微弱，以免冲刷掉缺陷的磁痕显示。

3）对于剩磁法，浇法、喷法和浸法皆宜。浇法和喷法灵敏度低于浸法；浸法的浸放时间一般控制在 10~20s，而后取出检测，时间过长会产生过度背景。

4）用水磁悬液时，应进行水断试验。

5）可根据工件表面状况的不同，选择不同的磁悬液浓度。

6）仰视检测和水中检测宜用磁膏。

（3）湿法的优点

1）用湿法＋交流电检测工件表面微小缺陷灵敏度高。

2）可用于剩磁法检测和连续法检测。

3）与固定式设备配合使用，操作方便，检测效率高，磁悬液可回收。

（4）湿法的局限性　检测大裂纹和近表面缺陷的灵敏度不如干法。

3．连续法

连续法是在外加磁场磁化的同时，将磁粉或磁悬液施加到工件上进行磁粉检测的方法。

（1）连续法的适用范围

1）适用于所有铁磁性材料和工件的磁粉检测。

2）工件形状复杂不易得到所需剩磁时。

3）表面覆盖层较厚的工件。

4）使用剩磁法检测，设备功率达不到要求时。

（2）连续法的操作要点

1）湿连续法。先用磁悬液润湿工件表面，在通电磁化的同时浇磁悬液，停止浇磁悬液后再通电数次，通电时间为 1~3s，停止施加磁悬液至少 1s 后，待磁痕形成并滞留下来时方可停止通电，再进行检测。为保证磁化效果，应至少反复磁化 2 次。

2）干连续法。工件通电磁化后开始喷洒磁粉，并在通电的同时吹去多余的磁粉，待磁痕形成和检测完后再停止通电。

（3）连续法的优点

1）适用于任何铁磁性材料。

2）具有最高的检测灵敏度。

3）可用于多向磁化。

4）交流磁化不受断电相位的影响。

5）能发现近表面缺陷。

6）可用于湿法和干法检测。

（4）连续法的局限性

1）效率低。

2）易产生非相关显示。

3）目视可达性差。

4．剩磁法

剩磁法是在停止磁化后，施加磁粉或磁悬液到工件上进行磁粉检测的方法。

（1）剩磁法的适用范围

1）经过热处理（淬火、回火、渗碳、渗氮及局部正火等）的高碳钢和合金结构钢，矫顽力在 1kA/m 以上、剩磁在 0.8T 以上者，才可进行剩磁法检测。

2）用于因工件几何形状限制，连续法难以检测的部位，如螺纹根部和筒形件内表面。

3）用于评价连续法检测出的磁痕显示属于表面还是近表面缺陷显示。

（2）剩磁法的操作要点

1）磁粉应在通电结束后再施加，一般通电时间为 0.25 ~ 1s。

2）浇磁悬液 2 ~ 3 遍，保证工件各个部位充分润湿。

3）若浸入搅拌均匀的磁悬液中，一般在 10 ~ 20s 后取出检测，时间过长会产生过度背景。

4）磁化后的工件在检测完毕前，不要与任何铁磁性材料接触，以免产生磁写。

（3）剩磁法的优点

1）效率高。

2）具有足够的检测灵敏度。

3）缺陷显示重复性好，可靠性高。

4）目视可达性好，可用湿剩磁法检测管子内表面的缺陷。

5）易实现自动化检测。

6）能评价连续法检测出的磁痕显示属于表面还是近表面缺陷显示。

7）可避免螺纹根部、凹槽和尖角处磁粉过度堆积。

（4）剩磁法的局限性

1）只适用于剩磁和矫顽力达到要求的材料。

2）不能用于多向磁化。

3）交流剩磁法磁化受断电相位的影响，所以交流检测设备应配备断电相位控制器，以确保工件磁化效果。

4）检测缺陷的深度小，发现近表面缺陷灵敏度低。

5）剩磁法不适用于干法检测。

5．轴向通电法

轴向通电法如图 9-2 所示。它是将工件夹在检测设备的两个磁化夹头之间，使电流从被检工件上直接流过，在工件的表面和内部产生一个闭合的周向磁场，用于检测与磁场方向垂直而与电流方向平行的纵向缺陷的方法。

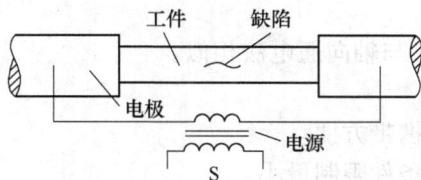

图 9-2 轴向通电法

（1）轴向通电法的适用范围 轴向通电法适用于轴类、钢管、铸钢件、铸铁件、焊接件、螺栓等实心、空心工件外表面的磁粉检测。

（2）轴向通电法的操作要点

1）可根据需要按干法或湿法进行操作。

2）操作时应注意电弧烧损工件问题。

（3）轴向通电法的优点

1）一次通电能方便地磁化，可对工件全长进行检测，检测效率高。

2）工艺方法简单，磁化规范容易计算（只需知道工件直径即可），操作方便。

3）具有较高的检测灵敏度。

4）通电过程产生的周向磁场强度在工件外表面最大，轴心为零，适用于工件外表面检测。

（4）轴向通电法的局限性

1）不能检测空心工件内表面。

2）夹持细长工件时易使工件变形。

3）通电时接触不良会产生电弧烧损工件现象。预防电弧烧损工件的方法有：

①清除电极接触部位的锈、油、油漆等杂物。

②在电极夹头上覆盖厚度均匀的铜编织垫。

③通电时，应保证足够的夹持力，确保电极与工件有较大的接触面积。

④通电或断电前，检查确认工件已夹持完好再操作。

⑤选择合理的磁化规范，避免电流过大产生电弧。

6. 触头法

触头法如图 9-3 所示。它是将两个触头接触工件表面，然后通电，在工件表面产生一个周向磁场，用于检测与两触头连线平行的缺陷的方法。

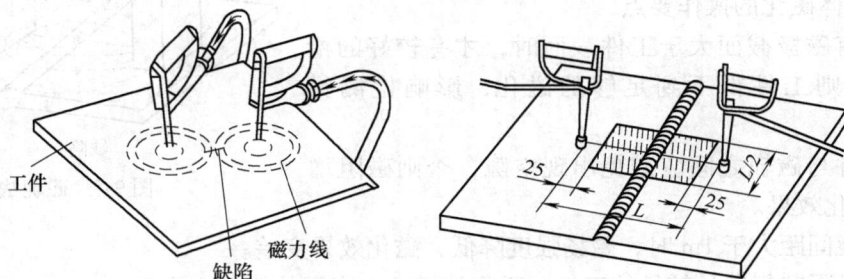

图 9-3 触头法

（1）触头法的适用范围 适用于工件中检测位置狭窄、截面突变、其他磁粉检测方法难以施展的部位的检测。

（2）触头法的操作要点　与轴向通电法相似。

（3）触头法的优点

1）检测设备灵活轻便，携带方便。

2）检测部位受设备环境条件限制最小。

3）具有较高的检测灵敏度。

（4）触头法的局限性

1）磁化区域较小，检测效率低，只适用于其他磁粉检测方法难以施展的部位的检测。

2）触头与工件检测部位接触不良时，会产生电弧烧损工件现象。预防电弧烧损工件的处理方法与轴向通电法相似。

7．线圈法

线圈法如图 9-4 所示。它是将工作放在通电线圈中或将软电缆缠绕在工件上通电磁化，形成纵向磁场，用于检测工件中的横向缺陷的方法。

（1）线圈法的适用范围　由于线圈制作或用软电缆缠绕的方法简便易行，所以几乎适用于各种工件的检测。

（2）线圈法的操作要点　可根据需要按干法或湿法进行操作。

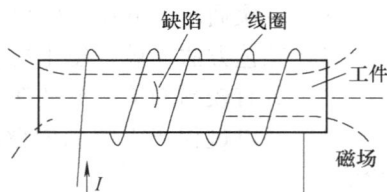

图 9-4　线圈法

（3）线圈法的优点

1）工件不与电接触，方法简单安全，操作方便。

2）长工件用通电线圈法、大型工件用软电缆缠绕法检测效率很高。

3）具有较高的检测灵敏度。

（4）线圈法的局限性

1）对工件端部的缺陷检测灵敏度低。

2）工件的长径比（L/D）对退磁场和检测灵敏度影响很大。

8．磁轭法

磁轭法如图 9-5 所示。它在螺线管包中间放置纯铁（称为磁轭），当螺线管包通电时，在纯铁（磁轭）间就形成磁场，利用这个磁场将工件磁化，用于检测与磁场垂直的缺陷。磁轭法可分为整体磁化和局部磁化两种方法。

（1）整体磁化的操作要点

1）只有磁极截面大于工件表面时，才有较好的检测效果。否则工件得不到足够的磁化，影响检测灵敏度。

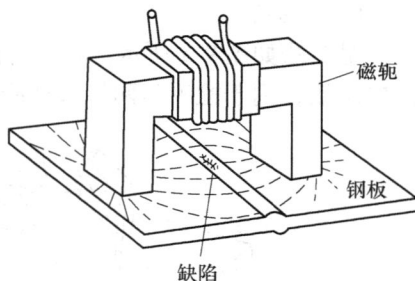

图 9-5　磁轭法

2）工件与磁轭之间应避免出现空隙，否则磁阻增大，降低磁化效果。

3）磁轭间距大于 1m 时，磁场强度降低，磁化效果变差。

4）对于形状复杂且较长的工件，磁化效果差，应用其他方法检测。

（2）局部磁化的操作要点

1）局部磁化存在有效磁化区问题。依据 JB/T 4730.4—2005，有效磁化区为两极连线两侧各 50mm 范围内，每次磁化应有不少于 15mm 的重叠。

2）磁轭间距应控制在 75～200mm。

3）便携式磁轭检测设备通过测量提升力来检测无损检测灵敏度。当磁轭间距最大时，使用交流电磁轭至少应有 45N 的提升力；直流电磁轭至少应有 177N 的提升力。

4）检测时，磁极必须与工件充分接触，否则不仅对磁场强度有影响，而且间距处会吸附磁粉，造成非相关显示。

5）由于交流电的趋肤效应，交流电磁轭对表面缺陷有高的检测灵敏度，对近表面缺陷的检出率低于直流电磁轭检测。但直流电不能检测厚工件，原因是其产生的磁通均匀分布在被磁化工件表面，工件越厚，单位截面磁通越小，工件表面磁场强度越小，降低了检测灵敏度。

（3）磁轭法的优点

1）与工件非电接触。

2）便携式设备携带方便，操作简单。

3）通过改变磁轭方向基本能检测各个方位的缺陷，可对大工件进行局部检测。

4）可通过调整活动关节改变磁轭方向和位置，有利于开展如角焊缝等位置的检测。

5）有较高的检测灵敏度。

6）当表面涂层（如油漆）厚度均匀不超过 0.05mm，且不影响检测结果时，经合同双方同意，可带涂层进行检测。

（4）磁轭法的局限性

1）检测面较平整的大型工件检测效果较好，几何形状复杂的工件检测较困难。

2）垂直于磁场的缺陷检测灵敏度高，而夹角小于 30°时，缺陷检出率低。

3）便携式磁轭检测设备检测时必须交叉进行，工效较低。大面积检测时，应选择交叉（旋转）磁轭检测设备进行检测。

9. 中心导体法

中心导体法如图 9-6 所示。将导体（如芯棒）穿入空心工件中，并置于孔的中心（当置于偏心位置时，就是偏置芯棒法，适用于工件直径大、用中心导体法必须使用较大电流检测且不一定能满足检测灵敏度要求的情况），电流从导体上通过，形成周向磁场，利用这个磁场将工件磁化，用于检测工件内、外表面与导体电流平行的纵向缺陷和工件端部的径向缺陷。

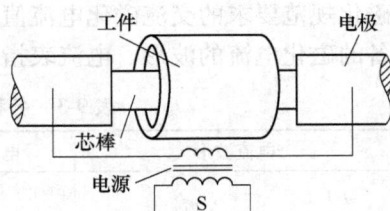

图 9-6 中心导体法

（1）中心导体法的操作要点 中心导体法的导体常用铜棒、铝棒和钢棒，使用钢棒时必须注意，一旦与工件表面接触，会产生磁写，影响判断，因此常常在钢棒表面包覆一层绝缘材料。

（2）中心导体法的优点

1）磁化电流从导体材料上通过，不直接接触工件，不会产生电弧损伤工件表面的现象。

2）一次可检测工件内、外两个面。

3）一次通电就可使工件全长度磁化。

4）工艺简单，操作方便。

5）有较高的检测灵敏度。

（3）中心导体法的局限性

1）对于厚壁工件，由于外表面磁场强度较内表面低得多，因此外表面检测灵敏度低。

2）直径越大的工件，采用中心导体法时所用电流就越大。

3）仅适用于有孔工件的检测。因此，主要用于管子、环形工件、法兰、螺母等空心工件的检测。

10．交叉磁轭法

交叉磁轭法如图 9-7 所示。在磁轭法的基础上使用两个便携式单磁轭形成十字交叉，当这两个相互交叉成一定角度的正弦交变磁场叠加、且这些交变磁场又具有一定的相位差时，在不同瞬时各相磁场相互叠加就能形成随着时间的变化而旋转的磁场。因此一次可以检测一个区域内各个方向的缺陷，大幅度提高了检测效率，使其在行业中得到广泛应用。

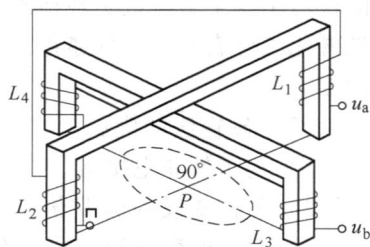

图 9-7　交叉磁轭法

（1）交叉磁轭法的优点

1）具备磁轭法的基本优点。

2）在检测中不用改变磁轭角度，一次磁化就能检测各个方向的缺陷，提高了检测效率。

（2）交叉磁轭法的局限性

1）只适用于检测曲率半径较大的工件表面，曲率半径较小时，如直径较小的管子，无法检测。

2）只适用于连续法。

四、磁化电流的波形、电流表指示及换算关系

磁粉检测常用的电流类型有交流、整流电流（全波整流、半波整流）和直流。通常，磁化规范要求的交流磁化电流值为有效值，整流电流值为平均值。检测时，必须掌握所用设备的磁化电流的波形、电流表指示及换算关系，见表 9-3。

表 9-3　各种磁化电流的波形、电流表指示及换算关系

电流波形	电流表指示	换算关系	峰值为 100A 时的电流表读数
交流	有效值（I_e）	$I_m = \sqrt{2}I_e$	70A
单相半波	平均值（I_d）	$I_m = \pi I_d$	32A
单相全波	平均值（I_d）	$I_m = \pi I_d/2$	65A

（续）

电流波形	电流表指示	换算关系	峰值为100A时的电流表读数
三相半波	平均值（I_d）	$I_m = \dfrac{2\pi}{3\sqrt{3}}I_d$	83A
三相全波	平均值（I_d）	$I_m = \pi I_d / 3$	95A
直流	平均值（I_d）	$I_m = I_d$	100A

注：I_m—电流峰值；I_d—电流平均值；I_e—电流有效值。

不同电流类型适用的检测设备和检测范围见表9-4。

表9-4 不同电流类型适用的检测设备和检测范围

电流类型	适用范围
交流	原则上只限于检测表面缺陷，除非采用断电相位控制，原则上只适用于连续法
直流脉动电流	能检测表面及近表面的缺陷，并适用于连续法和剩磁法，但脉动电流中包含的交流成分越大，检测缺陷的能力越差
冲击电流	只适用于剩磁法，仅限于检测表面缺陷

五、焊接接头的典型磁化方法

焊接接头的典型磁化方法主要有磁轭法、触头法、绕电缆法和交叉磁轭法，这些方法的典型示例见表9-5和表9-6。

表9-5 磁轭法和触头法的典型磁化方法

磁轭法的典型磁化方法		触头法的典型磁化方法	
	$L \geqslant 75\,mm$ $b \leqslant L/2$ $\beta \approx 90°$		$L \geqslant 75\,mm$ $b \leqslant L/2$ $\beta \approx 90°$
	$L \geqslant 75\,mm$ $b \leqslant L/2$		$L \geqslant 75\,mm$ $b \leqslant L/2$

（续）

磁轭法的典型磁化方法		触头法的典型磁化方法	
	$L_1 \geqslant 75\text{mm}$ $L_2 \geqslant 75\text{mm}$ $b_1 \leqslant L_1/2$ $b_2 \leqslant L_2 - 50$		$L \geqslant 75\text{mm}$ $b \leqslant L/2$
	$L_1 \geqslant 75\text{mm}$ $L_2 > 75\text{mm}$ $b_1 \leqslant L_1/2$ $b_2 \leqslant L_2 - 50$		$L \geqslant 75\text{mm}$ $b \leqslant L/2$
	$L_1 \geqslant 75\text{mm}$ $L_2 \geqslant 75\text{mm}$ $b_1 \leqslant L_1/2$ $b_2 \leqslant L_2 - 50$		$L \geqslant 75\text{mm}$ $b \leqslant L/2$

表 9-6　绕电缆法和交叉磁轭法的典型磁化方法

绕电缆法的典型磁化方法		交叉磁轭法的典型磁化方法
 平行于焊缝的缺陷检测	$20 \leqslant a \leqslant 50$	
 平行于焊缝的缺陷检测	$20 \leqslant a \leqslant 50$	

（续）

绕电缆法的典型磁化方法	交叉磁轭法的典型磁化方法
$20 \leqslant a \leqslant 50$　平行于焊缝的缺陷检测	垂直焊缝检测

注：1. N 为匝数；I 为磁化电流（有效值）；a 为焊缝与电缆之间的距离。

　　2. 检测球罐环向焊接接头时，磁悬液应喷洒在行走方向的前上方。

　　3. 检测球罐纵向焊接接头时，磁悬液应喷洒在行走方向。

六、磁粉检测工艺的后处理和退磁

铁磁性材料或工件一旦被磁化，除去外加磁场后，某些磁畴仍保持新的取向而不恢复到原来的随机取向，则该材料或工件就产生了剩磁。这些剩磁往往给材料或工件的进一步加工和使用带来很大的影响，如对工件附近的磁罗盘和仪表的使用精度造成影响；会吸附铁屑和磁粉，影响继续加工或加工质量，阻塞系统等。所以在很多情况下需进行退磁处理。

退磁是将已磁化的工件置于交变磁场中，使其产生磁滞回线，然后使磁场强度逐渐减弱，磁滞回线就随磁场强度的逐渐减弱而越来越小，当磁场强度降为零时，工件中的剩磁就接近于零，达到去除工件中剩磁的目的。需要注意的是：退磁时，工件需置入具有大于或等于原检测时所使用的磁化规范的磁场中，然后不断改变磁场方向和逐渐减小交变磁场强度，直至为零，才能取得预期的效果。

1. 退磁的一般要求

检测后需加热至 700℃ 以上进行热处理的工件，一般可不进行退磁。在下列情况下工件应进行退磁：

1）当检测需要多次磁化时，如认定上一次磁化将会给下一次磁化带来不良影响。

2）如认为工件的剩磁会对以后的机械加工产生不良影响。

3）如认为工件的剩磁会对测试或计量装置产生不良影响。

4）如认为工件的剩磁会对焊接产生不良影响。

5）其他必要的场合。

2. 退磁方法

（1）交流退磁法　将需退磁的工件放入通电的磁化线圈中，缓慢抽出，直至工件离开线圈 1m 以上时，切断电源。或将工件放入通电的磁化线圈中，逐渐降低磁化电流，直至为零；或将交流电直接通过工件，并逐步将电流减到零。

（2）直流退磁法　将需退磁的工件放入直流电磁场中，不断改变电流方向，并逐渐减小电流，直至为零。

（3）大型工件退磁　可使用交流电磁轭进行局部退磁或缠绕电缆线圈进行分段退磁。周向磁化的工件如无特殊要求或检测后需热处理，一般不进行退磁。

退磁效果可用剩磁检测仪或磁场强度计进行测定。剩磁应不大于 0.3mT（240A/m），或按产品技术条件规定。

七、磁粉检测所需辅助设施和材料

1. 标准试片与标准试块

（1）标准试片 主要用于检测磁粉检测设备、磁粉、磁悬液的综合性能（系统灵敏度），检测工件表面有效磁场的强度和方向，有效检测区及所选用的检测工艺和操作方法是否妥当，验证磁化规范是否正确。

标准试片有 A_1 型、C 型、D 型和 M_1 型四种类型，由 DT4A 超高纯低碳纯铁材料制成，规格和图形见表 9-7。型号名称中的分数，分子表示试片人工缺陷槽的深度，分母表示试片的厚度，单位为 μm。

标准试片的使用注意事项：

1）试片只适用于连续法检测，不适用于剩磁法检测。原因是用连续法检测时，检测灵敏度几乎不受被检工件材质的影响，仅与被检工件的表面磁场强度有关。

2）对承压设备进行磁粉检测时，一般应选用 A_1 – 30/100 型试片，灵敏度要求高时，可选用 A_1 – 15/100 型试片。

3）应根据工件检测面的大小和形状，选取合适的试片类型。检测面大时，可选用 A_1 型。检测面窄小或表面曲率半径小时，可选用 C 型或 D 型。C 型试片可剪成 5 个小试片单独使用。

表 9-7 标准试片的类型、规格和图形

类型	规格（缺陷槽深/试片厚度）/μm		图形和尺寸/mm
A_1 型	A_1 – 7/50		
	A_1 – 15/50		
	A_1 – 30/50		
	A_1 – 15/100		
	A_1 – 30/100		
	A_1 – 60/100		
C 型	C – 8/50		
	C – 15/50		
D 型	D – 7/50		
	D – 15/50		
M_1 型	ϕ12mm	7/50	
	ϕ9m	15/50	
	ϕ6m	30/50	

注：C 型标准试片可剪成 5 个小试片分别使用。

4）应根据检测时所需的有效磁场强度，选取不同灵敏度的试片。需要有效磁场强度较小时，选用分数值较大的低灵敏度试片；需要有效磁场强度较大时，选用分数值较小的高灵敏度试片。

5）试片表面锈蚀或有褶纹时，不得继续使用。

6）使用试片前，应用溶剂清洗防锈油。如果工件表面贴试片处凹凸不平，则应打磨平，并除去油污。

7）使用时，将试片有槽的一面与工件受检面接触，用透明胶带靠近试片边缘贴成"#"字形，并贴紧（间隙应小于0.1mm），但透明胶带不得盖住有槽的部位。

8）可选用多个试片，同时分别贴在工件上不同的部位，可看出工件磁化后，被检表面不同部位的磁化状态或灵敏度的差异。

9）试片用完后，可用溶剂清洗并擦干。干燥后涂上防锈油，放回原装片袋保存。

（2）标准试块　用途与标准试片基本相同。但必须注意，它不能用于确定磁化规范，也不能考察被检工件表面的磁场方向和有效磁化区。

1）标准试块分类。

① B型试块（直流标准环形试块）。用铬钨锰工具钢（一般用退火的9CrWMn钢锻件）制成，硬度为90~95HRB。端面钻有12个人工通孔，其直径为1.778mm（0.07in）。各个孔与外圆表面的距离依次递加1.778mm。磁化时，检查应达到灵敏度要求的最少孔数。该试块用于中心导体法、直流磁化、连续法检测。

② E型试块（交流标准环形试块）。由钢环、胶木衬套和铜棒多个组件组成。钢环由低碳钢（一般为退火的10钢锻件）制成。钢环上钻有3个ϕ1mm的通孔，孔中心与铜棒中心的距离分别为23.5mm、23mm和22.5mm。使用时，将铜棒夹在交流检测设备的电极夹头间，磁化时观察钢环外表面的磁痕显示。

③ 磁场指示器又称为八角块。由8块低碳钢三角形薄片（厚3.2mm）与0.25mm厚的铜片焊在一起构成，用途与A_1型试片类似。它是一种粗略的校验工具，粗略校验被检工件表面的磁场方向、有效磁化区及磁化方法是否正确，在连续法检测时使用。使用时，将铜面朝上，低碳钢面贴近被检工件面。

④ 自然缺陷试块。一般是各单位在以往的磁粉检测中发现、仅为某产品而专门制作的，材料、状态和外形都具有代表性。使用时应经过磁粉检测Ⅲ级人员的批准，只对专门产品有效，应慎重使用。

2）标准试块使用注意事项

① 在初次使用检测设备时及以后每天开始工作前，用标准试块对磁粉检测综合性能（系统灵敏度）进行试验。

② 用中心导体法周向磁化检测前，将E型标准试块穿在铜棒上，通以700A（有效值）交流电，用湿连续法检测。在E型标准试块上清晰地显示出一个人工孔的磁痕，为综合性能试验合格。

③ 用中心导体法周向磁化检测前，将B型标准试块穿在直径为25~38mm的铜棒上，用湿连续法检测，所用磁化电流与所显示孔的最少数量符合表9-8时，为综合性能试验合格。

表 9-8 B 型标准试块要求显示出的孔数

方法	磁化电流/A	所显示出孔的最少数量
荧光磁粉/非荧光磁粉 湿法	1400	3
	2500	5
	3400	6
非荧光磁粉 干法	1400	4
	2500	6
	3400	7

2. 磁粉

(1) 磁粉的种类 磁粉的种类很多,按磁痕显示,可分为荧光磁粉和非荧光磁粉;按施加方式,可分为湿法用磁粉和干法用磁粉。

1)荧光磁粉。能在黑光下观察磁痕显示的磁粉称为荧光磁粉。荧光磁粉是以磁性氧化铁粉、工业纯铁粉或羰基铁粉为核心,在铁粉外面用环氧树脂粘附一层荧光染料(如 YC2 荧光磁粉)或将荧光染料化学处理在铁粉表面(如美国 14A 荧光磁粉)而制成的。

对在用承压设备进行磁粉检测时,如制造时采用高强度钢以及对裂纹(包括冷裂纹、热裂纹和再热裂纹)敏感的材料,或是长期工作在腐蚀介质环境下,有可能发生应力腐蚀裂纹的场合,其内壁宜采用荧光磁粉检测方法进行检测。

2)非荧光磁粉。能在可见光下观察磁痕显示的磁粉称为非荧光磁粉。常用的非荧光磁粉有四氧化三铁(Fe_3O_4)黑磁粉和 γ 三氧化二铁($\gamma - Fe_2O_3$)红褐色磁粉,还有蓝磁粉、白磁粉,所以也称为彩色磁粉。前两种磁粉既适用于湿法,又适用于干法。以工业纯铁粉等为原料,用粘结剂包覆制成的白磁粉或经氧化处理的蓝磁粉等彩色磁粉只适用于干法。

3)湿法用磁粉。将磁粉悬浮在油或水载液中喷洒到工件表面的磁粉称为湿法用磁粉。

4)干法用磁粉。将磁粉在空气中吹成雾状喷洒到工件表面的磁粉称为干法用磁粉。

磁粉的性能取决于磁特性、粒度、形状、流动性、密度和识别度这 6 项指标。

(2) 磁粉验收试验的规定 湿法非荧光磁粉验收规定包括污染、颜色、粒度、灵敏度和悬浮性;湿法荧光磁粉验收规定包括污染、颜色、粒度、灵敏度、悬浮性和耐用性。

1)污染。通过目视检查。

2)颜色。非荧光磁粉进行 1000lx 的白光检查,荧光磁粉在暗室中进行 $1000\mu W/cm^2$ 黑光检查。

3)粒度。用 320 目分样筛检查。

4)灵敏度。灵敏度必须满足下列要求:

① B 型试块至少显示 5 个孔(2500A 三相全波整流)。

② E 型试块至少显示 1 个孔(有效值为 700A 的交流电)。

③ 衬度试验。

5)悬浮性。用酒精沉淀法测定磁粉的悬浮性,用以反映磁粉的粒度。酒精和磁粉明显分界处的磁粉柱高度应不低于 180mm。

6)耐用性。耐用性仅对荧光磁粉而言。将浓度和综合性能试验合格的荧光磁悬液至少 400mL 注入 1000mL 的恒速搅拌器内,以约 10 000~12 000r/min 的速度转动 10min,搅拌 2min,并停 5min,重复此操作 5 次,按要求再进行综合性能试验,荧光磁粉能保持原始的检测灵敏度、颜色和亮度为耐用性合格。

3．载液和磁悬液

（1）载液 用来悬浮磁粉的液体称为载液，也称为分散剂。分为油基载液、水载液、乙醇载液（橡胶铸型法）3 种。

（2）磁悬液 磁粉和载液按一定比例混合而成的悬浮液体，是湿法检测中使用的主要材料。其性能的优劣直接关系到磁粉检测的成败，应重点加以控制。

1）磁悬液浓度的测定

① 新配制的磁悬液浓度应符合表 9-9 的规定。

表 9-9 新配制的磁悬液浓度

磁粉类型	配制浓度/（g/L）	沉淀浓度（含固体量）/（mL/100mL）
非荧光磁粉	10 ~ 25	1.2 ~ 2.4
荧光磁粉	0.5 ~ 3.0	0.1 − 0.4

② 对于在固定式检测设备上循环使用的磁悬液，浓度一般采用梨形沉淀管、用容积测量法来测定，要求每天开始工作前必须进行测定。

2）磁悬液浓度的测定方法

① 充分搅拌磁悬液，取 100mL 注入沉淀管中。

② 对沉淀管中的磁悬液退磁（新配制的除外）。

③ 水磁悬液静置 30min，油磁悬液静置 60min，变压器油磁悬液静置 24h。

④ 读出沉淀管内磁粉的体积，对于非荧光磁悬液，沉淀磁粉体积 1.2 ~ 2.4 mL 为合格；对于荧光磁悬液，0.1 ~ 0.4mL 为合格。

3）磁悬液污染判定。将磁悬液搅拌均匀，取 100mL 注入梨形沉淀管中，静置 60min 检查梨形沉淀管中的沉淀物。当上层（污染物）体积超过下层（磁粉）体积的 30% 时，或在黑光下检查荧光磁悬液的载体发出明显的荧光时，即可判定磁悬液污染。对循环使用的磁悬液，应每周进行一次磁悬液污染判定。

4）水断试验（润湿性能）。将磁悬液施加在被检工件表面上，如果磁悬液的液膜是均匀连续的，则磁悬液的润湿性能合格；如果液膜被断开，则磁悬液的润湿性能不合格。要求每天开始工作前必须进行水断试验。

八、案例分析

以图 7-26 所示的 50m³ 液化石油气储罐为例，根据表 7-3 所列储罐的设计参数，采用磁粉检测方法检测所有对接焊缝及热影响区外表面缺陷，并编制磁粉检测工艺。

1．磁粉检测工艺参数的选择

根据项目要求编制磁粉检测工艺，选择编制磁粉检测工艺卡所需的工艺参数，见表 9-10。

表 9-10 磁粉检测工艺参数选择

序号	参数名称	选择值	选择理由	备注
1	检测执行标准	JB/T 4730—2005《承压设备无损检测》	国家质量监督检验检疫总局质检办特函［2006］144 号《关于锅炉压力容器安全监察工作有关问题的意见》	

（续）

序号	参数名称	选择值	选择理由	备注
2	检测比例	100% 磁粉	TSG R0004—2009《固定式压力容器安全技术监察规程》第4.5.3.2.2第（1）、（6）款	
3	验收标准	JB/T 4730.4—2005	TSG R0004—2009 第4.5.3.4.4条第（1）款规定	
4	合格级别	Ⅰ级	TSG R0004—2009 第4.5.3.4.4条第（1）款及GB 150.4—2011《压力容器 第4部分：制造、检验和验收》第10.6.3条	
5	检测设备	CYE-1型单磁轭机 CYE-3型交叉磁轭机	根据单位设备配置条件选取，纵、环焊缝最好选用交叉磁轭机，以便大幅度提高检测效率；角焊缝用单磁轭机	
6	检测方法	非荧光湿式连续法	根据储罐尺寸大、不易移动的特点进行选择	
7	磁化电流	交流电		
8	磁化方法	交叉磁轭法 单磁轭法	纵、环焊缝 角焊缝	
9	标准试片	$A_1 - 30/100$	JB/T 4730.4—2005第3.5.1.2条规定	
10	磁化规范	交叉磁轭，提升力≥118N 单磁轭，提升力≥45N 用A_1试片确定	用提升力试验及试片校验进行验证（JB/T 4730.4—2005第3.3.2条规定）	
11	检测时机	外观检测合格后	TSG R0004-2009 第4.5.3.3条第（1）款规定	
12	表面预清理要求	外观检测合格后，保留焊态（或打磨表面）	尽量保留焊态原始状况，需要时打磨表面（JB/T 4730.4—2005第3.11.1条有具体要求）	
13	磁化时间	1~3s	JB/T 4730.4—2005第4.4条	
14	磁粉、载液	黑磁粉+水	JB/T 4730.4—2005第3.4.1及3.4.2条	
15	磁悬液配制浓度	10~25g/L	JB/T 4730.4—2005 第3.4.3条表1规定	
16	磁悬液施加方法	用喷涂法施加	JB/T 4730.4—2005第4.3.2条规定	
17	工件表面光照度	工件表面可见光照度大于或等于1000lx	JB/T 4730.4—2005第5.2.2条规定（因采用非荧光检测，故可在自然光下检测）	可用2~10倍放大镜辅助检测
18	缺陷记录方式	照相、录像和可剥性塑料薄膜等，同时应用草图标示	JB/T 4730.4—2005第5.3条规定	
19	退磁	可不退磁	JB/T 4730.4—2005第7.1条规定	

2. 编制磁粉检测工艺卡

根据选择的参数，编制磁粉检测工艺卡，见表9-11。

表9-11 磁粉检测工艺卡

产品名称	50m³液化石油气储罐	规格	$\phi2200\text{mm} \times 11542\text{mm}$
材料	Q345R	检测部位	对接焊缝及热影区外表面
检测时间	焊后	检测比例	100%
检测设备	CYE-1单磁轭机 CYE-3交叉磁轭机	表面预清理要求	焊态（或打磨表面）
检测方法	非荧光湿式连续法	标准试片	$A_1 - 30/100$
磁化电流	交流电	磁化方法	交叉磁轭法或单磁轭法
磁化规范	交叉磁轭，提升力≥118N 单磁轭，提升力≥45N A_1试片确定	磁化时间	1~3s
磁粉、载液、磁悬液配制浓度	黑磁粉+水 10~25g/L	磁悬液施加方法及操作要求	喷洒
紫外线照度或工件表面光照度	工件表面可见光照度大于或等于1000lx	缺陷记录方式	照相、录像和可剥性塑料薄膜等，同时应用草图标示
检测执行标准	JB/T 4730.4—2005	质量验收等级	I
不允许缺陷	1）任何裂纹和白点 2）任何线性缺陷痕迹 3）在35mm×100mm评定区内，单个圆形缺陷$d≤1.5\text{mm}$，且在评定框内不大于1个 4）综合评级超标的缺陷痕迹		

磁化方法示意图

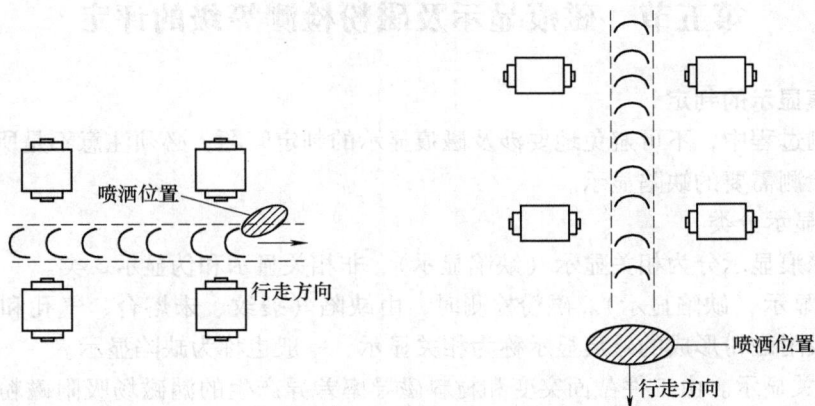

喷洒位置 行走方向 喷洒位置 行走方向

	检测工序操作要点（一般检测可省略）	
工序号	工序名称	操作要求及主要工艺措施
1	预清理	1）清除焊缝边缘处的飞溅、焊渣 2）如焊缝光滑可直接进行磁粉检测，否则应打磨至被检区域光滑

（续）

工序号	工序名称		操作要求及主要工艺措施
2	磁化	设备选择	采用单磁轭机检测所有角焊缝 采用交叉磁轭机检测所有对接纵、环焊缝
		磁化要求	采用交叉磁轭磁化时，其检测速度≤4m/min，检测时交叉磁轭与工件必须作相对运动。单磁轭磁化时，同一部位至少磁化两次，两次磁化相互垂直
		试片校核	由A₁试片验证磁化规范
3	施加磁悬液	浓度测定	每天检测前应进行磁悬液浓度测定
		施加时机	通电过程中施加磁悬液，停施磁悬液至少1s后方可停止磁化
4	检测与复验	观察时机	发现磁痕后立即观察
		观察环境	检测时工件表面的可见光照度≥1000lx
		辅助观察器材	为辨认细小磁痕，可用5～10倍放大镜观察
		复验	出现JB/T 4730.4—2005第6条所述需复验的情况时应复验
		超标缺陷处理	发现超标缺陷后，处理至肉眼不可见，再用磁粉检测方法复检，直至缺陷被完全清除，补焊后仍需复检至合格
5	记录内容		记录超标缺陷磁痕尺寸、位置和形状
6	退磁		可不退磁
7	后处理		清除被检工件表面多余的磁粉和磁悬液
8	报告		按JB/T 4730.4—2005第10条签发报告

编制			年 月 日	审核		年 月 日
资格	MT –			资格	MT –	

第五节　磁痕显示及磁粉检测等级的评定

一、磁痕显示的判定

磁粉检测过程中，不可避免地要涉及磁痕显示的判定问题，必须注意不是所有的磁痕显示都是磁粉检测需要的缺陷显示。

1. 磁痕显示分类

通常将磁痕显示分为相关显示（缺陷显示）、非相关显示和伪显示3类。

1）相关显示（缺陷显示）。磁粉检测时，由缺陷（裂纹、未熔合、气孔和夹渣等）产生的漏磁场吸附磁粉形成的磁痕显示称为相关显示，一般也称为缺陷显示。

2）非相关显示。由工件截面突变和材料磁导率差异产生的漏磁场吸附磁粉形成的磁痕显示，称为非相关显示，一般也称为非缺陷显示。

3）伪显示。不是由漏磁场吸附磁粉形成的磁痕显示，称为伪显示，一般也称为假显示。

2. 焊件缺陷磁痕显示

1）焊接热裂纹。由于焊接热裂纹一般是在1100～1300℃高温范围内产生的，表现为焊接完毕即出现，沿晶扩展，导致其在工件表面的断口有氧化色。因此，焊接热裂纹浅而细小，磁痕清晰而不浓密。

2）焊接冷裂纹。冷裂纹一般产生在 100～300℃ 的低温范围内或在焊后常温下数小时甚至几天后才出现。可能是沿晶开裂、穿晶开裂或两者混合出现，所以断口未氧化，发亮。因此，焊接冷裂纹一般深而粗大，磁痕浓密清晰。

需要注意的是，焊缝边缘的裂纹，常因与焊缝边缘下凹所聚集的磁粉相混而不易观察，造成错判和漏判。因此，应将凹面打磨平后再进行观察，若还有磁粉堆积，则可判定为裂纹缺陷。

3）未焊透。磁粉检测可能发现焊件上埋藏浅的未焊透，其磁痕显示松散、较宽，这也是用磁粉检测重要焊接结构的坡口及层间焊缝质量的原因之一。

4）气孔。气孔多呈圆形或椭圆形，磁痕显示宽而不浓密。

5）夹渣。夹渣多呈点状（椭圆形）或粗短的条状，磁痕显示宽而不浓密。

对缺陷的磁痕显示进行判断时必须注意，磁痕显示与缺陷性质及埋藏深度有很大的关系。

由于表面缺陷磁痕显示的是暴露在工件表面的缺陷，所以磁痕显示浓密、轮廓清晰，呈直线状、弯曲线状或网状，且重复性非常好。而近表面缺陷磁痕显示的是工件表面下的裂纹、气孔、夹杂物、发纹和未焊透等缺陷，所以磁痕显示宽而模糊，轮廓不清晰，判断时必须引起高度重视。

3. 非相关显示产生的原因及判定方法

1）磁极和电极附近的漏磁场。可改变磁极和电极的位置，根据磁痕是否不再出现来进行鉴别。

2）工件截面突变。可根据工件的几何形状在同一部位反复检测来进行鉴别。

3）磁写。两个已磁化的工件相接触或已磁化的工件与铁磁性材料接触、碰撞，致使此部位的磁场改变形成漏磁场，此时可退磁后重新检测。

4）工件磁导率不均匀。工件磁导率不均匀包括两种材料的交界面，此时检测前必须掌握不同的材质及其交界面的位置才可进行判定。

5）磁化电流过大。可通过调整磁化电流来进行判定。

6）金相组织不均匀。金相组织不均匀可导致磁导率变化，需靠经验来判定。

7）局部冷作硬化。局部冷作硬化可导致磁导率变化，需靠经验来判定。

4. 伪显示产生的原因及判定方法

1）工件表面粗糙产生磁粉堆积。

2）表面油污等粘附磁粉产生磁粉堆积。

3）磁悬液中的纤维物线头产生磁粉堆积。

4）氧化皮、锈蚀、油漆皮使磁粉滞留产生磁粉堆积。

5）工件上形成排液沟，使磁粉滞留产生磁粉堆积。

6）磁悬液浓度过大，施加方式不当造成背景过度而产生磁粉堆积。

漂洗工件或擦除磁粉后重新进行检测，若磁痕显示不再出现，就可判定为磁痕伪显示。因此，在检测工作中发现磁痕显示时，不要立即判定为缺陷显示，一定要在漂洗或擦除磁粉后进行复检，若缺陷再次显示，则可判定为缺陷显示，此时进行记录并最终评级。

二、磁痕显示的记录

缺陷磁痕显示一经确定，就必须将缺陷磁痕记录在案，以备出具检测报告时使用。常用的记录方法有以下几种。

1. 绘图法

用绘图的方式将缺陷记录在案,是一种最传统的方法。该方法可准确记录缺陷在工件中的位置,但对缺陷在焊缝上的准确形态的记录依赖绘图人的水平,且无法重现缺陷,因此主要在缺陷位置记录中使用。

2. 胶带记录法

将可剥离的透明胶带粘贴在缺陷磁痕显示部位,将缺陷磁痕显示粘在透明胶带上,再将透明胶带撕下贴在原始记录上,这种方法可将缺陷在焊缝上的准确形态记录下来,长期保管。此法简单,实用,成本低。

3. 照相记录法

用数码相机将缺陷磁痕显示拍下来,可输入计算机长期保存,是目前最常用的方法。但采用此法时必须注意:拍照前必须在缺陷位置平行放置一把钢直尺或其他有尺寸显示的比对工具,保证在所拍照片上能准确度量缺陷尺寸,该照片才有效。该法同样适用于检测原始记录。

三、磁粉检测的质量分级

1. 磁粉检测中不允许存在的缺陷

1)不允许存在任何裂纹和白点。

2)紧固件和轴类零件不允许存在任何横向缺陷。

2. 质量等级评定要求

对焊接接头和受压加工部件分别设立质量等级评定标准,见表9-12和表9-13。

表 9-12　焊接接头的磁粉检测质量分级

等级	线性缺陷磁痕	圆形缺陷磁痕(评定框尺寸为 35mm×100mm)
I	不允许	$d \leqslant 1.5mm$,且在评定框内不多于 1 个
II	不允许	$d \leqslant 3.0mm$,且在评定框内不多于 2 个
III	$l \leqslant 3.0mm$	$d \leqslant 4.5mm$,且在评定框内不多于 4 个
IV		大于 III 级

注:l—线性缺陷磁痕长度;d—圆形缺陷磁痕长径。

表 9-13　受压加工部件和材料磁粉检测质量分级

等级	线性缺陷磁痕	圆形缺陷磁痕(评定框尺寸为 2500mm²,其中一条矩形边长最大为 150mm)
I	不允许	$d \leqslant 2.0mm$,且在评定框内不多于 1 个
II	$l \leqslant 4.0mm$	$d \leqslant 4.0mm$,且在评定框内不多于 2 个
III	$l \leqslant 6.0mm$	$d \leqslant 6.0mm$,且在评定框内不多于 4 个
IV		大于 III 级

注:l—线性缺陷磁痕长度;d—圆形缺陷磁痕长径。

3. 综合评定质量分级的规定

在圆形缺陷评定区内,如同时存在多种缺陷,应进行综合评级。对各类缺陷分别评定级别,取质量级别最低的级别作为综合评定的级别;当各类缺陷的级别相同时,则降低一级作为综合评定的级别。

质量分级中，Ⅰ级供分析设计用；锅、容、管特种设备合格级别为Ⅱ级；Ⅲ级为零部件（如锻件）合格级别；Ⅳ级为不合格。而 TSG R 0004—2009 第 4.5.3.4.4 条第（1）款及 GB 150.4—2011 第 10.6.3 条规定：按 JB/T 4730 对焊接接头进行磁粉、渗透检测时，合格级别为Ⅰ级。这一点应引起高度关注。新生产的压力容器必须执行新的规范和标准。

4. 缺陷磁痕显示的评定

缺陷磁痕显示的评定可参考第七章第五节中的"焊缝底片评定示例"，结合表 9-12 和表 9-13 的规定进行综合评定。

四、检测记录和报告

缺陷评定结束后，检测人员应对磁粉检测结果及有关检测事项进行详细记录，并出具检测报告。按 JB/T 4730.4—2005 规定，磁粉检测报告至少应包括如下内容：

1）委托单位。

2）被检工件。名称、编号、规格、材质、坡口形式、焊接方法和热处理状况。

3）检测设备。名称、型号。

4）检测规范。磁化方法及磁化规范，磁粉种类、磁悬液浓度和施加磁粉的方法，检测灵敏度校验及标准试片、标准试块。

5）磁痕记录及工件草图（或示意图）。

6）检测结果及质量分级、检测标准名称和验收等级。

7）检测人员和责任人员签字及其技术资格。

8）检测日期。

磁粉检测报告的参考格式见表 9-14。

表 9-14 某产品磁粉检测报告格式

工件	工件名称		材料牌号	
	工件编号		表面状态	
	检测部位			
器材及参数	仪器型号		磁化方法	
	磁粉种类		灵敏度试片型号	
	磁悬液浓度		磁化方向	
	磁化电流		提升力	≥N
	磁化时间		触头（磁轭）间距	mm
要求	检测比例		合格级别	级
	检测标准	JB/T 4730.4—2005	检测工艺编号	

检测部位缺陷情况	序号	焊缝（工件）部位编号	缺陷编号	缺陷类型	缺陷磁痕尺寸	缺陷处理方式及结果				最终评级
						打磨后复检缺陷		补焊后复检缺陷		
						性质	磁痕尺寸	性质	磁痕尺寸	

（续）

	序号	焊缝（工件）部位编号	缺陷编号	缺陷类型	缺陷磁痕尺寸	缺陷处理方式及结果				最终评级
						打磨后复检缺陷		补焊后复检缺陷		
						性质	磁痕尺寸	性质	磁痕尺寸	
检测部位缺陷情况										

检测结论：1）以上部位符合 JB/T 4730.4—2005 标准的要求，评定为合格

　　　　2）检测部位及缺陷位置详见检测部位示意图（另附）

报告人（资格）：　　　（MT－Ⅱ）	审核人（资格）：　　　（MT－Ⅱ）	无损检测专用章
年　　月　　日	年　　月　　日	年　　月　　日

五、磁粉检测发现缺陷的处理原则

磁粉检测发现表面或近表面缺陷后，与前述的内部检测（射线或超声波检测）发现缺陷的处理方法和原则不同。对于内部超标缺陷，一般均需进行返修处理（尤其在压力容器制造厂必须返修）。对于在用设备，则按 TSG R0004—2009、TSG R7001—2013 及 GB 150.4—2011 中的有关规定和要求进行处理。对于确因各种原因无法返修的，还常用断裂力学的方法进行评定，以确定是否修理或继续使用。而对于表面或近表面缺陷，尤其是裂纹类缺陷，最佳的处理方法就是进行打磨处理，并常采用边打磨边检测的方式，直至确认缺陷被消除为止。但采用此方法时需注意以下几点：

1）检出缺陷后需认真记录并报单位检测主管。

2）打磨时必须保证其与周边金属保持圆滑过渡，否则会形成应力集中。

3）分析产生缺陷的原因和防治方法。

4）查阅设计资料，确认设计计算的最小允许壁厚。

5）编制修理方案并按修理工艺进行处理。

当打磨深度未超过最小允许壁厚时，一般情况下复检合格，缺陷处理就结束了。超过最小允许壁厚时，需先打磨、复检确认缺陷消除后，再进行焊接修复。在修复过程中最好能焊一层检测一次，以便提高修复的成功率（非强制限定条件）。修复结束后，先进行外部检测，随后再次进行复检（有延迟裂纹倾向的材料必须 24h 后进行），同时扩大检测范围和检测比例，确保修理合格，最后出具检测报告。检测报告必须包含首检及复检结果。

第十章 渗透检测

渗透检测是一种以毛细作用原理为基础的检测表面开口缺陷的无损检测方法。始于 20 世纪初，是目视检测以外最早应用的无损检测方法。该法具有操作简单、成本低廉、不受材料性质的限制等优点，广泛应用于各种金属材料和非金属材料工件的表面开口缺陷的质量检测。但真正促进渗透检测技术快速发展的主要动力来自于航空、航天、原子能等高新技术产业。这些行业大量使用铝合金、奥氏体不锈钢和钛合金等材料，对检测可靠性要求极高，这些非磁性材料的表面检测只能采用渗透检测。但是，渗透检测只能检测表面开口缺陷，且不适用于疏松多孔性材料，所以一般情况下应当和其他无损检测方法配合使用，才能保证缺陷检出率。

第一节 渗透检测概述

渗透检测是一种用于各种金属材料和非金属材料工件表面开口缺陷检测的无损检测方法。在焊接生产中，渗透检测是一种重要的方法。

一、渗透检测的基本原理

渗透检测的工作原理是：当被检工件表面涂覆了具有高度渗透能力的带有颜色或荧光物质的渗透剂，并在一定时间内让渗透剂在工件表面保持浸润时，这些渗透剂在毛细作用下，渗入工件表面的开口缺陷内，然后，将工件表面多余的渗透剂清洗干净（注意保留渗透到缺陷中的渗透剂），再在工件表面涂上一层显像剂，通过显像剂的毛细作用将缺陷内的渗透剂吸附到工件表面，形成痕迹，进而显示缺陷的存在。通过直接目视或特殊灯具，观察缺陷痕迹的颜色或荧光图像，然后对缺陷性质进行评定。

二、渗透检测的分类

渗透检测方法可按 JB/T 4730.5—2005《承压设备无损检测 第 5 部分：渗透检测》的规定进行分类，详见表 10-1。

表 10-1 渗透检测方法分类

渗透剂		渗透剂的去除		显像剂	
分类	名称	分类	名称	分类	名称
Ⅰ Ⅱ Ⅲ	荧光渗透检测 着色渗透检测 荧光、着色渗透检测	A B C D	水洗型渗透检测 亲油型后乳化渗透检测 溶剂去除型渗透检测 亲水型后乳化渗透检测	a b c d e	干粉显像剂 水溶解显像剂 水悬浮显像剂 溶剂悬浮显像剂 自显像

注：渗透检测方法代号示例，ⅡC‑d 为溶剂去除型着色渗透检测（溶剂悬浮显像剂）。

按灵敏度比较，Ⅰ > Ⅱ；B、D > C > A。

渗透检测还可按表10-2中的检测灵敏度等级进行分类。

表10-2　渗透检测的灵敏度等级

灵敏度等级	可显示的裂纹区位数（B型试块区位号）
1级	1~2
2级	2~3
3级	3

注：1. 1级—低灵敏度；2级—中灵敏度；3级—高灵敏度。

　　2. 有的标准将其分为低级灵敏度、中级灵敏度、高级灵敏度及超高级灵敏度四类。

　　3. 裂纹尺寸分别对应区位数。

三、各种渗透检测方法的比较

各种渗透检测方法具有不同的特点，其比较见表10-3。

表10-3　各种渗透检测方法的比较

类别		着色渗透检测法	荧光渗透检测法
水洗型	水基型	成本低，使用安全，清洗方便，操作简单，但灵敏度低。适用于表面粗糙、要求不高的工件和不能接触油类的工件	成本低，使用安全，清洗方便，灵敏度较着色渗透检测法高，需在紫外线灯下观察。适用于表面粗糙或不能接触油类的工件
	自乳化型	成本低，操作简单，灵敏度低。适用于要求不太高的工件和表面粗糙的工件	成本低，清洗方便，灵敏度较着色渗透检测法高，需在紫外线灯下观察。适用于表面粗糙的工件
后乳化型		灵敏度高，需增加乳化工序，成本较高。适用于要求较高的工件；不适用于表面粗糙或带孔、槽的工件	灵敏度最高，多一道乳化工序，需在紫外线灯下观察。适用于重要的工件；不适用于表面粗糙或带孔、槽的工件
溶剂清洗型		可制成喷罐式，携带方便，操作简单，灵敏度较高。可用于无水无电的野外检测或大型工件的局部检测；但成本较高，不适用于大批量工件的检测	可制成喷罐式，携带方便，操作简单，灵敏度较高，可用于无水的地方；但成本较高，需在紫外线灯下观察。适用于要求较高的工件的检测

第二节　渗透检测设备和检测试块

渗透检测设备包括：便携式渗透硷测剂（包括渗透剂、去除剂和显像剂）、检测光源及光源检测设备、渗透检测试块三个部分。

一、便携式渗透检测剂

便携式渗透检测剂通常由分别装在密闭喷罐内的渗透检测剂（包括渗透剂、去除剂和显像剂）组成。喷罐一般由检测剂的盛装容器和喷射机构两部分组成。通常，便携式渗透检测剂喷罐都是成组配套供给的（也有些企业自行配制渗透检测剂，散装使用）。

便携式渗透检测剂喷罐携带方便，非常适合现场检测。罐内装有渗透检测剂和气雾剂。气雾剂通常采用乙烷或氟利昂，在液态时装入罐内，常温下汽化，形成高压，使用时只要按下喷罐顶部的阀门，检测剂液体就会以雾状从喷嘴自动喷出。喷罐内的压力因检测剂和温度的变化而改变，温度越高，罐内压力越高。

喷罐内盛装溶剂悬浮或水悬浮显像剂时，喷罐内还装有玻璃弹子，使用前充分摇晃喷罐，使沉淀的显像剂粉末在罐内玻璃弹子的搅拌作用下悬浮起来，形成均匀的悬浮液，检测时才能得到良好的检测效果。

注意：由于是压力喷罐，使用时喷嘴必须与工件表面保持一定的距离，否则会使显像剂施加不均匀，得不到理想的检测效果。同时，存放时需远离火源或热源，以免引起爆炸。喷罐使用完后应先破坏其密封性后集中处理，以防对安全或环境造成损害。

二、检测光源及光源检测设备

渗透检测时根据是否采用荧光渗透检测来确定需要配套的光源。

（1）非荧光渗透检测光源　日光灯或白光灯。光源可提供的照度不低于1000lx。在没有照度计测量的情况下，可用80W日光灯在1m处的照度为500lx作为参考。

（2）荧光渗透检测光源　中心波长为365nm的紫外线（黑光）灯。荧光渗透检测时应有暗室。暗室里的白光强度应不超过20lx。暗室内装有标准黑光源，备有便携式黑光灯，以便检查工件的深孔等部位。暗室中的黑光强度要足够，一般规定距离黑光灯380mm处，黑光辐照度应不低于$1000\mu W/cm^2$。暗室内还应备有白光照明装置，作为一般照明和在白光下评定缺陷用。

（3）光源检测设备　照度计。采用直接测量法，测量被检工件表面的白光照度值。

三、渗透检测试块

渗透检测用试块是指带有人工缺陷或自然缺陷的试块，主要用于比较、衡量、确定渗透检测材料和渗透检测灵敏度。

1．标准试块分类

渗透检测用标准试块根据JB/T 6064—2006《无损检测　渗透检测用试块》分为A、B、C三类。

1）A型试块（铝合金淬火裂纹参考试块）。A型试块主要用于在正常使用情况下，检验渗透检测剂能否满足要求，以及比较两种渗透检测剂性能的优劣。依据JB/T 4730.5—2005，承压设备渗透检测用A型试块如图10-1所示。

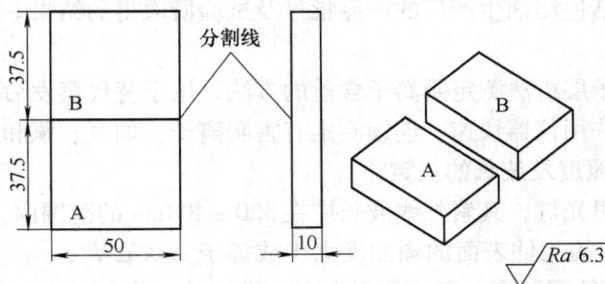

图10-1　A型试块

2）B型试块（镀铬辐射裂纹试块）。B型试块分为五点式和三点式两种，主要用于检验渗透检测剂系统灵敏度及操作工艺正确性。

3）C型试块（镀镍铬横裂纹参考试块）。

2. 渗透检测试块的使用注意事项

1) 着色渗透检测用的试块不能用于荧光渗透检测，反之亦然。

2) 发现试块有阻塞或灵敏度有所下降时，必须及时修复或更换。

3) 试块使用后要用丙酮进行彻底清洗。清洗后，再将试块放入装有丙酮和无水酒精的混合液体（体积混合比为 1:1）的密闭容器中保存，或用其他有效方法保存。

第三节　渗透检测标准及一般性规定

渗透检测作为目视检测以外最早应用的无损检测方法，特别是该方法在航空、航天领域大量使用以后，形成了在各领域使用的渗透检测标准体系。在承压特种设备领域，经过多年的发展，现在执行统一的承压设备无损检测标准和一般性规定。

一、JB/T 4730.5—2005《承压设备无损检测　第 5 部分：渗透检测》介绍

标准规定了承压设备的液体渗透检测方法及质量分级。

标准适用于非多孔性金属材料或非金属材料制承压设备在制造、安装及使用中产生的表面开口缺陷的检测。

二、人员资格的规定

渗透检测人员的未经矫正或经矫正的近（距）视力和远（距）视力应不低于 5.0（小数记录值为 1.0），并且 1 年检查 1 次，不得有色盲。

三、渗透检测设备的规定

渗透检测使用便携式渗透检测剂进行检测，也有企业自行配制散装产品，在检测工作量大或有特殊要求的场合下使用（散装产品需要按批取定量合格品作为校验基准，与在用渗透剂进行性能对比试验）。

当使用荧光法检测时，需要进行暗室观察。此时，暗室或暗处可见光照度应不大于 20lx。

对于用镍基合金、奥氏体不锈钢以及钛和钛合金材料的所有渗透检测材料，检测人员应当取得有关污染物（硫、氯、氟等有害元素）含量的证明材料，以确保对检测对象不会造成损伤。证明材料可从两种途径获得：一是按标准提供的方法进行试验测定（由于器械、手段、经验等限制，获得的数据不一定准确）；另一种是向检测剂制造商索取相关证明报告，证明报告应当包括检测剂生产厂的产品批号及试验所取得的结果。这些证明材料应随检测报告一起归档保存。

国外已有采用离子层析法测定阴离子含量的方法，用于替代蒸发后测定残渣有害元素含量的方法。离子层析法用仪器快速、连续测定有害阴离子，如氯、氟和硫离子等。

四、光源（辐）照度及波长的规定

渗透检测使用的黑光灯，其紫外线波长应在 320 ~ 400nm 的范围内，峰值波长为 365nm，距黑光灯滤光片 38cm 的工件表面的辐照度大于或等于 1000μW/cm²，自显像时距黑光灯滤光片 15cm 的工件表面的辐照度大于或等于 3000μW/cm²。黑光灯的电源电压波动大于 10% 时应安装电源稳压器。

黑光辐照度计主要用于校验黑光源性能和测定被检工件表面黑光辐照度。

黑光辐射强度计使用直接测量法，常用仪器为 UV - A，量程为 0 ~199mW/ cm²，分辨率为 0.1mW/ cm²。

黑光照度计使用间接测量法，可用来比较荧光渗透剂的亮度。

荧光法检测时，使用荧光亮度计测量渗透剂的荧光亮度。荧光亮度计是一种波长为 430 ~ 600nm，峰值波长为 500 ~ 520nm 的可见光照度计。主要用于两种荧光渗透检测材料性能的比较，较视觉更为准确，但所测得的数值不是真正的荧光亮度值。

无损检测单位采用荧光渗透检测方法时，（白光）照度计和黑光辐照度计是必须配备的检测辅助器具，荧光亮度计不是必备器具。采用着色渗透检测方法时，（白光）照度计是必须配备的检测辅助器具。

黑光辐照度计、荧光亮度计、照度计属于国家法定计量器具，应按规定周期送交计量部门进行检定。黑光灯不属于法定计量器具，检测单位可自行建立校验程序，定期进行校验。校验程序至少应包括：校验内容、校验方法、使用器材、校验周期、合格标准、校验人员、校验记录等。

五、安全防护

1. 紫外线的危害

参见第九章第三节相关内容。

2. 渗透检测的潜在危险

配制渗透检测剂时，均添加了大量的有机溶剂，检测时溶剂的挥发对人体有害。尽管近年来出现了大量的无毒、低毒渗透检测剂配方，但在密闭容器内检测时必须注意通风和安全操作。同时，有些大规模检测现场使用通用溶剂作清洗剂时，应注意防火。

第四节 渗透检测工艺规程

一、渗透检测工艺规程基本内容

1. 通用渗透检测工艺规程的内容

1）适用范围。

2）引用标准、法规。

3）检测人员资格。

4）检测设备、器材和材料（注意：必须使用同族组的渗透剂、乳化剂、溶剂去除剂、显像剂等渗透检测剂）。

5）检测表面准备。

6）检测时机。不同材料渗透检测的工序安排、时间安排不同。

7）可选择的渗透检测方法，渗透剂施加方法，多余渗透剂去除方法，干燥方法，观察方式，渗透、乳化和显像时间和温度的控制，清洗用水的压力、温度及水流的控制，干燥的温度和时间要求及后清洗的要求等工艺参数。

8）检测结果的评定和质量分级。

9）检测记录、报告和资料的归档。

10）对于易燃、易挥发渗透检测剂应制定检测安全管理规定。

11）编制人、审核人和批准人及技术资格，制定日期。

2. 作业指导书的内容

1）根据焊接产品的检验标准来编制检验细则。通常，可将检验标准直接转化成检验细则。尤其是对于有安全要求的产品（特别是航空、航天、核工业），应根据规范、标准中对无损检测的规定制定出检验细则、检测过程的安排及检测结果的处理与判定方法。

检验细则中还应包括渗透剂、乳化剂、清洗剂、显像剂、灵敏度试片、黑光辐照度计、荧光亮度计、照度计、黑光灯等的质量要求，检测过程中发生意外情况的应急处理方法等。

2）渗透检测的操作规程。

3）检测设备的校准规程。黑光辐照度计、荧光亮度计、照度计每年至少送法定计量单位校准一次；黑光灯每年至少进行一次自行校准。

4）渗透剂、乳化剂、清洗剂和显像剂的质量控制规程。编制质量控制规程时必须注意满足以下工艺限制要求：

① 渗透液、乳化剂、溶剂去除剂、显像剂等渗透检测剂的使用必须遵循同族组的原则。

② 水洗型渗透检测剂体系不推荐使用干粉显像剂和水溶解显像剂，水洗型渗透检测剂体系应采用溶剂悬浮显像剂（也称为非水基湿式显像剂）

③ 自显像工艺应经过批准，使用专用自显像渗透剂时，距黑光灯滤光片150mm处工件表面的辐照度应不低于$3000\mu W/cm^2$。

④ 关键重要零件不推荐使用着色渗透检测剂体系。

⑤ 涡轮发动机关键零件的维修及检修仅允许采用亲水后乳化型荧光渗透检测剂体系，且检测灵敏度应为高级及超高级。

⑥ 允许使用高灵敏度等级的渗透剂代替较低等级的渗透剂；反之，不行。

5）消耗品验收管理方法。

二、渗透检测工艺卡基本内容

1. 必须要交代的内容

（1）工件情况　工艺卡编号，产品名称，产品编号，制造、安装或检测编号，承压设备的类别，材料牌号，规格尺寸，热处理状态及表面状态，执行标准，验收级别等。

（2）检测设备与器材　包括检测用仪器的名称和型号、试块名称、检测剂（渗透剂、乳化剂、清洗剂、显像剂）牌号。

（3）检测工艺参数　包括检测方法、检测比例、检测部位、标准试片（块）。

（4）检测程序　包括清洗，渗透，乳化，去除，显像剂的施加方法、时间及检测环境温度，观察方式。

2. 必须绘出的示意图（检测必须绘出检测部位示意图）

3. 检测时机

4. 必须签署的人员

工艺卡编制人员及资格、审核人员及资格、日期。

三、渗透检测方法的选择

1）选用渗透检测方法时，首先应满足检测缺陷类型和灵敏度要求。在此基础上，可根据被检工件表面粗糙度、检测批量大小和检验场所水源、电源等条件来确定。

2）对于表面光洁且检测灵敏度要求高的工件，宜采用后乳化型着色法或后乳化型荧光法，也可采用溶剂去除型荧光法。

3）对于表面粗糙且检测灵敏度要求低的工件，宜采用水洗型着色法或水洗型荧光法。

4) 对于检测现场无水源、电源的检测，宜采用溶剂去除型着色法。

5) 对于批量大的工件检测，宜采用水洗型着色法或水洗型荧光法。

6) 对大工件的局部检测，宜采用溶剂去除型着色法或溶剂去除型荧光法。

7) 荧光法比着色法有较高的检测灵敏度，后乳化型荧光法检测灵敏度最高。

8) 在各类渗透检测剂体系中，从显像剂考虑，溶剂悬浮显像剂的显像灵敏度较高，干粉显像剂的显像分辨力较高。

9) 从检测的可靠性看，受检工件上缺陷痕迹的形貌，随着显像时间的延长，会发生变化；渗透检测重复检验时，存在特有的堵塞现象等，这些都将影响渗透检测的可靠性。

四、常用渗透检测剂体系的选用举例

1. 水洗型渗透检测剂体系

水洗型渗透检测法是广泛使用的渗透检测方法之一，它包括水洗型着色渗透检测法及水洗型荧光渗透检测法两种，其检测程序如下：

干燥→干式显像

预清洗→渗透→水洗→干燥→非水基湿式显像→检验→后处理

水基湿式显像→干燥

（1）水洗型渗透检测剂适用范围

1) 灵敏度要求不高。

2) 检验大体积或大面积的工件。

3) 检验开口窄而深的缺陷。

4) 检验表面很粗糙（例如砂型铸造）的工件。

5) 检验螺纹工件和带有键槽的工件。

（2）水洗型渗透检测剂优缺点

1) 优点。

① 表面多余的渗透剂可以直接用水去除，操作简便，检测费用低。

② 检测周期较其他方法短。

③ 较适合表面粗糙的工件检测。

2) 缺点。

① 灵敏度相对较低，对浅而宽的缺陷容易漏检。

② 重复检测时再现性差。

③ 如检测方法不当，易造成过清洗。

④ 渗透剂配方复杂。

⑤ 抗水污染的能力差。

⑥ 酸的污染将严重影响检测灵敏度，尤其是酸和铬酸盐的影响很大。

（3）水洗型渗透检测法的选用示例

1) 开口窄而较深的缺陷，可选用水洗型渗透剂 + 水基湿式、非水基湿式显像剂或水洗型荧光渗透剂 + 干粉显像剂。

2) 螺钉及键槽等类似零件，可选用水洗型渗透剂 + 水基湿式、非水基湿式显像剂或水洗型荧光渗透剂 + 干粉显像剂。

3) 表面粗糙的铸锻件，可选用水洗型渗透剂 + 水基湿式、非水基湿式显像剂或水洗型

荧光渗透剂 + 干粉显像剂。

4）车削、刨削加工面，可选用水洗型渗透剂 + 水基湿式、非水基湿式显像剂或水洗型荧光渗透剂 + 干粉显像剂。

该体系灵敏度要求不高，一般不使用水悬浮显像剂和水溶解显像剂。对于着色法一般不使用干粉显像剂和自显像剂，因为这两种显像剂均不能形成白色背景，对比度低，故灵敏度也低。

2. 后乳化型渗透检测剂体系

后乳化型渗透检测法也是广泛使用的渗透检测方法之一。这种方法除了多一道乳化工序外，其余与水洗型渗透检测程序完全一样。它包括后乳化型着色渗透检测法及后乳化型荧光渗透检测法两种。其中，亲水型后乳化渗透检测程序如下：

干燥→干式显像

预清洗→渗透→乳化→水洗→干燥→非水基湿式显像→检验→后处理

水基湿式显像→干燥

（1）后乳化型渗透检测剂适用范围

1）表面阳极化工件、镀铬工件及复查工件。

2）有更高检测灵敏度要求的工件。

3）被酸或其他化学试剂污染的工件，且这些物质对水洗型渗透检测剂有害。

4）开口浅而宽的缺陷。

5）被检工件可能存在使用过程中被污物所污染的缺陷。

6）应力或晶界腐蚀裂纹类缺陷（使用最高灵敏度渗透检测剂）。

7）磨削裂纹缺陷。

8）灵敏度可控，在检测出有害缺陷的同时，非有害缺陷不连续能够被放过。

（2）后乳化型渗透检测剂优缺点

1）优点。

①具有较高的灵敏度。因渗透剂中不含乳化剂，故有利于渗透剂渗入表面开口缺陷中去；渗透剂中染料浓度高，显示的荧光亮度（颜色强度）比水洗型渗透剂高，故可发现更细微的缺陷。

②重复检验再现性好。因为后乳化型渗透剂不含乳化剂，第一次检验后，残存在缺陷中的渗透剂可用溶剂清洗掉，因而在第二次检验时，不影响渗透剂的渗入。水洗型渗透剂中含有乳化剂，第一次检验后，只能清洗掉渗透剂中的油基部分，乳化剂将残留在缺陷中，妨碍渗透剂的第二次渗入。

③抗污染能力强，不易受水、酸和铬盐的污染。

2）缺点。

①要进行单独的乳化工序，操作周期长，检测费用大。

②必须严格控制乳化时间，防止过度乳化，才能保证检测灵敏度。

③不适宜用于表面粗糙度值较大及存在凹槽、螺纹、拐角或键槽的工件。

（3）后乳化型渗透检测法的选用示例

1）宽而浅的缺陷可选用后乳化型荧光渗透剂 + 水基湿式、非水基湿式显像剂或后乳化型荧光渗透剂 + 干粉显像剂（注：缺陷长度在几毫米以上）。

2）缺陷靠近或集聚，需要观察缺陷表面形貌时，可选用后乳化型荧光渗透剂＋干粉显像剂。

3）连续检测小批量零件时，可选用后乳化型荧光渗透剂＋湿式、干粉显像剂。

4）磨削、抛光加工面，选用后乳化型荧光渗透剂＋湿式、干粉显像剂。

5）压力或晶界腐蚀类裂纹缺陷，选用后乳化型荧光渗透剂＋非水基湿式显像剂。

被酸或其他化学试剂所污染以及使用过程中受到污染的缺陷，大量经机械加工的光洁工件，应选用后乳化型渗透检测。

乳化剂分为亲水型与亲油型两种，并以此有亲水型后乳化渗透检测法与亲油型后乳化渗透检测法之分。亲油型乳化剂根据不同的扩散速度分为快作用型及慢作用型两种，与化学成分及粘度有关；亲油型乳化剂通常按供应状态使用。亲水型乳化剂实际上是一种洗涤剂，通常按浓缩状态供应，用水稀释后使用。

3．溶剂去除型渗透检测剂体系

溶剂去除型渗透检测法是焊接结构检测中应用最广的一种方法，它包括溶剂去除型着色渗透检测法及溶剂云除型荧光渗透检测法两种，其检测程序如下：

干燥→干式显像

预清洗→渗透→溶剂去除→非水基湿式显像→干燥→检验→后处理

（1）溶剂去除型渗透检测剂适用范围　溶剂去除型渗透检测适用于焊接件和表面光洁的工件，特别适用于大工件的局部检测，也适用于非批量工件和现场检测。但需要注意：工件检测前的清洗和渗透剂的去除都应采用同一种有机溶剂。

溶剂去除型渗透检测法由于所用渗透剂不是专用渗透剂，可以使用后乳化型渗透剂，也可以使用水洗型渗透剂。只是因为去除方法不同，从而形成了不同的渗透检测方法。溶剂去除型渗透检测多采用溶剂悬浮显像剂（非水基湿式显像剂）显像，具有较高的检测灵敏度。

（2）溶剂去除型渗透检测剂优缺点

1）优点。

① 设备简单，渗透剂、去除剂和显像剂一般装在喷罐中，携带方便。

② 操作简便，局部检测速度快。

③ 检测周期短。

④ 可在无水的情况下检测。

⑤ 与溶剂悬浮显像剂配合使用，能检出很细小的开口缺陷。

2）缺点。

① 所用材料多数是易燃和易挥发的，要注意防火。

② 不适合大批量检测。

③ 不太适合表面粗糙工件的检测。

④ 擦除表面多余的渗透剂时要细心，否则容易将浅而宽缺陷中的渗透剂擦掉，造成漏检。

（3）溶剂去除型渗透检测法的选用示例

1）较深的缺陷，可选用溶剂去除型渗透剂＋水基湿式、非水基湿式显像剂或溶剂去除型荧光渗透剂＋干粉显像剂。

2）间隙、不定期检测少量零件时，可选用溶剂去除型渗透剂＋非水基湿式显像剂。

3）大型部件、结构件的局部位置，可选用溶剂去除型渗透剂 + 非水基湿式显像剂。

4）车削、刨削加工面，可选用溶剂去除型渗透剂 + 水基湿式、非水基湿式显像剂或溶剂去除型荧光渗透剂 + 干粉显像剂。

5）焊缝及带有缓慢起伏凸凹面的零件的检测，可选用溶剂去除型渗透剂 + 水基湿式、非水基湿式显像剂或溶剂去除型荧光渗透剂 + 干粉显像剂。

6）检测场所无暗室时，可选用溶剂去除着色渗透剂 + 水基湿式、非水基湿式显像剂。

7）检测场所无水源、电源时，可选用溶剂去除型着色渗透剂 + 非水基湿式显像剂。

8）高空作业时，可选用溶剂去除型着色渗透剂 + 非水基湿式显像剂。

五、几类特殊材料的渗透检测方法选择

1. 陶瓷类制品的渗透检测

陶瓷类制品的渗透检测主要以是否上釉来确定。

1）上釉者为瓷类制品，可使用常规渗透检测方法进行检测。

2）未上釉者为陶类制品，需要使用过滤性微粒渗透检测剂进行检测。

2. 石墨类制品的渗透检测

石墨类制品的渗透检测主要以是否经过浸铜等特殊工艺处理来确定。

1）经过浸铜等特殊工艺处理后，石墨类制品中的细微孔洞被填充，可以使用常规渗透检测方法。

2）未经过浸铜等特殊工艺处理时，石墨类制品中的细微孔洞未填充，需要使用过滤性微粒渗透检测剂进行检测。

3. 粉末冶金类制品的渗透检测

粉末冶金类制品的渗透检测需要区分究竟是松孔类制品还是致密类制品。

1）致密类制品可以使用常规渗透检测方法进行检测。

2）松孔类制品需要使用过滤性微粒渗透检测剂进行检测。

4. 奥氏体钢及钛合金工件的渗透检测

奥氏体钢及钛合金工件的渗透检测需要注意控制渗透检测材料中氯及氟等卤族元素的含量。

5. 镍基合金压力容器的渗透检测

镍基合金压力容器的渗透检测需要注意控制渗透检测材料中硫元素的含量。

6. 某些橡胶及塑料制品的渗透检测

某些橡胶及塑料制品的渗透检测需要注意渗透检测材料与橡胶及塑料制品的相容性。

六、渗透检测工艺操作的基本程序及注意事项

1. 渗透检测工艺操作的基本程序

按照 JB/T 4730.5—2005 附录 A（规范性附录）的规定，荧光和着色渗透检测工艺程序如图 10-2 所示。

尽管根据不同的渗透剂、表面多余渗透剂的去除方法和不同的显像方式，可以组合成多种不同的渗透检测方法，但其渗透检测工艺过程至少应包括以下七个基本操作程序（在图 10-2 中，将程序 4）、5）合为一个基本操作程序）：

1）检测前工件表面的预处理及预清洗。

2）渗透剂的施加。

3）多余渗透剂的去除。

4）自然干燥、吹干、烘干。

5）显像剂的施加。

6）观察（检验）与评定显示的痕迹。

7）后清洗（处理）。

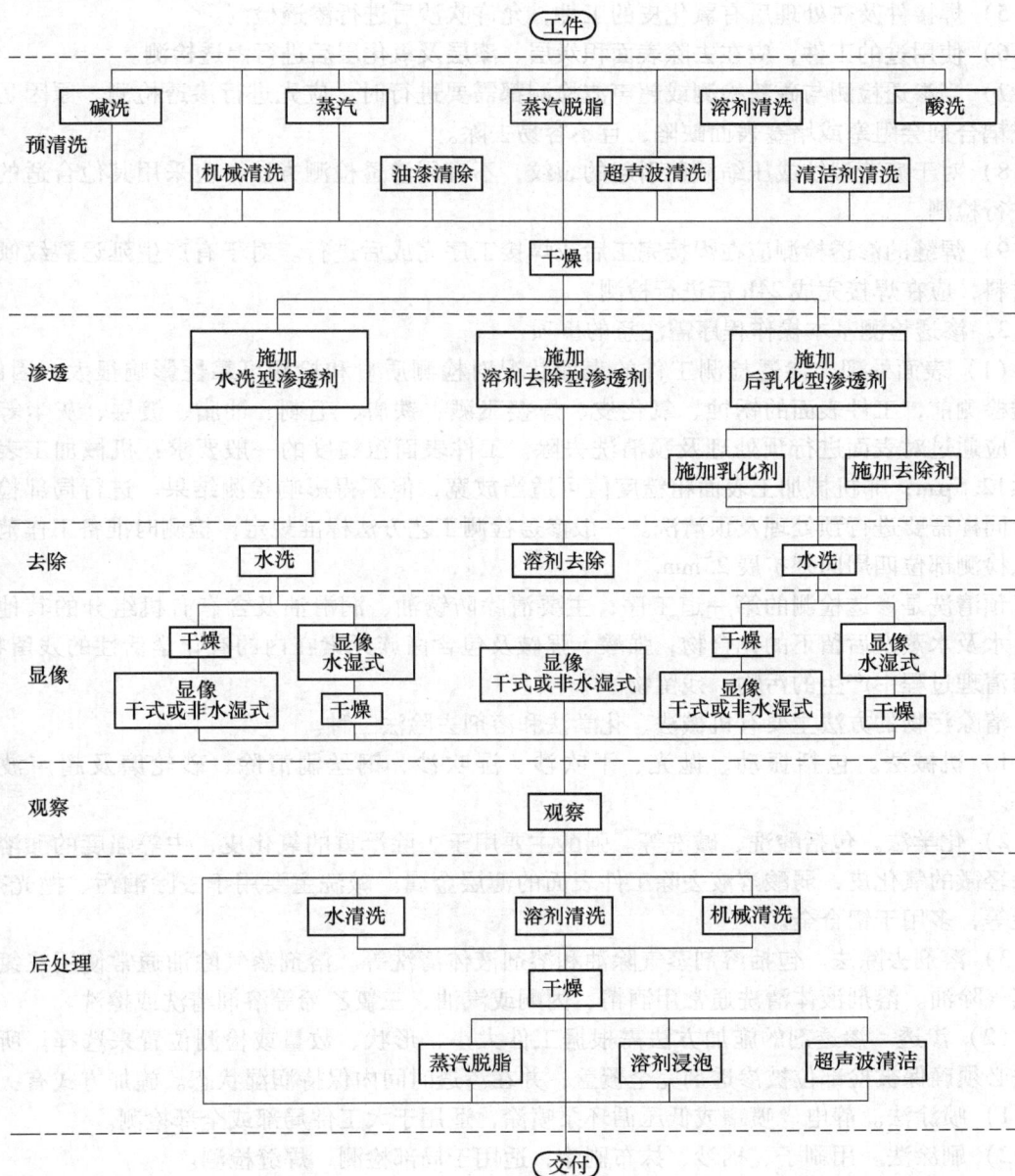

图 10-2 荧光和着色渗透检测工艺程序示意图

2. 渗透检测工序安排需遵循的原则

1）渗透检测应在喷丸、吹沙、镀层、阳极化、涂层、氧化或其他表面处理工序前进行；表面处理后还需局部机械加工的，对加工表面应再次进行检测。

2）凡制造过程中要进行浸蚀处理的工件，渗透检测应在浸蚀工序后进行。

3）需进行多次热处理的工件（焊接件），渗透检测应在温度较高的一次热处理后进行。

4）无特殊规定要求渗透检测的工件，应在所有加工完成后进行渗透检测。

5）焊接件及热处理后有氧化皮的工件，允许吹沙后进行渗透检测。

6）使用过的工件，应在去除表面积炭层、漆层及氧化层后进行渗透检测。

7）当渗透检测与磁粉检测或超声波检测都需要进行时，应先进行渗透检测。原因是磁粉或耦合剂会阻塞或堵塞表面缺陷，且不容易去除。

8）对于疲劳裂纹或压缩载荷引起的裂纹，不宜用渗透检测方法，应采用其他合适的方法进行检测。

9）焊缝的渗透检测应在焊接完工后或焊接工序完成后进行。对于有产生延迟裂纹倾向的材料，应在焊接完成24h后进行检测。

3. 渗透检测基本操作程序需注意的事项

（1）表面处理 渗透检测工件的表面状况对检测质量和检测可靠性影响很大，因此，渗透检测前，工件表面的锈蚀、氧化皮、焊接飞溅、铁屑、毛刺、油脂、镀层、灰尘等杂物，应通过对表面进行预处理及预清洗去除。工件表面粗糙度的一般要求：机械加工表面 $Ra \leqslant 12.5 \mu m$；非机械加工表面粗糙度值可适当放宽，但不得影响检测结果。进行局部检测时，同样需要进行预处理及预清洗。一般渗透检测工艺方法标准规定，检测时准备工作范围应从检测部位四周向外扩展25mm。

预清洗是渗透检测的第一道工序，主要清除防锈油、润滑油及含有有机组分的其他液体；水及水蒸发后留下的化合物；强酸、强碱及包含卤族元素在内的有化学活性的残留物；表面清理过程中产生的污物、残留物。

清除污物的方法主要有机械法、化学法和溶剂去除法三种。

1）机械法。包括振动、抛光、干吹沙、湿吹沙、钢丝刷清除、砂轮磨及超声波清洗等。

2）化学法。包括酸洗、碱洗等。强酸主要用于去除严重的氧化皮，中等强度的酸溶液去除轻微的氧化皮，弱酸溶液去除工件表面的薄层金属。碱洗主要用于去除油污、抛光剂、积炭等，多用于铝合金。

3）溶剂去除法。包括溶剂蒸气除油和溶剂液体清洗等。溶剂蒸气除油通常使用三氯乙烯蒸气除油。溶剂液体清洗通常用酒精、丙酮或汽油、三氯乙烯等溶剂清洗或擦洗。

（2）渗透 渗透剂的施加方法需根据工件大小、形状、数量或检测位置来选择。所选方法必须确保被检部位被渗透剂完全覆盖，并在渗透时间内保持润湿状态。施加方式有：

1）喷涂法。静电、喷罐或低压循环泵喷涂，适用于大工件局部或全部检测。

2）刷涂法。用刷子、棉纱、抹布刷涂，适用于局部检测、焊缝检测。

3）浇涂法。将渗透剂直接浇在工件表面上。适用于大工件的局部检测。

4）浸涂法。工件全部浸在渗透剂中，适用于小工件的表面检测。

关于渗透时间的控制有如下规定：

1）JB/T 4730.5—2005规定，10～50℃下，渗透剂持续时间一般不应少于10min。

2）对于怀疑有缺陷的工件，渗透时间可以适当延长或额外施加渗透剂，以确保所有缺陷均能检出。如应力腐蚀裂纹特别细微，则渗透时间需要更长，甚至长达 1~2h。

3）注意浸涂法中，为减少渗透剂损耗，应进行滴落，渗透时间还应包括滴落时间。滴落过程中渗透剂中的挥发物质挥发掉，使渗透剂染料的浓度相对提高，提高了渗透检测灵敏度。

关于渗透温度的控制有如下规定：

1）JB/T 4730.5—2005 规定，当渗透检测不可能在 10~50℃ 温度范围内进行时，应使用 A 型试块做对比试验，对操作方法进行修正。

2）通常，渗透温度太高，渗透剂易干枯在工件上，影响渗透剂渗入缺陷，同时给清洗造成困难，影响检测灵敏度；渗透温度太低，渗透剂变稠，影响渗透速度。为提高对细小裂纹的检测灵敏度，可将渗透温度控制在 10~50℃ 上限值检测。

鉴定方法如下：

1）温度低于10℃。当试块和工件都降到预定温度后，将拟采用的低温检测方法用于 B 区。在 A 区用标准方法进行检测，比较 A、B 两区的裂纹显示痕迹。如果基本相同，则可以认为准备采用的检测方法经鉴定是可行的。

2）温度高于50℃。如果拟采用的检测温度高于50℃，则需将试块 B 加温并在整个检测过程中保持这一温度，将拟采用的检测方法用于 B 区。在 A 区用标准方法进行检测，比较 A、B 两区的裂纹显示痕迹。如果基本相同，则可以认为准备采用的检测方法经鉴定是可行的。

（3）去除 去除工序要求尽可能把工件表面多余的渗透剂清除掉，而不是把已渗入缺陷的渗透剂清洗出来，因此去除过程既要防止欠清洗，也要防止过清洗。

1）水洗型渗透剂的去除。水洗型渗透剂和后乳化型渗透剂（乳化后）可用水喷法清洗，参数按 JB/T 4730.5—2005 的规定选取：水压不超过 0.34MPa，水温为 10~40℃，水射束与工件被检面夹角以 30° 为宜。在无冲洗装置时，可用干净不脱毛的抹布蘸水依次擦洗。水喷法清洗时，应由下而上进行，以避免留下一层难以去除的荧光薄膜。着色渗透剂的去除应在白光下进行，荧光渗透剂的去除可用黑光灯控制。

2）后乳化型渗透剂的去除。后乳化型渗透剂的去除方法因乳化剂的不同而不同。由于采用亲水型乳化剂时先用水预清洗、然后乳化、最后再用水冲洗，因此施加乳化剂时，只能浇涂、浸涂或喷涂（浓度不超过5%），这主要是因为刷涂不均匀。而采用亲油型乳化剂时直接用乳化剂乳化，然后用水冲洗，因此施加乳化剂时，只能浸涂或浇涂，不能刷涂或喷涂，而且不能在工件上搅动。所以，要防止过乳化，在保证允许的荧光背景和着色底色的前提下，乳化时间应尽量短。过度的背景可通过补充乳化的方法予以去除，经过补充乳化后仍未达到一个满意的背景时，应将工件重新处理。出现明显过清洗时要求将工件清洗并重新检测。

乳化时间取决于乳化剂和渗透剂的性能和工件表面粗糙度，在具体工件上应用实验方法来确定，也可按生产厂的使用说明和实验选取。参考乳化时间：水基乳化剂乳化时间在 5min 之内；油基乳化剂乳化时间在 2min 之内。

3）溶剂去除型渗透剂的去除。除特别难清洗的地方外，一般先用干燥、洁净不脱毛的布依次擦拭，直至大部分多余的渗透剂被去除后，再用蘸有清洗剂的干净不脱毛布或纸进行擦拭，直到将被检面上多余的渗透剂全部擦净。需注意的是，不得往返擦拭，不得用清洗剂直接在被检面上冲洗。

（4）干燥 干燥的时间与表面多余渗透剂的去除和使用的显像剂有密切的联系，其处理原则如下：

1）溶剂去除型渗透检测时，不必进行专门的干燥处理，应自然干燥，不得加热干燥。

2）水清洗、采用干式显像或非水基湿式显像时，工件在显像前必须进行干燥处理。

3）采用水基湿式显像时，水洗后直接显像，然后进行干燥处理。

干燥方法：干净布擦干、压缩空气吹干、热风吹干、热空气循环烘干。

干燥时间：JB/T 4730.5—2005 规定为 5～10min。

干燥温度与所用渗透剂种类及被检工件的材料有关，一般由试验确定。

（5）显像 常用的显像方法有干式显像、非水基湿式显像、水基湿式显像和自显像等。

1）干式显像。主要用于荧光渗透检测法（粗糙表面）。

施加方法：喷洒、掩埋，滞留的显像剂使用干燥的低压空气吹除或轻轻敲打。

灵敏度：不能形成良好的背景，对比度低，检测灵敏度低。

分辨力：显像剂只吸附在缺陷部位，缺陷轮廓图形不随时间扩散，可分开显示临近的缺陷，分辨力高。

2）非水基湿式显像（也称为溶剂悬浮显像）。用于荧光渗透检测法（光滑表面），其他表面优先选用溶剂悬浮显像。

施加方法：常用压力罐喷洒，喷嘴至工件距离为 300～400mm，方向与被检面的夹角为 30°～40°。

灵敏度：能形成良好的背景，对比度高。溶剂挥发迅速，能大量吸热，加剧了缺陷中渗透剂的回渗，检测灵敏度得以提高。

分辨力：显像后由于溶剂的迅速挥发，缺陷轮廓图形随时间扩散慢，可以较好地分开显示临近的缺陷，分辨力较高。

3）水基湿式显像。最后考虑选择的方法，水溶解湿式显像剂不适用于着色检测体系和水洗型渗透检测体系。

施加方法：浸涂、浇涂和喷涂，多数采用浸涂。涂敷后需滴落，再干燥（显像）。

对于水悬浮显像剂，为防止显像粉末沉淀，浸涂时应进行不定时搅拌。

灵敏度：能形成良好的背景，对比度高，检测灵敏度较高。

分辨力：分辨力低。

4）自显像。用于对灵敏度要求不高的场合。使用自显像法必须经过灵敏度试验验证。

5）显像时间。对于干式显像，显像时间为从施加显像剂到开始观察显示的时间；对于水基湿式显像，显像时间为从干燥到开始观察显示的时间。

显像时间取决于显像剂和渗透剂的种类、缺陷的大小、被检工件的表面温度。

控制显像时间的原则如下：

① 必须有足够的时间使得缺陷中的渗透剂充分回渗到工件表面。

② 防止缺陷的显示由于时间的延长而扩散，导致分辨力的下降。

③ JB/T 4730.5—2005 规定，自显像停留时间为 10～120min，其他显像方法的显像时间

一般不少于 7min。

（6）观察（检验）与评定　观察（检验）在显像剂施加后 7~60min 内进行。

1）观察（检验）光源。对于着色检测，白光照度 ≥1000lx，条件所限无法满足时，可见光照度可以适当降低，但不得低于 500lx。对于荧光检测，白光照度不得大于 20lx；黑光照度，距黑光灯滤光片 380mm 处工件表面的辐照度不得低于 $1000\mu W/cm^2$，自显像时，距黑灯滤光片 150mm 处工件表面的辐照度不得低于 $3000\mu W/cm^2$。

2）注意事项如下：

① 检测人员不得戴对检测有影响的眼镜。荧光渗透检测时，检测人员进入暗区后，应至少经过 3min 的黑暗适应。

② 检测人员在黑光灯下发现显示后，需判别显示的类型。用干净的布或棉球蘸少许酒精，擦拭显示部位。如果被擦去的是真实显示，显像后，显示能再现；如果被擦去的显示不能再现，一般是虚假显示。

③ 渗透检测不能确定缺陷深度。

④ 暗室操作，检测人员易疲劳，所以检测工作时间不能太长。检测时应注意黑光不能直射或反射到检测人员的眼睛，虽然黑光对人眼没有永久性损伤，但黑光使人眼睛疲劳，影响检测结果。

⑤ 检测时可使用 5~10 倍放大镜进行辅助观察。

⑥ 检测完毕，应按规定在工件上进行标记。

3）观察（检验）结束后进行记录。缺陷显示可采用照相、录像、可剥性塑料薄膜（透明胶带不能长期保存和完整记录，故不提倡使用）等方式进行记录，同时用草图标示缺陷的具体位置。采用照相、录像时，应在缺陷旁加刻度尺显示缺陷长度。

（7）后清洗（处理）　渗透检测结束后，必须对工件进行后清洗，以清除各种检测剂残留物。通常，清洗时间越早，去除越容易。清洗时注意：

1）干粉显像剂可用普通自来水冲洗，也可用压缩空气吹等方法去除。

2）水溶解显像剂可用普通自来水冲洗。

3）溶剂悬浮显像剂可先用湿布擦，然后用干布擦，也可直接用清洁的干布或硬毛刷擦；对于裂纹或表面凹陷，可用加洗涤剂的水喷洗，然后手工擦洗或用水漂洗。

4）碳素钢检测后，可用加硝酸钠或铬酸钠化合物等防锈剂的水清洗，洗涤后还应防油防锈。对镁合金材料进行清洗时，应加铬酸钠溶液进行处理。

4. 复验

当出现下列情况之一时，需进行复验。

1）检测结束时，用试块验证检测灵敏度不符合要求。

2）发现检测过程中操作方法有误或技术条件改变时。

3）合同各方有争议或认为有必要时。

当决定进行复验时，应对被检面进行彻底清洗。

七、案例分析

以图 10-3 所示的 $10m^3$ 卧式储罐为例，设备编号为 R05，属于 II 类压力容器，工作压力为 2.0MPa，盛装腐蚀性介质，壳体材料为 Q345R + 022Cr19Ni10。设备直径 1600mm，板厚为 16mm + 3mm，内表面有垢状物，要求检测内表面所有焊接接头。

1. 渗透检测工艺参数的选择

根据项目要求，验收按 JB/T 4730.5—2005 进行，合格级别为Ⅰ级（验收和合格级别按照制造标准要求设定），编制渗透检测工艺，选择编制渗透检测工艺卡所需的工艺参数，见表 10-4。

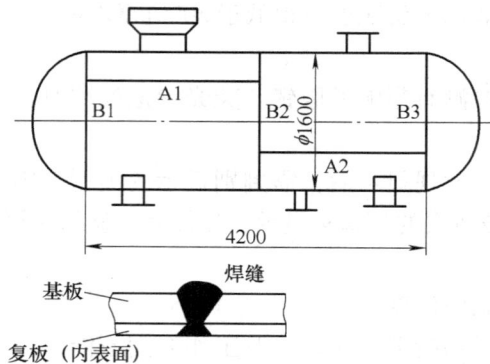

图 10-3　10m³ 卧式储罐

2. 编制渗透检测工艺卡

根据选择的参数，编制渗透检测工艺卡，见表 10-5。

表 10-4　渗透检测工艺参数选择

序号	参数名称	选择值	选择理由	备注
1	检测执行标准	JB/T 4730—2005《承压设备无损检测》	国家质量监督检验检疫总局质检办特函 [2006] 144 号《关于锅炉压力容器安全监察工作有关问题的意见》	
2	检测比例	100% 渗透	TSG R0004－2009《固定式压力容器安全技术监察规程》第 4.5.3.2.2 条第（6）款规定	
3	验收标准	JB/T 4730.5—2005	TSG R0004－2009 第 4.5.3.4.4 条第（1）款规定	案例条件给定
4	合格级别	Ⅰ级	TSG R0004—2009 第 4.5.3.4.4 条第（1）款规定	案例条件给定
5	检测部位	内表面焊接接头	案例条件规定	
6	表面状况	有垢状物	应酸洗或用不锈钢丝刷刷涂，范围为焊缝及两侧各 25mm	
7	检测设备	便携式喷罐	因设备在现场使用，其携带和使用方便	
8	检测时机	表面质量检验合格后	TSG R0004－2009 第 4.5.3.3 条第（1）款规定	
9	检测方法	溶剂去除型着色法（ⅡC－d）	JB/T 4730.5—2005 第 8 条及第 3.4.3.4 条规定	
10	渗透剂型号	DPT－5	根据单位渗透剂配置条件选取（注：一旦选取某一牌号渗透剂，则其他检测剂应配套使用）	

（续）

序号	参数名称	选择值	选择理由	备注
11	去除剂型号	DPT－5	根据单位检测剂配置条件选取	
12	显像剂型号	DPT－5	根据单位检测剂配置条件选取	
13	标准试片	B 型镀铬试块	根据单位配置条件选取	
14	检测温度	10～50℃	JB/T 4730.5—2005 第 5.3.2 条规定（不能满足时应按照附录 B 对操作方法进行鉴定）	
15	渗透时间	≥10min	JB/T 4730.5—2005 第 5.3.2 条规定	
16	干燥时间	5min	JB/T 4730.5—2005 第 5.6.4 条规定	
17	显像时间	≥7min	JB/T 4730.5—2005 第 5.7.8 条规定	
18	渗透剂施加方式	喷涂	JB/T 4730.5—2005 第 5.3.1 条第 a) 款规定	
19	显像剂施加方式	喷涂	JB/T 4730.5—2005 第 5.7.2 条规定	
20	去除方式	擦拭	JB/T 4730.5—2005 第 5.5.3 条规定	
21	观察方法	目视		
22	工件表面光照度	工件表面可见光照度≥1000lx	JB/T 4730.5—2005 第 5.8.2 条规定（因采用非荧光渗透检测，故可在自然光下检测）	可用 5～10 倍放大镜辅助检测
23	缺陷记录方式	照相、录像、可剥性塑料薄膜等，同时应用草图进行标示	JB/T 4730.5—2005 第 5.11 条规定	
24	后清洗	用湿布擦除或水冲洗	JB/T 4730.5—2005 第 5.10 条规定	

表 10-5　渗透检测工艺卡

工件名称	储罐	规格	ϕ1600mm × 4200mm × （板厚：16mm＋3mm）	设备编号	R05	检测时机	表面质量检验合格后
表面状况	有垢状物	材料	Q345R＋022Cr19Ni10	检测部位	内表面焊接接头	检测比例	100%
检测方法	溶剂去除型着色（ⅡC－d）	检测温度	10～50℃	标准试块	B 型镀铬试块	检测标准	JB/T 4730.5—2005
渗透剂型号	DPT－5	乳化剂型号	—	去除剂型号	DPT－5	显像剂型号	DPT－5
观察方法	目视	渗透时间	≥10min	干燥时间	5min	显像时间	≥7min
乳化时间	—	检测设备	便携式喷罐	黑光照度	—	可见光照度	≥1000lx
渗透剂施加方式	喷涂	乳化剂施加方式	—	去除方式	擦拭	显像剂施加方式	喷涂
示意图	略			质量验收标准	JB/T 4730.5—2005	合格级别	Ⅰ级

（续）

工序号	工序名称	操作要求及主要工作参数	工艺质量控制及安全措施说明
1	表面准备	酸洗或用不锈钢丝刷刷涂，范围为焊缝及两侧各 25mm	1）因被检材料为不锈钢，渗透检测剂应控制氯、氟含量，且为同族组 2）质量控制：每周检测前、过程中、结束或认为有必要时，应用镀铬试块验证检测剂、工艺及操作方法的正确性 3）应注意在渗透时间内始终保持被检面湿润 4）去除渗透剂之后进行干燥处理时需注意：在满足干燥效果的前提下，时间应尽量短 5）显像剂施加应薄而均匀，不可同一部位反复多次施加 6）当显示开始形成时就应进行观察 7）安全要求：在容器内检测时应注意通风、用电安全及防火，并做好安全监护工作
2	预清洗	用清洗剂将被检面洗擦干净	
3	干燥	自然干燥	
4	渗透	喷涂施加渗透剂，使之覆盖整个被检表面。渗透时间大于或等于 10min	
5	去除	先用不脱毛的布或纸擦拭，大部分多余渗透剂去除后，再用喷有去除剂的布或纸擦拭，擦拭时按一定方向进行，不得往复擦拭	
6	干燥	自然干燥，时间为 5min 或试验确定	
7	显像	喷涂法施加显像剂，喷嘴距被检面 300～400mm，喷涂方向与被检面夹角为 30°～40°，使用前应摇动喷罐，使显像剂均匀。显像时间≥7min	
8	观察	显像剂施加后 7～60min 内进行观察，被检面可见光照度应≥1000lx。必要时可用 5～10 倍放大镜观察	
9	复验	按 JB/T 4730.5—2005 规定进行	
10	后处理	用湿布擦除或用水冲洗	
11	评定与验收	根据缺陷显示尺寸及性质按 JB/T 4730.5—2005 规定进行等级评定，I 级为合格	
12	报告	出具检验报告（至少包括 JB/T 4730.5—2005 规定的内容）	

编制		年 月 日	审核		年 月 日
资格	PT -		资格	PT -	

第五节　缺陷显示及渗透检测等级的评定

一、缺陷显示的判定

1. 渗透检测的痕迹显示分类

渗透检测的痕迹显示可分为相关显示（缺陷显示）、非相关显示、虚假显示三类（与磁痕显示分类相似）。

（1）相关显示　渗透检测时由缺陷（裂纹、未熔合、未焊透、气孔和夹渣等）渗出的渗透剂所形成的痕迹显示称为相关显示，一般也称为缺陷显示。

（2）非相关显示　与清洗无关、由外部因素造成的显示称为非相关显示，有以下三种情况：

1）工艺过程造成的显示，如装配压印、铆接印、电阻焊未焊接的搭接部分引起的显示。

2）工件结构外形等引起的显示，如键槽、花键、装配结合部位缝隙等引起的显示。

3）工件表面外观缺陷等引起的显示，如机械损伤、划伤、刻痕、凹坑、毛刺、焊波和氧化皮等引起的显示。

（3）虚假显示 操作处理不当造成的显示称为虚假显示。如操作者手上、工件上的渗透剂污染，清洗时渗透剂飞溅到干净工件上等引起的显示，工件表面粗糙、清洗不足等引起的显示。

2. 焊件缺陷显示的基本特征

（1）焊接热裂纹 由于焊接热裂纹一般是在1100～1300℃高温范围内产生的，焊接完毕即出现，沿晶扩展，导致其在工件表面的断口有氧化色。因此，焊接热裂纹显示一般呈略带曲折的波浪状或锯齿状红色细线条或黄绿色细线条，但弧坑裂纹呈星状。

（2）焊接冷裂纹 冷裂纹一般产生在100～300℃低温范围内或在焊后常温下数小时甚至几天后才出现，其可能是沿晶开裂、穿晶开裂或两者混合出现，所以断口未氧化、发亮。因此，焊接冷裂纹显示一般呈直线状红色或黄绿色细线条，中间稍宽，两端尖细，颜色或亮度逐渐减淡，直到最后消失。

（3）未焊透 渗透检测可发现焊件单面焊的未焊透，其痕迹显示呈一条连续或断续的红色或黄绿色荧光亮线条，宽度一般较均匀。

（4）未熔合 渗透检测只能发现延伸到表面的未熔合，其痕迹显示呈现为直线状或椭圆状的红色条线或黄绿色荧光亮线条。

（5）气孔 渗透检测只能检出表面开口的气孔，由于气孔多呈圆形或椭圆形，因此其痕迹显示呈圆形或椭圆形，或长条形红色亮点或黄绿色荧光亮点，并均匀地向边缘减淡。由于回渗现象较明显，因此气孔的痕迹显示通常会随显像时间的延长而迅速扩展。

（6）夹渣 渗透检测只能检出表面开口的夹渣，由于其形状多样化，故痕迹显示具有多样性。

二、渗透检测的质量分级

根据 JB/T 4730.5—2005 的规定，对焊接接头和坡口及其他受压部件分别设立质量等级评定标准。

1. 焊接接头和坡口的渗透检测质量等级

焊接接头和坡口的渗透检测质量等级分为四级，具体规定见表10-6。

表10-6 焊接接头和坡口的渗透检测质量分级

等级	线性缺陷	圆形缺陷（评定框尺寸为35mm×100mm）
I	不允许	$d \leqslant 1.5$mm，且在评定框内少于或等于1个
II	不允许	$d \leqslant 4.5$mm，且在评定框内少于或等于4个
III	$L \leqslant 4$mm	$d \leqslant 8$mm，且在评定框内少于或等于6个
IV	大于III级	

注：L为线性缺陷长度（mm）；d为圆形缺陷在任何方向上的最大尺寸（mm）。

2. 其他受压部件的渗透检测质量等级。

其他受压部件的渗透检测质量等级分为四级，具体规定见表10-7。

表 10-7　其他受压部件的渗透检测质量分级

等级	线性缺陷	圆形缺陷（评定框尺寸为 2500mm²，其中一条矩形边的最大长度为 150mm）
I	不允许	$d \leqslant 1.5mm$，且在评定框内少于或等于 1 个
II	$L \leqslant 4mm$	$d \leqslant 4.5mm$，且在评定框内少于或等于 4 个
III	$L \leqslant 8mm$	$d \leqslant 8mm$，且在评定框内少于或等于 6 个
IV		大于 III 级

注：L 为线性缺陷长度（mm）；d 为圆形缺陷在任何方向上的最大尺寸（mm）。

3．对缺陷显示的其他规定

1）小于 0.5mm 的显示不计，除确认显示是由外界因素或操作不当造成的之外，其他任何显示均应作为缺陷处理。

2）缺陷显示在长轴方向与工件（轴类或管类）轴线或母线的夹角大于或等于 30°时，按横向缺陷处理，其他按纵向缺陷处理。

3）长度与宽度之比大于 3 的缺陷显示，按线性缺陷处理；长度与宽度之比小于或等于 3 的缺陷显示，按圆形缺陷处理。

4）两条或两条以上缺陷线性显示在同一条直线上且间距不大于 2mm 时，按一条缺陷显示处理，其长度为两条缺陷显示之和加间距。

注意，渗透检测的质量等级评定没有综合质量等级评定的规定。

4．缺陷痕迹显示的评定

缺陷痕迹显示的评定可参考第七章第五节焊缝底片评定示例，结合表 10-6 和表 10-7 的规定进行评定。

三、检测报告

缺陷评定结束后，检测人员应对渗透检测结果及有关检测事项进行详细记录，并出具检测报告。

1．检测报告内容

JB/T 4730.5—2005 规定，渗透检测报告至少应包括如下内容。

1）委托单位。

2）被检工件。名称、编号、规格、材质、坡口形式、焊接方法和热处理状况。

3）检测设备。渗透检测剂名称和牌号。

4）检测规范。检测比例、检测灵敏度校验及试块名称，预清洗方法、渗透剂施加方法、乳化剂施加方法、去除方法、干燥方法、显像剂施加方法、观察方法和后清洗方法，渗透温度、渗透时间、乳化时间、水压及水温、干燥温度和时间、显像时间。

5）渗透显示记录及工件草图（或示意图）。

6）检测结果及质量分级、检测标准名称和验收等级。

7）检测人员和责任人员签字及其技术资格。

8）检测日期。

2．检测报告格式

渗透检测报告的参考格式见表 10-8。

表 10-8　某产品渗透检测报告格式

<table>
<tr><td rowspan="3">工件</td><td>工件名称</td><td></td><td>材料牌号</td><td colspan="2"></td></tr>
<tr><td>工件编号</td><td></td><td>表面状态</td><td colspan="2"></td></tr>
<tr><td>检测部位</td><td colspan="4"></td></tr>
<tr><td rowspan="8">器材及参数</td><td>渗透剂种类</td><td></td><td>检测方法</td><td colspan="2"></td></tr>
<tr><td>渗透剂</td><td></td><td>乳化剂</td><td colspan="2"></td></tr>
<tr><td>清洗剂</td><td></td><td>显像剂</td><td colspan="2"></td></tr>
<tr><td>渗透剂施加方法</td><td></td><td>渗透时间</td><td colspan="2"></td></tr>
<tr><td>乳化剂施加方法</td><td></td><td>乳化时间</td><td colspan="2"></td></tr>
<tr><td>显像剂施加方法</td><td></td><td>显像时间</td><td colspan="2"></td></tr>
<tr><td>工作温度</td><td>℃</td><td>对比试块类型</td><td colspan="2"></td></tr>
<tr><td rowspan="2">要求</td><td>检测比例</td><td></td><td>合格级别</td><td></td><td>级</td></tr>
<tr><td>检测标准</td><td>JB/T 4730.5—2005</td><td>检测工艺编号</td><td colspan="2"></td></tr>
</table>

<table>
<tr><td rowspan="12">检测部位缺陷情况</td><td rowspan="3">序号</td><td rowspan="3">焊缝（工件）部位编号</td><td rowspan="3">缺陷编号</td><td rowspan="3">缺陷类型</td><td rowspan="3">缺陷显示痕迹尺寸</td><td colspan="4">缺陷处理方式及结果</td><td rowspan="3">最终评级（级）</td></tr>
<tr><td colspan="2">打磨后复检缺陷</td><td colspan="2">补焊后复检缺陷</td></tr>
<tr><td>性质</td><td>迹痕尺寸</td><td>性质</td><td>迹痕尺寸</td></tr>
<tr><td></td><td></td><td></td><td></td><td></td><td></td><td></td><td></td><td></td><td></td></tr>
<tr><td></td><td></td><td></td><td></td><td></td><td></td><td></td><td></td><td></td><td></td></tr>
<tr><td></td><td></td><td></td><td></td><td></td><td></td><td></td><td></td><td></td><td></td></tr>
<tr><td></td><td></td><td></td><td></td><td></td><td></td><td></td><td></td><td></td><td></td></tr>
<tr><td></td><td></td><td></td><td></td><td></td><td></td><td></td><td></td><td></td><td></td></tr>
<tr><td></td><td></td><td></td><td></td><td></td><td></td><td></td><td></td><td></td><td></td></tr>
<tr><td></td><td></td><td></td><td></td><td></td><td></td><td></td><td></td><td></td><td></td></tr>
<tr><td></td><td></td><td></td><td></td><td></td><td></td><td></td><td></td><td></td><td></td></tr>
<tr><td></td><td></td><td></td><td></td><td></td><td></td><td></td><td></td><td></td><td></td></tr>
</table>

检测结论：1）以上部位符合 JB/T 4730.5—2005 的要求，评定为合格

　　　　　2）检测部位及缺陷位置详见检测部位示意图（另附）

<table>
<tr><td>报告人（资格）：</td><td>（PT - Ⅱ）</td><td>审核人（资格）：</td><td>（PT - Ⅱ）</td><td>无损检测专用章</td></tr>
<tr><td></td><td>年　　月　　日</td><td></td><td>年　　月　　日</td><td>年　　月　　日</td></tr>
</table>

四、渗透检测发现缺陷的处理原则

与磁粉检测发现的表面缺陷处理原则相同。参见第九章第五节相关内容。

参 考 文 献

[1] 曾金传. 焊接质量管理与检验 [M]. 北京：机械工业出版社，2009.

[2] 叶秀华. 焊接施工技术 [M]. 成都：四川科学技术出版社，1991.

[3] 戚安邦. 现代项目管理 [M]. 北京：对外经济贸易大学出版社，2001.

[4] 中国石油天然气总公司. 全国统一安装工程预算定额：第五册　静置设备与工艺金属结构制作安装工程 [M]. 2 版. 北京：中国计划出版社，2001.

[5] 丛培经，和宏明. 施工项目管理工作手册 [M]. 北京：中国物价出版社，2002.

[6] 郑晖，林树青. 超声检测 [M]. 2 版. 北京：中国劳动社会保障出版社，2008.

[7] 李以善，刘德镇. 焊接结构检测技术 [M]. 北京：化学工业出版社，2009.